21世纪高等学校计算机规划教材

21st Century University Planned Textbooks of Computer Science

数据库系统教程

Database System Tutorial

何玉洁 李宝安 编著

精品系列

人民邮电出版社

北京

图书在版编目（C I P）数据

数据库系统教程 / 何玉洁，李宝安编著. -- 北京：
人民邮电出版社，2010.9
21世纪高等学校计算机规划教材
ISBN 978-7-115-23289-2

Ⅰ. ①数… Ⅱ. ①何… ②李… Ⅲ. ①数据库系统－
高等学校－教材 Ⅳ. ①TP311.13

中国版本图书馆CIP数据核字(2010)第128796号

内 容 提 要

本书对数据库理论知识与数据库技术实践内容的介绍两者并重。全书由 5 篇组成，第Ⅰ篇介绍数据库基础知识，主要包括数据管理的发展及数据库系统的组成结构、关系代数及关系数据库、SQL 语言基础及数据定义功能、数据操作语句、视图和索引等；第Ⅱ篇介绍与数据库设计相关的内容，主要包括关系规范化理论，实体-联系模型和数据库设计；第Ⅲ篇介绍数据库管理系统内部提供的一些功能，主要包括事务与并发控制、数据库恢复技术以及查询优化技术；第Ⅳ篇介绍了数据库的发展以及数据库技术应用的发展；第Ⅴ篇侧重于数据库实践内容的介绍，该部分以 SQL Server 2005 为实践平台，介绍了数据库技术的具体实现。

本书可作为高等院校计算机专业以及信息管理专业本科生的数据库教材，也可供相关人员学习数据库的参考书。

21 世纪高等学校计算机规划教材

数据库系统教程

◆ 编　　著　何玉洁　李宝安
　　责任编辑　武恩玉

◆ 人民邮电出版社出版发行　　北京市崇文区夕照寺街 14 号
　　邮编　100061　　电子函件　315@ptpress.com.cn
　　网址　http://www.ptpress.com.cn
　　三河市海波印务有限公司印刷

◆ 开本：787×1092　1/16
　　印张：28.75　　　　　　　2010 年 9 月第 1 版
　　字数：759 千字　　　　　　2010 年 9 月河北第 1 次印刷

ISBN 978-7-115-23289-2

定价：45.00 元

读者服务热线：**(010)67170985**　印装质量热线：**(010)67129223**
反盗版热线：**(010)67171154**

前　言

　　数据库技术起源于 20 世纪 60 年代末，经过 40 余年的迅速发展，已经建立起一套较为完整的理论体系，产生了一大批商用软件产品。随着数据库技术的推广使用，计算机应用已深入到国民经济和社会生活的各个领域，这些应用一般都以数据库技术及其应用为基础和核心。因此，数据库技术与操作系统一起构成信息处理的平台已成为业界的一种共识。

　　在计算机应用中，数据存储和数据处理是计算机的最基本的功能，数据库技术为人们提供了科学和高效的管理数据的方法。从某种意义上讲，数据库课程的教学工作成为了计算机专业教学的重中之重。然而数据库的理论深奥、技术复杂、内容广博、应用广泛、发展迅速使其教学难而又难。尤其是学生常常抱怨手头缺乏适用的资料。目前市场上数据库原理类的教科书，主要介绍理论知识，而不将其依托于某个商品化的流行数据库产品来讲述；而一般介绍某种数据库软件平台的图书，又是以介绍该平台下一些工具的操作与使用为主，读者往往知其然而不知其所以然。

　　师者何为？“所以传道授业解惑也。”道中有惑，业中亦有惑。传授知识，教授学业就是为了解答学生的疑惑。长期的数据库技术专业教学和科研实践使我感受到了一位师者的责任重大。而学生最大的疑惑又是什么呢？我以为是如何学以致用。专业基础的教学绝不能脱离开实践，专业的教材也必须以实用为先导。经过长期总结，反复思考和精心筛选，并听取业界专家的意见，确定了本书以基本理论为基础，以商品化的流行数据库产品为平台，以切合实际应用为目标，有效地增强学生实践训练和动手能力的培养，真正做到学以致用。依据这些宗旨，编写了这本独具特色的数据库教材。

　　该教材具有如下特色：

　　● 内容安排求全、求新。本教材从数据库基础理论、数据库设计、数据库发展、数据库实践几个方面全面阐述了数据库技术的应用体系。分为基础篇、设计篇、系统篇、发展篇和应用篇五个部分。这种安排最大程度的满足了教学和实践需要，相信无论是学生还是开发人员都能够从中找到自己所需的内容。本教材在选择实践平台时，充分考虑了软件的流行性和易获得性。后台数据库管理系统选用的是 SQL Server 2005，它是目前应用范围广泛且功能完善、操作界面友好的数据库管理系统。数据库设计工具选用的是 PowerDesigner，这是一个非常专业的数据库设计工具，其功能全面且易于学习。

　　● 理论阐述求精、求易。数据库基础理论较为抽象，但又是实践的基础。没有扎实的基本功是无法灵活运用，付诸实践的。因而基础理论的教学历来是重点和难点。本教材在理论阐释方面力求深入浅出，突出概念和技术的直观意义，并用大量图表和示例帮助理解，启发思维，使读者不仅能深刻理解相关理论的来源、思路、适用范围和条件，并能灵活运用，举一反三。另外，本教材对相关理论在编排形式上进行了巧妙的拆分，而不是简单地进行大而全的堆砌。根据难度和学生接受的过程，前后呼应，逐层深入，这样也充分考虑了不同层次的学校对授课内容的不同要求。让某些难度比较大的章内容相对独立，略去这些章不会影响其他内容的学习。建议学时较少或者要求比较低的学校，可以略去第 6 章、第 10 章、第 14 章，同时可简化讲解第 15 章、第 16 章、第 19 章的内容。

- 理论实践丝丝相扣。知之明也，因知进行。理论和技术的学习是为了更好的指导实践，每部分内容都是根据相关理论和应用需求精心选取，不以全面泛泛取胜，但求精而实用。本教材不但以图例的形式细致地描述了实践步骤，还给出了执行结果，使学生能够以行验知，以行证知，最后达到知行并进，相资为用，为进一步的学习和实践打下良好的基础。同时每章后边都有大量的习题供读者了解自己对知识的掌握程度，在实践部分除概念题之外，还附有丰富的上机练习题，以方便读者上机实践。

本教材主要由如下五个部分组成：

- 第一部分是基础篇，由第 1 章～第 8 章组成，具体内容包括：数据管理的发展及数据库系统的组成结构、关系代数及关系数据库、SQL 语言基础及数据定义功能、数据操作语句、视图和索引几个方面，这一部分是数据库的理论基础。

- 第二部分是设计篇，由第 9 章～第 11 章组成，主要内容包括关系数据库规范化理论、实体联系模型以及数据库设计。

- 第三部分是"系统篇"，由第 12 章～第 14 章组成，内容包括事务与并发控制、数据库的备份和恢复技术、查询处理与查询优化技术等。

- 第四部分是"发展篇"，由第 15 章和第 16 章组成，介绍了数据库技术的发展过程、数据仓库与数据挖掘技术的概念及应用。

- 第五部分是"应用篇"，由第 17 章～第 21 章组成，介绍了非常流行的 SQL Server 2005 的安装、配置，以及如何在该平台下创建和维护数据库、创建和维护关系表、索引、视图、安全管理等操作，在最后一章介绍了常用的数据库设计工具——PowerDesigner，介绍了如何使用该工具进行概念数据库设计。

作者在编写本书的过程中，得到了人民邮电出版社领导和编辑等人的大力支持和帮助，本教材的编写大纲就是在人民邮电出版社进行了大量的实地调研后，经过反复讨论最终确定的。是他们认真的工作态度以及一直以来的热情帮助，鼓励我坚持完成此教材的编写工作。在此，对人民邮电出版社的全体人员表示诚挚的感谢。同时也感谢我的同仁和朋友：李宝安、谷葆春、张仰森、路旭强、梁琦等，他们分别参与了本书部分章节的编写工作，同时也对全书提出了很多很好的建议和意见，是他们的积极参与和帮助，使本教材得以顺利完成。

真诚的希望读者和同行们对这本教材提出宝贵的意见，因为我知道在教学探索的道路没有止境。教师是我的职业，但是在人生的道路上，我永远是一名学生。

何玉洁

2010 年元月

目 录

第 I 篇 基 础 篇

第1章 数据库概述·······3

1.1 概述·······3
1.2 一些基本概念·······3
1.3 数据管理技术的发展·······5
  1.3.1 文件管理·······5
  1.3.2 数据库管理·······8
1.4 数据独立性·······11
1.5 数据库系统的组成·······12
小结·······13
习题·······13

第2章 数据模型与数据库结构·······15

2.1 数据和数据模型·······15
  2.1.1 数据与信息·······15
  2.1.2 数据模型·······16
2.2 概念层数据模型·······17
  2.2.1 基本概念·······17
  2.2.2 实体-联系模型·······18
2.3 组织层数据模型·······20
  2.3.1 层次数据模型·······21
  2.3.2 网状数据模型·······22
  2.3.3 关系数据模型·······23
2.4 面向对象数据模型·······25
2.5 数据库结构·······25
  2.5.1 模式的基本概念·······26
  2.5.2 三级模式结构·······26
  2.5.3 模式映像与数据独立性·······28
小结·······29
习题·······30

第3章 关系数据库·······31

3.1 关系数据模型·······31
  3.1.1 数据结构·······31
  3.1.2 数据操作·······32
  3.1.3 数据完整性约束·······33
3.2 关系模型的基本术语与形式化定义·······34
  3.2.1 基本术语·······34
  3.2.2 形式化定义·······36
3.3 完整性约束·······38
  3.3.1 实体完整性·······38
  3.3.2 参照完整性·······40
  3.3.3 用户定义的完整性·······41
3.4 关系代数·······41
  3.4.1 传统的集合运算·······43
  3.4.2 专门的关系运算·······44
  3.4.3 关系代数操作小结·······53
3.5* 关系演算·······54
  3.5.1 元组关系演算·······54
  3.5.2 元组关系演算语言 Alpha·······56
  3.5.3 域关系演算·······59
  3.5.4 域关系演算语言 QBE·······59
小结·······61
习题·······61

第4章 SQL 语言基础及数据定义功能·······63

4.1 SQL 语言概述·······63
  4.1.1 SQL 语言的发展·······63
  4.1.2 SQL 语言特点·······64
  4.1.3 SQL 语言功能概述·······64
4.2 SQL 语言支持的数据类型·······65
  4.2.1 数值型·······65
  4.2.2 字符串型·······66
  4.2.3 日期时间类型·······67
  4.2.4 货币类型·······67
4.3 数据定义功能·······68
  4.3.1 架构的定义与删除·······68

4.3.2　基本表 ·············· 70

小结 ···················· 73

习题 ···················· 73

第5章　数据操作语句 ········· 75

5.1　数据查询语句 ············ 75

5.1.1　查询语句的基本结构 ···· 76

5.1.2　单表查询 ············ 77

5.1.3　多表连接查询 ········ 100

5.1.4　使用 TOP 限制结果集行数 ··· 111

5.1.5　子查询 ············· 113

5.2　数据更改功能 ············ 122

5.2.1　插入数据 ··········· 123

5.2.2　更新数据 ··········· 123

5.2.3　删除数据 ··········· 124

小结 ···················· 126

习题 ···················· 127

第6章　高级查询 ············ 128

6.1　CASE 函数 ·············· 128

6.1.1　CASE 函数介绍 ······· 128

6.1.2　CASE 函数应用示例 ···· 130

6.2　将查询结果保存到新表 ···· 133

6.3　子查询 ················· 137

6.3.1　ANY、SOME 和 ALL 谓词 ··· 137

6.3.2　带 EXISTS 谓词的子查询 ··· 140

6.4　查询结果的并、交、差运算 ·· 145

6.4.1　并运算 ············· 145

6.4.2　交运算 ············· 148

6.4.3　差运算 ············· 150

小结 ···················· 151

习题 ···················· 152

第7章　索引和视图 ·········· 154

7.1　索引 ··················· 154

7.1.1　索引基本概念 ········ 154

7.1.2　索引的存储结构及分类 ·· 155

7.1.3　创建和删除索引 ······ 160

7.2　视图 ··················· 161

7.2.1　基本概念 ··········· 161

7.2.2　定义视图 ··········· 162

7.2.3　通过视图查询数据 ····· 164

7.2.4　修改和删除视图 ······ 167

7.2.5　视图的作用 ········· 167

7.3　物化视图 ··············· 168

小结 ···················· 169

习题 ···················· 169

第8章　数据完整性约束 ······· 171

8.1　数据完整性的概念 ········ 171

8.1.1　完整性约束条件的作用对象 ··· 171

8.1.2　实现数据完整性的方法 ·· 172

8.2　实现数据完整性 ·········· 172

8.2.1　实体完整性约束 ······ 173

8.2.2　唯一值约束 ········· 173

8.2.3　参照完整性 ········· 175

8.2.4　默认值约束 ········· 176

8.2.5　列取值范围约束 ······ 176

8.3　系统对完整性约束的检查 ·· 178

8.4　删除约束 ··············· 179

8.5　触发器 ················· 180

8.5.1　创建触发器 ········· 180

8.5.2　后触发型触发器 ······ 181

8.5.3　前触发型触发器 ······ 182

8.5.4　删除触发器 ········· 182

小结 ···················· 182

习题 ···················· 183

第Ⅱ篇　设　计　篇

第9章　关系规范化理论 ······· 186

9.1　函数依赖 ··············· 186

9.1.1　基本概念 ··········· 186

9.1.2　一些术语和符号 ······ 187

9.1.3　为什么讨论函数依赖 ··· 188

9.1.4　函数依赖的推理规则 ··· 189

9.1.5　最小函数依赖集 ······ 190

9.2　关系规范化中的一些基本概念 ·····191
　9.2.1　关系模式中的键 ·············191
　9.2.2　候选键 ·······················191
　9.2.3　外键 ·························192
9.3　范式 ································192
　9.3.1　第一范式 ···················192
　9.3.2　第二范式 ···················194
　9.3.3　第三范式 ···················196
　9.3.4　Boyce-Codd 范式 ·········196
　9.3.5　多值依赖与第四范式 ·······199
　9.3.6　连接依赖与第五范式 ·······201
　9.3.7　规范化小结 ·················205
9.4　关系模式的分解准则 ············206
小结 ····································208
习题 ····································209

第 10 章　实体-联系（E-R）
　　　　　模型 ·······················211

10.1　E-R 模型的基本概念 ···········211
　10.1.1　实体 ·······················211
　10.1.2　联系 ·······················212
　10.1.3　属性 ·······················215
　10.1.4　约束 ·······················217
10.2　E-R 模型存在的问题 ··········218
　10.2.1　扇形陷阱 ··················218

10.2.2　深坑陷阱 ··················219
10.3　E-R 图符号 ····················221
小结 ····································222
习题 ····································222

第 11 章　数据库设计 ··············225

11.1　数据库设计概述 ···············225
　11.1.1　数据库设计的特点 ·········226
　11.1.2　数据库设计方法概述 ·······226
　11.1.3　数据库设计的基本步骤 ·····227
11.2　数据库需求分析 ···············228
　11.2.1　需求分析的任务 ···········228
　11.2.2　需求分析的方法 ···········229
11.3　数据库结构设计 ···············230
　11.3.1　概念结构设计 ············230
　11.3.2　逻辑结构设计 ············233
　11.3.3　物理结构设计 ············238
11.4　数据库行为设计 ···············240
　11.4.1　功能分析 ·················240
　11.4.2　功能设计 ·················241
　11.4.3　事务设计 ·················241
11.5　数据库实施 ····················242
11.6　数据库的运行和维护 ··········243
小结 ····································243
习题 ····································244

第Ⅲ篇　系　统　篇

第 12 章　事务与并发控制 ········246

12.1　事务 ·····························246
　12.1.1　事务的基本概念 ···········246
　12.1.2　事务执行和问题 ···········247
　12.1.3　事务的特性 ···············248
　12.1.4　事务处理模型 ·············249
　12.1.5　事务日志 ··················250
12.2　并发控制 ·······················251
　12.2.1　并发控制概述 ·············252
　12.2.2　一致性的级别 ·············254
　12.2.3　可交换的活动 ·············254
　12.2.4　调度 ·······················255

12.2.5　可串行化调度 ············255
12.3　并发控制中的加锁方法 ·······256
　12.3.1　锁的粒度 ·················257
　12.3.2　封锁协议 ·················258
　12.3.3　活锁和死锁 ···············260
　12.3.4　两阶段锁 ·················262
12.4　并发控制中的时间戳方法 ·····264
　12.4.1　粒度时间戳 ···············264
　12.4.2　时间戳排序 ···············265
　12.4.3　解决时间戳中的冲突 ······265
　12.4.4　时间戳的缺点 ·············265
12.5　乐观的并发控制方法 ··········266
　12.5.1　乐观并发控制方法中的 3 个阶段 ·····266

12.5.2 乐观的并发控制方法的优缺点……266

小结…………………………………………267

习题…………………………………………267

第 13 章 数据库恢复技术……269

13.1 恢复的基本概念…………………269

13.2 数据库故障的种类……………270

13.3 数据库恢复的类型……………271

13.3.1 向前恢复（或重做）………271

13.3.2 向后恢复（或撤销）………272

13.3.3 介质故障恢复………………275

13.4 恢复技术………………………275

13.4.1 延迟更新技术………………275

13.4.2 立即更新技术………………277

13.4.3 镜像页技术…………………279

13.4.4 检查点技术…………………280

13.5 缓冲区管理……………………281

小结…………………………………………282

习题…………………………………………282

第 14 章 查询处理与优化……284

14.1 概述……………………………284

14.2 关系数据库的查询处理………284

14.2.1 查询处理步骤………………285

14.2.2 优化的一个简单示例………285

14.3 代数优化………………………287

14.3.1 转换规则……………………287

14.3.2 启发式规则…………………289

14.4 物理优化………………………292

14.4.1 选择操作的实现和优化……292

14.4.2 连接操作的实现和优化……293

14.4.3 投影操作的实现……………296

14.4.4 集合操作的实现……………297

14.4.5 组合操作……………………297

小结…………………………………………298

习题…………………………………………298

第Ⅳ篇 发 展 篇

第 15 章 数据库技术的发展……300

15.1 数据库技术的发展……………300

15.1.1 传统数据库技术的发展历程……300

15.1.2 新一代数据库管理系统……302

15.2 面向对象技术与数据库技术的
结合……………………………302

15.2.1 新的数据库应用和新的数据
类型……………………………302

15.2.2 面向对象数据模型…………303

15.2.3 面向对象数据库的优点……306

15.2.4 对象关系数据库与对象数据库……307

15.3 数据库技术面临的挑战………307

15.4 数据库技术的研究方向………309

15.4.1 分布式数据库系统…………309

15.4.2 面向对象的数据库管理系统……310

15.4.3 多媒体数据库………………310

15.4.4 数据库中的知识发现………310

15.4.5 专用数据库系统……………311

小结…………………………………………311

第 16 章 数据仓库与数据挖掘……312

16.1 数据仓库技术…………………312

16.1.1 数据仓库的概念及特点……313

16.1.2 数据仓库体系结构…………314

16.1.3 数据仓库的分类……………315

16.1.4 数据仓库的开发……………315

16.1.5 数据仓库的数据模式………316

16.2 联机分析处理…………………317

16.3 数据挖掘………………………321

16.3.1 数据挖掘过程………………321

16.3.2 数据挖掘知识发现…………322

16.3.3 数据挖掘的常用技术和目标……324

16.3.4 数据挖掘工具………………324

16.3.5 数据挖掘应用………………325

16.3.6 数据挖掘的前景……………326

小结…………………………………………328

第 V 篇　应用篇

第 17 章　SQL Server 2005 基础 ····330

17.1　SQL Server 2005 平台构成 ·········330

17.2　安装 SQL Server 2005 ···············331

　17.2.1　SQL Server 2005 的版本 ········331

　17.2.2　安装 SQL Server 2005 所需要的
　　　　　软硬件环境 ······················333

　17.2.3　实例 ································334

　17.2.4　安装及安装选项 ···············335

17.3　配置 SQL Server 2005 ···············345

17.4　SQL Server Management Studio
　　　工具 ···································348

　17.4.1　连接到数据库服务器 ··········348

　17.4.2　查询编辑器 ·····················350

小结 ··351

习题 ··352

上机练习 ·····································352

第 18 章　数据库及对象的创建与
　　　　　　管理 ···························354

18.1　SQL Server 数据库概述 ············354

　18.1.1　系统数据库 ·····················354

　18.1.2　SQL Server 数据库的组成 ·····355

　18.1.3　数据文件和日志文件 ··········356

　18.1.4　数据库文件的属性 ············356

18.2　创建数据库 ···························357

　18.2.1　用图形化方法创建数据库 ·····357

　18.2.2　用 T-SQL 语句创建数据库 ·····360

18.3　基本表的创建与管理 ···············364

　18.3.1　创建表 ··························364

　18.3.2　定义完整性约束 ···············366

　18.3.3　修改表 ··························374

　18.3.4　删除表 ··························374

18.4　索引的创建与管理 ··················376

　18.4.1　创建索引 ·······················376

　18.4.2　查看和删除索引 ···············377

18.5　视图的创建与管理 ··················378

　18.5.1　创建视图 ·······················378

　18.5.2　查看和修改视图 ···············382

小结 ··382

习题 ··383

上机练习 ·····································383

第 19 章　存储过程和游标 ·········386

19.1　存储过程 ·······························386

　19.1.1　存储过程概念 ··················386

　19.1.2　创建和执行存储过程 ·········387

　19.1.3　查看和修改存储过程 ·········391

19.2　游标 ···································392

　19.2.1　游标概念 ·······················392

　19.2.2　使用游标 ·······················393

　19.2.3　游标示例 ·······················396

小结 ··399

习题 ··400

上机练习 ·····································400

第 20 章　安全管理 ·················401

20.1　安全控制概述 ·······················401

　20.1.1　数据库安全控制的目标 ·······401

　20.1.2　数据库安全的威胁 ············402

　20.1.3　数据库完全问题的类型 ·······402

　20.1.4　安全控制模型 ··················402

　20.1.5　授权和认证 ····················403

20.2　存取控制 ·······························404

　20.2.1　自主存取控制 ··················404

　20.2.2　强制存取控制 ··················406

20.3　审计跟踪 ·······························408

20.4　防火墙 ···································408

20.5　统计数据库的安全性 ···············409

20.6　数据加密 ·······························410

20.7　SQL Server 安全控制过程 ··········411

20.8　登录名 ···································411

　20.8.1　身份验证模式 ··················411

　20.8.2　建立登录名 ····················413

　20.8.3　删除登录名 ····················417

20.9　数据库用户 ···························418

20.9.1　建立数据库用户 ································ 418

20.9.2　删除数据库用户 ································ 420

20.10　权限管理 ·· 421

小结 ·· 430

习题 ·· 430

上机练习 ·· 431

第21章　数据库设计工具——
PowerDesigner ························ 433

21.1　建立概念数据模型 ······························ 433

21.1.1　概述 ·· 433

21.1.2　创建 CDM 文件 ······························ 433

21.1.3　创建实体 ·· 435

21.1.4　指定实体的属性 ································ 436

21.1.5　建立实体间的联系 ···························· 439

21.1.6　建立实体间的关联 ···························· 442

21.2　建立物理数据模型 ······························ 444

21.2.1　概述 ·· 444

21.2.2　由 CDM 生成 PDM ························ 446

21.2.3　生成 SQL 脚本 ································ 447

小结 ·· 449

习题 ·· 450

上机练习 ·· 450

第 I 篇 基础篇

本篇介绍数据库的基本概念和基础知识，它是读者进一步学习后续章节的基础。本篇由下列 8 章组成。

第 1 章 数据库概述。主要介绍文件管理数据与数据库管理数据的本质区别，数据独立性的含义以及数据库系统的组成。

第 2 章 数据模型与数据库系统体系结构。主要介绍数据库技术发展过程中使用过的数据模型，数据独立性的概念。本章介绍的知识是读者进一步学习关系数据库及相关知识的基础。

第 3 章 关系数据库。主要介绍关系数据库采用的数据模型的特点，同时介绍关系数据库的理论基础——关系代数和关系演算。读者在学习完本章和第 5 章的数据操作语句之后，可以对关系代数、关系演算、SQL 查询语句之间的功能及表达方法进行比较。本章介绍的关系代数也是学习第 14 章查询优化的基础。

第 4 章 SQL 语言基础及数据定义功能。在 SQL 语言部分介绍了常用的数据类型，由于不同的数据库管理系统提供的数据类型不完全相同，因此本章主要介绍 SQL Server 数据库管理系统提供的数据类型，这部分内容是定义关系表的基础。在数据定义功能部分介绍了架构和基本表的概念和定义语句。

第 5 章和第 6 章集中介绍了 SQL 的数据操作语句。其中第 5 章介绍基本的数据查询语句以及增加、删除和更改数据的语句，第 6 章介绍了一些高级查询功能，包括相关子查询、集合的并、交、差运算等。这两章使用第 4 章建立的数据表，运用实际的数据，通过描述问题的分析思路以及用图示的方法展示查询语句的执行结果，使读者能够准确理解和掌握查询语句的功能。

第 7 章　索引和视图。在索引部分，本章除了介绍索引概念的定义方法外，还用图示的方法详细讲述了索引的构建过程以及利用索引的查找过程，使读者能够从系统内部了解索引的作用。在视图部分，介绍了视图的概念和定义语句，物化视图的概念和作用。

第 8 章　数据完整性约束。本章全面介绍了各种完整性约束，包括主键、外键、列取值范围、取值唯一以及与用于业务相关的复杂约束的实现方法，本章从两个方面来介绍，一个是作为表定义一部分的完整性约束定义方法，另一个是对复杂约束的触发器实现方法，详细介绍了前触发器和后触发器的作用以及在实现机制上的区别。

第1章
数据库概述

数据库是管理数据的一种技术，现在数据库技术已经被广泛应用到我们的工作和日常生活中。本章首先介绍数据管理技术发展的过程，然后介绍使用数据库技术管理数据的特点和好处。

1.1 概　　述

随着信息管理水平的不断提高，应用范围的日益扩大，信息已成为企业的重要财富和资源，与此同时，作为管理信息的数据库技术也得到了很大的发展，其应用领域也越来越广泛。人们在不知不觉中扩展着对数据库的使用，如信用卡购物，飞机、火车订票系统，商场的进货与销售，图书馆对书籍及借阅的管理等，都使用了数据库技术。从小型事务处理到大型信息系统，从联机事务处理到联机分析处理，从一般企业管理到计算机辅助设计与制造（CAD/CAM）、地理信息系统等，数据库技术已经渗透到我们工作、生活中的方方面面，数据库中信息量的大小以及使用的程度已经成为衡量企业的信息化程度的重要标志。

数据库是数据管理的最新技术，其主要的研究内容是如何对数据进行科学的管理，以提供可共享、安全、可靠的数据。数据库技术一般包含数据管理和数据处理两部分。

数据库系统本质上是一个用计算机存储数据的系统，数据库本身可以看作是一个电子文件柜，但它的功能不仅仅是保存数据，而且还提供了对数据进行各种管理和处理的功能，如安全管理、数据共享的管理、数据查询处理等。

本章将介绍数据库的基本概念，包括数据管理的发展过程、数据库系统的组成等。读者可从中了解为什么要学习数据库技术，以为后续章节的学习做好准备。

1.2 一些基本概念

在系统地介绍数据库技术之前，首先介绍数据库中最常用的一些术语和基本概念。

1. 数据

数据（Data）是数据库中存储的基本对象。早期的计算机系统主要应用于科学计算领域，处理的数据基本是数值型数据，因此数据在人们头脑中的直觉反应就是数字，但数字只是数据的一种最简单的形式，是对数据的传统和狭义的理解。目前计算机的应用范围已十分广泛，因此数据种类也更加丰富，如文本、图形、图像、音频、视频等都是数据。

数据可定义为是描述事物的符号记录。描述事物的符号可以是数字，也可以是文字、图形、图像、声音、语言等，数据有多种表现形式，它们都可以经过数字化后保存在计算机中。

数据的表现形式并不一定能完全表达其内容，有些还需要经过解释才能明确其表达的含义。比如 20，当解释其代表人的年龄时就是 20 岁，当解释其代表商品价格时，就是 20 元，不难看出，数据和数据的解释是不可分的。数据的解释是对数据演绎的说明，数据的含义称为数据的语义，故数据和数据的语义是不可分的。

在日常生活中，人们一般直接用自然语言来描述事物。例如，描述一门课程的信息：数据库系统基础课程，4 个学分，第 5 学期开设。但在计算机中经常按如下形式进行描述：

（数据库系统基础，4，5）

即把课程名、学分、开课学期这些信息组织在一起，形成一个记录，这个记录就是描述课程的数据。记录是计算机表示和存储数据的一种格式或方法。这样的数据是有结构的。

2. 数据库

数据库（Database，DB），顾名思义，就是存放数据的仓库，而这个仓库是按一定的格式存储在计算机存储设备上的。

人们在收集并抽取出一个应用所需要的大量数据之后，就希望将这些数据保存起来，以供进一步从中得到有价值的信息，并进行相应的加工和处理。在科学技术飞速发展的今天，人们对数据的需求越来越多，数据量也越来越大。最早人们把数据存放在文件柜里，现在人们可以借助计算机和数据库技术来科学地保存和管理大量的复杂数据，以便能方便而充分地利用宝贵的数据资源。

严格地讲，数据库是长期存储在计算机中的有组织的、可共享的大量数据的集合。数据库中的数据按一定的数据模型组织、描述和存储，具有较小的数据冗余、较高的数据独立性和易扩展性，并可为多种用户共享。

综上所述，数据库数据具有永久存储、有组织和可共享 3 个基本特点。

3. 数据库管理系统

在了解了数据和数据库的基本概念之后，需要了解的就是如何科学有效地组织和存储数据，如何从大量的数据中快速地获得所需的数据以及如何对数据进行维护，这些就是数据库管理系统（Database Management System，DBMS）要完成的任务。数据库管理系统是一个专门用于实现对数据进行管理和维护的系统软件。

数据库管理系统位于用户应用程序与操作系统软件之间，如图 1-1 所示。数据库管理系统同操作系统一样都是计算机的基础软件，也是一个非常复杂的大型系统软件，其主要功能包括如下几个方面。

图 1-1　数据库管理系统在计算机系统中的位置

（1）数据库的建立与维护功能。包括创建数据库及对数据库空间的维护、数据库的转储与恢复功能、数据库的重组功能、数据库的性能监视与调整功能等。这些功能一般是通过数据库管理系统中提供的一些实用工具实现的。

（2）数据定义功能。包括定义数据库中的对象，如表、视图、存储过程等。这些功能的实现一般是通过数据库管理系统提供的数据定义语言（Data Definition Language，DDL）实现的。

（3）数据组织、存储和管理功能。为提高数据的存取效率，数据库管理系统需要对数据进行分类存储和管理。数据库中的数据包括数据字典、用户数据、存取路径数据等。数据库管理系统要确定这些数据的存储结构、存取方式、存储位置，以及如何实现数据之间的关联。确定数据的组织和存储的主要目的是提高存储空间利用率和存取效率。一般的数据库管理系统都会根据数据的具体组织和存储方式提供多种数据存取方法，如索引查找、Hash 查找、顺序查找等。

（4）数据操作功能。包括对数据库数据的查询、插入、删除和更改操作，这些操作一般是通过数据库管理系统提供的数据操作语言（Data Manipulation Language，DML）实现的。

（5）事务的管理和运行功能。数据库中的数据是可供多个用户同时使用的共享数据。为保证数据能够安全、可靠地运行，数据库管理系统提供了事务管理功能，这一功能保证数据能够并发使用并且不会产生相互干扰的情况，而且在使用中，当发生故障时能够对数据库进行正确的恢复。

（6）其他功能。包括与其他软件的网络通信功能、不同数据库管理系统间的数据传输以及互访问功能等。

4. 数据库系统

数据库系统（Database System，DBS）是指在计算机中引入数据库后的系统，一般由数据库、数据库管理系统（及相关的实用工具）、应用程序、数据库管理员组成。为保证数据库中的数据能够正常、高效地运行，除了数据库管理系统软件之外，还需要一个（或一些）专门人员来对数据库进行维护，这个专门人员就称为数据库管理员（Database Administrator，DBA）。我们将在 1.5 节详细介绍数据库系统的组成。

1.3 数据管理技术的发展

数据库技术是应数据管理任务的需要而产生和发展的。数据管理是指对数据进行分类、组织、编码、存储、检索和维护，它是数据处理的核心，而数据处理则是指对各种数据的收集、存储、加工和传播等一系列活动的总和。数据管理技术的发展经历了文件管理和数据库管理两个阶段。

人们最初对数据的管理是以文件方式进行的，也就是用户通过编写应用程序来实现对数据的存储和管理。随着数据量越来越大，人们对数据的要求越来越多，希望达到的目的也越来越复杂，文件管理方式已经很难满足人们对数据的需求，由此产生了数据库技术，也就是用数据库来存储和管理数据。

本节将介绍文件管理和数据库管理在管理数据上的主要差别。

1.3.1 文件管理

理解今日数据库特征的最好办法是了解在数据库技术产生之前，人们是如何通过文件的方式对数据进行管理的。

20 世纪 50 年代后期到 60 年代中期，计算机的硬件方面已经有了磁盘等直接存取的存储设备，软件方面，操作系统中已经有了专门的数据管理软件，一般称为文件管理系统。文件管理系统把数据组织成相互独立的数据文件，利用"按文件名访问，按记录进行存取"的管理技术，可以对文件中的数据进行修改、插入、删除等操作。

在出现程序设计语言之后，开发人员不但可以创建自己的文件并将数据保存在自己定义的文件中，而且还可以编写应用程序来处理文件中的数据，即编写应用程序来定义文件的结构，实现对文件内容的插入、删除、修改和查询操作。当然，真正实现磁盘文件的物理存取操作的还是操作系统中的文件管理系统，应用程序只是告诉文件管理系统对哪个文件的哪些数据进行哪些操作。我们将由开发人员定义存储数据的文件及文件结构，并借助文件管理系统的功能编写访问这些文件的应用程序，以实现对用户数据的处理的方式称为**文件管理**。在本章后面的讨论中，为描述简单我们将忽略掉文件管理系统，假定应用程序是直接对磁盘文件进行操作。

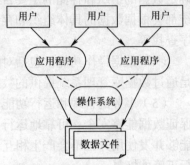

图 1-2　用文件进行管理的操作模式

用户通过编写应用程序来管理存储在文件中的数据的操作模式如图 1-2 所示。

假设某学校要用文件的方式保存学生及其选课的数据，并在这些数据文件基础之上构建对学生进行管理的系统。此系统主要实现两部分功能：学生基本信息管理和学生选课情况管理。假设教务部门管理学生选课情况，各系部管理学生基本信息。学生基本信息管理中涉及学生的基本信息数据，假设这些数据保存在 F1 文件中；学生选课情况管理涉及学生的部分基本信息、课程基本信息和学生选课信息，文件 F2 和 F3 分别保存课程基本信息和学生选课信息的数据。

设 A1 为实现"学生基本信息管理"功能的应用程序，A2 为实现"学生选课管理"功能的应用程序。由于学生选课管理中要用到 F1 文件中的一些数据，为减少冗余，它将直接使用"学生基本信息管理"（即 F1 文件）中的数据，如图 1-3 所示（图中省略了操作系统部分）。

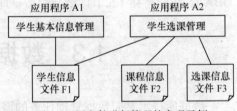

图 1-3　用文件进行管理的实现示例

假设文件 F1、F2 和 F3 分别包含如下信息。

● F1 文件——学号、姓名、性别、出生日期、联系电话、所在系、专业、班号。

● F2 文件——课程号、课程名、授课学期、学分、课程性质。

● F3 文件——学号、姓名、所在系、专业、课程号、课程名、修课类型、修课时间、考试成绩。

我们将文件中所包含的每一个子项称为文件结构中的"字段"或"列"，将每一行数据称为一个"记录"。

"学生选课管理"的处理过程大致是：在学生选课管理中，若有学生选课，则先查 F1 文件，判断有无此学生；若有则再访问 F2 文件，判断其所选的课程是否存在；若一切符合规则，就将学生选课信息写到 F3 文件中。

这看似很好，但仔细分析一下，就会发现用文件方式管理数据有如下缺点。

（1）编写应用程序不方便。应用程序编写者必须清楚地了解所用文件的逻辑及物理结构，如文件中包含多少个字段，每个字段的数据类型，采用何种逻辑结构和物理存储结构。操作系统只提供了打开、关闭、读、写等几个底层的文件操作命令，而对文件的查询、修改等处理都必须在应用程序中编程实现。这样就容易造成各应用程序在功能上的重复，如图 1-3 中的"学生基本信息管理"和"学生选课管理"都要对 F1 文件进行操作，而共享这两个功能相同的操作却很难。

（2）数据冗余不可避免。由于 A2 应用程序需要在学生选课信息文件（F3 文件）中包含学生的一些基本信息，如学号、姓名、所在系、专业等，而这些信息同样包含在学生信息文件（F1 文件）中，因此 F3 文件和 F1 文件中存在重复数据，从而造成数据的重复，称为数据冗余。

数据冗余所带来的问题不仅仅是存储空间的浪费（其实，随着计算机硬件技术的飞速发展，存储容量不断扩大，空间问题已经不是我们关注的主要问题），更为严重的是造成了数据的不一致（inconsistency）。例如，某个学生所学的专业发生了变化，我们一般只会想到在 F1 文件中进行修改，而往往忘记了在 F3 中应做同样的修改。由此，就造成了同一名学生在 F1 文件和 F3 文件中的"专业"不一样，也就是数据不一致。人们不能判定哪个数据是正确的，尤其是当系统中存在多处数据冗余时，更是如此。这样，数据就失去了其可信性。

文件本身并不具备维护数据一致性的功能，这些功能完全要由用户（应用程序开发者）负责维护。这在简单的系统中还可以勉强应付，但在复杂的系统中，若让应用程序开发者来保证数据的一致性，几乎是不可能的。

（3）应用程序依赖性。就文件管理而言，应用程序对数据的操作依赖于存储数据的文件的结构。文件和记录的结构通常是应用程序代码的一部分，如 C 程序的 struct。文件结构的每一次修改，如添加字段、删除字段，甚至修改字段的长度（如电话号码从 7 位扩到 8 位），都将导致应用程序的修改，因为在打开文件进行数据读取时，必须将文件记录中不同字段的值对应到应用程序的变量中。随着应用环境和需求的变化，修改文件的结构不可避免，这些都需要在应用程序中做相应的修改，而（频繁）修改应用程序是很麻烦的。人们首先要熟悉原有程序，修改后还需要对程序进行测试、安装等；甚至修改了文件的存储位置或者文件名，也需要对应用程序进行修改，这显然给程序维护人员带来很多麻烦。

所有这些都是由于应用程序对文件结构以及文件物理特性的过分依赖造成的，换句话说，用文件管理数据时，其数据独立性（data independence）很差。

（4）不支持对文件的并发访问。在现代计算机系统中，为了有效利用计算机资源，一般都允许同时运行多个应用程序（尤其是在现在的多任务操作系统环境中）。文件最初是作为程序的附属数据出现的，它一般不支持多个应用程序同时对同一个文件进行访问。回忆一下，某个用户打开了一个 Excel 文件，当第 2 个用户在第 1 个用户未关闭此文件前打开此文件时，会得到什么信息呢？他只能以只读方式打开此文件，而不能在第 1 个用户打开的同时对此文件进行修改。再回忆一下，如果用某种程序设计语言编写一个对某文件中内容进行修改的程序，其过程是先以写的方式打开文件，然后修改其内容，最后再关闭文件。在关闭文件之前，不管是在其他的程序中，还是在同一个程序中都不允许再次打开此文件，这就是文件管理方式不支持并发访问的含义。

对于以数据为中心的系统来说，必须要支持多个用户对数据的并发访问，否则就不会有我们现在这么多的火车或飞机的订票点，也不会有这么多的银行营业网点。

（5）数据间联系弱。当用文件管理数据时，文件与文件之间是彼此独立、毫不相干的，文件之间的联系必须通过程序来实现。比如对上述的 F1 文件和 F3 文件，F3 文件中的学号、姓名等学生的基本信息必须是 F1 文件中已经存在的（即选课的学生必须是已经存在的学生）；

同样，F3 文件中的课程号等与课程有关的基本信息也必须存在于 F2 文件中（即学生选的课程也必须是已经存在的课程）。这些数据之间的联系是实际应用当中所要求的很自然的联系，但文件本身不具备自动实现这些联系的功能，我们必须编写应用程序，即手工地建立这些联系。这不但增加了编写代码的工作量和复杂度，而且当联系很复杂时，也难以保证其正确性。因此，用文件管理数据时很难反映现实世界事物间客观存在的联系。

（6）难以满足不同用户对数据的需求。不同的用户（数据使用者）关注的数据往往不同。例如，对于学生基本信息，对负责分配学生宿舍的部门可能只关心学生的学号、姓名、性别和班号，而对教务部门可能关心的是学号、姓名、所在系、专业和班号。

若多个不同用户希望看到的是学生不同的基本信息，那么就需要为每个用户建立一个文件，这势必造成很多的数据冗余。我们希望的是，用户关心哪些信息就为他生成哪些信息，对用户不关心的数据将其屏蔽，使用户感觉不到其他信息的存在。

另外，可能还会有一些用户所需要的信息来自于多个不同的文件。例如，假设各班班主任关心的是：班号、学号、姓名、课程名、学分、考试成绩等，这些信息涉及 3 个文件：从 F1 文件中得到"班号"，从 F2 文件中得到"学分"，从 F3 文件中得到"考试成绩"；而"学号"、"姓名"可以从 F1 文件或 F3 文件中得到，"课程名"可以从 F2 文件或 F3 文件中得到。在生成结果数据时，必须对从 3 个文件中读取的数据进行比较，然后组合成一行有意义的数据。比如，将从 F1 文件中读取的学号与从 F3 文件中读取的学号进行比较，学号相同时，才可以将 F1 文件中的"班号"与 F3 文件中的当前记录所对应的学号和姓名组合起来，之后，还需要将组合结果与 F2 文件中的内容进行比较，找出课程号相同的课程的学分，再与已有的结果组合起来。然后再从组合后的数据中提取出用户需要的信息。如果数据量很大，涉及的文件比较多时，我们可以想象到这个过程有多么复杂。因此，这种大容量复杂信息的查询，在按文件管理数据的方式中是很难处理的。

（7）无安全控制功能。在文件管理方式中，很难控制某个人对文件能够进行的操作，比如只允许某个人查询和修改数据，但不能删除数据，或者对文件中的某个或者某些字段不能修改等。而在实际应用中，数据的安全性是非常重要且不可忽视的。比如，在学生选课管理中，我们不允许学生修改其考试成绩，但允许他们查询自己的考试成绩；在银行系统中，更是不允许一般用户修改其存款数额。

人们对数据需求的增加，迫切需要对数据进行有效、科学、正确、方便的管理。针对文件管理方式的这些缺陷，人们逐步开发出了以统一管理和共享数据为主要特征的数据库管理系统。

1.3.2　数据库管理

20 世纪 60 年代后期以来，计算机管理数据的规模越来越大，应用范围越来越广泛，数据量急剧增加，同时多种应用同时共享数据集合的要求也越来越强烈。

随着大容量磁盘的出现，硬件价格的不断下降，软件价格的不断上升，编制和维护系统软件和应用程序的成本也相应地不断增加。在数据处理方式上，对联机实时处理的要求越来越多，同时开始提出和考虑分布式处理技术。在这种背景下，以文件方式管理数据已经不能满足应用的需求，于是出现了新的管理数据的技术——数据库技术，同时出现了统一管理数据的专门软件——数据库管理系统。

从 1.3.1 小节的介绍我们可以看到，在数据库管理系统出现之前，人们对数据的操作是通过直接针对数据文件编写应用程序实现的, 而这种模式会产生很多问题。在有了数据库管理系统之后, 人们对数据的操作全部是通过数据库管理系统实现的, 而且应用程序的编写也不再直接针对存放数据的文件。有了数据库技术和数据库管理系统之后, 人们对数据的操作模式也发生了根本的变化, 如图 1-4 所示。

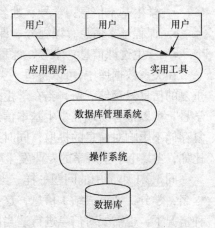

图 1-4 用数据库进行管理的操作模式

比较图 1-2 和图 1-4, 可以看到主要区别有两个: 第 1 个是在操作系统和用户应用程序之间增加了一个系统软件——数据库管理系统, 使得用户对数据的操作都是通过数据库管理系统实现的; 第 2 个是有了数据库管理系统之后, 用户不再需要有数据文件的概念, 即不再需要知道数据文件的逻辑和物理结构及物理存储位置, 而只需要知道存放数据的场所——数据库。

从本质上讲, 即使在有了数据库技术之后, 数据最终还是以文件的形式存储在磁盘上的(这点我们将在本书第 18 章中的创建数据库部分介绍), 只是这时对物理数据文件的存取和管理是由数据库管理系统统一实现的, 而不是每个用户通过编写应用程序实现。数据库和数据文件既有区别又有联系, 它们之间的关系类似于单位的名称和地址之间的关系。单位地址代表了单位的实际存在位置, 单位名称是单位的逻辑代表。而且一个数据库可以包含多个数据文件, 就像一个单位可以有多个不同的地址一样(就像我们现在的很多大学, 都是一个学校有多个校址), 每个数据文件存储数据库的部分数据。不管一个数据库包含多少个数据文件, 对用户来说他只针对数据库进行操作, 而无需对数据文件进行操作, 这种模式极大地简化了用户对数据的访问。

在有了数据库技术之后, 用户只需要知道存放所需数据的数据库名, 就可以对数据库对应的数据文件中的数据进行操作。将对数据库的操作转换为对物理数据文件的操作是由数据库管理系统自动实现的, 用户不需要知道, 也不需要干预。

对于 1.3.1 小节中列举的学生基本信息管理和学生选课管理两个子系统, 如果利用数据库管理系统实现, 其实现方式如图 1-5 所示。

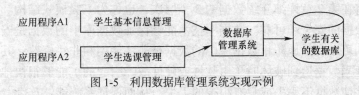

图 1-5 利用数据库管理系统实现示例

与文件管理数据相比, 用数据库管理系统管理数据具有以下特点。

(1) 相互关联的数据集合。用数据库管理系统管理数据, 所有相关的数据都被存储在一个数据库中, 它们作为一个整体定义, 因此可以很方便地表达数据之间的关联关系。比如学生基本信息中的"学号"与学生选课管理中的"学号", 这两个学号之间是有关联关系的, 即学生选课中"学号"的取值范围在学生基本信息的"学号"取值范围内。在关系数据库中, 数据之间的关联关系是通过定义外键实现的。

(2) 较少的数据冗余。由于数据是被统一管理的, 因此可以从全局着眼, 对数据进行最合理的组织。例如, 将 1.3.1 小节中文件 F1、F2 和 F3 的重复数据挑选出来, 进行合理的管理，这样就可以形成如下所示的几部分信息。

- 学生基本信息：学号、姓名、性别、出生日期、联系电话、所在系、专业、班号。
- 课程基本信息：课程号、课程名、授课学期、学分、课程性质。
- 学生选课信息：学号、课程号、修课类型、修课时间、考试成绩。

在关系数据库中，可以将每一类信息存储在一个表中（关系数据库的概念将在后边介绍），重复的信息只存储一份，当在学生选课中需要学生的姓名等其他信息时，根据学生选课中的学号，可以很容易地在学生基本信息中找到此学号对应的姓名等信息。因此，消除数据的重复存储不影响对信息的提取，同时还可以避免由于数据重复存储而造成的数据不一致问题。比如，当某个学生所学的专业发生变化时，只需在"学生基本信息"一个地方进行修改即可。

同 1.3.1 小节中的问题一样，当所需的信息来自不同地方，比如（班号，学号，姓名，课程名，学分，考试成绩）信息，这些信息需要从 3 个地方（关系数据库为 3 张表）得到。这种情况下，也需要对信息进行适当的组合，即学生选课中的学号只能与学生基本信息中学号相同的信息组合在一起，同样，学生选课中的课程号也必须与课程基本信息中课程号相同的信息组合在一起。过去在文件管理方式中，这个工作是由开发者编程实现的，而现在有了数据库管理系统，这些繁琐的工作完全交给了数据库管理系统来完成。

因此，在用数据库技术管理数据的系统中，避免数据冗余不会增加开发者的负担。在关系数据库中，避免数据冗余是通过关系规范化理论实现的。

（3）程序与数据相互独立。在数据库中，组成数据的数据项以及数据的存储格式等信息都与数据存储在一起，它们通过 DBMS 而不是应用程序来操作和管理，应用程序不再需要处理文件和记录的格式。

程序与数据相互独立有两方面的含义：一方面是当数据的存储方式发生变化时（这里包括逻辑存储方式和物理存储方式），比如从链表结构改为散列表结构，或者是顺序存储和非顺序存储之间的转换，应用程序不必作任何修改；另一方面是当数据所包含的数据项发生变化时，比如增加或减少了一些数据项，如果应用程序与这些修改的数据项无关，则不用修改应用程序。这些变化都将由 DBMS 负责维护。大多数情况下，应用程序并不知道也不需要知道数据存储方式或数据项已经发生了变化。

在关系数据库中，数据库管理系统通过将数据划分为 3 个层次来自动保证程序与数据相互独立。我们将在第 2 章详细介绍数据的 3 个层次，也称为三级模式结构。

（4）保证数据的安全和可靠。数据库技术能够保证数据库中的数据是安全和可靠的。它的安全控制机制可以有效地防止数据库中的数据被非法使用和非法修改；其完整的备份和恢复机制可以保证当数据遭到破坏时（由软件或硬件故障引起的）能够很快地将数据库恢复到正确的状态，并使数据不丢失或只有很少的丢失，从而保证系统能够连续、可靠地运行。保证数据的安全是通过数据库管理系统的安全控制机制实现的，保证数据的可靠是通过数据库管理系统的备份和恢复机制实现的。

（5）最大限度地保证数据的正确性。数据的正确性（也称为数据的完整性）是指存储到数据库中的数据必须符合现实世界的实际情况，比如人的性别只能是"男"和"女"，人的年龄应该在 0 到 150 之间（假设没有年龄超过 150 岁的人）。如果在性别中输入了其他值，或者将一个负数输入到年龄中，在现实世界中显然是不对的。数据的正确性是通过在数据库中建立约束来实现的。当建立好保证数据正确的约束之后，如果有不符合约束的数据存储到数据库中，数据库管理系统能主动拒绝这些数据。

（6）数据可以共享并能保证数据的一致性。数据库中的数据可以被多个用户共享，即允许多个用户同时操作相同的数据。当然，这个特点是针对支持多用户的大型数据库管理系统而言的，对于只支持单用户的小型数据库管理系统（比如 Access），在任何时候最多只有一个用户访问数据库，因此不存在共享的问题。

多用户共享问题是数据库管理系统内部解决的问题，它对用户是不可见的。这就要求数据库管理系统能够对多个用户进行协调，保证多个用户之间对相同数据的操作不会产生矛盾和冲突，即在多个用户同时操作相同数据时，能够保证数据的一致性和正确性。设想一下火车订票系统，如果多个订票点同时对某一天的同一车次火车进行订票，那么必须保证不同订票点订出票的座位不能重复。

数据可共享并能保证共享数据的一致性是由数据库管理系统的并发控制机制实现的。

到今天，数据库技术已经发展成为一门比较成熟的技术，通过上述讨论，我们可以概括出数据库具备如下特征。

数据库是相互关联的数据的集合，它用综合的方法组织数据，具有较小的数据冗余，可供多个用户共享，具有较高的数据独立性，具有安全控制机制，能够保证数据的安全、可靠，允许并发地使用数据库，能有效、及时地处理数据，并能保证数据的一致性和正确性。

需要强调的是，所有这些特征并不是数据库中的数据固有的，而是靠数据库管理系统提供和保证的。

1.4　数据独立性

数据独立性是指应用程序不会因数据的物理表示方式和访问技术的改变而改变，即应用程序不依赖于任何特定的物理表示方式和访问技术，它包含两个方面：逻辑独立性和物理独立性。物理独立性是指当数据的存储位置或存储结构发生变化时，不影响应用程序的特性；逻辑独立性是指当表达现实世界的信息内容发生变化时，比如增加一些列、删除无用列等，也不影响应用程序的特性。要理解数据独立性的含义，最好先搞清什么是非数据独立性。在数据库技术出现之前，也就是在使用文件管理数据的时候，实现的应用程序常常是数据依赖的，也就是说数据的物理表示方式和有关的存取技术都要在应用程序中考虑，而且，有关物理表示的知识和访问技术直接体现在应用程序的代码中。例如，如果数据文件使用了索引，那么应用程序必须知道有索引存在，也要知道记录的顺序是索引的，这样应用程序的内部结构就是基于这些知识而设计的。一旦数据的物理表示方式改变了，就会对应用程序产生很大的影响。例如，如果改变了数据的排序方式，则应用程序不得不做很大的修，而且在这种情况下，应用程序修改的部分恰恰是与数据管理密切联系的部分，而与应用程序最初要解决的问题毫不相干。

在用数据库技术管理数据的方式中，可以尽量避免应用程序对数据的依赖，这有如下两种情况。

● 不同的用户关心的数据并不完全相同，即使对同样的数据不同用户的需求也不尽相同。比如前述的学生基本信息数据，包括学号、姓名、性别、出生日期、联系电话、所在系、专业、班号，而分配宿舍的部门可能只需要学号、姓名、班号，性别，教务部门可能只需要学号、姓名、所在系、专业和班号。理想的实现方法应根据全体用户对数据的需求存储一套完整的数据，而且只编写一个针对全体用户的公共数据的应用程序，但能够按每个用户的具体要求只展示其需要的数据，而且当公共数据发生变化时（比如增加新信息），可以不修改应用程序，每个不需要这些变化数据的用户也不需要知道有这些变化。这种独立性（逻辑独立性）在文件管理方式下是很难实现的。

● 随着科学技术的进步以及应用业务的变化，有时必须要改变数据的物理表示方式和访问技术以适应技术发展及需求变化。比如，改变数据的存储位置或存储方式（就像一个单位可以搬到新的地址，或者是调整单位各科室的布局）以提高数据的访问效率。理想情况下，这些变化不应该影响应用程序（物理独立性）。这在文件管理方式下也是很难实现的。

因此，数据独立性的提出是一种客观应用的要求。数据库技术的出现正好克服了应用程序对数据的物理表示和访问技术的依赖。

1.5 数据库系统的组成

我们在 1.1 节简单介绍了数据库系统的组成，数据库系统是基于数据库的计算机应用系统，一般包括数据库、数据库管理系统（及相应的实用工具）、应用程序和数据库管理员 4 个部分，如图 1-6 所示。数据库是数据的汇集，它以一定的组织形式保存在存储介质上；数据库管理系统是管理数据库的系统软件，它可以实现数据库系统的各种功能；应用程序专指以数据库数据为基础的程序；数据库管理员负责整个数据库系统的正常运行。

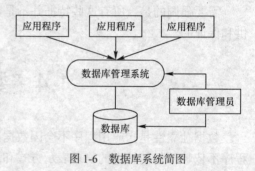

图 1-6 数据库系统简图

下面分别简要介绍数据库系统包含的主要内容。

1. 硬件

由于数据库中的数据量一般都比较大，而且 DBMS 由于丰富的功能而使得自身的规模也很大（SQL Server 2005 的完整安装大致需要 700MB 以上的硬盘空间和至少 512MB 以上的内存），因此整个数据库系统对硬件资源的要求很高。必须要有足够大的内存，来存放操作系统、数据库管理系统、数据缓冲区和应用程序，而且还要有足够大的硬盘空间来存放数据库数据，最好还有足够的存放备份数据的磁带、磁盘或光盘。

2. 软件

数据库系统的软件主要包括以下几种。

● 数据库管理系统。它是整个数据库系统的核心，是建立、使用和维护数据库的系统软件。

● 支持数据库管理系统运行的操作系统。数据库管理系统中的很多底层操作是靠操作系统完成的，数据库中的安全控制等功能也是与操作系统共同实现的。因此，数据库管理系统要和操作系统协同工作来完成很多功能。不同的数据库管理系统需要的操作系统平台不尽相同，比如 SQL Server 只支持在 Windows 平台上运行，而 Oracle 有支持 Windows 平台和 Linux 平台的不同版本。

● 具有数据库访问接口的高级语言及其编程环境，以便于开发应用程序。

- 以数据库管理系统为核心的实用工具,这些实用工具一般是数据库厂商提供的随数据库管理系统软件一起发行的。

3. 人员

数据库系统中包含的人员主要有:数据库管理员、系统分析人员、数据库设计人员、应用程序编程人员和最终用户。

- 数据库管理员负责维护整个系统的正常运行,负责保证数据库的安全和可靠。
- 系统分析人员主要负责应用系统的需求分析和规范说明,这些人员要和最终用户以及数据库管理员配合,以确定系统的软、硬件配置,并参与数据库应用系统的概要设计。
- 数据库设计人员主要负责确定数据库数据,设计数据库结构等。数据库设计人员也必须参与用户需求调查和系统分析。在很多情况下,数据库设计人员就由数据库管理员担任。
- 应用程序编程人员负责设计和编写访问数据库的应用系统的程序模块,并对程序进行调试和安装。
- 最终用户是数据库应用程序的使用者,他们是通过应用程序提供的操作界面操作数据库中数据的人员。

小　结

本章首先介绍了数据库中涉及的一些基本概念,然后介绍了数据管理技术的发展,重点是介绍文件管理和数据库管理系统在操作数据上的差别。文件管理不能提供数据的共享、缺少安全性、不利于数据的一致性维护、不能避免数据冗余,更为重要的是应用程序与文件结构是紧耦合的,文件结构的任何修改都将导致应用程序的修改,而且对数据的一致性、安全性等管理都要在应用程序中编程实现,对复杂数据的检索也要由应用程序来完成,这使得编写使用数据的应用程序非常复杂和繁琐,而且当数据量很大,数据操作比较复杂时,应用程序几乎不能胜任。而数据库管理系统的产生就是为了解决文件管理的诸多不便。它将以前在应用程序中实现的复杂功能转由数据库管理系统(DBMS)统一实现,不但减轻了开发者的负担,而且更重要的是带来了数据的共享、安全、一致性等诸多好处,并将应用程序与数据的结构和存储方式彻底分开,使应用程序的编写不再受数据的存储结构和存储方式的影响。

数据独立性是为方便维护应用程序而提出来的,其主要宗旨是尽量减少因数据的逻辑结构和物理结构的变化而导致的应用程序的修改,同时尽可能满足不同用户对数据的需求。

数据库系统主要由数据库管理系统、数据库、应用程序和数据库管理员组成,其中 DBMS 是数据库系统的核心。数据库管理系统、数据库和应用程序的运行需要一定的硬件资源的支持,同时数据库管理系统也需要有相应的操作系统的支持。

习　题

1. 试说明数据、数据库、数据库管理系统和数据库系统的概念。
2. 数据管理技术的发展主要经历了哪几个阶段?
3. 文件管理方式在管理数据方面有哪些缺陷?

4. 与文件管理相比，数据库管理系统有哪些优点？

5. 比较文件管理和数据库管理系统管理数据的主要区别。

6. 在数据库管理系统中，应用程序是否需要关心数据的存储位置和存储结构？为什么？

7. 在数据库系统中，数据库的作用是什么？

8. 在数据库系统中，应用程序可以不通过数据库管理系统而直接访问数据文件吗？

9. 数据独立性指的是什么？它能带来哪些好处？

10. 数据库系统由哪几部分组成，每一部分在数据库系统中的作用大致是什么？

第 2 章
数据模型与数据库结构

本章将介绍数据库技术实现程序和数据相互独立的基本原理，即数据库的结构。在介绍数据库结构之前，先介绍数据模型的一些基本概念。本章的内容是理解用数据库技术管理数据的关键。

2.1 数据和数据模型

现实世界的数据是散乱无章的，散乱的数据不利于人们对其进行有效的管理和处理，特别是海量数据。因此，必须把现实世界的数据按照一定的格式组织起来，以方便对其进行操作和使用，数据库技术也不例外，在用数据库技术管理数据时，数据被按照一定的格式组织起来，比如二维表结构或者是层次结构，以使数据能够被更高效地管理和处理。本节就对数据和数据模型进行简单介绍。

2.1.1 数据与信息

在介绍数据模型之前，我们先来了解数据与信息的关系。在第 1 章 1.2 节已经介绍了数据的概念，说明数据是数据库中存储的基本对象。为了了解世界、研究世界和交流信息，人们需要描述各种事物。用自然语言来描述虽然很直接，但过于繁琐，不便于形式化，而且也不利于用计算机来表达。为此，人们常常只抽取那些感兴趣的事物特征或属性来描述事物。例如，一名学生可以用信息（张三，9912101，男，1981，计算机系，应用软件）描述，这样的一行数据被称为一条记录。单看这行数据我们很难知道其确切含义，但对其进行如下解释：张三是 9912101 班的男学生，1981 年出生，计算机系应用软件专业，其内容就是有意义的了。我们将描述事物的符号记录称为数据，将从数据中获得的有意义的内容称为信息。数据有一定的格式，例如，姓名一般是长度不超过 4 个汉字的字符（假设不包括少数民族的姓名），性别是一个汉字的字符。这些格式的规定是数据的语法，而数据的含义是数据的语义。因此，数据是信息存在的一种形式，只有通过解释或处理才能成为有用的信息。

一般来说，数据库中的数据具有静态特征和动态特征两个方面。

（1）静态特征。数据的静态特征包括数据的基本结构、数据间的联系以及对数据取值范围的约束。比如 1.3.1 小节中给出的学生管理的例子。学生基本信息包含学号、姓名、性别、出生日期、联系电话、所在系、专业、班号，这些都是学生所具有的基本性质，是学生数据的基本结构。学生选课信息包括学号、课程号和考试成绩等，这些是学生选课的基本性质。

但学生选课信息中的学号与学生基本信息中的学号是有一定关联的,即学生选课信息中的"学号"所能取的值必须在学生基本信息中的"学号"取值范围之内,因为只有这样,学生选课信息中所描述的学生选课情况才是有意义的(我们不会记录不存在的学生的选课情况),这就是数据之间的联系。最后我们看数据取值范围的约束,人的性别一项的取值只能是"男"或"女"、课程的学分一般是大于 0 的整数值、学生的考试成绩一般在 0~100 分之间等,这些都是对某个列的数据取值范围进行的限制,目的是在数据库中存储正确的、有意义的数据。这就是对数据取值范围的约束。

（2）动态特征。数据的动态特征是指对数据可以进行的操作以及操作规则。对数据库数据的操作主要有查询数据和更改数据,更改数据一般又包括对数据的插入、删除和更新。

一般将对数据的静态特征和动态特征的描述称为**数据模型三要素**,即在描述数据时要包括数据的基本结构、数据的约束条件（这两个属于静态特征）和定义在数据上的操作（属于数据的动态特征）3 个方面。

2.1.2　数据模型

对于模型,特别是具体的模型,人们并不陌生。一张地图、一组建筑设计沙盘、一架飞机模型等都是具体的模型。人们可以从模型联想到现实生活中的事物。计算机中的模型是对事物、对象、过程等客观系统中感兴趣的内容的模拟和抽象表达,是理解系统的思维工具。数据模型（data model）也是一种模型,它是对现实世界数据特征的抽象。

数据库是企业或部门相关数据的集合,数据库不仅要反映数据本身的内容,而且要反映数据之间的联系。由于计算机不可能直接处理现实世界中的具体事物,因此,必须要把现实世界中的具体事物转换成计算机能够处理的对象。在数据库中用数据模型这个工具来抽象、表示和处理现实世界中的数据和信息。

数据库管理系统是基于某种数据模型对数据进行组织的,因此,了解数据模型的基本概念是学习数据库知识的基础。

在数据库领域中,数据模型用于表达现实世界中的对象,即将现实世界中杂乱的信息用一种规范的、形象化的方式表达出来。而且这种数据模型即要面向现实世界（表达现实世界信息）,同时又要面向机器世界（因为要在机器上实现出来）,因此一般要求数据模型满足以下 3 个方面的要求。

① 能够真实地模拟现实世界。因为数据模型是抽象现实世界对象信息,经过整理、加工,成为一种规范的模型。但构建模型的目的是为了真实、形象地表达现实世界情况。

② 容易被人们理解。因为构建数据模型一般是数据库设计人员做的事情,而数据库设计人员往往并不是所构建的业务领域的专家,因此,数据库设计人员所构建的模型是否正确,是否与现实情况相符,需要由精通业务的用户来评判,而精通业务的人员往往又不是计算机领域的专家。因此要求所构建的数据模型要形象化,要容易被业务人员理解,以便于他们对模型进行评判。

③ 能够方便地在计算机上实现。因为对现实世界业务进行设计的最终目的是能够在计算机上得以实现,用计算机来表达和处理现实世界的业务。因此所构建的模型必须能够方便地在计算机上实现,否则就没有任何意义。

用一种模型来同时很好地满足这 3 方面的要求在目前是比较困难的,因此在数据库领域中是针对不同的使用对象和应用目的,采用不同的数据模型来实现。

数据模型实际上是模型化数据和信息的工具。根据模型应用的不同目的，可以将模型分为两大类，它们分别属于两个不同的层次。

第一类是概念层数据模型，也称为概念模型或信息模型，它从数据的应用语义视角来抽取现实世界中有价值的数据并按用户的观点来对数据进行建模。这类模型主要用在数据库的设计阶段，它与具体的数据库管理系统无关，也与具体的实现方式无关。另一类是组织层数据模型，也称为组织模型（有时也直接简称为数据模型，在本书中，凡是称数据模型的都指的是组织层数据模型），它从数据的组织方式来描述数据。所谓组织层就是指用什么样的逻辑结构来组织数据。数据库发展到现在主要采用了如下几种组织方式（或叫组织模型）：层次模型（用树形结构组织数据）、网状模型（用图形结构组织数据）、关系模型（用简单二维表结构组织数据）以及对象-关系模型（用复杂的表格以及其他结构组织数据）。组织层数据模型主要是从计算机系统的观点对数据进行建模，它与所使用的数据库管理系统的种类有关，因为不同的数据库管理系统支持的数据模型可以不同。组织层数据模型主要用于 DBMS 的实现。

为了把现实世界中的具体事物抽象、组织为某一具体 DBMS 支持的数据模型，人们通常首先将现实世界抽象为信息世界，然后再将信息世界转换为机器世界。即，首先把现实世界中的客观对象抽象为某一种描述信息的模型，这种模型并不依赖于具体的计算机系统，而且也不与具体的 DBMS 有关，而是概念意义上的模型，也就是我们前边所说的概念层数据模型；然后再把概念层数据模型转换为具体的 DBMS 支持的数据模型，也就是组织层数据模型（比如关系数据库的二维表）。注意从现实世界到概念层数据模型使用的是"抽象"技术，从概念层数据模型到组织层数据模型使用的是"转换"技术，也就是说先有概念模型，然后再到组织模型。从概念模型到组织模型的转换是比较直接和简单的，我们将在第 11 章数据库设计中详细介绍转换方法。这个过程如图 2-1 所示。

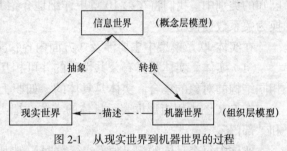

图 2-1　从现实世界到机器世界的过程

2.2　概念层数据模型

从图 2-1 可以看出，概念层数据模型实际上是现实世界到机器世界的一个中间层，机器世界实现的最终目的是为了反映和描述现实世界。本节将介绍概念层数据模型的基本概念及基本构建方法。

2.2.1　基本概念

概念层数据模型是指抽象现实系统中有应用价值的元素及其关联关系，反映现实系统中有应用价值的信息结构，并且不依赖于数据的组织层数据模型。

概念层数据模型用于对信息世界的建模，是现实世界到信息世界的第一层抽象，是数据库设计人员进行数据库设计的工具，也是数据库设计人员和业务领域的用户之间进行交流的工具，因此，该模型一方面应该具有较强的语义表达能力，能够方便、直接地表达应用中的各种语义知识；另一方面它还应该简单、清晰和易于被用户理解。因为概念模型设计的正确与否，即所设计的概念模型是否合理、是否正确地表达了现实世界的业务情况，是由业务人员来判定的。

概念层数据模型是面向用户、面向现实世界的数据模型，它与具体的 DBMS 无关。采用概念层数据模型，设计人员可以在数据库设计的开始把主要精力放在了解现实世界上，而把涉及 DBMS 的一些技术性问题推迟到后面去考虑。

常用的概念层数据模型有实体-联系（Entity-Relationship，E-R）模型、语义对象模型。本书只介绍实体-联系模型，这也是最常使用的一种模型。

2.2.2　实体–联系模型

如果直接将现实世界数据按某种具体的组织模型进行组织，必须同时考虑很多因素，设计工作也比较复杂，并且效果并不一定理想，因此需要一种方法能够对现实世界的信息结构进行描述。事实上这方面已经有了一些方法，我们要介绍的是 P.P.S.Chen 于 1976 年提出的实体-联系方法，即通常所说的 E-R 方法。这种方法由于简单、实用，因此得到了广泛的应用，也是目前描述信息结构最常用的方法。

实体-联系方法使用的工具称为 E-R 图，它所描述的现实世界的信息结构称为企业模式（Enterprise Schema），也把这种描述结果称为 E-R 模型。

实体-联系方法试图定义很多数据分类对象，然后数据库设计人员就可以将数据项归类到已知的类别中。我们将在第 10 章更详细地介绍 E-R 模型，在第 11 章介绍如何将 E-R 模型转换为关系数据模型。

在实体-联系模型中主要涉及 3 方面内容：实体、属性和联系。

（1）实体。实体是具有公共性质的并可相互区分的现实世界对象的集合，或者说是具有相同结构的对象的集合。实体是具体的，如职工、学生、教师、课程都是实体。

在 E-R 图中用矩形框表示具体的实体，把实体名写在框内，如图 2-2（a）中的"经理"和"部门"。

实体中每个具体的记录值（一行数据），比如学生实体中的每个具体的学生，我们称之为实体的一个实例。（注意，有些书也将实体称为实体集或实体类型，而将每行具体的记录称为实体。）

（2）属性。每个实体都具有一定的特征或性质，这样我们才能根据实体的特征来区分一个个实例。属性就是描述实体或者联系的性质或特征的数据项，属于一个实体的所有实例都具有相同的性质，在 E-R 模型中，这些性质或特征就是属性。比如学生的学号、姓名、性别等都是学生实体具有的特征，这些特征就构成了学生实体的属性。实体应具有多少个属性是由用户对信息的需求决定的。例如，假设用户还需要学生的出生日期信息，则可以在学生实体中加一个"出生日期"属性。

在实体的属性中，将能够唯一标识实体的一个属性或最小的一组属性（称为属性集或属性组）称为实体的标识属性，这个属性或属性组也称为实体的码。例如，"学号"就是学生实体的码。

属性在 E-R 图中用圆角矩形表示，在圆角矩形框内写上属性的名字，并用连线将属性框与它所描述的实体联系起来，如图 2-2（c）所示。

（3）联系。在现实世界中，事物内部以及事物之间是有联系的，这些联系在信息世界反映为实体内部的联系和实体之间的联系。实体内部的联系通常是指一个实体内部属性之间的联系，实体之间的联系通常是指不同实体属性之间的联系。比如在"职工"实体中，假设有职工号、职工姓名，所在部门和部门经理号等属性，其中"部门经理号"描述的是这个职工所在部门的经理的编号。一般来说，部门经理也属于单位的职工，而且通常与职工采用的是一套职工编码方式，因此"部门经理号"与"职工号"之间有一种关联的关系，即"部门经理号"的取值在"职工号"取值范围内。这就是实体内部的联系。而"学生"和"系"之间就是实体之间的联系，"学生"是一个实体，假设该实体中有学号、姓名、性别、所在系等属性，"系"也是一个实体，假设该实体中包含系名、系联系电话，系办公地点等属性，则"学生"实体中的"所在系"与"系"实体中的"系名"之间存在一种关联关系，即"学生"实体中"所在系"属性的取值范围必须在"系"实体中"系名"属性的取值范围内，因为不可能招收不在学校已有系范围内的学生。因此像"系"和"学生"这种关联到两个不同实体的联系就是实体之间的联系。通常情况下我们遇到的联系大多都是实体之间的联系。

联系是数据之间的关联关系，是客观存在的应用语义链。在 E-R 图中联系用菱形框表示，框内写上联系名，并用连线将联系框与它所关联的实体连接起来，如图 2-2（c）中的"选课"联系。

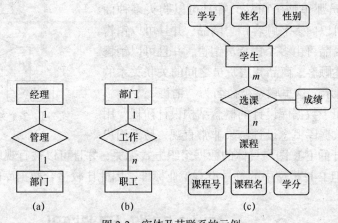

图 2-2　实体及其联系的示例

联系也可以有自己的属性，如图 2-2（c）所示的"选课"联系中有"成绩"属性。

两个实体之间的联系通常有如下 3 类。

（1）一对一联系（1:1）。如果实体 A 中的每个实例在实体 B 中至多有一个（也可以没有）实例与之关联，反之亦然，则称实体 A 与实体 B 是一对一联系，记作 1:1。

例如，部门和经理（假设一个部门只允许有一个经理，一个人只允许担任一个部门的经理）、系和正系主任（假设一个系只允许有一个正主任，一个人只允许担任一个系的主任）都是一对一的联系，如图 2-2（a）所示。

（2）一对多联系（1:n）。如果实体 A 中的每个实例在实体 B 中有 n 个实例（$n \geq 0$）与之关联，而实体 B 中的每个实例在实体 A 中最多只有一个实例与之关联，则称实体 A 与实体 B 是一对多联系，记作 1:n。

例如，假设一个部门有若干职工，而一个职工只允许在一个部门工作，则部门和职工之间就是一对多联系。又比如，假设一个系有多名教师，而一个教师只允许在一个系工作，则系和教师之间也是一对多联系，如图 2-2（b）所示。

（3）多对多联系（$m:n$）。如果实体 A 中的每个实例在实体 B 中有 n 个实例（$n \geq 0$）与之关联，而实体 B 中的每个实例在实体 A 中也有 m 个实例（$m \geq 0$）与之关联，则称实体 A 与实体 B 是多对多联系，记作 $m:n$。

比如学生和课程，一个学生可以选修多门课程，一门课程也可以被多个学生选修，因此学生和课程之间是多对多的联系，如图 2-2（c）所示。

实际上，一对一联系是一对多联系的特例，而一对多联系又是多对多联系的特例。

注意： 实体之间联系的种类是与语义直接相关的，也就是由客观实际情况决定的。例如，部门和经理，如果客观情况是一个部门只有一个经理，一个人只担任一个部门的经理，则部门和经理之间是一对一联系。但如果客观情况是一个部门可以有多个经理，而一个人只担任一个部门的经理，则部门和经理之间就是一对多联系。如果客观情况是一个部门可以有多个经理，而且一个人也可以担任多个部门的经理，则部门和经理之间就是多对多联系。

E-R 图不仅能描述两个实体之间的联系，而且还能描述两个以上实体之间的联系。比如有顾客、商品、售货员 3 个实体，并且有语义：每个顾客可以从多个售货员那里购买商品，并且可以购买多种商品；每个售货员可以向多名顾客销售商品，并且可以销售多种商品；每种商品可由多个售货员销售，并且可以销售给多名顾客。描述顾客、商品和售货员之间的关联关系的 E-R 图如图 2-3 所示，这里联系被命名为"销售"。

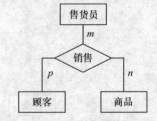

图 2-3 多个实体之间的联系示例

E-R 图广泛用于数据库设计的概念结构设计阶段。用 E-R 模型表示的数据库概念设计结果非常直观，易于用户理解，而且所设计的 E-R 图与具体的数据组织方式无关，并且可以被直观地转换为关系数据库中的关系表。但 E-R 模型中的符号没有工业标准，因此比较适合数据库的高层设计。

2.3　组织层数据模型

组织层数据模型是从数据的组织形式的角度来描述信息，目前，在数据库技术的发展过程中用到的组织层数据模型主要有层次模型（Hierarchical Model）、网状模型（Network Model）、关系模型（Relational Model）、面向对象模型（Object Oriented Model）和对象关系模型（Object Relational Model）。组织层数据模型是按组织数据的逻辑结构来命名的，比如层次模型采用树形结构。而且各数据库管理系统也是按其所采用的组织层数据模型来分类的，比如层次数据库管理系统就是按层次模型来组织数据，而网状数据库管理系统就是按网状模型来组织数据。

1970 年美国 IBM 公司研究员 E.F.Codd 首次提出了数据库系统的关系模型，开创了关系数据库和关系数据理论的研究，为关系数据库技术奠定了理论基础。关系模型从 20 世纪 70～80 年代开始到现在已经发展得非常成熟，20 世纪 80 年代以来，计算机厂商推出的数据库管理系统几乎都支持关系模型，非关系系统的产品也大都加上了关系接口。

一般将层次模型和网状模型统称为非关系模型。非关系模型的数据库系统在 20 世纪 70 年代至 80 年代初非常流行，在数据库管理系统的产品中占主导地位，但现在已逐步被采用关系模型的数据库管理系统所取代。20 世纪 80 年代以来，面向对象的方法和技术在计算机各个领域，包括程序设计语言、软件工程、信息系统设计、计算机硬件设计等方面都产生了深远的影响，也促进了数据库中面向对象数据模型的研究和发展。

2.3.1　层次数据模型

层次数据模型是数据库管理系统中最早出现的数据模型。层次数据库管理系统采用层次模型作为数据的组织方式。层次数据库管理系统的典型代表是 IBM 公司的 IMS（Information Management System），这是 IBM 公司 1968 年推出的第一个大型的商用数据库管理系统。

层次数据模型用树形结构表示实体和实体之间的联系。现实世界中许多实体之间的联系本身就呈现出一种自然的层次关系，如行政机构、家族关系等。

构成层次模型的树由结点和连线组成，结点表示实体，结点中的项表示实体的属性，连线表示相连的两个实体间的联系，这种联系是一对多的。通常把表示"一"的实体放在上方，称为父结点；把表示"多"的实体放在下方，称为子结点。将不包含任何子结点的结点称为叶结点，如图 2-4 所示。

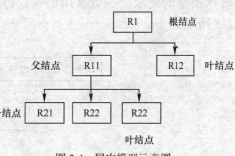

图 2-4　层次模型示意图

层次模型可以直接、方便的表示一对多的联系。但在层次模型中有以下两点限制。

① 有且仅有一个结点无父结点，这个结点即为树的根。

② 其他结点有且仅有一个父结点。

层次模型的一个基本特点是，任何一个给定的记录值只有从层次模型的根部开始按路径查看时，才能明确其含义，任何子结点都不能脱离父结点而存在。

图 2-5 所示为一个具有层次结构的学院数据模型，该模型有 4 个结点，"学院"是根结点，由学院编号、学院名称和办公地点 3 项组成。"学院"结点下有两个子结点，分别为"教研室"和"学生"。"教研室"结点由"教研室名"、"室主任"和"室人数"3 项组成，"学生"结点由"学号"、"姓名"、"性别"和"年龄"4 项组成。"教研室"结点下又有一个子结点"教师"，因此，"教研室"是"教师"的父结点，"教师"是"教研室"的子结点。"教师"结点由"教师号"、"教师名"和"职称"项组成。

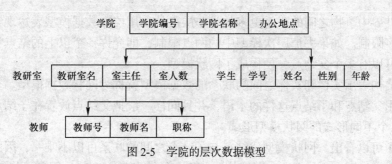

图 2-5　学院的层次数据模型

图 2-6 所示为图 2-5 数据模型对应的一个值。

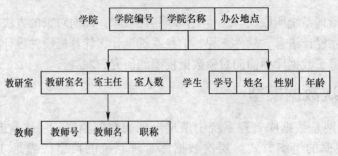

图 2-6 学院的层次数据模型

层次数据模型只能表示一对多联系，不能直接表示多对多联系。但如果把多对多联系转换为一对多联系，又会出现一个子结点有多个父结点的情况（见图 2-7，学生和课程原本是一个多对多联系，在这里将其转换为两个一对多联系），这显然不符合层次数据模型的要求。一般常用的解决办法是把一个层次模型分解为两个层次模型，如图 2-8 所示。

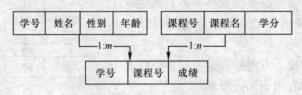

图 2-7 有两个父记录的结构

图 2-8 将图 2-8 分解成两个层次模型

层次数据库是由若干个层次模型构成的，或者说它是一个层次模型的集合。

2.3.2 网状数据模型

在现实世界中事物之间的联系更多的是非层次的，用层次数据模型表达现实世界中存在的联系有很多限制。如果去掉层次模型中的两点限制，即允许一个以上的结点无父结点，并且每个结点可以有多个父结点，便构成了网状模型。

用图形结构表示实体和实体之间的联系的数据模型就称为网状数据模型。全在网状模型中，同样使用父结点和子结点这样的术语，并且同样一般把父结点放置在子结点的上方。图 2-9 所示为几个不同形式的网状模型形式。

从图 2-9 可以看出，网状模型父结点与子结点之间的联系可以不唯一，因此，就需要为每个联系命名。在图 2-9（a）中，结点 R3 有两个父结点 R1 和 R2，因此，将 R1 与 R3 之间的联系命名为 L1，将 R2 与 R3 之间的联系命名为 L2。图 2-9（b）和图 2-9（c）与此类似。

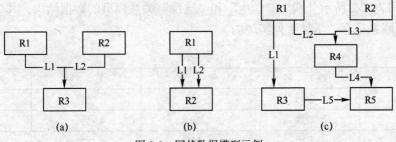

图 2-9　网状数据模型示例

由于网状数据模型没有层次数据模型的两点限制，因此可以直接表示多对多联系。但在网状模型中多对多的联系实现起来太复杂，因此一些支持网状模型的数据库管理系统，对多对多联系还是进行了限制。例如，网状模型的典型代表 CODASYL（Conference On Data System Language）就只支持一对多联系。

网状模型和层次模型在本质上是一样的，从逻辑上看，它们都是用连线表示实体之间的联系，用结点表示实体；从物理上看，层次模型和网状模型都是用指针来实现文件以及记录之间的联系，其差别仅在于网状模型中的连线或指针更复杂、更纵横交错，从而使数据结构更复杂。

网状数据模型的典型代表是 CODASYL 系统，它是 CODASYL 组织的标准建议的具体实现。层次模型是按层次组织数据，而 CODASYL 是按系（set）组织数据。所谓"系"可以理解为命名了的联系，它由一个父记录型和一个或若干个子记录型组成。图 2-10 所示为网状模型的一个示例，其中包含 4 个系，S-G 系由学生和选课记录构成，C-G 系由课程和选课记录构成，C-C 系由课程和授课记录构成，T-C 系由教师和授课记录构成。实际上，图 2-7 所示的具有两个父结点的结构也属于网状模型。

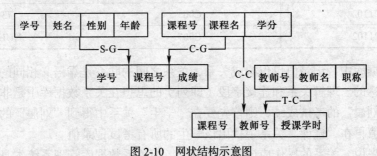

图 2-10　网状结构示意图

2.3.3　关系数据模型

关系数据模型是目前最重要的一种数据模型，关系数据库就是采用关系数据模型作为数据的组织方式。

关系数据模型源于数学，它把数据看成是二维表中的元素，而这个二维表在关系数据库中就称为关系。关于关系的详细讨论将在第 3 章进行。

用关系（表格数据）表示实体和实体之间的联系的模型就称为关系数据模型。在关系数据模型中，实体本身以及实体和实体之间的联系都用关系来表示，实体之间的联系不再通过指针来实现。

表 2-1 和表 2-2 所示分别为"学生"和"选课"关系模型的数据结构，其中"学生"和"选课"间的联系是靠"学号"列实现的。

表 2-1   学生表

学　号	姓　名	年　龄	性　别	所 在 系
0811101	李勇	21	男	计算机系
0811102	刘晨	20	男	计算机系
0811103	王敏	20	女	计算机系
0821101	张立	20	男	信息管理系
0821102	吴宾	19	女	信息管理系

表 2-2   选课表

学　号	课 程 号	成　绩
0811101	C001	96
0811101	C002	80
0811101	C003	84
0811101	C005	62
0811102	C001	92
0811102	C002	90
0811102	C004	84
0821102	C001	76
0821102	C004	85
0821102	C005	73
0821102	C007	NULL

在关系数据库中，记录值仅仅构成关系，关系之间的联系是靠语义相同的字段（称为连接字段）值表达的。理解关系和连接字段（即列）的思想在关系数据库中是非常重要的。例如，要查询"刘晨"的考试成绩，则首先要在"学生"关系中得到"刘晨"的学号值，然后根据这个学号值再在"选课"关系中找出该学生的所有考试记录值。

对于用户来说，关系的操作应该是很简单的，但关系数据库管理系统本身是很复杂的。关系操作之所以对用户很简单，是因为它把大量的工作交给了数据库管理系统来实现。尽管在层次数据库和网状数据库诞生之时，就有了关系模型数据库的设想，但研制和开发关系数据库管理系统却花费了比人们想象的要长得多的时间。关系数据库管理系统真正成为商品并投入使用要比层次数据库和网状数据库晚十几年。但关系数据库管理系统一经投入使用，便显示出了强大的活力和生命力，并逐步取代了层次数据库和网状数据库。现在耳熟能详的数据库管理系统，几乎都是关系数据库管理系统，如 Microsoft SQL Server、Oracle、IBM DB2、Access 等都是关系数据库管理系统。

关系数据模型易于设计、实现、维护和使用，它与层次数据模型和网状数据模型的最根本区别是，关系数据模型不依赖于导航式的数据访问系统，数据结构的变化不会影响对数据的访问。

2.4　面向对象数据模型

面向对象数据模型是捕获在面向对象程序设计中所支持的对象语义的逻辑数据模型，它是持久的和共享的对象集合，具有模拟整个解决方案的能力。面向对象数据模型把实体表示为类，一个类描述了对象属性和实体行为。例如，一个"学生"类不仅仅有学生的属性，比如学号、学生姓名、性别等，还包含模仿学生行为（如选修课程）的方法。类-对象的实例对应于学生个体。在对象内部，类的属性用特殊值来区分每个学生（对象），但所有对象都属于类，共享类的行为模式。面向对象数据库通过逻辑包含（logical containment）来维护联系。

面向对象数据库基于把数据和与对象相关的代码封装成单一组件，外面不能看到其里面的内容。因此，面向对象数据模型强调对象（由数据和代码组成）而不是单独的数据。这主要是从面向对象程序设计语言继承过来的。在面向对象程序设计语言里，程序员可以定义包含它们自己的内部结构、特征和行为的新类型或对象类。这样，不能认为数据是独立存在的，而是与代码（成员函数的方法）相关，代码（code）定义了对象能做什么（它们的行为或有用的服务）。面向对象数据模型的结构是非常容易变化的。与传统的数据库（如层次、网状或关系）不同，对象模型没有单一固定的数据库结构。编程人员可以给类或对象类型定义任何有用的结构，如链接列表、集合、数组等。此外，对象可以包含可变的复杂度，利用多重类型和多重结构。

面向对象数据库管理系统（OODBMS）是数据库管理中最新的方法，它们始于工程和设计领域的应用，并且成为金融、通信和万维网（WWW）应用受欢迎的系统。它适用于多媒体应用以及复杂的难以在关系数据库管理系统中模拟和处理的关系。面向对象模型更详细的介绍请参见第 15 章。

2.5　数据库结构

考察数据库的结构可以有不同的层次或不同的角度。

- 从数据库管理角度看，数据库通常采用三级模式结构。这是数据库管理系统内部的系统结构。

- 从数据库最终用户角度看，数据库的结构分为集中式结构、文件服务器结构、客户/服务器结构等。这是数据库的外部结构。

本节我们讨论数据库的内部结构。它是为后续章节的内容建立一个框架结构，这个框架用于描述一般数据库管理系统的概念，但并不是所有的数据库管理系统都一定要使用这个框架，它在数据库管理系统中并不是唯一的，特别是一些"小"的数据库管理系统将难以支持这个结构的所有方面。这里介绍的数据库的结构基本上能很好地适应大多数数据库管理系统，而且，它基本上和 ANSI/SPARC DBMS 研究组提出的数据库管理系统的体系结构（称为 ANSI/SPARC 体系结构）是相同的。

2.5.1　模式的基本概念

数据模型（组织层数据模型）是描述数据的组织形式，模式是用给定的数据模型对具体数据的描述（就像用某一种编程语言编写具体应用程序一样）。

模式是数据库中全体数据的逻辑结构和特征的描述，它仅仅涉及"型"的描述，不涉及具体的值。关系模式是关系的"型"或元组的结构共性的描述，它实际上对应的是关系表的表头。

模式的一个具体值称为模式的一个实例，如表 2-1 中的每一行数据就是其表头结构（模式）的一个具体实例。一个模式可以有多个实例。模式是相对稳定的（结构不会经常变动），而实例是相对变动的（具体的数据值可以经常变化）。数据模式描述一类事物的结构、属性、类型和约束，实质上是用数据模型对一类事物进行模拟，而实例是反映某类事物在某一时刻的当前状态。

虽然实际的数据库管理系统产品种类很多，支持的数据模型和数据库语言也不尽相同，数据的存储结构也各不相同，但它们在体系结构上通常都具有相同的特征，即采用三级模式结构并提供两级映像功能。

2.5.2　三级模式结构

数据库的三级模式结构是指数据库的外模式、模式和内模式。图 2-11 所示为各级模式之间的关系。

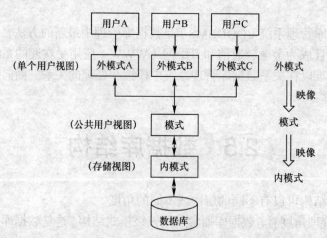

图 2-11　数据库的三级模式结构

- 内模式：是最接近物理存储的，也就是数据的物理存储方式，包括数据存储位置、数据存储方式等。
- 外模式：是最接近用户的，也就是用户所看到的数据视图。
- 模式：是介于内模式和外模式之间的中间层，是数据的逻辑组织方式。

在图 2-11 中，外模式是面向每类用户的数据需求的视图，而模式描述的是一个部门或公司的全体数据。换句话说，外模式可以有许多，每一个都或多或少地抽象表示整个数据库的某一部分数据；而模式只有一个，它是对包含现实世界业务中的全体数据的抽象表示，注意这里的抽象指的是记录和字段这些更加面向用户的概念，而不是位和字节那些面向机器的概念。内模式也只有一个，它表示数据库的物理存储。

我们这里所讨论的内容与数据库是否是关系型的没有直接关系，但简要说明一下关系系统中的三级模式结构，将有助于理解这些概念。

第一，关系数据库中的模式一定是关系的，在该层可见的实体是关系的表和关系的操作符。

第二，外模式也是关系的或接近关系的，它们的内容来自模式。例如我们可以定义两个外模式，一个记录学生的姓名、性别（表示为：学生基本信息 1（姓名，性别）），另一个记录学生的姓名和所在系（表示为：学生基本信息 2（姓名，所在系）），这两个外模式的内容均来自"学生基本信息"这个模式。外模式对应到关系数据库中是"外部视图"或简称为"视图"，它在关系数据库中有特定的含义，我们将在第 7 章详细讨论视图的概念。

第三，内模式不是关系的，它是数据的物理存储方式。其实，不管是什么系统，其内模式都是一样的，都是存储记录、指针、索引、散列表等。事实上，关系模型与内模式无关，它关心的是用户的数据视图。

下面我们以图 2-11 为基础，从外模式开始进一步详细讨论这三层结构。

1. 外模式

外模式也称为用户模式或子模式，它是对现实系统中用户感兴趣的整体数据的局部描述，用于满足数据库不同用户对数据的需求。外模式是对数据库用户能够看见和使用的局部数据的逻辑结构和特征的描述，是数据库整体数据结构（即模式）的子集或局部重构。

外模式通常是模式的子集。一个数据库可以有多个外模式。由于它是各个用户的数据视图，如果不同的用户在应用需求、看待数据的方式、对数据保密要求等方面存在差异，则其外模式的描述就是不同的。即使对模式中同样的数据，在外模式中的结构、类型、长度等都可以不同。

例如，学生性别信息（学号，姓名，性别）视图就是表 2-1 所示关系的子集，它是宿舍分配部门所关心的信息，是学生基本信息的子集。又例如，学生成绩（学号，姓名，课程号，成绩）外模式是任课教师所关心的信息，这个外模式的数据就是表 2-1 的学生表（模式）和表 2-2 的学生选课表（模式）所含信息的组合（或称为重构）。

外模式同时也是保证数据库安全的一个措施。每个用户只能看到和访问其所对应的外模式中的数据，并屏蔽其不需要的数据，因此保证不会出现由于用户的误操作和有意破坏而造成数据损失。例如，假设有职工信息表，结构如下。

职工表（职工号，姓名，所在部门，基本工资，职务工资，奖励工资）

如果不希望一般职工看到每个职工的奖励工资，则可生成一个包含一般职工可以看的信息的外模式，结构如下。

职工信息（职工号，姓名，所在部门，基本工资，职务工资）

这样就可保证一般用户不会看到"奖励工资"项。

外模式就是特定用户所看到的数据库的内容，对那些用户来说，外模式就是他们的数据库。

2. 模式

模式也称为逻辑模式或概念模式，是对数据库中全体数据的逻辑结构和特征的描述，是所有用户的公共数据视图。概念模式表示数据库中的全部信息，其形式要比数据的物理存储方式抽象。它是数据库结构的中间层，既不涉及数据的物理存储细节和硬件环境，也与具体的应用程序、所使用的应用开发工具和环境无关。

模式由许多概念记录类型的值构成。例如，可以包含学生记录值的集合，课程记录值的集合，选课记录值的集合等。概念记录既不等同于外部记录，也不等同于存储记录，它是数据的一种逻辑表达。

模式实际上是数据库数据在逻辑级上的视图。一个数据库只有一种模式。数据库模式以某种数据模型为基础，综合地考虑了所有用户的需求，并将这些需求有机地结合成一个逻辑整体。定义数据库模式时不仅要定义数据的逻辑结构，比如数据记录由哪些数据项组成，数据项的名字、类型、取值范围等，而且还要定义数据之间的联系，定义与数据有关的安全性、完整性要求。

模式不涉及存储字段的表示，不涉及存储记录对列、索引、指针或其他存储的访问细节。如果模式以这种方式真正地实现了数据独立性，那么根据这些模式定义的外模式也会有很强的独立性。

数据库管理系统提供了模式定义语言（DDL）来定义数据库的模式。

3. 内模式

内模式也称为存储模式。内模式是对整个数据库的底层表示，它描述了数据的存储结构，比如数据的组织与存储方式，是顺序存储、B 树存储还是散列存储、索引按什么方式组织、是否加密等。注意，内模式与物理层不一样，它不涉及物理记录的形式（即物理块或页，输入／输出单位），也不考虑具体设备的柱面或磁道大小。换句话说，内模式假定了一个无限大的线性地址空间，地址空间到物理存储的映射细节是与特定系统有关的，并不反映在体系结构中。

2.5.3　模式映像与数据独立性

数据库的三级模式是对数据的 3 个抽象级别，它把数据的具体组织留给 DBMS，使用户能逻辑、抽象地处理数据，而不必关心数据在计算机中的具体表示方式与存储方式。为了能够在内部实现这 3 个抽象层的联系和转换，数据库管理系统在 3 个模式之间提供了以下两级映像（见图 2-11）：

- 外模式/模式映像；
- 模式/内模式映像。

正是这两级映像功能保证了数据库中的数据能够具有较高的逻辑独立性和物理独立性，使数据库应用程序不随数据库数据的逻辑或存储结构的变动而变动。

1. 外模式/模式映像

模式描述的是数据的全局逻辑结构，外模式描述的是数据的局部逻辑结构。对应于同一个模式可以有多个外模式。对于每个外模式，数据库管理系统都有一个外模式到模式的映像，它定义了该外模式与模式之间的对应关系，即如何从外模式找到其对应的模式。这些映像定义通常包含在各自的外模式描述中。

当模式改变时（比如，增加新的关系、新的属性、改变属性的数据类型等），可由数据库管理员用外模式定义语句，调整外模式到模式的映像，从而保持外模式不变。由于应用程序一般是依据数据的外模式编写的，因此也不必修改应用程序，从而保证了程序与数据的逻辑独立性。

2. 模式/内模式映像

模式/内模式映像定义了数据库的逻辑结构与物理存储之间的对应关系，该映像关系通常被保存在数据库的系统表（由数据库管理系统自动创建和维护，用于存放维护系统正常运行的表）中。当数据库的物理存储改变了，比如选择了另一个存储位置，只需要对模式/内模式映像做相应的调整，就可以保持模式不变，从而也不必改变应用程序。因此，保证了数据与程序的物理独立性。

在数据库的三级模式结构中，模式（即全局逻辑结构）是数据库的中心与关键，它独立于数据库的其他层。设计数据库时也是首先设计数据库的逻辑模式。

数据库的内模式依赖于数据库的全局逻辑结构，但它独立于数据库的用户视图（也就是外模式），也独立于具体的存储设备。内模式将全局逻辑结构中所定义的数据结构及其联系按照一定的物理存储策略进行组织，以达到较好的时间与空间效率。

数据库的外模式面向具体的用户需求，它定义在逻辑模式之上，但独立于存储模式和存储设备。当应用需求发生变化，相应的外模式不能满足用户的要求时，就需要对外模式做相应的修改以适应这些变化。因此设计外模式时应充分考虑到应用的扩充性。

原则上，应用程序都是在外模式描述的数据结构上编写的，而且它应该只依赖于数据库的外模式，并与数据库的模式和存储结构独立（但目前很多应用程序都是直接针对模式进行编写的）。不同的应用程序有时可以共用同一个外模式。数据库管理系统提供的两级映像功能保证了数据库外模式的稳定性，从而从底层保证了应用程序的稳定性，除非应用需求本身发生变化，否则应用程序一般不需要修改。

数据与程序之间的独立性，使得数据的定义和描述可以从应用程序中分离出来。另外，由于数据的存取由 DBMS 负责管理和实施，因此，用户不必考虑存取路径等细节，从而简化了应用程序的编制，减少了对应用程序的维护和修改工作。

小　结

本章首先介绍了数据库中数据及数据模型的概念。数据是描述事物的记录符号，从数据中获得有意义的内容即为信息。数据模型是对数据的抽象描述，数据库中的数据模型根据其应用的对象分为两个层次：概念层数据模型和组织层数据模型。概念层数据模型是对现实世界信息的第一次抽象，它与具体的数据库管理系统无关，是用户与数据库设计人员的交流工具。因此概念层数据模型一般采用比较直观的模型，本章主要介绍的是应用范围很广泛的实体-联系模型。

组织层数据模型是对现实世界信息的第二次抽象，它与具体的数据库管理系统有关，也就是与数据库管理系统采用的数据的组织方式有关。从概念层数据模型到组织层数据模型经过的是转换的过程。就组织层数据模型本章介绍的是目前应用范围最广、技术发展非常成熟的关系数据模型。

最后本章介绍了数据库数据的 3 个层次，介绍了 3 个模式的概念和两级映像功能。3 个模式是数据库管理系统对数据划分的 3 个层次，从最接近物理的到最接近用户的。这 3 个模式分别为：内模式、模式和外模式。内模式最接近物理存储，它考虑数据的物理存储位置和存储结构；外模式最接近用户，它主要考虑单个用户所感兴趣的数据；模式介于内模式和外模式之间，它提供数据的公共视图，是所有用户感兴趣的数据的整体。两级映像分别是模式到内模式的映像和外模式到模式的映像，这两级映像是提供数据的逻辑独立性和物理独立性的关键，也是使用户能够逻辑地处理数据的基础。

习　题

1. 解释数据模型的概念，为什么要将数据模型分成两个层次？
2. 概念层数据模型和组织层数据模型分别是面对什么的数据模型？
3. 实体之间的联系有哪几种？请为每一种联系举出一个例子。
4. 说明实体-联系模型中的实体、属性和联系的概念。
5. 指明下列实体间联系的种类。
（1）教研室和教师（假设一个教师只属于一个教研室，一个教研室可有多名教师）。
（2）商店和顾客。
（3）国家和首都。
（4）飞机和乘客。
6. 数据库包含哪三级模式？试分别说明每一级模式的作用？
7. 数据库管理系统提供的两级映像的作用是什么？它带来了哪些功能？
8. 数据库三级模式划分的优点是什么？它能带来哪些数据独立性？

小　结

第3章
关系数据库

关系数据库是用数学的方法来处理数据库中的数据，它支持关系数据模型。现在绝大多数数据库管理系统都是关系型数据库管理系统。本章我们将介绍关系数据模型的基本概念和术语、关系的完整性约束以及关系操作，并介绍关系数据库的数学基础——关系代数以及关系演算。

3.1 关系数据模型

关系数据库使用关系数据模型组织数据。这种思想源于数学，最早提出类似方法的是CODASYL 于 1962 年发表的《信息代数》一文。1968 年 David Child 在计算机上实现了集合论数据结构。而真正系统、严格地提出关系数据模型的是 IBM 的研究员 E.F.Codd，他于 1970年在美国计算机学会会刊（《Communication of the ACM》）上发表了题为《A Relational Model of Data for Shared Data Banks》的论文，开创了数据库系统的新纪元。以后，他连续发表了多篇论文，奠定了关系数据库的理论基础。

关系模型由关系模型的数据结构、关系模型的操作集合和关系模型的完整性约束 3 部分组成，这 3 部分也称为关系模型的三要素。下面我们首先介绍这 3 方面的基本概念。

3.1.1 数据结构

关系数据模型源于数学，它用二维表来组织数据，而这个二维表在关系数据库中就称为关系。关系数据库就是表或者说是关系的集合。

关系系统要求让用户所感觉的数据就是一张张表。在关系系统中，表是逻辑结构而不是物理结构。实际上，系统在物理层可以使用任何有效的存储结构来存储数据，如有序文件、索引、哈希表、指针等。因此，表是对物理存储数据的一种抽象表示——对很多存储细节的抽象，如存储记录的位置、记录的顺序、数据值的表示以及记录的访问结构，如索引等，对用户来说都是不可见的。

表 3-1 和表 3-2 分别为"学生"和"选课"关系模型的数据结构。

表 3-1   学生

学　号	姓　名	年　龄	性　别	所　在　系
0811101	李勇	21	男	计算机系
0811102	刘晨	20	男	计算机系
0811103	王敏	20	女	计算机系
0821101	张立	20	男	信息管理系
0821102	吴宾	19	女	信息管理系

表 3-2   选课

学　号	课　程　号	成　绩
0811101	C001	96
0811101	C002	80
0811101	C003	84
0811101	C005	62
0811102	C001	92
0811102	C002	90
0811102	C004	84
0821102	C001	76
0821102	C004	85
0821102	C005	73
0821102	C007	NULL

3.1.2　数据操作

关系数据模型给出了关系操作的能力。关系数据模型中的操作包括以下几种。

● 传统的关系运算：并（Union）、交（Intersection）、差（Difference）和广义笛卡儿积（Extended Cartesian Product）。

● 专门的关系运算：选择（Select）、投影（Project）、连接（Join）和除（Divide）。

● 有关的数据操作：查询（Query）、插入（Insert）、删除（Delete）和更改（Update）。

关系模型的操作对象是集合（或表），而不是单个的数据行，也就是说，关系模型中操作的数据以及操作的结果（查询操作的结果）都是完整的集合（或表），这些集合可以是只包含一行数据的集合，也可以是不包含任何数据的空集合。而非关系模型的数据库中典型的操作是一次一行或一次一个记录。因此，集合处理能力是关系系统区别于其他系统的一个重要特征。

在非关系模型中，各个数据记录之间是通过指针等方式连接的，当要定位到某条记录时，需要用户自己按指针的链接方向逐层查找，我们称这种查找方式为用户"导航"。而在关系数据模型中，由于是按集合进行操作的，因此，用户只需要指定数据的定位条件，数据库管理系统就可以自动定位到该数据记录，而不需要用户来导航。这也是关系数据模型在数据操作上与非关系模型的本质区别。

例如，若采用层次数据模型，对第 2 章图 2-7 所示的层次结构，若要查找"计算机学院软件工程教研室的张海涛老师的信息"，则首先需要从根结点的"学院"开始，根据"计算机"学院指向的"教研室"结点的指针，找到"教研室"层次，然后在"教研室"层次中逐个查找（这个查找过程也许是通过各结点间的指针实现的），直到找到"软件工程"结点，然后根据"软件工程"结点指向"教师"结点的指针，找到"教师"层次，最后再在"教师"层次中逐个查找教师名为"张海涛"的结点，此时该结点包含的信息即所要查找的信息。这个过程的示意图如图 3-1 所示，其中的虚线表示沿指针的逐层查找过程。

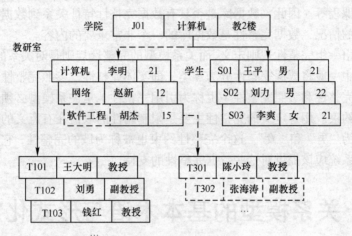

图 3-1 层次模型的查找过程示意图

如果是在关系模型中查找信息，如在表 3-1 所示的"学生"关系中查找"信息管理系学号为 0821101 的学生的详细信息"，则用户只需要提出这个要求即可，其余的工作就交给数据库管理系统来实现了。对用户来说，这显然比在层次模型中查找数据要简单得多。

关系模型的数据操作主要包括 4 种：查询、插入、删除和更改数据。关系数据库中的信息只有一种表示方式，就是表中的行列位置有明确的值。这种表示是关系系统中唯一可行的方式（当然，这里指的是逻辑层）。特别地，关系数据库中没有连接一个表到另一个表的指针。在表 3-1 和表 3-2 中，表 3-1 所示的学生表的第 1 行数据与表 3-2 所示的学生选课表中的第 1 行（当然也与第 2、3 行和第 4 行）有联系，因为学生 0811101 选了课程。但在关系数据库中这种联系不是通过指针来实现的，而是通过学生表中"学号"列的值与学生选课表中"学号"列的值关联的（学号值相等）。但在非关系系统中，这些信息一般由指针来表示，这种指针对用户来说是可见的。因此，在非关系模型中，用户需要知道数据之间的指针链接关系。

需要注意的是，当我们说关系数据库中没有指针时，并不是指在物理层没有指针，实际上，在关系数据库的物理层也使用指针，但所有这些物理层的存储细节对用户来说都是不可见的，用户所看到的物理层实际上就是存放数据的数据库文件，他们能够看到的就是这些文件的文件名、存放位置等上层信息，而没有指针这样的底层信息。

关系操作是通过关系语言实现的，关系语言的特点是高度非过程化的。所谓非过程化是指：

● 用户不必关心数据的存取路径和存取过程，用户只需要提出数据请求，数据库管理系统就会自动完成用户请求的操作；

● 用户也没有必要编写程序代码来实现对数据的重复操作。

3.1.3 数据完整性约束

在数据库中数据的完整性是指保证数据正确性的特征。数据完整性是一种语义概念，它包括以下两个方面：

- 与现实世界中应用需求的数据的相容性和正确性；
- 数据库内数据之间的相容性和正确性。

例如，学生的学号必须是唯一的，学生的性别只能是"男"或"女"，学生所选的课程必须是已经开设的课程等。因此，数据库是否具有数据完整性特征关系到数据库系统能否真实地反映现实世界的情况，数据完整性是数据库的一个非常重要的内容。

数据完整性由一组完整性规则定义，而关系模型的完整性规则是对关系的某种约束条件。在关系数据模型中一般将数据完整性分为3类，即实体完整性、参照完整性和用户定义的完整性。其中实体完整性和参照完整性（也称为引用完整性）是关系模型必须满足的完整性约束，是系统级的约束。用户定义的完整性主要是限制属性的取值在有意义的范围内，如限制性别的取值范围为"男"和"女"。这个完整性约束也被称为域的完整性，它属于应用级的约束。数据库管理系统应该提供对这些数据完整性的支持。

3.2 关系模型的基本术语与形式化定义

在关系模型中，将现实世界中的实体、实体与实体之间的联系都用关系来表示，关系模型源于数学，它有自己严格的定义和一些固有的术语。

3.2.1 基本术语

关系模型采用单一的数据结构——关系来表示实体以及实体之间的联系，并且用直观的观点来看，关系就是二维表。

表 3-1 和表 3-2 所示的都是关系。

下面分别介绍关系模型中的有关术语。

1. 关系（Relation）

通俗地讲，关系就是二维表，二维表的名称就是关系的名称，表 3-1 中的关系名就是"学生"。

2. 属性（Attribute）

二维表中的每个列称为一个**属性**（或叫字段），每个属性有一个名字，称为属性名。二维表中对应某一列的值称为属性值；二维表中列的个数称为关系的元数。如果一个二维表有 n 个列，则称其为 n 元关系。在表 3-1 中所示的学生关系有学号、姓名、年龄、性别、所在系 5 个属性，是一个五元关系。

3. 值域（Domain）

二维表中属性的取值范围称为**值域**。例如，在表 3-1 中，"年龄"列的取值为大于 0 的整数，"性别"列的取值为"男"和"女"两个值，这些都是列的值域。

4. 元组（Tuple）

二维表中的一行数据称为一个**元组**（记录值）。在表 3-1 所示的学生关系中的元组有：

（0811101，李勇，21，男，计算机系）

（0811102，刘晨，20，男，计算机系）

（0811103，王敏，20，女，计算机系）

（0821101，张立，20，男，信息管理系）

（0821102，吴宾，19，女，信息管理系）

5. 分量（Component）

元组中的每一个属性值称为元组的一个**分量**，n 元关系的每个元组有 n 个分量。例如，对于元组（0811101，李勇，21，男，计算机系），有 5 个分量，对应"学号"属性的分量是"0811101"、对应"姓名"属性的分量是"李勇"、对应"年龄"属性的分量是"21"、对应"性别"属性的分量是"男"，对应"所在系"属性的分量是"计算机系"。

6. 关系模式（Relation Schema）

二维表的结构称为**关系模式**，或者说，关系模式就是二维表的表框架或表头结构。设有关系名为 R，属性分别为 A_1，A_2，$\cdots$，A_n，则关系模式可以表示为

$$R（A_1，A_2，\cdots，A_n）$$

对每个 $A_i（i=1，\cdots，n）$ 还包括该属性到值域的映像，即属性的取值范围。例如，表 3-1 所示关系的关系模式为

学生（学号，姓名，性别，年龄，所在系）

如果将关系模式理解为数据类型，则关系就是该数据类型的一个具体值。

7. 关系数据库（Relation Database）

对应于一个关系模型的所有关系的集合称为关系数据库。

8. 候选键（Candidate Key）

如果一个属性或属性集的值能够唯一标识一个关系的元组而又不包含多余的属性，则称该属性或属性集为**候选键**。候选键又称为候选关键字或候选码。在一个关系上可以有多个候选键。

9. 主键（Primary Key）

当一个关系中有多个候选键时，可以从中选择一个作为主键。每个关系只能有一个主键。

主键也称为主码或主关键字，是表中的属性或属性组，用于唯一地确定一个元组。主键可以由一个属性组成，也可以由多个属性共同组成。例如，表 3-1 所示的"学生"关系中，学号就是此学生基本信息表的主键，因为学号的一个取值可以唯一地确定一个学生。而表 3-2 所示的"选课"关系的主键就由学号和课程号共同组成。因为一个学生可以修多门课程，而且一门课程也可以有多个学生选，因此，只有将学号和课程号组合起来才能共同确定一行记录。我们称由多个属性共同组成的主键为复合主键。当某个表是由多个属性共同做主键时，我们就用括号将这些属性括起来，表示共同作为主键。例如，表 3-2 所示的"选课"关系的主键是：（学号，课程号）。

✦ 注意：　　我们不能根据关系在某时刻所存储的内容来决定其主键，这样做是不可靠的，这样做只能是猜测。关系的主键与其实际的应用语义有关、与关系模式的设计者的意图有关。例如，对于表 3-2 所示的"选课"关系，用（学号，课程号）作为主键在一个学生对一门课程只能有一次考试的前提下是成立的，如果实际情况是一个学生对一门课程可以有多次考试，则用（学号，课程号）做主键就不够了，若一个学生对一门课程有多少次考试，则其（学号，课程号）的值就会重复多少遍。如果是这种情况，就必须为这个关系添加一个"考试次数"列，并用（学号，课程号，考试次数）作为主键。

有时一个关系中可能存在多个可以做主键的属性，比如，对于"学生"关系，假设增加

了"身份证号"列，则"身份证号"列也可以作为学生表的主键。如果关系中存在多个可以作为主键的属性，则称这些属性为候选键属性，相应的键为候选键。从候选键中选取哪一个作为主键都可以，因此，主键是从候选键中选取出来作为主键的属性。

10. 主属性（Primary Attribute）和非主属性（Nonprimary Attribute）

包含在任一候选键中的属性称为**主属性**。不包含在任一候选键中的属性称为**非主属性**。

关系中的术语很多可以与现实生活中的表格所使用的术语进行对应，如表 3-3 所示。

表 3-3　　　　　　　　　　　　　术语对比

关系术语	一般的表格术语
关系名	表名
关系模式	表头（表所含列的描述）
关系	（一张）二维表
元组	记录或行
属性	列
分量	一条记录中某个列的值

3.2.2 形式化定义

在关系模型中，无论是实体还是实体之间的联系均由单一的结构类型来表示——关系。关系模型是建立在集合论的基础上的，本小节将从集合论的角度给出关系数据结构的形式化定义。

1. 关系的形式化定义

为了给出关系的形式化定义，首先定义笛卡儿积。

设 D_1，D_2，$\cdots$，D_n 为任意集合，定义笛卡儿积 D_1，D_2，$\cdots$，D_n 为

$$D_1 \times D_2 \times \cdots \times D_n = \{(d_1, d_2, \cdots, d_n) \mid d_i \in D_i,\ i = 1, 2, \cdots, n\}$$

其中，每一个元素（d_1，d_2，$\cdots$，d_n）称为一个 n 元组（n-tuple），简称元组。元组中每一个 d_i 称为一个分量。

例如，设：

D_1 = {计算机系，信息管理系}

D_2 = {李勇，刘晨，吴宾}

D_3 = {男，女}

则 $D_1 \times D_2 \times D_3$ 笛卡儿积为

$D_1 \times D_2 \times D_3$ = {（计算机系，李勇，男），（计算机系，李勇，女），

（计算机系，刘晨，男），（计算机系，刘晨，女），

（计算机系，吴宾，男），（计算机系，吴宾，女），

（信息管理系，李勇，男），（信息管理系，李勇，女），

（信息管理系，刘晨，男），（信息管理系，刘晨，女），

（信息管理系，吴宾，男），（信息管理系，吴宾，女）}

其中，（计算机系，李勇，男）、（计算机系，刘晨，男）等都是元组。"计算机系"、"李勇"、"男"等都是分量。

笛卡儿积实际上就是一个二维表，上述笛卡儿积的运算如图 3-2 所示。

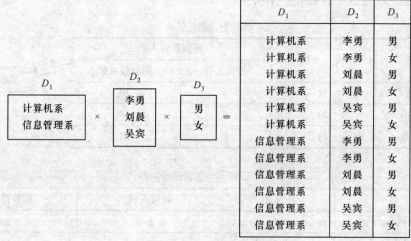

图 3-2 笛卡儿乘积示意图

图 3-2 中，笛卡儿积的任意一行数据就是一个元组，它的第 1 个分量来自 D_1，第 2 个分量来自 D_2，第 3 个分量来自 D_3。笛卡儿积就是所有这样的元组的集合。

根据笛卡儿积的定义可以给出关系的形式化定义：笛卡儿积 D_1，D_2，…，D_n 的任意一个子集称为 D_1，D_2，…，D_n 上的一个 n 元关系。

形式化的关系定义同样可以把关系看成二维表，给表中的每个列取一个名字，称为属性。n 元关系有 n 个属性，一个关系中的属性的名字必须是唯一的。属性 D_i 的取值范围（$i = 1, 2, …, n$）称为该属性的**值域**（Domain）。

比如，在上述例子中，取子集：

R = {（计算机系，李勇，男），（计算机系，刘晨，男），（信息管理系，吴宾，女）}
就构成了一个关系，其二维表的形式如表 3-4 所示，把第 1 个属性命名为"所在系"，第 2 个属性命名为"姓名"，第 3 个属性命名为"性别"。

表 3-4   一个关系

所在系	姓名	性别
计算机系	李勇	男
计算机系	刘晨	男
信息管理系	吴宾	女

从集合论的观点也可以将关系定义为：关系是一个有 K 个属性的元组的集合。

2. 对关系的限定

关系可以看成是二维表，但并不是所有的二维表都是关系。关系数据库对关系是有一些限定的，归纳起来有如下几个方面。

① 关系中的每个分量都必须是不可再分的最小属性。即每个属性都不能再被分解为更小的属性，这是关系数据库对关系的最基本的限定。例如，表 3-5 就不满足这个限定，因为在这个表中，"高级职称人数"不是最小的属性，它是由两个属性组成的一个复合属性。对于这

种情况只需要将"高级职称人数"属性分解为"教授人数"和"副教授人数"两个属性即可，如表 3-6 所示，这时这个表就是一个关系。

表 3-5　　　　　　　　　　　　　包含复合属性的表

系　名	人　数	高级职称人数	
		教授人数	副教授人数
计算机系	51	8	20
信息管理系	40	6	18
通信工程系	43	8	22

不是最小属性

表 3-6　　　　　　　　　　　　　不包含复合属性的表

系　名	人　数	教授人数	副教授人数
计算机系	51	8	20
信息管理系	40	6	16
通信工程系	43	8	18

② 表中列的数据类型是固定的，即列中的每个分量都是同类型的数据，来自相同的值域。

③ 不同列的数据可以取自相同的值域，每个列称为一个属性，每个属性有不同的属性名。

④ 关系表中列的顺序不重要，即列的次序可以任意交换，不影响其表达的语义。比如将表 3-6 中的"教授人数"列和"副教授人数"列交换并不影响这个表所表达的语义。

⑤ 行的顺序也不重要，交换行数据的顺序不影响关系的内容。其实在关系数据库中并没有第 1 行、第 2 行等这样的概念，而且数据的存储顺序也与数据的输入顺序无关，数据的输入顺序不影响对数据库数据的操作过程，也不影响其操作效率。

⑥ 同一个关系中的元组不能重复，即在一个关系中任意两个元组的值不能完全相同。

3.3　完整性约束

数据完整性是指数据库中存储的数据是有意义的或正确的，也就是和现实世界相符。关系模型中的数据完整性规则是对关系的某种约束条件。它的数据完整性约束主要包括 3 大类：实体完整性、参照完整性和用户定义的完整性。

3.3.1　实体完整性

实体完整性是保证关系中的每个元组都是可识别的和唯一的。

实体完整性是指关系数据库中所有的表都必须有主键，而且表中不允许存在如下记录：

● 无主键值的记录；

● 主键值相同的记录。

因为若记录没有主键值，则此记录在表中一定是无意义的。因为关系模型中的每一行记录都对应客观存在的一个实例或一个事实。比如，表 3-1 中的第 1 行数据描述的就是"李勇"

这个学生。如果将表 3-1 中的数据改为表 3-7 所示的数据，可以看到，第 1 行和第 4 行数据没有主键值，查看其他列的值发现这两行数据的其他各列的值都是一样的，于是会产生这样的疑问：到底是在计算机系中存在名字、年龄、性别完全相同的两个学生，还是重复存储了李勇学生的信息？这就是缺少主键值时造成的情况。如果为其添加主键值为表 3-8 所示的数据，则可以判定在计算机系有两个姓名、年龄、性别完全相同的学生。如果为其添加主键值为表 3-9 所示的数据，则可以判定在这个表中有重复存储的记录，而在数据库中存储重复的数据是没有意义的。

表 3-7　　　　　　　　　　　　　　　　缺少主键值的学生表

学　　号	姓　　名	年　　龄	性　　别	所　在　系
	李勇	21	男	计算机系
0811102	刘晨	20	男	计算机系
0811103	王敏	20	女	计算机系
	李勇	21	男	计算机系
0821101	张立	20	男	信息管理系
0821102	吴宾	19	女	信息管理系

表 3-8　　　　　　　　　　　　　　　　主键值均不同的学生表

学　　号	姓　　名	年　　龄	性　　别	所　在　系
0811101	李勇	21	男	计算机系
0811102	刘晨	20	男	计算机系
0811103	王敏	20	女	计算机系
0811104	李勇	21	男	计算机系
0821101	张立	20	男	信息管理系
0821102	吴宾	19	女	信息管理系

表 3-9　　　　　　　　　　　　　　　　主键值有重复的学生表

学　　号	姓　　名	年　　龄	性　　别	所　在　系
0811101	李勇	21	男	计算机系
0811102	刘晨	20	男	计算机系
0811103	王敏	20	女	计算机系
0811101	李勇	21	男	计算机系
0821101	张立	20	男	信息管理系
0821102	吴宾	19	女	信息管理系

当在表中定义了主键时，数据库管理系统会自动保证数据的实体完整性，即保证不允许存在主键值为空的记录以及主键值重复的记录。

关系模型中使用主键作为记录的唯一标识，在关系数据库中主属性不能取空值。关系数据库中的空值是特殊的标量常数，它代表未定义的（不适用的）或者有意义但目前还处于未知状态的值。比如，当向表 3-2 所示的"选课"关系中插入一行记录时，在学生还没有考试之前，其成绩是不确定的，因此，我们希望此列上的值为空。空值用"NULL"表示。

3.3.2　参照完整性

参照完整性也称为引用完整性。现实世界中的实体之间往往存在着某种联系，在关系模型中，实体以及实体之间的联系都是用关系来表示的，这样就自然存在着关系与关系之间的引用。参照完整性就是描述实体之间的联系的。

参照完整性一般是指多个实体或关系之间的关联关系。

例 1　学生实体和班实体可以用下面的关系模式表示，其中主键用下画线标识。

学生（<u>学号</u>，姓名，性别，班号，年龄）

班（<u>班号</u>，所属专业，人数）

这两个关系模式之间存在着属性的引用，即"学生"关系中的"班号"引用了"班"关系的主键"班号"。显然，"学生"关系中 "班号"的值必须是确实存在的班的班号的值，即在"班"关系中有该班号的记录。也就是说，"学生"关系中"班号"的取值参照了"班"关系中 "班号"的取值。这种限制一个关系中某列的取值受另一个关系中某列的取值范围约束的特点就称为参照完整性。

例 2　学生、课程以及学生与课程之间的选课关系可以用如下 3 个关系模式表示，其中主键用下画线标识。

学生（<u>学号</u>，姓名，性别，专业，年龄）

课程（<u>课程号</u>，课程名，学分）

选课（<u>学号</u>，<u>课程号</u>，成绩）

这 3 个关系模式间也存在着属性的引用。"选课"关系中的"学号"引用了"学生"关系中的主键"学号"，即"选课"关系中"学号"的值必须是确实存在的学生的学号，也就是在"学生"关系中有这个学生的记录。同样，"选课"关系中的"课程号"引用了"课程"关系中的主键"课程号"，即"选课"中的"课程号"也必须是"课程"中存在的课程号。

与实体间的联系类似，不仅两个或两个以上的关系间可以存在引用关系，而且同一个关系的内部属性之间也可以存在引用关系。

例 3　有关系模式：职工（<u>职工号</u>，姓名，性别，直接领导职工号）

在这个关系模式中，"职工号"是主键，"直接领导职工号"属性表示该职工的直接领导的职工号，这个属性的取值就参照了该关系中"职工号"属性的取值，即"直接领导职工号"必须是确实存在的一个职工。

下面进一步定义外键。

定义　设 F 是关系 R 的一个或一组属性，如果 F 与关系 S 的主键相对应，则称 F 是关系 R 的外键（Foreign Key），并称关系 R 为参照关系（Referencing Relation），关系 S 为被参照关系（Referenced Relation）或目的关系（Target Relation）。关系 R 和关系 S 不一定是不同的关系。

显然，目标关系 S 的主键 K_s 和参照关系 R 的外键 F 必须定义在同一个域上。

在例 1 中，"学生"关系中的"班号"属性与"班"关系中的主键"班号"对应，因此，"学生"关系中的"班号"是外键，引用了"班"关系中的"班号"（主键）。这里，"班"关系是被参照关系，学生关系是参照关系。

可以用图 3-3 所示的图形化的方法形象地表达参照和被参照关系。"班"和"学生"的参照与被参照关系的图形化表示如图 3-4（a）所示。

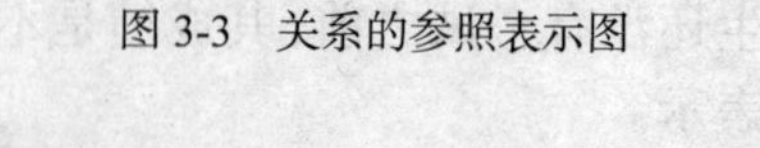

图 3-3　关系的参照表示图

在例 2 中，"选课"关系中的"学号"属性与"学生"关系中的主键"学号"对应，"课程号"属性与"课程"关系的主键"课程号"对应，因此，"选课"关系中的"学号"和"课程号"均是外键。这里"学生"关系和"课程"关系均为被参照关系，"选课"关系为参照关系，其参照关系图如图 3-4（b）所示。

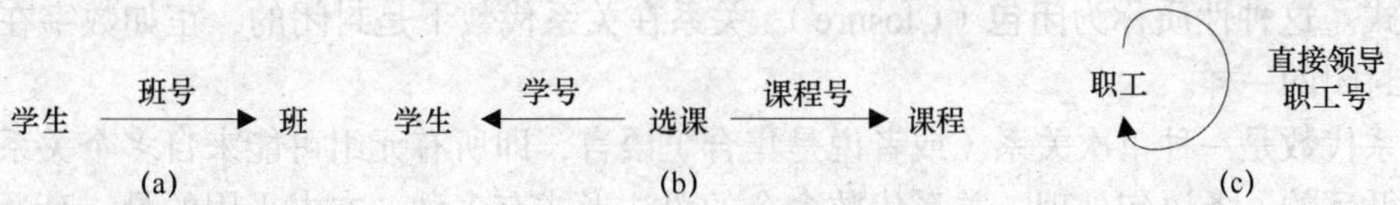

图 3-4　关系的参照图

在例 3 中，职工关系中的"直接领导职工号"属性与本身所在关系的主键"职工号"属性对应，因此，"直接领导职工号"是外键。这里，"职工"关系即是参照关系也是被参照关系，其参照关系图如图 3-4（c）所示。

需要说明的是，外键并不一定要与相对应的主键同名（如例 3）。但在实际应用中，为了便于识别，当外键与相应的主键属于不同的关系时，一般给它们取相同的名字。

参照完整性规则就是定义外键与被参照的主键之间的引用规则。

对于外键，一般应符合如下要求：

- 或者值为空；
- 或者等于其所参照的关系中的某个元组的主键值。

例如，对于职工与其所在的部门可以用如下两个关系模式表示。

职工（职工号，职工名，部门号，工资级别）

部门（部门号，部门名）

其中，"职工"关系的"部门号"是外键，它参照了"部门"关系的"部门号"。如果某新来职工还没有被分配到具体的部门，则其"部门号"就为空值；如果职工已经被分配到了某个部门，则其部门号就有了确定的值（非空值）。

主键要求必须是非空且不重的，但外键无此要求。外键可以有重复值，这点我们从表 3-2 中可以看出。

3.3.3　用户定义的完整性

用户定义的完整性也称为域完整性或语义完整性。任何关系数据库管理系统都应该支持实体完整性和参照完整性，除此之外，不同的数据库应用系统根据其应用环境的不同，往往还需要一些特殊的约束条件，用户定义的完整性就是针对某一具体应用领域定义的数据约束条件。它反映某一具体应用所涉及的数据必须满足应用语义的要求。

用户定义的完整性实际上就是指明关系中属性的取值范围，也就是属性的域，这样可以限制关系中属性的取值类型及取值范围，防止属性的值与应用语义矛盾。例如，学生的考试成绩的取值范围为 0～100，或取{优、良、中、及格、不及格}。

3.4　关系代数

关系模型源于数学，关系是由元组构成的集合，可以通过关系的运算来表达查询要求，而关系代数恰恰是关系操作语言的一种传统的表示方式，它是一种抽象的查询语言。

关系代数是一种纯理论语言，它定义了一些操作，运用这些操作可以从一个或多个关系中得到另一个关系，而不改变源关系。因此，关系代数的操作数和操作结果都是关系，而且一个操作的输出可以是另一个操作的输入。关系代数同算术运算一样，可以出现一个套一个的表达式。这种性质称为**闭包**（Closure）。关系在关系代数下是封闭的，正如数字在算术操作下是封闭的一样。

关系代数是一种单次关系（或者说是集合）语言，即所有元组可能来自多个关系，但是用不带循环的一条语句处理。关系代数命令的语法形式有多种，本书采用的是一套通用的符号表示方法。

关系代数的运算对象是关系，运算结果也是关系。与一般的运算一样，运算对象、运算符和运算结果是关系代数的 3 大要素。

关系代数的运算可分为以下两大类。

● 传统的集合运算。这类运算完全把关系看成是元组的集合。传统的集合运算包括集合的广义笛卡儿积运算、并运算、交运算和差运算。

● 专门的关系运算。这类运算除了把关系看成是元组的集合外，还通过运算表达了查询的要求。专门的关系运算包括选择、投影、连接和除运算。

关系代数中的运算符可以分为 4 类：集合运算符、专门的关系运算符、比较运算符和逻辑运算符。表 3-10 列出了这些运算符，其中，比较运算符和逻辑运算符是配合专门的关系运算符来构造表达式的。

表 3-10　　　　　　　　　　　　　　　　关系运算符

	运算符	含义
传统的集合运算	∪	并
	∩	交
	−	差
	×	广义笛卡儿积
专门的关系运算	∏	选择
	σ	投影
	⋈	连接
	÷	除
比较运算符	>	大于
	<	小于
	=	等于
	≠	不等于
	≤	小于等于
	≥	大于等于
逻辑运算符	¬	非
	∧	与
	∨	或

3.4.1　传统的集合运算

传统的集合运算是二目运算，设关系 R 和 S 均是 n 元关系，且相应的属性值取自同一个值域，则可以定义 3 种运算：并运算（∪）、交运算（∩）和差运算（－），但广义笛卡儿积并不要求参与运算的两个关系的对应属性取自相同的域。集合的并、交、差 3 种运算的功能如图 3-5 所示。

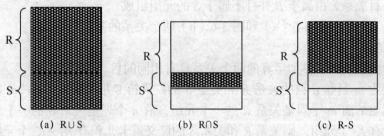

(a) R∪S　　　　(b) R∩S　　　　(c) R-S

图 3-5　并、交、差运算示意图

现在我们以图 3-6（a）和图 3-6（b）所示的两个关系为例，说明这 3 种传统的集合运算。

顾客号	姓名	性别	年龄
S01	张宏	男	45
S02	李丽	女	34
S03	王敏	女	28

(a) 顾客表A

顾客号	姓名	性别	年龄
S02	李丽	女	34
S04	钱景	男	50
S06	王平	女	24

(b) 顾客表B

图 3-6　描述顾客信息的两个关系

1. 并运算

设关系 R 与关系 S 均是 n 目关系，关系 R 与关系 S 的并记为

$$R \cup S = \{t \mid t \in R \vee t \in S\}$$

其结果仍是 n 目关系，由属于 R 或属于 S 的元组组成。

图 3-7（a）所示为图 3-6（a）和图 3-6（b）两个关系的并运算结果。

顾客号	姓名	性别	年龄
S01	张宏	男	45
S02	李丽	女	34
S03	王敏	女	28
S04	钱景	男	50
S06	王平	女	24

(a) 顾客表A∪顾客表B

顾客号	姓名	性别	年龄
S02	李丽	女	34

(b) 顾客表A∩顾客表B

顾客号	姓名	性别	年龄
S01	张宏	男	45
S03	王敏	女	28

(c) 顾客表A－顾客表B

图 3-7　集合的并、交、差运算示意

2. 交运算

设关系 R 与关系 S 均是 n 目关系，则关系 R 与关系 S 的交记为

$$R \cap S = \{t \mid t \in R \wedge t \in S\}$$

其结果仍是 n 目关系，由属于 R 并且也属于 S 的元组组成。

图 3-7（b）所示为图 3-6（a）和图 3-6（b）两个关系的交运算结果。

3. 差运算

设关系 R 与关系 S 均是 n 目关系，则关系 R 与关系 S 的差记为

$$R - S = \{t \mid t \in R \wedge t \notin S\}$$

其结果仍是 n 目关系，由属于 R 并且不属于 S 的元组组成。

图 3-7（c）所示为图 3-6（a）和图 3-6（b）两个关系的差运算结果。

4. 广义笛卡儿积

广义笛卡儿积不要求参加运算的两个关系具有相同的目。

两个分别为 m 目和 n 目的关系 R 和关系 S 的广义笛卡儿积是一个有（$m+n$）个列的元组的集合。元组的前 m 个列是关系 R 的一个元组，后 n 个列是关系 S 的一个元组。若 R 有 K_1 个元组，S 有 K_2 个元组，则关系 R 和关系 S 的广义笛卡儿积有 $K_1 \times K_2$ 个元组，记作

$$R \times S = \{ t_r \char94 t_s \mid t_r \in R \wedge t_s \in S\}$$

$t_r \char94 t_s$ 表示由两个元组 t_r 和 t_s 前后有序连接而成的一个元组。

任取元组 t_r 和 t_s，当且仅当 t_r 属于 R 且 t_s 属于 S 时，t_r 和 t_s 的有序连接即为 $R \times S$ 的一个元组。

实际操作时，可从 R 的第 1 个元组开始，依次与 S 的每一个元组组合，然后，对 R 的下一个元组进行同样的操作，直至 R 的最后一个元组也进行同样的操作为止。即可得到 $R \times S$ 的全部元组。

图 3-8 所示为广义笛卡儿积的示意图。

A	B
a1	b1
a2	b2

×

C	D	E
c1	d1	e1
c2	d2	e2
c3	d3	e3

=

A	B	C	D	E
a1	b1	c1	d1	e1
a1	b1	c2	d2	e2
a1	b1	c3	d3	e3
a2	b2	c1	d1	e1
a2	b2	c2	d2	e2
a2	b2	c3	d3	e3

图 3-8 广义笛卡儿积示意

3.4.2 专门的关系运算

专门的关系运算包括：投影、选择、连接、除等操作，其中投影为一元操作，其他的均为二元操作。

下面我们以表 3-11～表 3-13 所示的 3 个关系为例，介绍专门的关系运算。各关系包含的属性的含义如下。

Student：Sno（学号），Sname（姓名），Ssex（性别），Sage（年龄），Sdept（所在系）。

Course：Cno（课程号），Cname（课程名），Credit（学分），Semester（开课学期），Pcno（直接先修课）。

SC：Sno（学号），Cno（课程号），Grade（成绩）。

表 3-11   Student

Sno	Sname	Ssex	Sage	Sdept
0811101	李勇	男	21	计算机系
0811102	刘晨	男	20	计算机系
0811103	王敏	女	20	计算机系
0811104	张小红	女	19	计算机系
0821101	张立	男	20	信息管理系
0821102	吴宾	女	19	信息管理系
0821103	张海	男	20	信息管理系

表 3-12   Course

Cno	Cname	Credit	Semester	Pcno
C001	高等数学	4	1	NULL
C002	大学英语	3	1	NULL
C003	大学英语	3	2	C002
C004	计算机文化学	2	2	NULL
C005	VB	2	3	C004
C006	数据库基础	4	5	C007
C007	数据结构	4	4	C005

表 3-13   SC

Sno	Cno	Grade
0811101	C001	96
0811101	C002	80
0811101	C003	84
0811101	C005	62
0811102	C001	92
0811102	C002	90
0811102	C004	84
0821102	C001	76
0821102	C004	85
0821102	C005	73
0821102	C007	NULL
0821103	C001	50
0821103	C004	80

1. 选择（Selection）

选择也称为限制（Restriction）。选择运算是从指定的关系中选择满足给定条件（用逻辑表达式表达）的元组而组成一个新的关系。选择运算的功能如图 3-9 所示。选择运算表示为

$$\sigma_F(R) = \{r \mid r \in R \wedge F(r) = \text{'真'}\}$$

其中，σ 是选择运算符，R 是关系名，r 是元组，F 是逻辑表达式，取逻辑"真"值或"假"值。

图 3-9 选择运算

例1 从表3-11所示的学生关系中，选择计算机系学生信息的关系代数表达式为

$$\sigma_{Sdept='\text{计算机系}'}(\text{Student})$$

结果如表3-14所示。

表3-14　　　　　　　　　　　例1的选择结果

Sno	Sname	Ssex	Sage	Sdept
0811101	李勇	男	21	计算机系
0811102	刘晨	男	20	计算机系
0811103	王敏	女	20	计算机系
0811104	张小红	女	19	计算机系

2. 投影（Projection）

投影运算是从关系R中选择若干属性，并用这些属性组成一个新的关系。其运算功能如图3-10所示。投影运算表示为

$$\prod_A(R) = \{\, r.A \mid r \in R \,\}$$

其中，$\prod$是投影运算符，R是关系名，A是被投影的属性或属性组。$r.A$表示r这个元组中相应于属性（集）A的分量，也可以表示为$r[A]$。

投影运算一般由如下两个步骤完成。

（1）选择指定的属性，形成一个可能含有重复行的新关系。

（2）删除重复行，形成结果关系。

例2 对于表3-11所示的学生关系，在Sname，Sdept两个列上进行投影运算，可以表示为

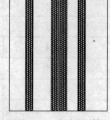

图3-10　投影运算

$$\prod_{\text{sname, sdept}}(\text{Student})$$

结果如表3-15所示。

表3-15　　　　　　　　　　　例2的投影结果

Sname	Sdept
李勇	计算机系
刘晨	计算机系
王敏	计算机系
张小红	计算机系
张立	信息管理系
吴宾	信息管理系
张海	信息管理系

3. 连接

连接运算用来连接相互之间有联系的两个关系，从而产生一个新的关系。这个过程由连接属性（字段）来实现。一般情况下，连接属性是出现在不同关系中的语义相同的属性。连接是由笛卡儿乘积导出的，相当于把连接谓词看成选择公式。进行连接运算的两个关系通常是具有一对多联系的父子关系。

连接运算具有如下几种形式。

- θ连接。
- 等值连接（θ连接的特例）。
- 自然连接。
- 外部连接（或称外连接）。
- 半连接。

θ连接运算一般表示为

$$R\underset{A\theta B}{\bowtie}S = \{\, t_r^\wedge t_s \mid t_r \in R \wedge t_s \in S \wedge t_r[A]\theta\, t_s[B] \,\}$$

其中，A 和 B 分别是关系 R 和 S 上语义相同的属性或属性组，θ是比较运算符。连接运算从 R 和 S 的广义笛卡儿积 $R \times S$ 中选择（R 关系）在 A 属性组上的值与（S 关系）在 B 属性组上值满足比较运算符θ的元组。

连接运算中最重要也是最常用的连接有两个，一个是等值连接，一个是自然连接。

当θ为" ＝ "时，连接为等值连接。它是从关系 R 与关系 S 的广义笛卡儿积中选取 A、B 属性组值相等的那些元组，即

$$R\underset{A=B}{\bowtie}S = \{\, t_r^\wedge t_s \mid t_r \in R \wedge t_s \in S \wedge t_r[A]= t_s[B] \,\}$$

自然连接是一种特殊的连接，它要求两个关系中进行比较的分量必须是相同的属性或属性组，并且在连接结果中去掉重复的属性列，使公共属性列只保留一个。即，若关系 R 和 S 具有相同的属性组 B，则自然连接可记作

$$R\bowtie S = \{\, t_r^\wedge t_s \mid t_r \in R \wedge t_s \in S \wedge t_r[A]= t_s[B] \,\}$$

一般的连接运算是从行的角度进行运算的，但自然连接还需要去掉重复的列，所以是同时从行和列的角度进行运算。

自然连接与等值连接的差别如下。

- 自然连接要求相等的分量必须有共同的属性名，等值连接则不要求。
- 自然连接要求把重复的属性名去掉，等值连接却不这样做。

例 3　设有如表 3-16 所示的"商品"关系和表 3-17 所示的"销售"关系，分别进行等值连接和自然连接运算。

表 3-16　　　　　　　　　　　　　　　　　　商品

商 品 号	商 品 名	进货价格
P01	34 平面电视	2400
P02	34 液晶电视	4800
P03	52 液晶电视	9600

表 3-17　　　　　　　　　　　　　　　　　　销售

商 品 号	销 售 日 期	销 售 价 格
P01	2009-2-3	2200
P02	2009-2-3	5600
P01	2009-8-10	2800
P02	2009-2-8	5500
P01	2009-2-15	2150

等值连接：

$$商品 \quad \bowtie \quad 销售$$

商品.商品号=销售.商品号

自然连接：

$$商品 \quad \bowtie \quad 销售$$

等值连接的结果如表 3-18 所示，自然连接的结果如表 3-19 所示。

表 3-18　　　　　　　　　　　　例 3 等值连接结果

商 品 号	商 品 名	进货价格	商 品 号	销 售 日 期	销售价格
P01	34 平面电视	2400	P01	2009-2-3	2200
P01	34 平面电视	2400	P01	2009-8-10	2800
P01	34 平面电视	2400	P01	2009-2-15	2150
P02	34 液晶电视	4800	P02	2009-2-3	5600
P02	34 液晶电视	4800	P02	2009-2-8	5500

表 3-19　　　　　　　　　　　　例 3 自然连接结果

商 品 号	商 品 名	进货价格	销 售 日 期	销 售 价 格
P01	34 平面电视	2400	2009-2-3	2200
P01	34 平面电视	2400	2009-8-10	2800
P01	34 平面电视	2400	2009-2-15	2150
P02	34 液晶电视	4800	2009-2-3	5600
P02	34 液晶电视	4800	2009-2-8	5500

从例 3 我们可以看到，当两个关系进行自然连接时，连接的结果由两个关系中公共属性值相等的元组构成。在连接的结果中我们看到，在"商品"关系中，如果某商品（这里是"P03"号商品）在"销售"关系中没有出现（即没有被销售过），则关于该商品的信息不会出现在连接结果中。也就是，在连接结果中会舍弃掉不满足连接条件（这里是两个关系中的"商品号"相等）的元组。这种形式的连接称为内连接。

如果希望不满足连接条件的元组也出现在连接结果中，则可以通过**外连接**（Outer Join）操作实现。外连接有 3 种形式：左外连接（Left Outer Join）、右外连接（Right Outer Join）和全外连接（Full Outer Join）。

左外连接的连接形式为：

$$R* \bowtie S$$

右外连接的连接形式为：

$$R \bowtie *S$$

全外连接的连接形式为：

$$R* \bowtie *S$$

左外连接的含义是把连接符号左边的关系（这里是 R）中不满足连接条件的元组也保留到连接后的结果中，并在连接结果中将该元组所对应的右边关系（这里是 S）的各个属性均置成空值（NULL）。

右外连接的含义是把连接符号右边的关系（这里是 S）中不满足连接条件的元组也保留到连接后的结果中，并在连接结果中将该元组对应的左边关系（这里是 R）的各个属性均置成空值（NULL）。

全外连接的含义是把连接符号两边的关系（R 和 S）中不满足连接条件的元组均保留到连接后的结果中，并在连接结果中将不满足连接条件的各元组的相关属性均置成空值（NULL）。

"商品"关系和"销售"关系的左外连接表达式为：

$$商品 * \bowtie 销售$$

连接结果如表 3-20 所示。

表 3-20　　　　　　　　　　　　商品和销售的左外连接结果

商 品 号	商 品 名	进 货 价 格	销 售 日 期	销 售 价 格
P01	34 平面电视	2 400	2009-2-3	2 200
P01	34 平面电视	2 400	2009-8-10	2 800
P01	34 平面电视	2 400	2009-2-15	2 150
P02	34 液晶电视	4 800	2009-2-3	5 600
P02	34 液晶电视	4 800	2009-2-8	5 500
P03	52 液晶电视	9 600	NULL	NULL

设有表 3-21 和表 3-22 所示的两个关系 R 和 S，则这两个关系的全外连接结果如表 3-23 所示。

表 3-21　关系 R

A	B	C
a1	b1	c1
a2	b2	c1
a3	b1	c2
a4	b3	c1
a5	b2	c1

表 3-22　关系 S

E	B	D
e1	b1	d1
e2	b3	d1
e3	b1	d2
e4	b4	d1
e5	b3	d1

表 3-23　　　　　　　　　　　　R 和 S 的全连接结果

A	B	C	E	D
a1	b1	c1	e1	d1
a1	b1	c1	e3	d2
a2	b2	c1	NULL	NULL
a3	b1	c2	e1	d1
a3	b1	c2	e3	d2
a4	b3	c1	e2	d1
a4	b3	c1	e5	d1
a5	b2	c1	NULL	NULL
NULL	b4	NULL	e4	d1

半连接操作是在两个关系之间执行连接操作，并将其结果投影在第 1 个操作关系的所有属性上。半连接的一个优点是可以减少必须参与连接的元组的数目，这对于分布式系统的连接操作非常有用。半连接操作的表达形式为

$$R \underset{A\theta B}{\triangleright} S$$

上述半连接实际上是一个半 θ 连接，其他还有半等值连接、半自然连接等。

例 4 对表 3-16 和表 3-17 所示的商品和销售关系，查询销售价格高于 5 000 的商品的全部信息。

如果仅仅是想查看商品的信息，则可以利用半连接实现，具体如下：

$$商品 \quad \triangleright \quad 销售$$

商品.商品号=销售.商品号

∧销售价格>5000

运算结果如表 3-24 所示。

表 3-24　　　　　　　　　　　　　　半连接结果

商 品 号	商 品 名	进 货 价 格
P02	34 液晶电视	4 800

4. 除（Division）

（1）除法的简单描述

设关系 S 的属性是关系 R 的属性的一部分，则 $R \div S$ 为这样一个关系：

● 此关系的属性是由属于 R 但不属于 S 的所有属性组成。

● $R \div S$ 的任一元组都是 R 中某元组的一部分。但必须符合下列要求，即任取属于 $R \div S$ 的一个元组 t，则 t 与 S 的任一元组连接后，都为 R 中原有的一个元组。

除法运算的示意图如图 3-11 所示。

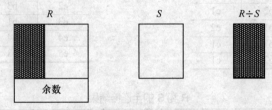

图 3-11　除法运算（阴影部分）

（2）除法的一般形式

设有关系 $R(X, Y)$ 和 $S(Y, Z)$，其中 X、Y、Z 为关系的属性组，则：

$$R(X, Y) \div S(Y, Z) = R(X, Y) \div \prod_Y(S)$$

（3）关系的除运算

除运算是关系运算中最复杂的一种，上文叙述了 $R \div S$ 关系的属性组成及其元组应满足的条件要求，但怎样确定关系 $R \div S$ 元组，仍然没有说清楚。为了说清楚这个问题，首先引入象集的概念。

象集： 给定一个关系 $R(X, Y)$，X 和 Y 为属性组。定义，当 $t[X] = x$ 时，x 在 R 中的象集（Image Set）为

$$Y_x = \{ t[Y] \mid t \in R \wedge t[X] = x \}$$

其中，$t[Y]$ 和 $t[X]$ 分别表示 R 的元组 t 在属性组 Y 和 X 上的分量的集合。

例如，在表 3-11 所示的 Student 关系中，有一个元组值为

（0821101，张立，男，20，信息管理系）

假设 $X = \{Sdept, Ssex\}$，$Y = \{Sno, Sname, Sage\}$，则上式中的 $t[X]$ 的一个值

$$x = （信息管理系，男）$$

此时，Y_x 为 $t[X] = x = （信息管理系，男）$时所有 $t[Y]$ 的值，即

$$Y_x = \{（0821101，张立，20），（0821103，张海，20）\}$$

也就是由信息管理系全体男生的学号、姓名、年龄所构成的集合。

又如，对于表 3-13 所示的 SC 关系，如果设 $X = \{Sno\}$，$Y = \{Cno, Grade\}$，则当 X 取 "0811101" 时，Y 的象集为

$$Y_x = \{（C001，96），（C002，80），（C003，84），（C005，62）\}$$

当 X 取 "0821103" 时，Y 的象集为

$$Y_x = \{（C001，50），（C004，80）\}$$

现在，我们再回过头来讨论除法的一般形式。

设有关系 $R(X, Y)$ 和 $S(Y, Z)$，其中 X、Y、Z 为关系的属性组，则

$$R \div S = \{t_R[X] \mid t_R \in R \wedge \prod_Y (S) \subseteq Y_x\}$$

图 3-12 所示为一个除运算的例子。

Sno	Cno
0811101	C001
0811101	C002
0811101	C003
0811101	C005
0811102	C001
0811102	C002
0811102	C004
0811102	C001
0811102	C004
0811102	C005
0811102	C007

cno	cname
C001	高等数学
C005	VB

sno
0811101
0821102

$\div$ ... $=$

图 3-12　除运算示例

图 3-12 所示的除结果为至少选了 "C001" 和 "C005" 两门课程的学生的学号。

下面以表 3-11～表 3-13 所示 Student、Course 和 SC 关系为例，给出一些关系代数运算的综合的例子。

例 5　查询选了 C002 号课程的学生的学号和成绩。

$$\prod_{Sno, Grade} (\sigma_{Cno = 'C002'} (SC))$$

运算结果如图 3-13 所示。

Sno	Grade
0811101	80
0811102	90

图 3-13　例 5 的结果

例 6　查询信息管理系选了 C004 号课程的学生的姓名和成绩。

由于学生姓名信息在 Student 关系中，而成绩信息在 SC 关系中，因此这个查询同时涉及 Student 和 SC 两个关系。因此首先应对这两个关系进行自然连接，得到同一个学生的有关信息，然后再对连接的结果执行选择和

Sname	Grade
刘晨	84
吴宾	85
张海	80

图 3-14　例 6 的结果

投影操作。

具体的关系代数表达式如下：

$$\prod_{\text{Sname, Grade}}\left(\sigma_{\text{Cno='C002'} \wedge \text{Sdept='信息管理系'}}\left(SC \bowtie Student\right)\right)$$

也可以写成：

$$\prod_{\text{Sname, Grade}}\left(\sigma_{\text{Cno='C004'}}\left(SC\right) \bowtie \sigma_{\text{Sdept='信息管理系'}}\left(Student\right)\right)$$

第 2 种实现形式是首先在 SC 关系中查询出选了"C004"课程的子集合，然后从 Student 关系中查询出"信息管理系"学生的子集合，然后再对这个子集合进行自然连接运算（Sno 相等），这种查询的执行效率会比第 1 种形式高。

运算结果如图 3-14 所示。

例 7 查询选了第 2 学期开设的课程的学生的姓名、所在系和所选的课程号。

这个查询的查询条件和查询列涉及两个关系：Student（包含姓名和所在系信息）以及 SC （包含课程号信息）。实际上"课程号"也可以从 Course 关系中得到，但由于 Student 关系和 Course 关系之间没有可以进行连接的属性（必须语义相同）。因此如果要让 Student 关系和 Course 关系进行连接，则必须要借助于 SC 关系。通过 SC 关系中的 Sno 与 Student 关系中的 Sno 进行自然连接，并通过 SC 关系中的 Cno 与 Course 关系中的 Cno 进行自然连接，可实现 Student 关系和 Course 关系之间的关联关系。

具体的关系代数表达式如下：

$$\prod_{\text{Sname, Sdept, Cno}}\left(\sigma_{\text{Semester=2}}\left(Course \bowtie SC \bowtie Student\right)\right)$$

也可以写成：

$$\prod_{\text{Sname, Sdept, Cno}}\left(\sigma_{\text{Semester=2}}\left(Course\right) \bowtie SC \bowtie Student\right)$$

运算结果如图 3-15 所示。

例 8 查询选了"高等数学"且成绩大于等于 90 分的学生的姓名、所在系和成绩。

Sname	Sdept	Cno
李勇	计算机系	C003
刘晨	计算机系	C004
吴宾	信息管理系	C004
张海	信息管理系	C004

图 3-15 例 7 的结果

这个查询的查询条件和查询列涉及 Student、SC 和 Course 3 个关系，在 Course 关系中可以指定课程名（高等数学），从 Student 关系中可以得到姓名、所在系，从 SC 关系中可以得到成绩。

具体的关系代数表达式如下：

$$\prod_{\text{Sname, Sdept, Grade}}\left(\sigma_{\text{Cname='高等数学'} \wedge \text{Grade>=90}}\left(Course \bowtie SC \bowtie Student\right)\right)$$

也可以写成：

$$\prod_{\text{Sname, Sdept, Grade}}\left(\sigma_{\text{Cname='高等数学'}}\left(Course\right) \bowtie \sigma_{\text{Grade>=90}}\left(SC\right) \bowtie Student\right)$$

运算结果如图 3-16 所示。

例 9 查询没选 VB 课程的学生的姓名和所在系。

实现这个查询的基本思路是从全体学生中去掉选了 VB 的学生，因此需要用到差运算。

Sname	Sdept	Grade
李勇	计算机系	96
刘晨	计算机系	92

图 3-16 例 8 的结果

具体的关系代数表达式如下：

$$\prod_{\text{Sname, Sdept}}\left(Student\right) - \prod_{\text{Sname, Sdept}}\left(\sigma_{\text{Cname='VB'}}\left(Course \bowtie SC \bowtie Student\right)\right)$$

也可以写成：

$$\prod_{\text{Sname, Sdept}}\left(Student\right) - \prod_{\text{Sname, Sdept}}\left(\sigma_{\text{Cname='VB'}}\left(Course\right)\right)$$
$$\bowtie SC \bowtie Student$$

运算结果如图 3-17 所示。

Sname	Sdept
张海	信息管理系

图 3-17 例 9 的结果

例 10 查询选了全部课程的学生的姓名和所在系。

编写这个查询语句的关系代数表达式的思考过程如下。

① 学生选课情况可用$\prod_{Sname,Sdept}(SC)$表示。

② 全部课程可用$\prod_{Sname,Sdept}(Course)$表示。

③ 查询选了全部课程的学生姓名和所在系可用除法运算得到，即

$$\prod_{Sname,Sdept}(SC) \div \prod_{Sname,Sdept}(Course)$$

这个关系代数表达式的操作结果为选了全部课程的学生的学号（Sno）的集合。

④ 从得到的 Sno 集合再在 Student 关系中找到对应的学生姓名（Sname）和所在系（Sdept），这可以用自然连接和投影操作组合实现。最终的关系代数表达式为

$$\prod_{Sname,Sdept}(Student \bowtie (\prod_{Sname,Sdept}(SC) \div \prod_{Sname,Sdept}(Course)))$$

运算结果为空集合。

例 11 查询计算机系选了第 1 学期开设的全部课程的学生的学号和姓名。

编写这个查询语句的关系代数表达式的思考过程与例 10 类似，只是将②改为：查询第 1 学期开设的全部课程，这可用$\prod_{Sno,Sname}(\sigma_{Semester=1}(Course))$表示。最终的关系代数表达式如下。

$$\prod_{Sno, Sname}(\sigma_{Sdept= '计算机系'}(Student) \bowtie (\prod_{Sno,Sname}(SC) \div \prod_{cno}(\sigma_{Semester=1}(Course))))$$

运算结果如图 3-18 所示。

3.4.3　关系代数操作小结

对关系代数操作的总结如表 3-25 所示。

Sno	Sname
0611101	李勇
0611102	刘晨

图 3-18　例 11 的结果

表 3-25　　　　　　　　　　　　　关系代数操作总结

操　作	表示方法	功　能
选择	$\sigma_F(R)$	产生一个新关系，其中只包含 R 中满足指定谓词的元组
投影	$\prod_{a1,a2,...,an}(R)$	产生一个新关系，该关系由指定的 R 的属性组成的一个 R 的垂直子集组成，并且去掉了重复的元组
连接	$R \bowtie S$ $A\theta B$	产生一个新关系，该关系包含了 R 和 S 的笛卡儿乘积中所有满足 θ 运算的元组
自然连接	$R \bowtie S$	产生一个新关系，由关系 R 和 S 在所有公共属性 x 上的相等连接得到，并且在结果中，每个公共属性只保留一个
（左）外连接	$R * \bowtie S$	（左）外连接是这样一种连接，它将在 S 中无法找到匹配的公共属性的 R 中的元组也保留在结果关系中，并将对应 S 关系的各属性值均置为空
半连接	$R \triangleright S$ $A\theta B$	产生一个新关系，该新关系只包含参与 R 与 S 连接的 R 中的全部属性
并	$R \cup S$	产生一个新关系，它由 R 和 S 中所有不同的元组构成。R 和 S 必须是可进行并运算的
交	$R \cap S$	产生一个新关系，它由既属于 R 又属于 S 的元组构成。R 和 S 必须是可进行交运算的
差	$R - S$	产生一个新关系，它属于 R 但不属于 S 的元组构成。R 和 S 必须是可进行差运算的
笛卡儿乘积	$R \times S$	产生一个新关系，它是关系 R 中的每个元组与关系 S 中的每个元组的并联的结果
除	$R \div S$	产生一个属性集合 C 上的关系，该关系的元组与 S 中的每个元组组合都能在 R 中找到匹配的元组，这里 C 是属于 R 但不属于 S 的属性集合

关系运算的优先级按从高到低的顺序为：投影、选择、乘积、连接和除（同级）、交、并和差（同级）。

3.5* 关 系 演 算

在关系代数表达式中，一般都显式地指定了一个顺序，并且隐含了执行查询的策略。在关系演算中，并不描述查询执行策略，关系演算查询只说明要什么，不说明如何得到它。

关系演算是一个查询系统，它以数理逻辑中的谓词演算为基础。按谓词变元的不同，关系演算分为元组关系和域关系演算，元组关系演算是由 E.F.Codd 在 1972 年提出的，域关系演算是由 Lacroix 和 Pirotte 在 1977 年提出的。本节首先介绍元组关系演算，然后介绍域关系演算。

在一阶谓词逻辑中，谓词是一个带参数的真值函数。如果把参数值带入，这个函数就会变成一个表达式，称为命题，它非真即假。例如，"张三是一名教师"和"张三的职称高于李四的"，这两个语句都是命题，因此可以确定它们是真还是假。在第 1 个语句中，"是一名教师"带有一个参数：姓名（张三）；在第 2 个语句中，函数为"职称高于"，它有两个参数：两个人的姓名（张三和李四）。

如果某个谓词包含一个变量，比如"x 是一名教师"，那么就一定有一个与 x 相关联的范围（Range）。当我们把这个范围中的某些值赋给 x 时，命题可能为真；而如果赋另一些值，则命题可能为假。例如，假设上述第一个语句"是一名教师"的范围是所有人的集合，则若将"张三"带入 x，则命题"张三是一名教师"为真，若将某个非教师的人名带入，则命题为假。

假设 P 是一个谓词，那么所有使 P 为真的 x 的集合就可以表示成：

$$\{x \mid P(x)\}$$

可以用逻辑连接词 ∧（与）、∨（或）、¬（非）连接谓词形成复合谓词。

3.5.1 元组关系演算

在 3.4 节我们介绍了关系代数表达式，本节首先介绍抽象的元组关系演算。

在元组关系演算中，我们感兴趣的是找出所有使谓词为真的元组。这种演算是基于元组变量的。元组变量是"定义于"某个命题关系上的变量，即该变量的取值范围仅限于这个关系中的元组（这里的"范围"不是数学中的值域的概念，这里的"范围"等同于数学中的定义域）。例如，指定元组变量 S 的范围为 $Student$ 关系，就写为

$$Student(S)$$

如果要表示"找出所有使 $F(S)$ 为真的元素 S 的集合"这样一个查询，可以表示为

$$\{S \mid F(S)\}$$

其中，F 称为公式。

为方便讨论，先允许关系的基数是无限的。然后再对这种情况下定义的演算作适当的修改，以保证关系演算中的每一个公式表示的是有限关系。

在元组关系演算系统中，称 $\{t|\Phi(t)\}$ 为**元组演算表达式**。其中，t 为元组变量，$\Phi(t)$ 为**元组关系演算公式**（简称为公式）。如果元组变量前有全称（∀）或存在（∃）量词，则称这样

的变量为**约束变量**，否则称为**自由变量**。

元组关系演算公式由原子公式和运算符组成。

原子公式有以下 3 类。

（1） $R(t)$。R 是关系名，t 是元组变量。$R(t)$ 表示 t 是 R 中的一个元组。于是，关系 R 可表示为：

$$\{t|R(t)\}$$

（2） $t[i]\ \theta u[j]$。t 和 u 是元组变量，θ 是算术比较运算符。$t[i]\ \theta u[j]$ 表示这样的命题"元组 t 的第 i 个分量与元组 u 的第 j 个分量之间满足 θ 关系"。例如，$t[2]<u[3]$ 表示元组 t 的第 2 个分量必须小于元组 u 的第 3 个分量。

（3） $t[i]\theta c$ 或 $c\theta t[i]$。这里 c 是一个常量，$t[i]\theta c$ 表示" t 的第 i 个分量与常量 c 满足 θ 关系"。例如，$t[4]=3$ 表示元组 t 的第 4 个分量等于 3 。

在一个公式中，如果一个元组变量的前面没有存在量词 $\exists$ 或全称量词 $\forall$ 等符号，则称为自由元组变量，否则称为约束元组变量。在元组表达式的一般形式 $\{t|Q（t）\}$ 中， t 是 Q 中唯一的自由元组变量。

公式可以递归定义如下。

① 每个原子公式是公式。

② 如果 Φ_1 和 Φ_2 是公式，则 $\Phi_1 \wedge \Phi_2$、$\Phi_1 \vee \Phi_2$、$\neg \Phi_1$ 也是公式。

● 如果 Φ_1 和 Φ_2 同时为真，则 $\Phi_1 \wedge \Phi_2$ 才为真，否则为假。

● 如果 Φ_1 和 Φ_2 中一个或同时为真，则 $\Phi_1 \vee \Phi_2$ 为真，当且仅当 Φ_1 和 Φ_2 同时为假时，$\Phi_1 \vee \Phi_2$ 才为假。

● 如果 Φ_1 真，则 $\neg \Phi_1$ 为假。

③ 若 Φ 是公式，则 $\exists t(\Phi)$ 也是公式。其中符号 $\exists$ 是存在量词符号，$\exists t(\Phi)$ 表示：
若有一个 t 使 Φ 为真，则 $\exists t(\Phi)$ 为真，否则 $\exists t(\Phi)$ 为假。

④ 若 Φ 是公式，则 $\forall t(\Phi)$ 也是公式。其中符号 $\forall$ 是全称量词符号，$\forall t(\Phi)$ 表示：
如果对所有 t，都使 Φ 为真，则 $\forall t(\Phi)$ 必为真，否则 $\forall t(\Phi)$ 为假。

⑤ 在元组演算公式中，各种运算符的优先次序如下。

● 比较运算符优先级最高。

● 量词次之，且 $\exists$ 的优先级高于 $\forall$ 的优先级。

● 逻辑运算符优先级最低，且 $\neg$ 的优先级高于 $\wedge$ 的优先级，$\wedge$ 的优先级高于 $\vee$ 的优先级。

● 加括号时，括号中运算符优先，同一括号内的运算符优先级遵循前三项原则。

● 有限次地使用上述 5 条规则得到的公式是元组关系演算公式，其他公式不是元组关系演算公式。

一个元组演算表达式 $\{t|\Phi(t)\}$ 表示了使 $\Phi(t)$ 为真的元组集合。

关系代数中的 6 种基本运算均可用元组表达式来表示（反之亦然）。其表示方法如下。

（1）并： $R\cup S=\{t|R(t)\vee S(t)\}$

（2）交： $R\cap S=\{t|R(t)\wedge S(t)\}$

（3）差： $R-S=\{t|R(t)\wedge \neg S(t)\}$

（4）投影： $\prod_{i1,i2,\dots ik}(R)=\{t.i1,t.i2,\dots t.ik|(\exists u)(R(u)\wedge t[1]=u[i_1]\wedge t[2]=u[i_2]\wedge\cdots t[k]=u[i_k])\}$

（5）选择： $\sigma_F（R）=\{t|R(t)\wedge F'\}$

其中， F' 是 F 用 $t[i]$ 代替运算对象 i 得到的等价表示形式。

（6）连接：

$$R \bowtie S=\{t|(\exists u)(\exists v)(R(u) \wedge S(v) \wedge t[1]=u[1] \wedge t[2]=u[2] \wedge \cdots t[n]=u[n] \wedge t[n+1]$$
$$=v[1] \wedge \cdots t[n+m]=v[m] \wedge F')\}$$

下述例子根据表 3-11～表 3-13 所示的关系实现。

例 1 查询计算机系全体学生。

$$\{t \mid Student(t) \wedge t[5] = '计算机系'\}$$

例 2 查询年龄小于 20 岁姓名。

$$\{t.Sname \mid Student(t) \wedge t[4] < 20 \}$$

例 3 查询全体学生的姓名和所在系。

$$\{t.Sname, t.Sdept|(\exists u)(Student(u) \wedge t[1]=u[2] \wedge t[2]=u[5])\}$$

上面定义的关系演算允许出现无限关系。例如，$\{t|\neg R(t)\}$ 表示所有不属于 R 的元组（元组的目数等于 R 的目数）。要求出这些可能的元组是做不到的，所以必须排除这类无意义的表达式。把不产生无限关系的表达式称为**安全表达式**，所采取的措施称为安全限制。安全限制通常是定义一个有限的符号集 dom(Φ)，dom(Φ)一定包括出现在 Φ 以及中间结果和最后结果的关系中的所有符号（实际上是各列中值的汇集）。dom(Φ)不必是最小集。

当满足下列条件时，元组演算表达式 $\{t|\Phi(t)\}$ 是安全的。

- 如果 t 使 $\Phi(t)$ 为真，则 t 的每个分量是 dom(Φ)中的元素。
- 对于 Φ 中每一个形如 $(\exists t)(W(u))$ 的子表达式，若 u 使 $W(u)$ 为真，则 u 的每个分量是 dom(Φ)中的元素。
- 对于 Φ 中每一个形如 $(\forall t)(W(u))$ 的子表达式，若 u 使 $W(u)$ 为假，则 u 的每个分量必属于 dom(Φ)。换言之，若 u 某一分量不属于 dom(Φ)，则 $W(u)$ 为真。

例 4 设有如图 3-19（a）所示的关系 R，$S=\{t|\neg R(t)\}$，若不进行安全限制，则可能是一个无限关系。所以定义：

$$dom(\Phi)=\prod A (R) \cup \prod B (R) \cup \prod c(R)$$
$$=\{\{a1,a2\},\{b1,b2\},\{c1,c2\}\}$$

则 S 是 dom(Φ) 中各域值中元素的笛卡儿积与 R 的差集，结果如图 3-19（b）所示。

S

A	B	C
a_1	b_1	c_2
a_1	b_2	c_1
a_1	b_2	c_2
a_2	b_1	c_1
a_2	b_1	c_2
a_2	b_2	c_1

R

A	B	C
a_1	b_1	c_1
a_2	b_2	c_2

（a）　　　　　　　　　　（b）

图 3-19　关系演算安全限制示例

3.5.2　元组关系演算语言 Alpha

元组关系演算以元组作为谓词变元的基本对象。一种典型的元组关系演算语言是

E.F.Codd 提出的 Alpha 语言。这一语言虽然没有实际实现，但关系数据库管理系统 INGRES 最初所用的 QUEL 语言就是参照 Alpha 语言研制的，与 Alpha 非常相似。

Alpha 语言包含的语句主要有：GET、PUT、HOLD、UPDATE、DELETE 和 DROP 共 6 条，这些语句的基本使用格式为

操作语句 工作空间名（表达式）：操作条件

其中：

● "表达式"用于指定语句的操作对象，它可以是关系名，也可以是属性名。一条语句可以同时操作多个关系或多个属性。

● "操作条件"是一个逻辑表达式，用于将操作对象限定在满足条件的元组中，操作条件可以为空。除此之外，还可以在此基本格式的基础上加上排序要求，限制返回的元组数量等要求。

下面是元组关系演算的查询示例。

本小节所举的示例均根据表 3-11～表 3-13 所示的 3 个关系。查询操作用 GET 语句实现。

（1）无条件的查询。

例 1 查询全体学生的姓名。

GET W (Student.Sname)

W 为工作空间名，这个示例的条件为空，表示没有限定条件。

例 2 查询所有学生的详细信息。

GET W (Student)

（2）有条件的查询。

例 3 查询信息管理系年龄小于 20 岁的学生的姓名和年龄。

GET W (Student.Sname, Student.Sage): Student.Sdept='信息管理系' $\land$ Student.Sage<20

（3）带排序的查询。

例 4 查询计算机系学生的姓名和年龄，并将结果按年龄降序排序。

GET W (Student.Sname, Student.Sage): Student.Sdept='计算机系' DOWN Student.Sage

其中，DOWN 表示降序排序。

（4）指定元组个数的查询。在查询时可以指定检索出的元组个数，其方法是在 W 后加一个括号，括号中写明指定的元组个数。

例 5 查询计算机系的一个学生的学号和姓名。

GET W (1) (Student.Sno, Student.Sname): Student.Sdept='计算机系'

排序和指定元组个数可以一起使用。

例 6 查询计算机系年龄最大的二个学生的学号及其年龄，结果按年龄降序排序。

GET W (2) (Student.Sno, Student.Sage): Student.Sdept='计算机系' DOWN Student.Sage

（5）使用元组变量的查询。元组关系演算是以元组变量作为谓词变元的基本对象。元组变量在某一关系范围内变化，因此也称为范围变量（Range Variable）。在一个关系上可以定义多个元组变量。

元组变量主要有以下两方面的用途。

● 简化关系名。如果关系的名字很长，则使用起来就不是很方便，这时就可以定义一个较短名字的元组变量来简化关系名。

● 在操作条件中，当使用量词时必须用元组变量。

例 7 查询信息管理系学生的名字。

$$\text{RANGE Student X}$$
$$\text{GET W (X.Sname): X.Sdept='信息管理系'}$$

Alpha 语言用 RANGE 来说明元组变量。其中，X 是关系 Student 上的元组变量，用途是简化关系名，即用 X 代表 Student。

（6）用存在量词的查询。操作条件中使用量词时必须用元组变量。

例 8 查询选修了"C002"号课程的学生姓名。

$$\text{RANGE SC X}$$
$$\text{GET W (Student.Sname): } \exists X(X.Sno=Student.Sno \wedge X.Cno='C002')$$

例 9 查询选修了其直接先修课是"C004"号课程的课程的学生学号。

$$\text{RANGE Course CX}$$
$$\text{GET W (SC.Sno): } \exists CX (CX.Cno=SC.Cno \wedge CX.Pcno='C004')$$

例 10 查询至少选修一门其先行课为 C004 课程的学生名字。

$$\text{RANGE Course\quad CX}$$
$$\text{SC\quad SCX}$$
$$\text{GET W (Student.Sname): } \exists SCX (SCX.Sno=Student.Sno \wedge$$
$$\exists CX (CX.Cno=SCX.Cno \wedge CX.Pcno='C004'))$$

在例 10 中的元组关系演算公式可以变换为前束范式（Prenex normal form）的形式：

$$\text{GET W (Student.Sname): } \exists SCX \exists CX (SCX.Sno=Student.Sno \wedge$$
$$CX.Cno=SCX.Cno \wedge CX.Pcno='C004')$$

例 8、例 9、例 10 中的元组变量都是为存在量词而设的。其中，例 10 需要对两个关系作用存在量词，因此设了两个元组变量。

（7）表达式中涉及多个关系的查询。上面所举的例子均是在操作条件中包含了多个关系，而没有在表达式中包含多个关系，在实际的关系演算语句中，表达式也可以涉及多个关系中的属性。

例 11 查询考试成绩 90 分以上的学生姓名和相应的课程名。

本查询所要求的结果就涉及 Student 和 Course 两个关系，学生姓名在 Student 关系中，课程名在 Course 关系中。

$$\text{RANGE SC SCX}$$
$$\text{GET W (Student.Sname, Course.Cname): } \exists SCX (SCX.Grade \geqslant 90 \wedge$$
$$SCX.Sno=Student.Sno \wedge Course.Cno=SCX.Cno)$$

（8）使用全称量词的查询。

例 12 查询没有选"C001"号课程的学生姓名和所在系。

$$\text{RANGE SC SCX}$$
$$\text{GET W (Student.Sname, Student.Sdept): } \forall SCX (SCX.Sno \neq Student.Sno \vee SCX.Cno \neq 'C001')$$

本例也可以用存在量词来表示：

$$\text{RANGE SC SCX}$$
$$\text{GET W (Student.Sname, Student.Sdept): } \neg \exists SCX (SCX.Sno=Student.Sno \wedge SCX.Cno='C001')$$

（9）同时使用两种量词的查询。

例 13 查询选修了全部课程的学生姓名。

RANGE Course CX

        SC SCX

GET W (Student.Sname)：$\forall$CX $\exists$SCX (SCX.Sno=Student.Sno$\wedge$SCX.Cno=CX.Cno)

3.5.3 域关系演算

在元组关系演算中，使用了定义在关系上的元组变量。在域关系演算中，同样也要用到变量，但域关系演算中的变量的取值范围不再是关系中的元组，而是属性的域。一种典型的域关系演算语言是 QBE。

域关系演算中的表达式具有如下的一般形式：

$$\{ d_1,d_2,\cdots,d_n \mid F(d_1,d_2,\cdots,d_m)\} \quad m \geqslant n$$

其中，$d_1,d_2,\cdots,d_n$，代表域变量，$F(d_1,d_2,\cdots,d_m)$代表由某些原子公式组成的公式。原子公式可以有下面几种形式。

- $R(d_1,d_2,\cdots,d_n)$，R 是 n 元关系，每个 d_i 是域变量。
- $d_i\theta d_j$，其中 d_i 和 d_j 代表域变量，θ 是某个比较运算符（$<,\leqslant,>,\geqslant,=,\neq$）。$d_i$ 和 d_j 所取的值域的值必须可进行 θ 比较。
- $d_i\theta c$，其中 d_i 是域变量，c 是 d_i 对应域中的一个常量，θ 是一个比较运算符。

根据如下规则，可以从原子公式递归地构建新公式：

- 原子公式是公式。
- 如果 F1 和 F2 是公式，则它们的合取 F1$\wedge$F2、析取 F1$\vee$F2 以及 $\neg$ F1 也是公式。
- 如果 F 是带自由变量 X 的公式，则$(\exists(x)(F(X))$和$((\forall)(x)(F(X)))$也是公式。

下述例子根据表 3-11～表 3-13 所示的关系实现。

例 1 查询年龄小于 20 的学生的姓名。

$\{ sn \mid (\exists sno,sex,age,dept)(Student(sno,sn,sex,age,dept) \wedge age < 20 \}$

从这个例子可以看到，每个属性被赋予了一个（变量）名。条件 Student(sno,sn,sex,age,dept) 保证了这些域变量对应同一元组的不同属性。因此，可以用公式 age < 20 来代替 Student.Sage < 20。

还要注意存在量词使用上的区别。在元组关系演算中，如果给某个元组变量 age 加上量词$\exists$age，就要通过 Student(age)把这个变量与 Student 关系绑定在一起。而在域关系演算中，age 代表一个域值，它的定义域会限制在 Student 关系的 sage 属性的取值集合中。

例 2 查询 C001 课程的考试情况，列出学号和成绩。

$\{ sn,gd \mid (\exists sn1,cn)(Student(sno,sn,sex,age,dept) \wedge SC(sn1,cn,g) \wedge (sno=sn1) \wedge cn =$ 'C001' $\}$

该查询也可写成：

$\{ sn,gd \mid (Student(sno,sn,sex,age,dept) \wedge SC(sn1,$ 'C001' $,g) \wedge (sno=sn1) \}$

如果按第 2 种形式，SC 中的域变量 cn 就被 'C001' 所代替。

3.5.4 域关系演算语言 QBE

QBE 是 Query By Example（通过例子进行查询）的简称，它是一种高度非过程化的基于屏幕表格的查询语言。用户可以通过终端屏幕编辑程序，以填写表格的方式构造查询要求，而查询结果也以表格的形式显示，因此非常直观，易学易用。

QBE 中用示例元素来表示查询结果的可能例子，示例元素实质上就是域变量。QBE 操作框架如图 3-20 所示。

下面用一个简单的查询过程来说明 QBE 的用法，对于其他的操作，其过程与此类似。

例 在 Student 关系中，查询性别为"女"的全体学生的姓名。

操作步骤如下。

① 用户提出要求。

② 屏幕显示空白表格。

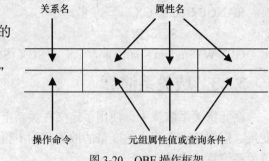

图 3-20 QBE 操作框架

③ 用户在最左边一栏输入关系名：Student。

Student				

④ 系统在屏幕上显示该关系的各个属性名。

Sno	Sname	Ssex	Sage	Sdept

⑤ 用户在表中构建查询要求。

Sno	Sname	Ssex	Sage	Sdept
	P.T	女		

这里的 T 是示例元素，即域变量。QBE 要求示例元素下面一定要加下画线。性别为"男"是查询条件，不用加下画线。P.是操作符，表示显示。查询条件中可以使用比较运算符：>、$\geqslant$、<、$\leqslant$、=和$\neq$，其中"="可以省略。

示例元素是这个域中可能的一个值，但它不必是查询结果中的元素。比如，要查询性别为"女"的学生，只要给出任意一个学生姓名即可，而不必真是性别为"女"的某个学生的姓名。

对于本例，可如下构建查询要求。

Sno	Sname	Ssex	Sage	Sdept
	P.李勇	女		

这里的查询条件是 Ssex = "女"，其中"="被省略。

⑥ 屏幕显示查询结果。

Sno	Sname	Ssex	Sage	Sdept
	王敏			
	张小红			
	吴宾			

至此，根据用户的要求，列出了性别为"女"的全体学生的姓名。

小　结

本章首先介绍了关系数据库的基本概念，然后介绍了关系代数以及关系演算。

关系数据库是目前应用的最广的数据库管理系统。本章介绍了关系数据库的重要概念，包括关系模型的结构、关系操作和关系的完整性约束。介绍了关系模型中实体完整性、参照完整性和用户定义的完整性约束的概念。

关系代数是一种（高级）过程语言，它可以告诉 DBMS 如何根据数据库中的一个或多个关系创建新的关系。关系演算则是一种非过程性语言，它用公式说明根据一个或多个关系定义新的关系。关系代数和关系演算的表达是等价的，因为对关系代数中的每个表达式都可以找到一个与之等价的演算表达式，反之亦然。

关系代数的 5 个基本操作是：选择、投影、笛卡儿积、并和差操作，借助这 5 个操作可以实现大多数的数据检索操作。此外，还有连接、交和除操作，这 3 个操作可以利用上述 5 个基本操作表示出来。

关系演算用来衡量关系语言的选择能力。如果一种语言能生成所有由关系演算导出的关系，则称该语言具有关系完备性。大多数关系查询语言都具有关系完备性，而且它们比关系代数和关系演算更具表达能力，因为它们还附加了计算、求和、排序等操作功能。

关系演算是一种非过程语言，它使用了谓词，有两种形式的关系演算：元组关系演算和域关系演算。元组关系演算是找出所有使谓词为真的元组。元组变量是"定义于"某个命名关系上的变量，即该变量的取值范围仅限于这个关系的所有元组。在域关系演算中，域变量的取值范围是属性的域，而不是关系中的元组。

关系代数在逻辑上等价于关系演算的一个安全子集，反之亦然。

关系数据操作语言一般分为过程语言和非过程语言、面向转换的语言、图形化语言、第四代语言和第五代语言。

习　题

1. 试述关系模型的 3 个组成部分。
2. 解释下列术语的含义。
 - 笛卡儿积
 - 主键
 - 候选键
 - 关系
 - 关系模式
 - 关系数据库
3. 关系数据库的 3 个完整性约束是什么？各是什么含义？
4. 过程语言与非过程语言有什么区别？
5. 利用表 3-11～表 3-13 所给的 3 个关系，试用关系代数表达式、Alpha 语言完成下列查询。

- 查询"信息管理系"学生的选课情况，列出学号、姓名、课程号和成绩。
- 查询"VB"课程的考试情况，列出学生姓名、所在系和考试成绩。
- 查询考试成绩高于 90 分的学生的姓名、课程名和成绩。
- 查询至少选修了 0821103 号学生所选的全部课程的学生的姓名和所在系。
- 查询至少选了"C001"和"C002"两门课程的学生的姓名、所在系和所选的课程号。

第4章
SQL 语言基础及数据定义功能

用户使用数据库时需要对数据库进行各种各样的操作，如查询数据，添加、删除和修改数据，定义、修改数据模式等。DBMS 必须为用户提供相应的命令或语言，这就构成了用户和数据库的接口。接口的好坏会直接影响用户对数据库的接受程度。

数据库所提供的语言一般局限于对数据库的操作，它不是完备的程序设计语言，也不能独立地用来编写应用程序。

SQL（Structured Query Language，结构化查询语言）是用户操作关系数据库的通用语言。虽然叫结构化查询语言，而且查询操作确实是数据库中的主要操作，但并不是说 SQL 只支持查询操作，它实际上包含数据定义、数据查询、数据操作和数据控制等与数据库有关的全部功能。

SQL 已经成为关系数据库的标准语言，所以现在所有的关系数据库管理系统都支持SQL。本章将主要介绍 SQL 语言支持的数据类型以及定义基本表和索引的功能。

4.1 SQL 语言概述

SQL 语言是操作关系数据库的标准语言，本节介绍 SQL 语言的发展过程、特点以及主要功能。

4.1.1 SQL 语言的发展

最早的 SQL 原型是 IBM 的研究人员在 20 世纪 70 年代开发的，该原型被命名为 SEQUEL（Structured English QUEry Language）。现在许多人仍将在这个原型之后推出的 SQL 语言发音为 "sequel"，但根据 ANSI SQL 委员会的规定，其正式发音应该是 "ess cue ell"。随着 SQL 语言的颁布，各数据库厂商纷纷在其产品中引入并支持 SQL 语言，尽管绝大多数产品对 SQL 语言的支持大部分是相似的，但它们之间还是存在一定的差异，这些差异不利于初学者的学习。因此，我们在本章介绍 SQL 时主要介绍标准的 SQL 语言，我们将其称为基本 SQL。

从 20 世纪 80 年代以来，SQL 就一直是关系数据库管理系统（RDBMS）的标准语言。最早的 SQL 标准是 1986 年 10 月由美国 ANSI（American National Standards Institute）颁布的。随后，ISO（International Standards Organization）于 1987 年 6 月也正式采纳它为国际标准，并在此基础上进行了补充，到 1989 年 4 月，ISO 提出了具有完整性特征的 SQL，并称之为SQL-89。SQL-89 标准的颁布，对数据库技术的发展和数据库的应用都起了很大的推动作用。

尽管如此，SQL-89 仍有许多不足或不能满足应用需求的地方。为此，在 SQL-89 的基础上，经过 3 年多的研究和修改，ISO 和 ANSI 共同于 1992 年 8 月颁布了 SQL 的新标准，即 SQL-92（或称为 SQL2）。SQL-92 标准也不是非常完备的，1999 年又颁布了新的 SQL 标准，称为 SQL-99 或 SQL3。

不同数据库厂商的数据库管理系统提供的 SQL 语言略有差别，本书主要以 Microsoft SQL Server 使用的 SQL 语言（称为 Transact-SQL，T-SQL）为主介绍 SQL 语言的功能。

4.1.2　SQL 语言特点

SQL 之所以能够被用户和业界所接受并成为国际标准，是因为它是一个综合、功能强大且又比较简捷易学的语言。SQL 语言集数据定义、数据查询、数据操作和数据控制功能于一身，其主要特点如下。

（1）一体化

SQL 语言风格统一，可以完成数据库活动中的全部工作，包括创建数据库、定义模式、更改和查询数据以及安全控制和维护数据库等。这为数据库应用系统的开发提供了良好的环境。用户在数据库系统投入使用之后，还可以根据需要随时修改模式结构，并且可以不影响数据库的运行，从而使系统具有良好的可扩展性。

（2）高度非过程化

在使用 SQL 语言访问数据库时，用户没有必要告诉计算机"如何"一步步地实现操作，而只需要描述清楚要"做什么"，SQL 语言就可以将要求提交给系统，然后由系统自动完成全部工作。

（3）简洁

虽然 SQL 语言功能很强，但它只有为数不多的几条命令，另外，SQL 的语法也比较简单，接近自然语言（英语），因此容易学习、掌握。

（4）以多种方式使用

SQL 语言可以直接以命令方式交互使用，也可以嵌入到程序设计语言中使用。现在很多数据库应用开发工具（比如 C#、PowerBuilder、Delphi 等）都将 SQL 语言直接融入到自身的语言当中，使用起来非常方便。这些使用方式为用户提供了灵活的选择余地。而且不管是哪种使用方式，SQL 语言的语法基本都是一样的，在本书第三篇中可以看到这点。

4.1.3　SQL 语言功能概述

SQL 按其功能可分为 4 大部分：数据定义功能、数据查询功能、数据操纵功能和数据控制功能。表 4-1 列出了实现这 4 部分功能的动词。

表 4-1　　　　　　　　　　　　　　　　SQL 包含的动词

SQL 功能	动　词
数据定义	CREATE、DROP、ALTER
数据查询	SELECT
数据操纵	INSERT、UPDATE、DELETE
数据控制	GRANT、REVOKE、DENY

数据定义功能用于定义、删除和修改数据库中的对象，本章介绍的关系表、第 7 章介绍的视图都是数据库对象，其他对象会在后面陆续介绍；数据查询功能用于实现查询数据的功能，查询数据是数据库中使用最多的操作；数据操纵功能用于增加、删除和修改数据库数据，这些操作也称为数据更改；数据控制功能用于控制用户对数据的操作权限。

本章介绍数据定义功能中定义关系表的功能，同时介绍如何定义数据的完整性约束。第 5 章介绍实现数据查询和数据更改功能的语句，第 20 章介绍实现数据控制功能的语句，创建数据库的语句在第 18 章介绍。在介绍这些功能之前，我们先介绍 SQL 语言所支持的数据类型。

4.2　SQL 语言支持的数据类型

关系数据库的表结构由列组成，列指明了要存储的数据的含义，同时指明了要存储的数据的类型，因此，在定义表结构时，必然要指明每个列的数据类型。

每个数据库厂商提供的数据库管理系统所支持的数据类型并不完全相同，而且与标准的 SQL 也有差异，这里主要介绍 Microsoft SQL Server 支持的常用数据类型，同时也列出了对应的标准 SQL 数据类型作为对比。

4.2.1　数值型

1. 准确型

准确型数值是指在计算机中能够精确存储的数据，比如整型数、定点小数等都是准确型数据。表 4-2 列出了 SQL Server 支持的准确型数据类型，同时列出了对应的 SQL-92 或 SQL-99 支持的准确型数据类型。

表 4-2　　　　　　　　　　　　准确型数值类型

SQL Server 数据类型	SQL-92 或 SQL-99 数据类型	说　　明
Bigint		8 字节，存储从 -2^{63}（$-9\ 223\ 372\ 036\ 854\ 775\ 808$）～ $2^{63}-1$（$9\ 223\ 372\ 036\ 854\ 775\ 807$）范围的整数
Int	Integer	4 字节，存储从 -2^{31}（$-2\ 147\ 483\ 648$）～$2^{31}-1$（$2\ 147\ 483\ 647$）范围的整数
Smallint	Smallint	2 字节，存储从 -2^{15}（$-32\ 768$）～$2^{15}-1$（$32\ 767$）范围的整数
Tinyint		存储从 0～255 之间的整数
Bit	Bit	存储 1 或 0
numeric（p,q）或 decimal（p,q）	decimal	定点精度和小数位数。使用最大精度时，有效值从 $-10^{38}+1$～$10^{38}-1$。其中，p 为精度，指定可以存储的十进制数字的最大个数。q 为小数位数，指定小数点右边可以存储的十进制数字的最大个数，$0 <= q <= p$。q 的默认值为 0

2. 近似型

近似型数值是用于表示浮点型数据的近似数据类型。浮点型数据为近似值，表示在其数据类型范围内的所有数据在计算机中不一定都能精确地表示。

表 4-3 列出了 SQL Server 支持的近似型数据类型，同时列出了对应的 SQL-92 或 SQL-99 支持的近似型数据类型。

表 4-3　　　　　　　　　　　　近似型数值类型

SQL Server 数据类型	SQL-92 或 SQL-99 数据类型	说　明
float	float	8 字节，存储从 −1.79E + 308～1.79E + 308 范围的浮点型数
real	real	4 字节，存储从 −3.40E + 38～3.40E + 38 范围的浮点型数

4.2.2　字符串型

字符串型数据由汉字、英文字母、数字和各种符号组成。目前字符的编码方式有两种：一种是普通字符编码，另一种是统一字符编码（即 Unicode）。普通字符编码指的是不同国家或地区的编码长度不一样，比如，英文字母的编码是 1 个字节（8 位），中文汉字的编码是 2 个字节（16 位）。统一字符编码是指不管对哪个地区、哪种语言均采用双字节（16 位）编码，即将世界上所有的字符统一进行编码。

表 4-4 列出了 SQL Server 支持的字符串型数据类型，同时列出了对应的 SQL-92 或 SQL-99 支持的字符串型数据类型。

表 4-4　　　　　　　　　　　　字符串型数据类型

SQL Server 数据类型	SQL-92 或 SQL-99 数据类型	说　明
Char(n)	character	固定长度的字符串类型，n 表示字符串的最大长度，取值范围为 1～8000
Varchar(n)	character varying	可变长度的字符串类型，n 表示字符串的最大长度，取值范围为 1～8000
Text		可存储 $2^{31}-1$ (2 147 483 647) 个字符的大文本
Nchar(n)	national character	固定长度的 Unicode 字符串类型，n 表示字符串的最大长度，取值范围为 1～4000
Nvarchar(n)	national character varying	可变长度的 Unicode 字符串类型，n 表示字符串的最大长度，取值范围为 1～4000
Ntext		最多可存储 $2^{30}-41$ (1 073 741 823) 个字符的统一字符编码文本
Binary(n)	binary	固定长度的二进制字符数据，n 表示最大长度，取值范围为 1～8000
Varbinary(n)	binary varying	可变长度的二进制字符数据，n 的取值范围为 1～8000
image		大容量的、可变长度的二进制字符数据，可以存储多种格式的文件，如 Word、Excel、BMP、GIF 和 JPEG 等文件。最多可存储 $2^{31}-1$ (2 147 483 647) 个字节，约为 2GB

注意：　① SQL 中的字符串常量要用单引号括起来，比如‘计算机系’。
② 定长字符类型表示不管实际字符需要多少空间，系统分配固定地字节

数。对普通字符编码 char(n)是固定分配 n 个字节的空间；对统一字符编码 nchar(n)是固定分配 2×n 个字节的空间。如果空间未被占满时，则系统自动用空格填充。

③ 可变长字符类型表示按实际字符需要的空间进行分配，但最多不超过 n（对普通字符编码）或 2×n（对统一字符编码）。

示例 1：存储"数据库"字符串，如果用 char(8)类型，则固定分配 8 个字节空间，其中用 6 个字节存储数据，剩余的 2 个字节系统自动用空格填充（填充 2 个空格）；如果用 nchar(8)类型，则固定分配 2×8 = 16 个字节空间，其中用 6 个字节存储数据，剩余的 10 个字节系统自动用空格填充（填充 5 个空格）；如果用 varchar(8)类型，则实际分配 6 个字节空间；如果用 nvarchar(8)，则实际分配 2×3 = 6 个字节空间。

示例 2：存储"abcd"字符串，如果用 char(8)类型，则固定分配 8 个字节空间，其中用 4 个字节存储数据，剩余的 4 个字节系统填充 4 个空格；如果用 nchar(8)类型，则固定分配 2×8 = 16 个字节空间，其中用 2×4 = 8 个字节存储数据，剩余的 8 个字节系统填充 4 个空格；如果用 varchar(8)类型，则实际分配 4 个字节空间；如果用 nvarchar(8)，则实际分配 2×4 = 8 个字节空间。

4.2.3　日期时间类型

SQL Server 的日期时间类型数据是将日期和时间合起来存储，它没有单独存储的日期和时间类型，但 SQL-92 或 SQL-99 是将日期和时间类型分开存储，没有日期时间合起来存储的类型，在 SQL-92 或 SQL-99 中日期是 Date 类型，时间是 Time 类型。表 4-5 列出了 SQL Server 支持的日期时间数据类型。

表 4-5　日期时间型数据类型

SQL Server 数据类型	说　明
Datetime	占用 8 字节空间，存储从 1753 年 1 月 1 日～9999 年 12 月 31 日的日期和时间数据，精确到百分之三秒（或 3.33ms）
Smalldatetime	占用 4 字节空间，存储从 1900 年 1 月 1 日～2079 年 6 月 6 日的日期和时间数据，精确到分钟

Datetime 用 4 个字节存储从 1900 年 1 月 1 日之前或之后的天数（以 1990 年 1 月 1 日为分界点，1900 年 1 月 1 日之前的日期的天数小于 0，1900 年 1 月 1 日之后的日期的天数大于 0），用另外 4 个字节存储从午夜（00:00:00）后代表每天时间的毫秒数。

Smalldatetime 与 datetime 类似，它用 2 个字节存储从 1900 年 1 月 1 日之后的日期的天数，用另外 2 个字节存储从午夜（00:00:00）后代表每天时间的分钟数。

注意：　在使用日期时间类型的数据时也要用单引号括起来，比如 '2007-4-6 12: 00: 00'。

4.2.4　货币类型

货币数据表示货币值。在 SQL Server 中使用 Money 和 Smallmoney 数据类型存储货币数据。货币数据存储的精度固定为 4 位小数，实际上是小数点后固定为 4 位的定点小数类型。

在货币类型的数据中可以在数值前加货币符号。例如，输入美元时加上$符号。

表 4-6 列出了 SQL Server 支持的货币类型，SQL-92 或 SQL-99 没有对应的货币类型。

表 4-6　　　　　　　　　　　　　货币类型

SQL Server 数据类型	说　　明
money	8 字节，存储的货币数据值介于 -2^{63}（-922 337 203 685 477.5808）与 $2^{63}-1$（+922 337 203 685 477.5807）之间，精确到货币单位的千分之十。最多可以包含 19 位数字
Smallmoney	4 字节，存储的货币数据值介于 -214 748.3648 与 +214 748.3647 之间，精确到货币单位的千分之十

4.3　数据定义功能

我们在本书第 2 章讲过，为方便用户访问和管理数据库，关系数据库管理系统将数据划分为 3 个层次，每个层次用一个模式来描述，这就是外模式、模式和内模式，我们将此称为三级模式结构。外模式和模式在关系数据库中分别对应视图和表，内模式对应索引等内容。因此，SQL 的数据定义功能包括表定义、视图定义、索引定义等。除此之外，SQL 标准是通过对象（例如表）对 SQL 所基于的概念进行描述的，这些对象大部分是架构对象，即对象都依赖于一些架构，因此，数据定义功能还包括架构的定义。表 4-7 列出了 SQL 数据定义功能包括的主要内容。

表 4-7　　　　　　　　　　　　　SQL 数据定义功能

对　象	创　建	修　改	删　除
架构	CREATE SCHEMA		DROP SCHEMA
表	CREATE TABLE	ALTER TABLE	DROP TABLE
视图	CREATE VIEW	ALTER VIEW	DROP VIEW
索引	CREATE INDEX	ALTER INDEX	DROP INDEX

本章介绍架构和表的定义，第 7 章将介绍索引和视图概念及定义方法。

4.3.1　架构的定义与删除

架构（schema，也称为模式）是数据库下的一个逻辑命名空间，可以存放表、视图等数据库对象，它是一个数据库对象的容器。如果将数据库比喻为一个操作系统，那么架构就相当于操作系统中的目录，而架构中的对象就相当于这个目录下的文件。因此，通过将同名的表放置在不同架构中，使得一个数据库中可以包含同名的表。

一个数据库可以包含一个或多个架构，由特定的授权用户名所拥有。在同一个数据库中，架构的名字必须是唯一的。属于一个架构的对象称为架构对象，即它们依赖于该架构。架构对象的类型包括：基本表、视图、触发器等。

一个架构可以由零个或多个架构对象组成，架构的名字规定了属于它的对象名，可以是显式的，也可以是由 DBMS 提供的默认名。对数据库中对象的引用可以通过架构名前缀来限定。不带任何架构限定的 CREATE 语句都指的是在当前架构中创建对象。

1. 定义架构

定义架构的 SQL 语句为 CREATE SCHEMA，其语法格式如下。

```
CREATE SCHEMA <架构名> AUTHORIZATION <用户名>
```

如果没有指定架构名，则架构名隐含为用户名。架构和用户之间是一对多的关系，一个用户名可以拥有多个架构。

执行创建架构语句的用户必须具有数据库管理员的权限，或者是获得了数据库管理员授予的 CREATE SCHEMA 的权限。

例 1　为用户 "ZHANG" 定义一个架构，架构名为 "S_C"。

```
CREATE SCHEMA S_C AUTHORIZATION ZHANG
```

例 2　定义一个用隐含名字的架构。

```
CREATE  SCHEMA  AUTHORIZATION ZHANG
```

这个示例用用户名 "ZHANG" 定义了一个架构，该架构的隐含名字为 "ZHANG"。

定义架构实际上就是定义了一个命名空间，在这个空间中可以进一步定义该架构的数据库对象，比如表、视图等。

在定义架构时还可以同时定义表、视图以及为用户授权等，即可以在 CREATE SCHEMA 语句中包含 CREATE TABLE、CREATE VIEW、GRANT 等语句。

例 3　在定义架构的同时定义表（具体定义表的 SQL 语句我们将在 4.3.2 节介绍）。

```
CREATE SCHEMA TEST AUTHORIZATION ZHANG
   CREATE TABLE T1( C1 INT,
                    C2 CHAR(10),
                    C3 SMALLDATETIME,
                    C4 NUMERIC(4,1))
```

该语句为用户 "ZHANG" 创建了一个名为 "TEST" 的架构，并在其中定义了一个表 T1，说明表 T1 包含在 TEST 架构中。

2. 删除架构

在 SQL 中，删除架构的语句是 DROP SCHEMA，其语法格式如下。

```
DROP SCHEMA <架构名>  { <CASCADE> | <RESTRICT> }
```

其中：

- CASCADE 选项，删除架构的同时将该架构中所有的架构对象一起全部删除。
- RESTRICT 选项，如果被删除的架构中包含有架构对象，则拒绝删除此架构。

不同数据库管理系统的 DROP SCHEMA 语句的语法格式和执行略有不同。SQL Server 2005 的 DROP SCHEMA 语句没有可选项，其语法格式如下。

```
DROP  SCHEMA <架构名>
```

而且在 SQL Server 2005 中只能删除不包含任何架构对象的架构，如果架构中含有架构对象，则拒绝删除架构。用户必须首先删除架构所包含的全部对象，然后再删除架构。

4.3.2 基本表

表是数据库中最重要的对象，它用于存储用户的数据。在了解了数据类型的基础知识后，就可以开始创建数据表了。关系数据库的表是二维表，包含行和列，创建表就是定义表的结构，也就是定义表所包含的每个列，其中包括：列名、数据类型、约束等。列名是为列取的名字；列的数据类型说明了列的可取值范畴；列的约束更进一步限制了列的取值范围，这些约束包括：列取值是否允许为空、主键约束、外键约束、列取值范围约束等。

本节介绍表（或称为基本表）的创建、删除以及对表结构的修改。

1. 定义基本表

定义基本表使用 SQL 语言数据定义功能中的 CREATE TABLE 语句实现，其一般格式如下。

```
CREATE  TABLE  <表名>(
    <列名>  <数据类型>  [列级完整性约束定义]
    {, <列名>  <数据类型>  [列级完整性约束定义] … }
    [, 表级完整性约束定义  ] )
```

> **注意**：   默认时 SQL 语言不区分大小写。

参数说明如下。

- <表名>是所要定义的基本表的名字。
- <列名>是表中所包含的属性列的名字。
- <数据类型>指明列的数据类型。
- 在定义表的同时还可以定义与表有关的完整性约束条件，这些完整性约束条件都会存储在系统的数据字典中。如果完整性约束只涉及表中的一个列，则这些约束条件可以在"列级完整性约束定义"处定义，也可以在"表级完整性约束定义"处定义；但某些涉及表中多个属性列的约束，必须在"表级完整性约束定义"处定义。关于完整性约束的详细说明，可参见本书第 8 章。

上述语法中用到了一些特殊的符号，比如[ ]，这些符号是文法描述的常用符号，而不是SQL 语句的部分。我们简单介绍一下这些符号的含义（在后边的语法介绍中也要用到这些符号），有些符号在上述这个语法中可能没有用到。

方括号（[ ]）中的内容表示是可选的（即可出现 0 次或 1 次），比如[列级完整性约束定义]代表可以有也可以没有"列级完整性约束定义"。花括号（{ }）与省略号（…）一起，表示其中的内容可以出现 0 次或多次。竖杠(|)表示在多个选项中选择一个，比如 term1 | term2 | term3，表示在 3 个选项中任选一项。竖杠也能用在方括号中，表示可以选择由竖杠分隔的子句中的一个，但整个子句又是可选的（也就是可以没有子句出现）。

在定义基本表时可以同时定义数据的完整性约束。定义完整性约束时可以在定义列的同时定义，也可以将完整性约束作为独立的项定义。在列定义同时定义的约束称之为**列级完整性约束定义**，作为表的独立的一项定义的完整性约束称之为**表级完整性约束**。在列级完整性约束定义处可以定义如下约束。

- NOT NULL：限制列取值非空。
- DEFAULT：指定列的默认值。
- UNIQUE：限制列取值不能重复。

- CHECK：限制列的取值范围。
- PRIMARY KEY：指定本列为主键。
- FOREIGN KEY：定义本列为引用其他表的外键。

在上述约束中，除 NOT NULL 和 DEFAULT 外，其他约束均可在"表级完整性约束定义"处定义，但有几点需要注意。第一，如果 CHECK 约束是定义多列之间的取值约束，则只能在"表级完整性约束定义"处定义；第二，如果在"表级完整性约束定义"处定义主键和唯一值约束，则应将主键列和唯一值约束列用圆括号括起来，如 PRIMARY KEY（列 1 {[，列 2] …}）。

本章只介绍如何实现非空约束、主键约束和外键约束，其他完整性约束的实现方法将在第 8 章详细介绍。

2. 定义主键约束

定义主键的语法格式如下。

```
PRIMARY KEY[(<列名>[,…n])]
```

如果在列级完整性约束处定义单列的主键，则可省略方括号中的内容。

3. 定义外键约束

外键大多数情况下都是单列的，它可以定义在列级完整性约束处，也可以定义在表级完整性约束处。定义外键的语法格式如下。

```
[FOREIGN KEY（<列名>）] REFERENCES <外表名>（<外表列名>）
```

如果是在列级完整性约束处定义外键，则可以省略"FOREIGN KEY（<列名>）"部分。

例　用 SQL 语句创建如下 3 张表：Student（学生）表、Course（课程）表和 SC（学生修课）表，其结构如表 4-8 ~ 表 4-10 所示。

表 4-8　　　　　　　　　　　　　　　Student 表结构

列　名	含　义	数据类型	约　束
Sno	学号	CHAR(7)	主键
Sname	姓名	NCHAR(5)	非空
Ssex	性别	NCHAR(1)	
Sage	年龄	TINYINT	
Sdept	所在系	NCHAR(20)	

表 4-9　　　　　　　　　　　　　　　Course 表结构

列　名	含　义	数据类型	约　束
Cno	课程号	CHAR(6)	主键
Cname	课程名	NVARCHAR(20)	非空
Credit	学分	TINYINT	
Semster	学期	TINYINT	

表 4-10　　　　　　　　　　　　　　　SC 表结构

列　名	含　义	数据类型	约　束
Sno	学号	CHAR(7)	主键，引用 Student 的外键
Cno	课程号	CHAR(6)	主键，引用 Course 的外键
Grade	成绩	TINYINT	

创建满足约束条件的上述 3 张表的 SQL 语句如下（注意，为了说明问题，我们将 Student 表的主键约束定义在了列级完整性约束处，将 Course 表的主键约束定义在了表级完整性约束处）。

```
CREATE TABLE Student (
  Sno    CHAR(7)      PRIMARY KEY,
  Sname  NCHAR(5)     NOT NULL,
  Ssex   NCHAR(1),
  Sage   TINYINT,
  Sdept  NVARCHAR(20)
)

CREATE TABLE Course (
  Cno     CHAR(6),
  Cname    NVARCHAR(20)  NOT NULL,
  Credit   TINYINT,
  Semester TINYINT,
  PRIMARY KEY(Cno)
)

CREATE TABLE SC (
  Sno   CHAR(7)  NOT NULL,
  Cno   CHAR(6)  NOT NULL,
  Grade TINYINT,
  PRIMARY KEY(Sno, Cno),
  FOREIGN KEY(Sno)  REFERENCES  Student(Sno),
  FOREIGN KEY(Cno)  REFERENCES  Course(Cno)
)
```

4. 修改基本表

在定义基本表之后，如果需求有变化，比如添加列、删除列或修改列定义，可以使用 ALTER TABLE 语句实现。ALTER TABLE 语句可以对表添加列、删除列、修改列的定义，也可以添加和删除约束。

不同数据库产品的 ALTER TABLE 语句的格式略有不同，我们这里给出 SQL Server 支持的 ALTER TABLE 语句的部分格式，对于其他的数据库管理系统，可以参考它们的语言参考手册。

```
ALTER TABLE <表名>
[ ALTER  COLUMN <列名> <新数据类型>]          -- 修改列定义
| [ ADD  <列名> <数据类型> [约束]]            -- 添加新列
| [ DROP  COLUMN <列名> ]                     -- 删除列
| [ ADD [constraint <约束名>] 约束定义]        -- 添加约束
| [ DROP [constraint] <约束名>]               -- 删除约束
```

注意：   '--' 为 SQL 语句的单行注释符。

下面给出添加、删除和修改列定义的例子第 8 章介绍添加和删除约束的例子。

例 1 为 SC 表添加"修课类别"列，此列的列名为 Type，数据类型为 NCHAR(2)，允许为空。

```
ALTER TABLE SC
  ADD Type NCHAR(2) NULL
```

例 2　将新添加的 Type 列的数据类型改为 NCHAR(4)。

```
ALTER TABLE SC
  ALTER COLUMN Type NCHAR(4)
```

例 3　删除 SC 表的 Type 列。

```
ALTER TABLE SC
  DROP COLUMN Type
```

5. 删除基本表

当确信不再需要某个表时，可以将其删除。删除表的语句格式如下。

```
DROP  TABLE  <表名>  {, <表名> }
```

例 4　删除 test 表。

```
DROP TABLE test
```

小　结

本章首先介绍了 SQL 语言的发展、特点及其所支持的数据类型：数值型、字符串型、日期时间类型和货币类型。其中，货币类型是 SQL Server 所特有的，它实际就是能够带货币符号的定点小数类型。

本章还介绍了 SQL 语言的数据定义功能，包括架构和基本表的定义与维护，架构是数据的逻辑命名空间，用于组织数据库中的对象；表是数据的基本组织形式。在定义表时可以同时定义数据的完整性约束，本章介绍了主键（Primary Key）约束、外键（Foreign Key）约束以及非空约束的定义方法。当对数据进行修改操作时（包括插入、删除和更改），系统首先检查所做的操作是否满足数据完整性约束要求，若不满足，则不执行这个修改数据的操作。更详细的完整性约束定义方法将在第 8 章详细介绍。

习　题

1. T-SQL 支持的数据类型有哪些？
2. SQL 语言的特点是什么？具有哪些功能？
3. Tinyint 数据类型定义的数据的取值范围是多少？
4. 日期时间类型中的日期和时间的输入格式是什么？
5. SmallDatatime 类型精确到哪个时间单位？
6. 定点小数类型 numeric 中的 p 和 q 的含义分别是什么？
7. 货币数据类型精确到小数点几位？
8. Char(10)、nchar(10)的区别是什么？它们各能存放多少个字符？占用多少空间？
9. Char(n)和 varchar(n)的区别是什么？其中 n 的含义是什么？各占用多少空间？
10. 架构的作用是什么？
11. 写出定义如下架构的 SQL 语句。

（1）为用户"张三"定义一个架构，架构名为"图书"。

（2）为用户"Teacher"定义一个架构，架构名同用户名。

12. 写出创建表 4-11～表 4-13 所示表结构的 SQL 语句，要求在定义表的同时定义数据的完整性约束，并将"图书表"定义在"图书"架构中。

表 4-11　　　　　　　　　　图书表

列　　名	数　据　类　型	约　　束
书号	统一字符编码定长类型，长度为 6	主键
书名	统一字符编码可变长类型，长度为 30	非空
第一作者	普通编码定长字符类型，长度为 10	非空
出版日期	小日期时间型	非空
价格	定点小数，小数部分 1 位，整数部分 3 位	

表 4-12　　　　　　　　　　书店表

列　　名	数　据　类　型	约　　束
书店编号	统一字符编码定长类型，长度为 6	主键
店名	统一字符编码可变长类型，长度为 30	非空
电话	普通编码定长字符类型，长度为 8	
地址	普通编码可变长字符类型，长度为 40	
邮政编码	普通编码定长字符类型，长度为 6	

表 4-13　　　　　　　　　　销售表

列　　名	数　据　类　型	约　　束
书号	统一字符编码定长类型，长度为 6	主键，外键
书店编号	统一字符编码定长类型，长度为 6	主键，外键
销售日期	小日期时间型	主键
销售数量	小整型	
邮政编码	普通编码定长字符类型，长度为 6	

13. 删除第 12 题的"书店表"中的"邮政编码"列。

14. 将第 12 题的"销售表"中的"销售数量"列的数据类型改为整型。

第5章
数据操作语句

数据存储到数据库后，如果不对其进行分析和利用，数据是没有价值的。最终用户对数据库中数据进行的操作大多是查询和修改，修改操作包括增加新数据（插入）、删除旧数据（删除）和更改已有的数据（更改）。SQL语言提供了功能强大的数据查询和修改的功能。

本章将详细介绍实现查询、插入、删除以及更改数据的操作语句。

5.1   数据查询语句

查询功能是SQL语言的核心功能，是数据库中使用最多的操作，查询语句也是SQL语句中比较复杂的一个语句。

如果没有特别说明，本章所有的查询均建立在本书4.3节创建的3张表（Student表、Course表和SC表）上。假设这3张表中已经有了数据，数据内容如表5-1～表5-3所示。

表 5-1   Student 表数据

Sno	Sname	Ssex	Sage	Sdept
0811101	李勇	男	21	计算机系
0811102	刘晨	男	20	计算机系
0811103	王敏	女	20	计算机系
0811104	张小红	女	19	计算机系
0821101	张立	男	20	信息管理系
0821102	吴宾	女	19	信息管理系
0821103	张海	男	20	信息管理系
0831101	钱小平	女	21	通信工程系
0831102	王大力	男	20	通信工程系
0831103	张姗姗	女	19	通信工程系

表 5-2   Course 表数据

Cno	Cname	Credit	Semester
C001	高等数学	4	1
C002	大学英语	3	1

续表

Cno	Cname	Credit	Semester
C003	大学英语	3	2
C004	计算机文化学	2	2
C005	VB	2	3
C006	数据库基础	4	5
C007	数据结构	4	4
C008	计算机网络	4	4

表 5-3　　　　　　　　　　　　　　SC 表数据

Sno	Cno	Grade
0811101	C001	96
0811101	C002	80
0811101	C003	84
0811101	C005	62
0811102	C001	92
0811102	C002	90
0811102	C004	84
0821102	C001	76
0821102	C004	85
0821102	C005	73
0821102	C007	NULL
0821103	C001	50
0821103	C004	80
0831101	C001	50
0831101	C004	80
0831102	C007	NULL
0831103	C004	78
0831103	C005	65
0831103	C007	NULL

5.1.1　查询语句的基本结构

查询语句（SELECT）是数据库操作中最基本和最重要的语句之一，其功能是从数据库中检索满足条件的数据。查询的数据源可以来自一张表，也可以来自多张表甚至来自视图，查询的结果是由 0 行（没有满足条件的数据）或多行记录组成的一个记录集合，并允许选择一个或多个字段作为输出字段。SELECT 语句还可以对查询的结果进行排序、汇总等。

查询语句的基本结构可描述如下。

```
SELECT  〈目标列名序列〉        -- 需要哪些列
   FROM 〈表名〉                -- 来自于哪些表
 [WHERE 〈行选择条件〉]          -- 根据什么条件
```

```
[GROUP BY 〈分组依据列〉]
[HAVING 〈组选择条件〉]
[ORDER BY 〈排序依据列〉]
```

在上述结构中，SELECT 子句用于指定输出的字段；FROM 子句用于指定数据的来源；WHERE 子句用于指定数据的选择条件；GROUP BY 子句用于对检索到的记录进行分组；HAVING 子句用于指定组的选择条件；ORDER BY 子句用于对查询的结果进行排序。在这些子句中，SELECT 子句和 FROM 子句是必须的，其他子句都是可选的。

5.1.2 单表查询

本节介绍单表查询，即数据源只涉及一张表的查询。

1. 选择表中若干列

（1）查询指定的列

在很多情况下，用户可能只对表中的一部分属性列感兴趣，这时可通过在 SELECT 子句的〈目标列名序列〉中指定要查询的列来实现。

例 1 查询全体学生的学号与姓名。

```
SELECT Sno, Sname FROM Student
```

查询结果如图 5-1 所示（本章所示的查询结果均为在 SQL Server 2005 中执行产生的结果形式）。

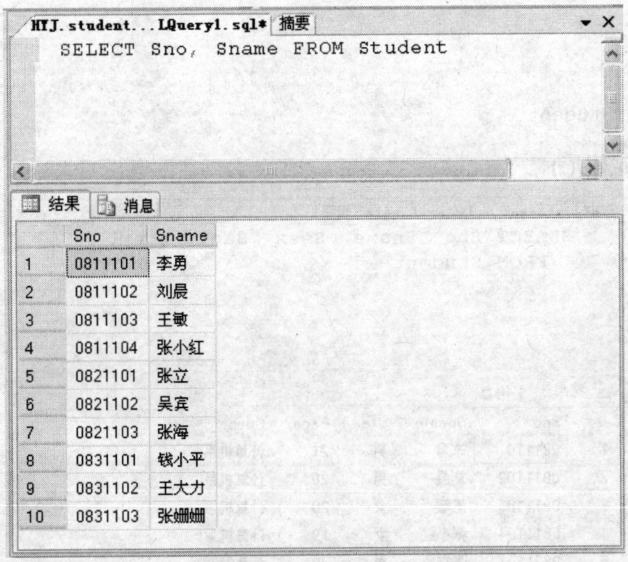

图 5-1 例 1 的查询结果

例 2 查询全体学生的姓名、学号和所在系。

```
SELECT Sname, Sno, Sdept  FROM Student
```

查询结果如图 5-2 所示。

说明：查询列表中的列顺序可以和表中列定义的顺序不一样。

（2）查询全部列

如果要查询表中的全部列，可以使用两种方法：一种是在〈目标列名序列〉中列出所有的

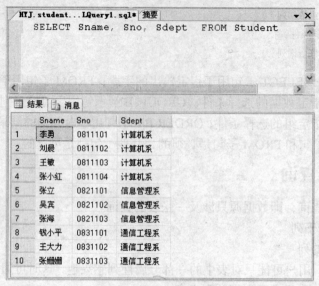

图 5-2　例 2 的查询结果

列名；另一种是如果列的显示顺序与其在表中定义的顺序相同，则可以简单地在〈目标列名序列〉中写星号"*"。

　　例 3　查询全体学生的详细记录。

```
SELECT Sno, Sname, Ssex, Sage, Sdept
    FROM Student
```

等价于：

```
SELECT  *  FROM Student
```

　　查询结果如图 5-3 所示。

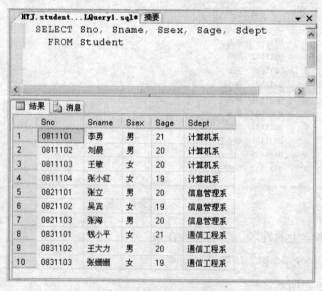

图 5-3　例 3 的查询结果

（3）查询经过计算的列

SELECT 子句中的〈目标列名序列〉可以是表中存在的属性列，也可以是表达式、常量或者函数。

例 4 含表达式的列：查询全体学生的姓名及其出生年份。

在 Student 表中只记录了学生的年龄，而没有记录学生的出生年份，但我们可以经过计算得到出生年份，即用当前年减去年龄，得到出生年份。实现此功能的查询语句如下。

```
SELECT Sname, 2009 - Sage FROM Student
```

查询结果如图 5-4 所示。

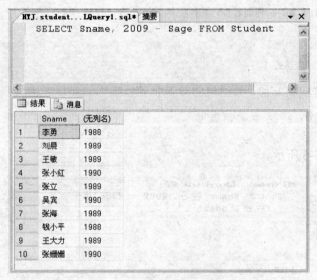

图 5-4 例 4 的查询结果

例 5 含字符串常量的列：查询全体学生的姓名和出生年份，并在出生年份列前加入一个列，此列的每行数据均为"出生年份"常量值。

```
SELECT Sname, '出生年份', 2009 - Sage
  FROM Student
```

查询结果如图 5-5 所示。

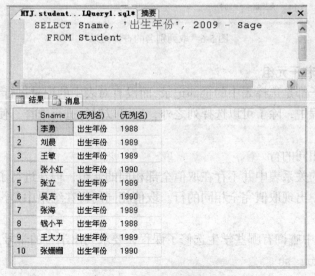

图 5-5 例 5 的查询结果

⚡ **注意:**　　选择列表中的常量和计算是对表中的每行数据进行的。

从例 4 和例 5 所显示的查询结果我们看到，经过计算的表达式列、常量列的显示结果都没有列名（图中显示为"（无列名）"）。通过为列起别名的方法可以指定或改变查询结果显示的列名，这个列名就称为列别名。这对于含算术表达式、常量、函数运算等的列尤为有用。

指定列别名的语法格式如下。

［列名 ｜ 表达式 ］［ AS ］列别名

或

列别名 = ［ 列名 ｜ 表达式 ］

例如，例 4 的代码可写成：

```
SELECT Sname 姓名，2009 - Sage 年份
  FROM Student
```

查询结果如图 5-6 所示。

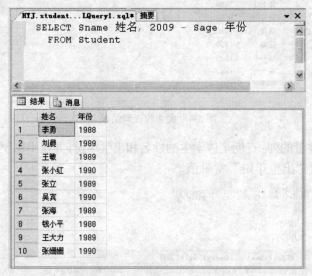

图 5-6　取列别名的查询结果

2. 选择表中的若干元组

前面介绍的例子都是选择表中的全部记录，而没有对表中的记录进行任何有条件的筛选。实际上，在查询过程中，除了可以选择列之外，还可以对行进行选择，使查询的结果更加满足用户的要求。

（1）消除取值相同的行

本来在数据库的关系表中并不存在取值全部相同的元组，但在进行了对列的选择后，就有可能在查询结果中出现取值完全相同的行。取值相同的行在结果中是没有意义的，因此应删除这些行。

例 6　在 SC 表中查询有哪些学生选修了课程，要求列出学生的学号。

```
SELECT  Sno  FROM  SC
```

查询结果如图 5-7（a）所示。

在这个结果中有许多重复的行（一个学生选修了多少门课程，其学号就在结果中重复多少次），这说明数据库管理系统在对列数据选择后，并不对产生的结果判断是否有重复的行，它只是简单地进行列选择操作。

SQL 语句提供了去掉结果中的重复行的功能，即在 SELECT 语句中通过使用 DISTINCT 关键字可以去掉结果中的重复行。DISTINCT 关键字放在 SELECT 词的后面、目标列名序列的前面。

去掉上述查询结果中重复行的语句如下。

```
SELECT DISTINCT Sno FROM SC
```

查询结果如图 5-7（b）所示。

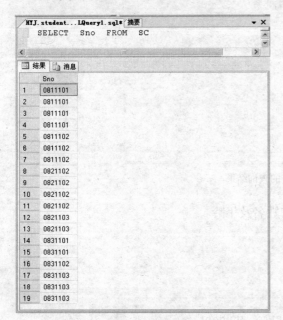

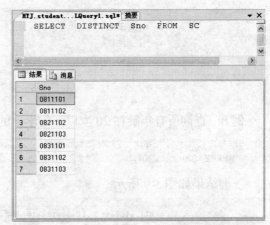

（a）去掉重复值前的结果　　　　　　　　　　（b）用 DISTINCT 去掉重复值后的结果

图 5-7　例 6 的查询结果

（2）查询满足条件的元组

查询满足条件的元组是通过 WHERE 子句实现的。WHERE 子句常用的查询条件如表 5-4 所示。

表 5-4　　　　　　　　　　　　　　　常用的查询条件

查 询 条 件	谓 词
比较（比较运算符）	=、>、>=、<=、<、<>、!=、!>、!<
确定范围	BETWEEN … AND、NOT BETWEEN … AND
确定集合	IN、NOT IN
字符匹配	LIKE、NOT LIKE
空值	IS NULL、IS NOT NULL
多重条件（逻辑谓词）	AND、OR

① 比较大小。

比较大小的运算符有：= （等于）、> （大于）、>= （大于等于）、<= （小于等于）、< （小于）、< > （不等于）、!= （不等于）、!> （不大于）和!< （不小于）。

例 7 查询计算机系全体学生的姓名。

```
SELECT Sname FROM Student
  WHERE Sdept = '计算机系'
```

查询结果如图 5-8 所示。

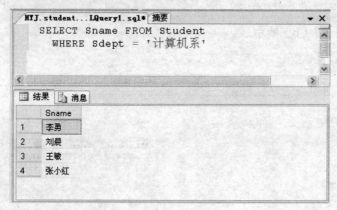

图 5-8 例 7 的查询结果

例 8 查询所有年龄在 20 岁以下的学生的姓名及年龄。

```
SELECT Sname, Sage  FROM Student
  WHERE Sage < 20
```

查询结果如图 5-9 所示。

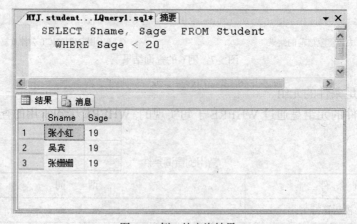

图 5-9 例 8 的查询结果

例 9 查询考试成绩有不及格的学生的学号。

```
SELECT DISTINCT Sno  FROM SC
  WHERE Grade < 60
```

查询结果如图 5-10 所示。

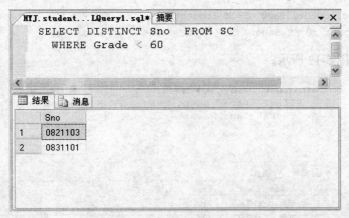

图 5-10 例 9 的查询结果

注意：
● 当一个学生有多门课程不及格时，只需列出一次该学生，而不需要有几门不及格课程就列出几次，因此这里需要加 DISTINCT 关键字去掉重复的学号。

● 考试成绩为 NULL 的记录（即还未考试的课程）并不满足条件 Grade < 60，因为 NULL 值不能与确定的值进行比较运算，因此该查询不会列出没考试的学生的学号。在后面"涉及空值的查询"部分将详细介绍关于空值的判断。

② 确定范围。

BETWEEN … AND 和 NOT BETWEEN … AND 是逻辑运算符，可以用来查找属性值在（或不在）指定范围内的元组，其中，BETWEEN 后边指定范围的下限，AND 后边指定范围的上限。

BETWEEN … AND 的语法格式如下。

列名 | 表达式 [NOT] BETWEEN 下限值 AND 上限值

BETWEEN … AND 中列名或表达式的数据类型要与下限值或上限值的数据类型相同。

"BETWEEN 下限值 AND 上限值"的含义是：如果列或表达式的值在下限值和上限值范围内（包括边界值），则结果为 True，表明此记录符合查询条件。

"NOT BETWEEN 下限值 AND 上限值"的含义正好相反：如果列或表达式的值不在下限值和上限值范围内（不包括边界值），则结果为 True，表明此记录符合查询条件。

例 10 查询年龄在 20～23 岁之间的学生的姓名、所在系和年龄。

```
SELECT Sname, Sdept, Sage  FROM Student
    WHERE Sage BETWEEN 20 AND 23
```

此句等价于：

```
SELECT Sname, Sdept, Sage  FROM Student
    WHERE Sage >= 20 AND Sage <= 23
```

查询结果如图 5-11 所示。

例 11 查询年龄不在 20～23 之间的学生姓名、所在系和年龄。

```
SELECT Sname, Sdept, Sage FROM Student
    WHERE Sage NOT BETWEEN 20 AND 23
```

此句等价于：

```
SELECT Sname, Sdept, Sage  FROM Student
    WHERE Sage 〈 20 OR Sage 〉 23
```

查询结果如图 5-12 所示。

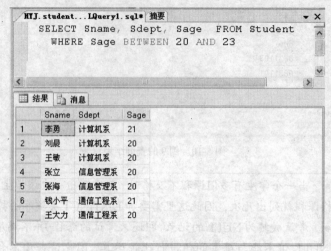

图 5-11　例 10 的查询结果

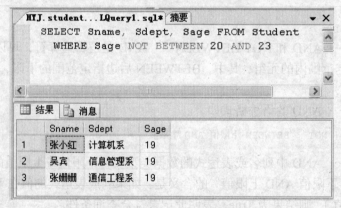

图 5-12　例 11 的查询结果

例12　对于日期类型的数据也可以使用基于范围的查找。例如，设有图书表（titles），其中包含书号（title_id）、类型（type）、价格（price）和出版日期（pubdate）列，查询 2009 年6 月出版的图书信息的语句如下。

```
SELECT title_id, type, price, pubdate FROM titles
  WHERE  pubdate BETWEEN '2009/6/1' AND '2009/6/30'
```

③ 确定集合。

IN 是逻辑运算符，可以用来查找属性值在指定集合范围内的元组。IN 的语法格式如下。

```
列名 [ NOT ] IN （常量1，常量2，…，常量n）
```

IN 运算符的含义为：当列中的值与集合中的某个常量值相等时，则结果为 True，表明此记录为符合查询条件的记录。

NOT IN 运算符的含义正好相反：当列中的值与集合中的某个常量值相等时，结果为False，表明此记录为不符合查询条件的记录。

例 13　查询信息管理系、通信工程系和计算机系学生的姓名和性别。

```
SELECT Sname, Ssex  FROM Student
  WHERE Sdept IN ('信息管理系', '通信工程系', '计算机系')
```

此句等价于：

```
SELECT Sname, Ssex  FROM Student
  WHERE Sdept = '信息管理系' OR Sdept = '通信工程系' OR Sdept = '计算机系'
```

查询结果如图 5-13 所示。

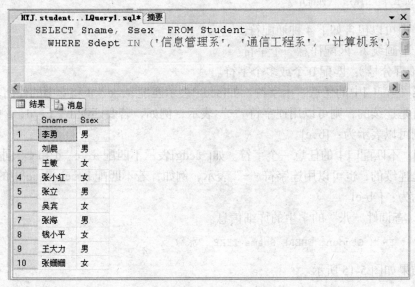

图 5-13　例 13 的查询结果

例 14　查询信息管理系、通信工程系和计算机系三个系之外的其他系学生的姓名和性别。

```
SELECT Sname, Ssex  FROM Student
  WHERE Sdept NOT IN ('信息管理系', '通信工程系', '计算机系')
```

此句等价于：

```
SELECT Sname, Ssex  FROM Student
  WHERE Sdept!= '信息管理系' AND Sdept!= '通信工程系' AND Sdept!= '计算机系'
```

由于 Student 表中没有满足查询条件的数据，因此，此查询语句返回的是空表。查询结果如图 5-14 所示。

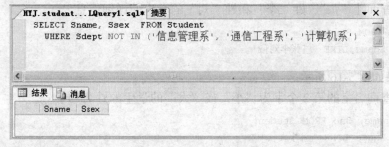

图 5-14　例 14 的查询结果

④ 字符串匹配。

LIKE 用于查找指定列中与匹配串常量匹配的元组。匹配串是一种特殊的字符串，其特殊之处在于它不仅可以包含普通字符，还可以包含通配符。通配符用于表示任意的字符或字符串。在实际应用中，如果需要从数据库中检索数据，但又不能给出精确的字符查询条件时，就可以使用 LIKE 运算符和通配符来实现模糊查询。在 LIKE 运算符前边也可以使用 NOT 运算符，表示对结果取反。

LIKE 运算符的一般语法格式如下。

```
列名 [NOT] LIKE 〈匹配串〉
```

匹配串中可以包含如下 4 种通配符。

- _（下画线）：匹配任意一个字符。
- %（百分号）：匹配 0 个或多个字符。
- [ ]：匹配[ ]中的任意一个字符。如[acdg]表示匹配 a、c、d 和 g 中的任何一个。若要比较的字符是连续的，则可以用连字符 "–" 表示，例如，若要匹配 b、c、d、e 中的任何一个字符，则可以表示为：[b-e]。
- [^]：不匹配[ ]中的任意一个字符。如[^acdg]表示不匹配 a、c、d 和 g。同样，若要比较的字符是连续的，也可以用连字符 "–" 表示，例如，若不匹配 b、c、d、e 中的全部字符，则可以表示为：[^b-e]。

例 15 查询姓 "张" 的学生的详细信息。

```
SELECT * FROM Student WHERE Sname LIKE '张%'
```

查询结果如图 5-15 所示。

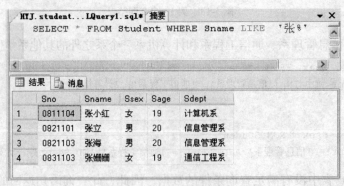

图 5-15　例 15 的查询结果

例 16 查询姓 "张"、姓 "李" 和姓 "刘" 的学生的详细信息。

```
SELECT * FROM Student
    WHERE Sname LIKE '[张李刘]%'
```

查询结果如图 5-16 所示。

例 17 查询名字的第 2 个字为 "小" 或 "大" 的学生的姓名和学号。

```
SELECT Sname, Sno FROM Student
    WHERE Sname LIKE '_[小大]%'
```

查询结果如图 5-17 所示。

图 5-16　例 16 的查询结果

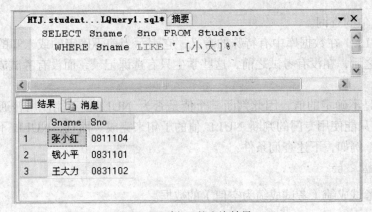

图 5-17　例 17 的查询结果

例 18　查询所有不姓"刘"的学生。

```
SELECT Sname FROM Student WHERE Sname NOT LIKE '刘%'
```

例 19　在 Student 表中查询学号的最后一位不是 2、3、5 的学生信息。

```
SELECT * FROM Student WHERE Sno LIKE '%[^235]'
```

查询结果如图 5-18 所示。

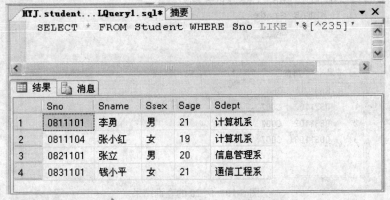

图 5-18　例 19 查询结果

如果要查找的字符串正好含有通配符，比如下画线或百分号，就需要使用一个特殊子句来告诉数据库管理系统这里的下画线或百分号是一个普通的字符，而不是一个通配符，这个特殊的子句就是 ESCAPE。

ESCAPE 的语法格式如下。

```
ESCAPE 转义字符
```

其中，"转义字符"是任何一个有效的字符，在匹配串中也包含这个字符，表明位于该字符后面的那个字符将被视为普通字符，而不是通配符。

例如，为查找 field1 字段中包含字符串"30%"的记录，可在 WHERE 子句中指定：

```
WHERE  field1 LIKE  '%30!%%' ESCAPE  '!'
```

又如，为查找 field1 字段中包含下画线（_）的记录，可在 WHERE 子句中指定：

```
WHERE  field1 LIKE  '%!_%' ESCAPE  '!'
```

⑤ 涉及空值的查询。

空值（NULL）在数据库中有特殊的含义，它表示当前不确定的或未知的值。例如，学生选修完课程之后，在没有考试之前，这些学生只有选课记录，而没有考试成绩，因此考试成绩就为空值。

由于空值是不确定的值，因此判断某个值是否为 NULL，不能使用普通的比较运算符（=、!=等），而只能使用专门的判断 NULL 值的子句来完成。而且，NULL 不能与任何确定的值进行比较。例如，下述查询条件：

```
WHERE Grade < 60
```

不会返回没有考试成绩（考试成绩为空值）的数据。

判断列取值为空的语句格式为：列名 IS NULL

判断列取值不为空的语句格式为：列名 IS NOT NULL

例 20 查询还没有考试的学生的学号和相应的课程号。

```
SELECT Sno, Cno FROM SC
   WHERE Grade IS NULL
```

查询结果如图 5-19 所示。

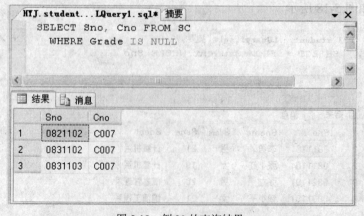

图 5-19 例 20 的查询结果

例 21　查询所有已经考试了的学生的学号、课程号和考试成绩。

```
SELECT Sno, Cno, Grade FROM SC
  WHERE Grade IS NOT NULL
```

查询结果如图 5-20 所示。

	Sno	Cno	Grade
1	0811101	C001	96
2	0811101	C002	80
3	0811101	C003	84
4	0811101	C005	62
5	0811102	C001	92
6	0811102	C002	90
7	0811102	C004	84
8	0821102	C001	76
9	0821102	C004	85
10	0821102	C005	73
11	0821103	C001	50
12	0821103	C004	80
13	0831101	C001	50
14	0831101	C004	80
15	0831103	C004	78
16	0831103	C005	65

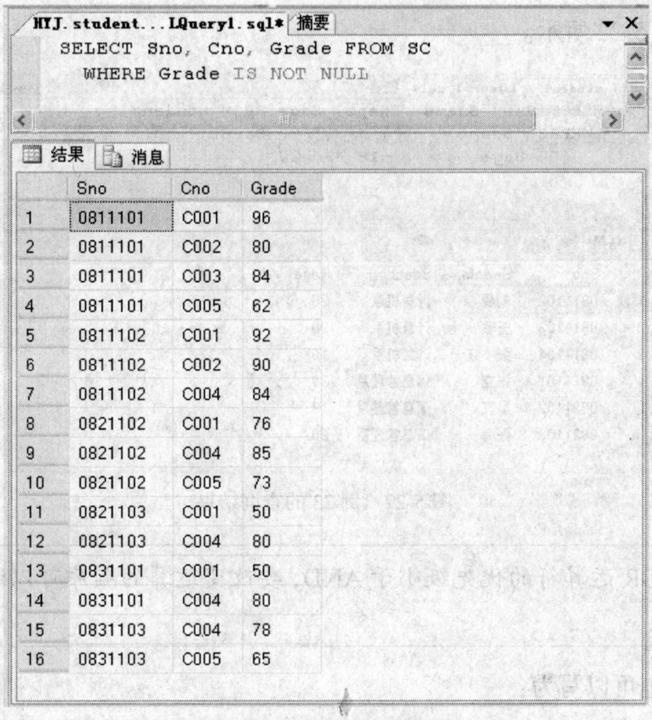

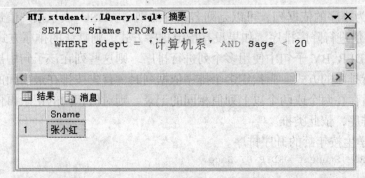

图 5-20　例 21 的查询结果

⑥ 多重条件查询。

当需要多个查询条件时，可以在 WHERE 子句中使用逻辑运算符 AND 和 OR 来组成多条件查询。

例 22　查询计算机系年龄 20 岁以下的学生的姓名。

```
SELECT Sname FROM Student
  WHERE Sdept = '计算机系' AND Sage < 20
```

查询结果如图 5-21 所示。

	Sname
1	张小红

图 5-21　例 22 的查询结果

例 23 查询计算机系和信息管理系学生中年龄在 18～20 的学生的学号、姓名、所在系和年龄。

```
SELECT Sno, Sname, Sdept, Sage FROM Student
  WHERE (Sdept = '计算机系' OR Sdept = '信息管理系')
    AND Sage between 18 and 20
```

查询结果如图 5-22 所示。

图 5-22　例 23 的查询结果

注意: OR 运算符的优先级小于 AND，要改变运算的顺序可以通过加括号的方式实现。

例 23 的查询也可以写为:

```
SELECT Sno, Sname, Sdept, Sage FROM Student
  WHERE Sdept in ( '计算机系', '信息管理系')
    AND Sage between 18 and 20
```

3. 对查询结果进行排序

有时，我们希望查询的结果能按一定的顺序显示出来，比如按考试成绩从高到低排列学生的考试情况。SQL 语句具有按用户指定的列排序查询结果的功能，而且查询结果可以按一个列排序，也可以按多个列进行排序，排序可以是从小到大（升序），也可以是从大到小（降序）。排序子句的语法格式如下。

```
ORDER BY 〈列名〉[ASC | DESC ] [ , … n ]
```

其中，〈列名〉为排序的依据列，可以是列名或列的别名。ASC 表示按列值进行升序排序，DESC 表示按列值进行降序排序。如果没有指定排序方式，则默认的排序方式为 ASC。

如果在 ORDER BY 子句中使用多个列进行排序，则这些列在该子句中出现的顺序决定了对结果集进行排序的方式。当指定多个排序依据列时，首先按排在最前面的列的值进行排序，如果排序后存在两个或两个以上列值相同的记录，则对值相同的记录再依据排在第二位的列的值进行排序，依此类推。

例 24 将学生按年龄的升序排序。

```
SELECT * FROM Student ORDER BY Sage
```

查询结果如图 5-23 所示。

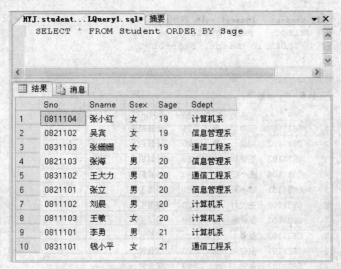

图 5-23 例 24 的查询结果

例 25 查询选修了 "C002" 号课程的学生的学号及其成绩，查询结果按成绩降序排列。

```
SELECT Sno, Grade FROM SC
  WHERE Cno = 'C002'
  ORDER BY Grade DESC
```

查询结果如图 5-24 所示。

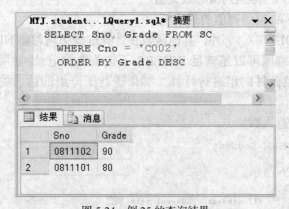

图 5-24 例 25 的查询结果

例 26 查询全体学生的信息，查询结果按所在系的系名升序排列，同一系的学生按年龄降序排列。

```
SELECT * FROM Student
  ORDER BY Sdept, Sage DESC
```

查询结果如图 5-25 所示。

4. 使用统计函数汇总数据

统计函数也称为集合函数或聚合函数，其作用是对一组值进行计算并返回一个统计结果。SQL 提供的统计函数如下。

- COUNT（*）：统计表中元组的个数。

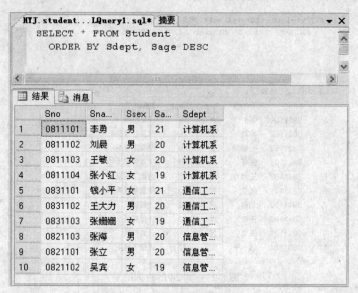

图 5-25　例 26 的查询结果

- COUNT（[DISTINCT] 〈列名〉）：统计本列的列值个数，DISTINCT 选项表示去掉列的重复值后再统计。
- SUM（〈列名〉）：计算列值的和值（必须是数值型列）。
- AVG（〈列名〉）：计算列值的平均值（必须是数值型列）。
- MAX（〈列名〉）：得到列值的最大值。
- MIN（〈列名〉）：得到列值的最小值。

上述函数中除 COUNT（*）外，其他函数在计算过程中均忽略 NULL 值。

统计函数的计算范围可以是满足 WHERE 子句条件的记录（如果是对整个表进行计算的话），也可以对满足条件的组进行计算（如果进行了分组的话，关于分组我们将在后边介绍）。

例 27　统计学生总人数。

```
SELECT COUNT(*) FROM Student
```

查询结果如图 5-26 所示。

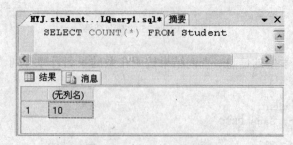

图 5-26　例 27 的查询结果

例 28　统计选修了课程的学生人数。

```
SELECT COUNT(DISTINCT Sno) FROM SC
```

查询结果如图 5-27 所示。

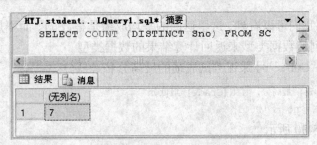

图 5-27　例 28 的查询结果

注意：　　　由于一个学生可选多门课程，因此为避免重复计算这些学生，用 DISTINCT 去掉重复的学号。

例 29　计算学号为"0811101"的学生的考试总成绩。

```
SELECT SUM(Grade) FROM SC
  WHERE Sno = '0811101'
```

查询结果如图 5-28 所示。

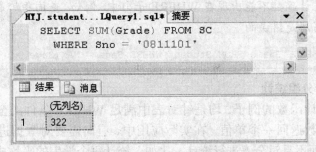

图 5-28　例 29 的查询结果

例 30　计算"0831103"学生的考试平均成绩。

从 SC 表中我们可以看到，"0831103"学生选了三门课程（分别是 C004、C005 和 C007），但只有"C004"和"C005"两门课程有考试成绩（分别是 78 和 65），"C007"课程的成绩是 NULL，说明还没有考试。则在计算该学生的平均成绩时，系统自动将"C007"课程的 NULL 成绩去掉，只计算"C004"和"C005"两门课程的考试平均成绩。实现语句如下。

```
SELECT AVG(Grade) FROM SC WHERE Sno = '0831103'
```

查询结果如图 5-29 所示。

图 5-29　例 30 的查询结果

从例 30 的结果我们可以看到，这里返回的平均成绩是整数 71，而不是实际的 71.5。AVG 函数是根据被计算列的数据类型来返回计算结果的数据类型。

例31 查询 "C001" 号课程考试成绩的最高分和最低分。

```
SELECT MAX(Grade) 最高分, MIN(Grade) 最低分
  FROM SC WHERE Cno = 'C001'
```

查询结果如图 5-30 所示。

图 5-30 例 31 的查询结果

> 注意： 统计函数不能出现在 WHERE 子句中。例如，查询年龄最大的学生的姓名，如下写法是错误的。
>
> ```
> SELECT Sname FROM Student WHERE Sage = MAX(Sage)
> ```

5. 对数据进行分组统计

上边所举的统计函数的例子，均是针对表中满足 WHERE 条件的全体元组进行的，统计的结果是一个函数返回一个单值。在实际应用中，有时需要对数据进行分组，然后再对每个组进行统计，而不是对全表进行统计。比如，统计每个学生的平均成绩、每个系的学生人数、每门课程的考试平均成绩等信息时就需要将数据先分组，然后再对每个组进行统计。这种情况就需要用到分组子句 GROUP BY，GROUP BY 子句可将计算控制在组这一级。分组的目的是细化统计函数的作用对象。在一个查询语句中，可以用多个列进行分组。

分组子句跟在 WHERE 子句的后边，它的一般形式如下。

```
GROUP BY 〈分组依据列〉 [, … n]
[HAVING 〈组提取条件〉]
```

（1）使用 GROUP BY 子句

例 32 统计每门课程的选课人数，列出课程号和选课人数。

```
SELECT Cno as 课程号, COUNT(Sno) as 选课人数
  FROM SC GROUP BY Cno
```

该语句首先对 SC 表的数据按 Cno 的值进行分组，所有具有相同 Cno 值的元组归为一组，然后再对每一组使用 COUNT 函数进行计算，求出每组的学生人数，其过程如图 5-31 所示。该查询执行的结果如图 5-32 所示。

例 33 统计每个学生的选课门数和平均成绩。

```
SELECT Sno 学号, COUNT(*) 选课门数, AVG(Grade) 平均成绩
  FROM SC GROUP BY Sno
```

查询结果如图 5-33 所示。

Sno	Cno	Grade
0811101	C001	96
0811101	C002	80
0811101	C003	84
0811101	C005	62
0811102	C001	92
0811102	C002	90
0811102	C004	84
0821102	C001	76
0821102	C004	85
0821102	C005	73
0821102	C007	NULL
0821103	C001	50
0821103	C004	80
0831101	C001	50
0831101	C004	80
0831102	C007	NULL
0831103	C004	78
0831103	C005	65
0831103	C007	NULL

按Cno分
组后

Sno	Cno	Grade
0811101	C001	96
0811102	C001	92
0821102	C001	76
0821103	C001	50
0831101	C001	50
0811101	C002	80
0811102	C002	90
0811101	C003	84
0811102	C004	84
0821102	C004	85
0821103	C004	80
0831101	C004	80
0831103	C004	78
0811101	C005	62
0821102	C005	73
0831103	C005	65
0821102	C007	NULL
0831102	C007	NULL
0831103	C007	NULL

对每组
统计后

课程号	人数
C001	5
C002	2
C003	1
C004	5
C005	3
C007	3

图 5-31　分组统计的执行过程

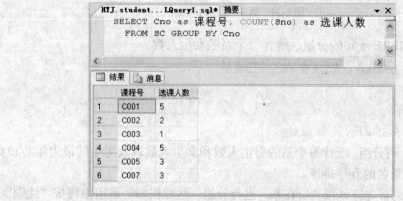

图 5-32　例 32 的查询结果

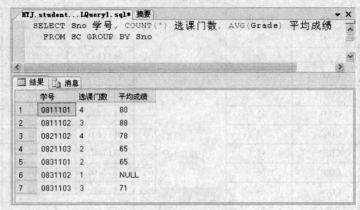

图 5-33 例 33 的查询结果

注意：
● GROUP BY 子句中的分组依据列必须是表中存在的列名，不能使用 AS 子句指派的列别名。

● 带有 GROUP BY 子句的 SELECT 语句的查询列表中只能出现分组依据列和统计函数，因为分组后每个组只返回一行结果。

例 34 统计每个系的学生人数和平均年龄。

```
SELECT Sdept, COUNT(*) AS 学生人数, AVG(Sage) AS 平均年龄
  FROM Student
  GROUP BY Sdept
```

查询结果如图 5-34 所示。

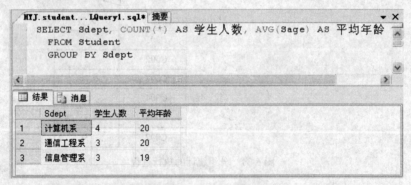

图 5-34 例 34 的查询结果

例35 带 WHERE 子句的分组，统计每个系的女生人数。

```
SELECT Sdept, Count(*) 女生人数 FROM Student
  WHERE Ssex = '女'
  GROUP BY Sdept
```

查询结果如图 5-35 所示。

例 36 按多个列分组。统计每个系的男生人数和女生人数以及男生的最大年龄和女生的最大年龄。结果按系名的升序排序。

分析：这个查询首先应该按"所在系"进行分组，然后在每个系组中再按"性别"分组，

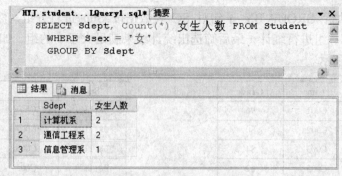

图 5-35　例 35 的查询结果

从而将每个系、相同性别的学生聚集到一个组中，最后再对最终的分组结果进行统计。

注意：　　　当有多个分组依据列时，统计是以最小组为单位进行的。

实现该查询的语句如下。

```
SELECT Sdept, Ssex, Count(*) 人数, Max(Sage) 最大年龄
  FROM Student
  GROUP BY Sdept, Ssex
  ORDER BY Sdept
```

查询结果如图 5-36 所示。

图 5-36　例 36 的查询结果

（2）使用 HAVING 子句

HAVING 子句用于对分组后的统计结果再进行筛选，它的功能有点像 WHERE 子句，但它用于组而不是单个记录。在 HAVING 子句中可以使用统计函数，但在 WHERE 子句中则不能。HAVING 通常与 GROUP BY 子句一起使用。

例 37　查询选课门数超过 3 门的学生的学号和选课门数。

分析：本查询首先需要统计出每个学生的选课门数（通过 GROUP BY 子句），然后再从统计结果中挑选出选课门数超过 3 门的数据（通过 HAVING 子句）。具体语句如下。

```
SELECT Sno, Count(*) 选课门数 FROM SC
  GROUP BY Sno HAVING COUNT(*) > 3
```

该语句首先执行 GROUP BY 子句对 SC 表数据按 Sno 进行分组，然后再用统计函数 COUNT 分别对每一组进行统计，最后筛选出统计结果满足大于 3 的组，如图 5-37 所示。查询结果如图 5-38 所示。

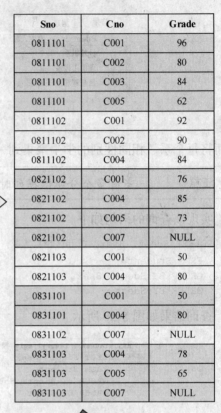

图 5-37　对统计结果进行筛选的执行过程

例 38　查询选课门数大于等于 4 门的学生的平均成绩和选课门数。

```
SELECT Sno, AVG(Grade) 平均成绩, COUNT(*) 选课门数
  FROM SC
  GROUP BY Sno
  HAVING COUNT(*) >= 4
```

查询结果如图 5-39 所示。

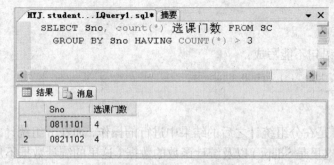

图 5-38　例 37 的查询结果

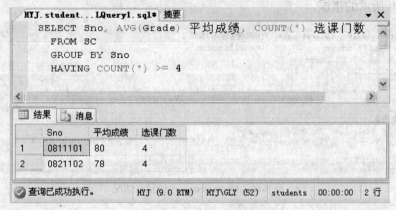

图 5-39　例 38 的查询结果

正确地理解 WHERE、GROUP BY、HAVING 子句的作用及执行顺序，对编写正确、高效的查询语句很有帮助。

- WHERE 子句用来筛选 FROM 子句中指定的数据源所产生的行数据。
- GROUP BY 子句用来对经 WHERE 子句筛选后的结果数据进行分组。
- HAVING 子句用来对分组后的统计结果再进行筛选。

对于可以在分组操作之前应用的筛选条件，在 WHERE 子句中指定它们更有效，这样可以减少参与分组的数据行。应当在 HAVING 子句中指定的筛选条件应该是那些必须在执行分组操作之后应用的筛选条件。

例 39　查询计算机系和信息管理系每个系的学生人数，可以有如下两种写法。

第一种：

```
SELECT Sdept, COUNT(*)  FROM Student
  GROUP BY Sdept
  HAVING Sdept in ( '计算机系', '信息管理系')
```

第二种：

```
SELECT sdept, COUNT (*)  FROM Student
  WHERE Sdept in ( '计算机系', '信息管理系')
  GROUP BY Sdept
```

其中，第二种写法比第一种写法执行效率高，因为参与分组的数据比较少。

例 40　查询每个系年龄小于等于 20 的学生人数。

```
SELECT sdept, COUNT (*)  FROM Student
```

```
WHERE Sage <= 20
GROUP BY Sdept
```

注意，该查询语句不能写成：

```
SELECT Sdept, COUNT(*) FROM Student
GROUP BY Sdept
HAVING Sage <= 20
```

因为 HAVING 是在分组统计之后的结果中进行的操作，而在分组统计之后的结果中，只包含分组依据列（这里是 Sdept）以及统计函数的数据（这里的统计数据不局限于在 SELECT 语句中出现的统计函数），因此当执行到 HAVING 子句时已经没有 Sage 列了，故上述查询会返回如图 5-40 所示的错误。

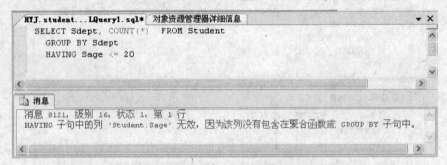

图 5-40　例 40 错误写法的执行情况

5.1.3　多表连接查询

前面介绍的查询都是针对一个表进行的，但在实际查询中往往需要从多个表中获取信息，这时的查询就会涉及多张表。若一个查询同时涉及两个或两个以上的表，则称之为**连接查询**。连接查询是关系数据库中最主要的查询，主要包括内连接、左外连接、右外连接、全外连接和交叉连接等，本章只介绍内连接、左外连接和右外连接。

1. 内连接

内连接是一种最常用的连接类型。使用内连接时，如果两个表的相关字段满足连接条件，则从这两个表中提取数据并组合成新的记录。

在非 ANSI 标准的实现中，连接操作是在 WHERE 子句中执行的（即在 WHERE 子句中指定表连接条件）；在 ANSI SQL-92 中，连接是在 JOIN 子句中执行的。这些连接方式分别被称为 theta 连接方式和 ANSI 连接方式。本书使用 ANSI 连接方式。

ANSI 连接方式的内连接语法格式如下。

```
FROM 表1 [ INNER ] JOIN 表2 ON 〈连接条件〉
```

在连接条件中指明两个表按什么条件进行连接，连接条件中的比较运算符称为连接谓词。连接条件的一般格式如下。

```
[〈表名1.〉][〈列名1〉] 〈比较运算符〉 [〈表名2.〉][〈列名2〉]
```

注意：　　　连接条件中的连接字段必须是可比的，即必须是语义相同的列，否则比较将是无意义的。

当比较运算符为等号（＝）时，称为等值连接，使用其他运算符的连接称为非等值连接，这同关系代数中的等值连接和 θ 连接的含义是一样的。

从概念上讲，DBMS 执行连接操作的过程是：首先取表 1 中的第 1 个元组，然后从头开始扫描表 2，逐一查找满足连接条件的元组，找到后就将表 1 中的第 1 个元组与该元组拼接起来，形成结果表中的一个元组。表 2 全部查找完毕后，再取表 1 中的第 2 个元组，然后再从头开始扫描表 2，逐一查找满足连接条件的元组，找到后就将表 1 中的第 2 个元组与该元组拼接起来，形成结果表中的另一个元组。重复这个过程，直到表 1 中的全部元组都处理完毕。

例 41　查询每个学生及其选课的详细信息。

由于学生基本信息存放在 Student 表中，学生选课信息存放在 SC 表中，因此这个查询涉及两个表，这两个表之间进行连接的条件是两个表中的 Sno 相等。

```
SELECT * FROM Student INNER JOIN  SC
  ON Student.Sno = SC.Sno                 -- 将 Student 与 SC 连接起来
```

查询结果如图 5-41 所示。

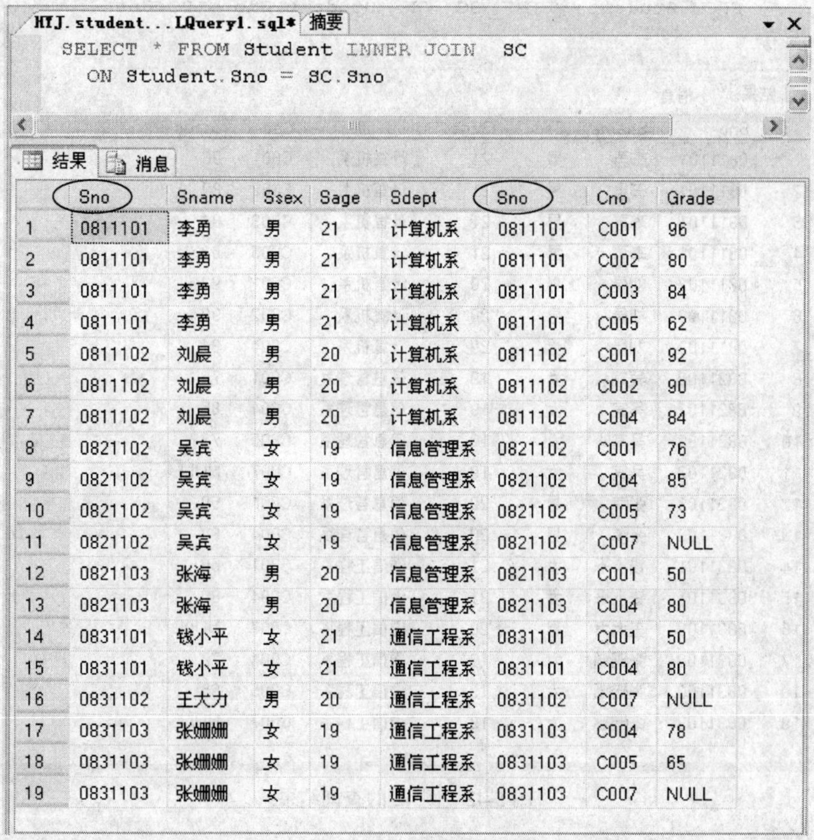

图 5-41　例 41 的查询结果

从图 5-41 可以看到，两个表的连接结果中包含了两个表的全部列。Sno 列有两个：一个来自 Student 表，一个来自 SC 表，这两个列的值是完全相同的（因为这里的连接条件就是 Student.Sno = SC.Sno）。因此，在写多表连接查询语句时有必要将这些重复的列去掉，方法是在 SELECT 子句中直接写所需要的列名，而不是写"*"。另外，由于进行多表连接之后，连接生成的表中可能存在列名相同的列，因此，为了明确需要的是哪个列，可以在列名前添加表名前缀限制，其格式如下。

```
表名.列名
```

比如在上例的 ON 子句中对 Sno 列就加上了表名前缀限制。

从上述结果还可以看到，在 SELECT 子句中列出的列来自两个表的连接结果中的列，而且在 WHERE 子句中所涉及的列也是连接结果中的列。因此，根据要查询的列以及数据的选择条件涉及的列可以确定这些列的所在表，从而也就确定了进行连接操作的表。

例42　去掉例 41 中的重复列。

```
SELECT Student.Sno, Sname, Ssex, Sage, Sdept, Cno, Grade
  FROM Student  JOIN  SC  ON  Student.Sno = SC.Sno
```

查询结果如图 5-42 所示。

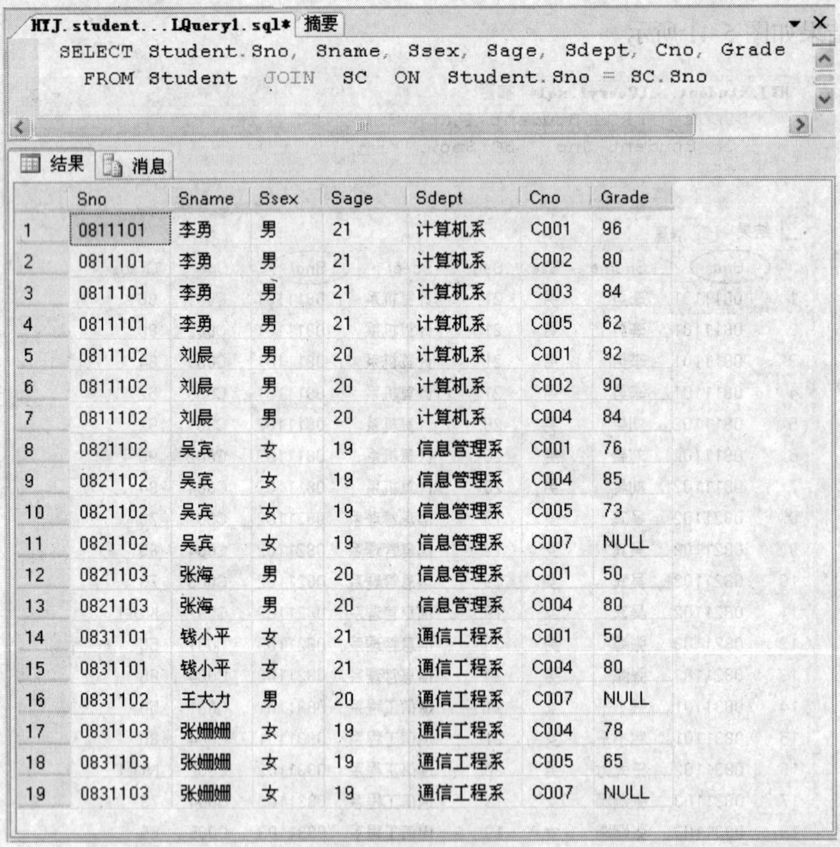

HYJ.student...LQuery1.sql*　摘要

```
SELECT Student.Sno, Sname, Ssex, Sage, Sdept, Cno, Grade
  FROM Student  JOIN  SC  ON  Student.Sno = SC.Sno
```

结果　消息

	Sno	Sname	Ssex	Sage	Sdept	Cno	Grade
1	0811101	李勇	男	21	计算机系	C001	96
2	0811101	李勇	男	21	计算机系	C002	80
3	0811101	李勇	男	21	计算机系	C003	84
4	0811101	李勇	男	21	计算机系	C005	62
5	0811102	刘晨	男	20	计算机系	C001	92
6	0811102	刘晨	男	20	计算机系	C002	90
7	0811102	刘晨	男	20	计算机系	C004	84
8	0821102	吴宾	女	19	信息管理系	C001	76
9	0821102	吴宾	女	19	信息管理系	C004	85
10	0821102	吴宾	女	19	信息管理系	C005	73
11	0821102	吴宾	女	19	信息管理系	C007	NULL
12	0821103	张海	男	20	信息管理系	C001	50
13	0821103	张海	男	20	信息管理系	C004	80
14	0831101	钱小平	女	21	通信工程系	C001	50
15	0831101	钱小平	女	21	通信工程系	C004	80
16	0831102	王大力	男	20	通信工程系	C007	NULL
17	0831103	张姗姗	女	19	通信工程系	C004	78
18	0831103	张姗姗	女	19	通信工程系	C005	65
19	0831103	张姗姗	女	19	通信工程系	C007	NULL

图 5-42　例 42 的查询结果

例 43　查询计算机系学生的修课情况，要求列出学生的名字、所修课的课程号和成绩。

```
SELECT Sname, Cno, Grade  FROM Student  JOIN SC
  ON Student.Sno = SC.Sno
  WHERE Sdept = '计算机系'
```

查询结果如图 5-43 所示。

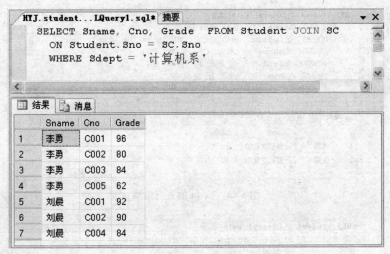

图 5-43　例 43 的查询结果

可以为表指定别名，其格式如下。

〈源表名〉　[AS]　〈表别名〉

为表指定别名可以简化表的书写，而且在有些连接查询（后面介绍的自连接）中要求必须指定别名。

例如，使用别名时例 43 可写为如下形式。

```
SELECT Sname, Cno, Grade FROM Student  S JOIN SC
  ON S.Sno = SC.Sno
  WHERE Sdept = '计算机系'
```

注意：　　　当为表指定了别名时，在查询语句中的其他地方，所有用到表名的地方都要使用别名，而不能再使用原表名。

例 44　查询"信息管理系"选修了"计算机文化学"课程的学生的成绩，要求列出学生姓名、课程名和成绩。

此查询涉及了 3 张表（"信息管理系"信息在 Student 表中，"计算机文化学"信息在 Course 表中，"成绩"信息在 SC 表中）。每连接一张表，就需要加一个 JOIN 子句。

```
SELECT Sname, Cname, Grade
  FROM  Student  s  JOIN SC ON s.Sno = SC. Sno
  JOIN Course c ON c.Cno = SC.Cno
  WHERE Sdept = '信息管理系'
    AND Cname = '计算机文化学'
```

查询结果如图 5-44 所示。

例 45　查询所有选修了 VB 课程的学生情况，列出学生姓名和所在系。

```
SELECT Sname, Sdept FROM Student S
  JOIN SC ON S.Sno = SC. Sno
  JOIN Course C ON C.Cno = SC.cno
  WHERE Cname = 'VB'
```

查询结果如图 5-45 所示。

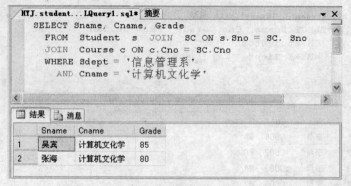

图 5-44 例 44 的查询结果

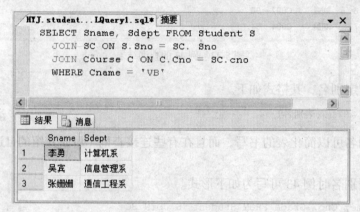

图 5-45 例 45 的查询结果

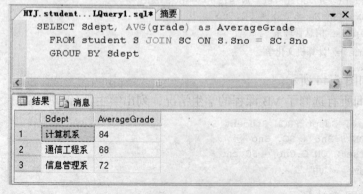

注意:　　　在这个查询语句中,虽然所要查询的列和元组的选择条件均与 SC 表无关,但这里还是用了三张表进行连接,原因是 Student 表和 Course 表没有可以进行连接的列(语义相同的列),因此,这两张表的连接必须借助于第三张表: SC 表。

例 46 有分组的多表连接查询。统计每个系的学生的考试平均成绩。

```
SELECT Sdept, AVG(grade) as AverageGrade
 FROM student S JOIN SC ON S.Sno = SC.Sno
 GROUP BY Sdept
```

查询结果如图 5-46 所示。

图 5-46 例 46 的查询结果

例47　有分组和行选择条件的多表连接查询。统计计算机系学生中每门课程的选课人数、平均成绩、最高成绩和最低成绩。

```
SELECT Cno, COUNT(*) AS Total, AVG(Grade) as AvgGrade,
 MAX(Grade) as MaxGrade, MIN(Grade) as MinGrade
 FROM Student S JOIN SC ON S.Sno = SC.Sno
 WHERE Sdept = '计算机系'
 GROUP BY Cno
```

查询结果如图 5-44 所示。

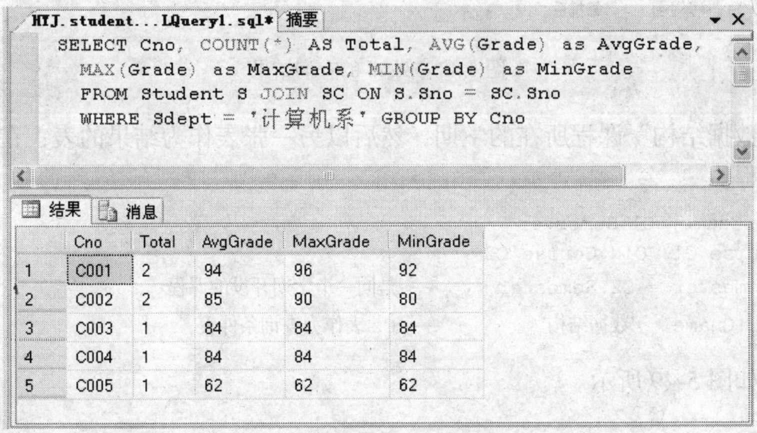

	Cno	Total	AvgGrade	MaxGrade	MinGrade
1	C001	2	94	96	92
2	C002	2	85	90	80
3	C003	1	84	84	84
4	C004	1	84	84	84
5	C005	1	62	62	62

图 5-47　例 47 的查询结果

2. 自连接

自连接是一种特殊的内连接，它是指相互连接的表在物理上为同一张表，但在逻辑上将其看成是两张表。

只有通过为表取别名的方法，才能让物理上的一张表在逻辑上成为两个表。例如：

```
FROM 表 1 AS T1   -- 在内存中生成表名为"T1"的表（逻辑上的表）
JOIN 表 1 AS T2   -- 在内存中生成表名为"T2"的表（逻辑上的表）
```

因此，在使用自连接时一定要为表取别名。

例 48　查询与刘晨在同一个系学习的学生的姓名和所在的系。

分析：首先应该找到刘晨在哪个系学习（在 Student 表中查找，不妨将这个表称为 S1 表），然后再找出此系的所有学生（也在 Student 表中查找，不妨将这个表称为 S2 表），S1 表和 S2 表的连接条件是两个表的系（Sdept）相同（表明是同一个系的学生）。因此，实现此查询的 SQL 语句如下。

```
SELECT S2.Sname, S2.Sdept
 FROM Student S1 JOIN Student S2
 ON S1.Sdept = S2.Sdept          -- 是同一个系的学生
 WHERE S1.Sname = '刘晨'          -- S1 表作为查询条件表
   AND S2.Sname != '刘晨'         -- S2 表作为结果表，并从中去掉"刘晨"本人
```

查询结果如图 5-48 所示。

例 49　查询与"数据结构"课程在同一个学期开设的课程的课程名和开课学期。

这个例子与例 48 类似，只要将 Course 表想象成两张表，一张表作为查询条件的表，在

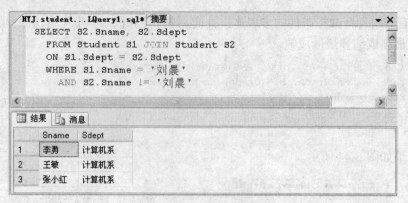

图 5-48　例 48 的查询结果

此表中找出"数据结构"课程所在的学期，然后以另一张表作为结果的表，在此表中找出此学期开设的课程。

```
SELECT C1.Cname, C1.Semester
  FROM Course C1 JOIN Course C2
  ON C1.Semester = C2.Semester        -- 是同一个学期开设的课程
  WHERE C2.Cname = '数据结构'          -- C2 表作为查询条件表
```

查询结果如图 5-49 所示。

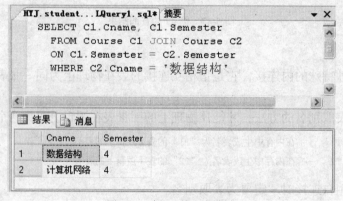

图 5-49　例 49 的查询结果

观察例 48 和例 49 可以看到，在自连接查询中，一定要注意区分好查询条件表和查询结果表。在例 48 中，用 S1 表作为查询条件表（WHERE S1.Sname = '刘晨'），S2 表作为查询结果表，因此在查询列表中写的是：SELECT S2.Sname, …。在例 49 中，用 C2 表作为查询条件表（C2.Cname = '数据结构'），因此在查询列表中写的是：SELECT C1.Cname, …。

例 48 和例 49 的另一个区别是，例 48 在结果中去掉了与查询条件相同的数据（S2.Sname != '刘晨'），而例 49 在结果中保留了这个数据。具体是否要保留，由用户的查询要求决定。

例 50　查询至少被两个学生选的课程的课程号。

分析：将 SC 看成是两个逻辑表，当两个表连接后存在课程号相等但学号不同的数据时，则说明该课程至少有两个学生选了该课程。语句如下。

```
SELECT DISTINCT a.Cno  FROM SC a JOIN SC b
  ON a.Cno = b.Cno
  AND a.Sno != b.Sno
```

查询结果如图 5-50 所示。

该语句也可以用分组统计实现，即统计每门课程的选课人数，从中筛选出选课人数超过 1 人的课程。语句如下。

```
SELECT Cno FROM SC
  GROUP BY Cno
  HAVING COUNT(*) > 1
```

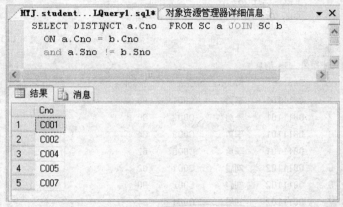

图 5-50　例 50 的查询结果

3．外连接

从上边的例子我们可以看到，在内连接操作中，只有满足连接条件的元组才能作为结果输出，但有时我们也希望输出那些不满足连接条件的元组的信息，比如查看全部课程的被选修情况，包括有学生选的课程和没有学生选的课程。如果用内连接实现（通过 SC 表和 Course 表的内连接），则只能找到有学生选的课程，因为内连接的结果首先是要满足连接条件，SC.Cno ＝ Course.Cno。对于在 Course 表中有，但在 SC 表中没有的课程（没有人选），由于不满足 SC.Cno ＝ Course.Cno 条件，因此是查找不出来的。这种情况就需要使用外连接来实现。

外连接是只限制一张表中的数据必须满足连接条件，而另一张表中的数据可以不满足连接条件。外连接分为左外连接和右外连接两种。ANSI 方式的外连接的语法格式如下。

```
FROM 表1 LEFT | RIGHT [OUTER] JOIN 表2 ON 〈连接条件〉
```

LEFT [OUTER] JOIN 称为左外连接，RIGHT [OUTER] JOIN 称为右外连接。左外连接的含义是限制表 2 中的数据必须满足连接条件，而不管表 1 中的数据是否满足连接条件，均输出表 1 中的内容；右外连接的含义是限制表 1 中的数据必须满足连接条件，而不管表 2 中的数据是否满足连接条件，均输出表 2 中的内容。

theta 方式的外连接的语法格式如下。

```
左外连接：FROM 表1 , 表2 WHERE [表1.]列名(+) = [表2.]列名
右外连接：FROM 表1 , 表2 WHERE [表1.]列名 = [表2.]列名(+)
```

SQL Server 支持 ANSI 方式的外连接，Oracle 支持 theta 方式的外连接。这里采用 ANSI 方式的外连接格式。

例 51　查询全体学生的选课情况，包括选修了课程的学生和没有选修课程的学生。

这个查询是需要输出全体学生的信息，而不管这个学生是否选修了课程，因此是 Student 表中的数据可以不满足连接条件。其语句如下。

```
SELECT Student.Sno, Sname, Cno, Grade
  FROM Student LEFT OUTER JOIN SC
  ON Student.Sno = SC.Sno
```

查询结果如图 5-51 所示。

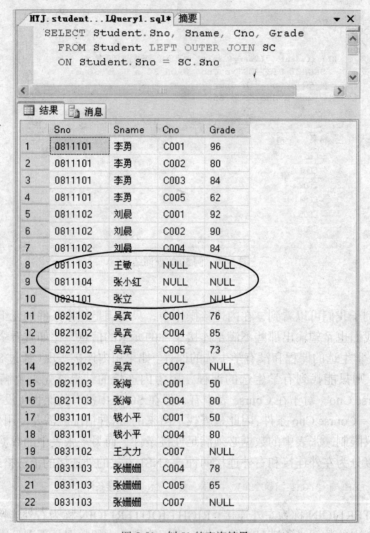

图 5-51　例 51 的查询结果

💥 注意：　　　注意结果中学号为"0811103"、"0811104"和"0821101"的三行数据，它们的 Cno 和 Grade 列的值均为 NULL，表明这三个学生没有选课，即他们不满足表连接条件。在进行外连接时，在连接结果中，将一个表中不满足连接条件的数据所构成的元组中的来自其他表的列均置成 NULL 空值。

此查询也可以用右外连接实现，如下所示。

```
SELECT Student.Sno, Sname, Cno, Grade
  FROM SC RIGHT OUTER JOIN Student
  ON Student.Sno = SC.Sno
```

其查询结果同左外连接完全一样。

例 52　查询没有人选的课程的课程名。

分析：如果某门课程没有人选，则必定是在 Course 表中有，但在 SC 表中没出现的课程，即在进行外连接时，没有人选的课程记录在 SC 表中相应的 Sno、Cno 或 Grade 列上必定是空值，因此我们在查询时只要在连接后的结果中选出 SC 表中 Sno 为空或者 Cno 为空的记录即可。

完成此功能的查询语句如下。

```sql
SELECT Cname FROM Course C LEFT JOIN SC
  ON C.Cno = SC.Cno
  WHERE SC.Cno IS NULL
```

查询结果如图 5-52 所示。

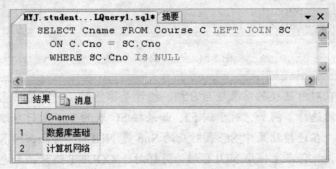

图 5-52　例 52 的查询结果

在外连接操作中同样可以使用 WHERE 子句、GROUP BY 子句等。

例 53　查询计算机系没有选课的学生，列出学生姓名和性别。

```sql
SELECT Sname,Sdept,Cno,grade
  FROM Student S LEFT JOIN SC ON S.Sno = SC.Sno
  WHERE Sdept = '计算机系'
    AND SC.Sno IS NULL
```

查询结果如图 5-53 所示。

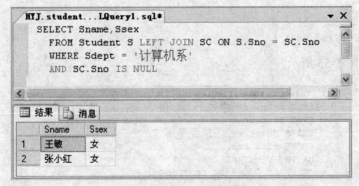

图 5-53　例 53 的查询结果

例 54　统计计算机系每个学生的选课门数，包括没有选课的学生。

```sql
SELECT S.Sno AS 学号,COUNT(SC.Cno) AS 选课门数
  FROM Student S LEFT JOIN SC ON S.Sno = SC.Sno
  WHERE Sdept = '计算机系'
  GROUP BY S.Sno
```

查询结果如图 5-54 所示。

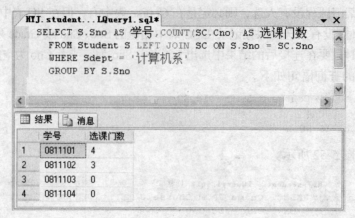

图 5-54　例 54 的查询结果

注意:　　在对外连接的结果进行分组、统计等操作时,一定要注意分组依据列和统计列的选择。例如,对于例 53,如果按 SC 表的 Sno 进行分组,则对没选课的学生,在连接结果中 SC 表对应的 Sno 是 NULL,因此,按 SC 表的 Sno 进行分组,就会产生一个 NULL 组。同样对于 COUNT 统计函数也是一样,如果写成 COUNT(Student.Sno)或者是 COUNT(*),则对没选课的学生都将返回 1,因为在外连接结果中,Student.Sno 不会是 NULL,而 COUNT(*)函数本身也不考虑 NULL,它是直接对元组个数进行计数。

例 55　查询信息管理系选课门数少于 3 门的学生的学号和选课门数,包括没有选课的学生。查询结果按选课门数递增排序。

```
SELECT S.Sno AS 学号,COUNT(SC.Cno) AS 选课门数
 FROM Student S LEFT JOIN SC ON S.Sno = SC.Sno
 WHERE Sdept = '信息管理系'
 GROUP BY S.Sno
 HAVING COUNT(SC.Cno) < 3
 ORDER BY COUNT(SC.Cno) ASC
```

查询结果如图 5-55 所示。

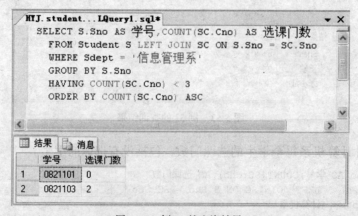

图 5-55　例 55 的查询结果

这个语句的逻辑执行顺序是：首先进行连接操作，然后对连接的结果执行 WHERE 子句进行行筛选，然后再对筛选后的结果执行 GROUP BY 子句，并进行统计，然后再对统计结果执行 HAVING 子句进行进一步的筛选，最后对最终筛选后的结果执行 ORDER BY 子句，对最终结果进行排序。

外连接通常是在两个表中进行的，但也支持对多张表进行外连接操作。如果是多个表进行外连接，则数据库管理系统是按连接书写的顺序，从左至右进行连接。

5.1.4　使用 TOP 限制结果集行数

在使用 SELECT 语句进行查询时，有时只希望列出结果集中的前几行结果，而不是全部结果。例如，我们可能希望只列出某门课程考试成绩最高的前 3 名学生的情况，或者是查看选课人数最多的前 3 门课程的情况。这时就需要使用 TOP 谓词来限制输出的行数。

使用 TOP 谓词的格式如下。

```
TOP n [ percent ] [WITH TIES ]
```

其中：

- n 为非负整数。
- TOP n 表示取查询结果的前 n 行数据。
- TOP n percnet 表示取查询结果的前 n%行数据。
- WITH TIES 表示包括并列的结果。

TOP 谓词写在 SELECT 单词的后边（如果有 DISTINCT 的话，则在 DISTINCT 单词之后），查询列表的前边。

例56　查询年龄最大的三个学生的姓名、年龄及所在的系。

```
SELECT TOP 3 Sname, Sage, Sdept
  FROM Student
  ORDER BY Sage DESC
```

查询结果如图 5-56 所示。

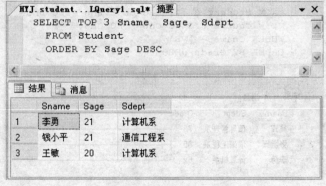

图 5-56　例 56 的查询结果

若要包括年龄并列第 3 名的所有学生，则此句可写为如下形式。

```
SELECT TOP 3 WITH TIES Sname, Sage, Sdept
  FROM Student
  ORDER BY Sage DESC
```

查询结果如图 5-57 所示。

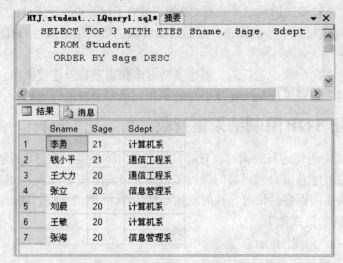

图 5-57 例 56 包括并列情况的查询结果

注意: 如果在 TOP 子句中使用了 WITH TIES 谓词，则要求必须使用 ORDER BY 子句对查询结果进行排序，否则会出现语法错误。

例 57 查询 VB 考试成绩最高的前三名的学生的姓名、所在系和 VB 考试成绩。

```
SELECT TOP 3 WITH TIES Sname, Sdept, Grade
  FROM Student S JOIN SC on S.Sno = SC.Sno
  JOIN Course C ON C.Cno = SC.Cno
  WHERE Cname = 'VB'
  ORDER BY Grade DESC
```

查询结果如图 5-58 所示。

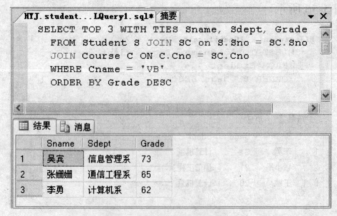

图 5-58 例 57 的查询结果

例 58 查询选课人数最少的两门课程（不包括没有人选的课程），列出课程号和选课人数。

```
SELECT TOP 2 WITH TIES Cno, COUNT(*) 选课人数
  FROM SC
  GROUP BY Cno
  ORDER BY COUNT(Cno) ASC
```

查询结果如图 5-59 所示。

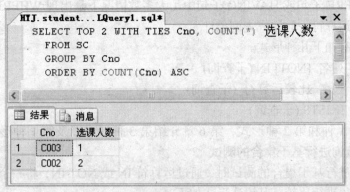

图 5-59　例 58 的查询结果

例 59　查询计算机系选课门数超过两门的学生中,考试平均成绩最高的前两名(包括并列的情况)学生的学号,选课门数和平均成绩。

```
SELECT TOP 2 WITH TIES S.Sno, COUNT(*) 选课门数,AVG(Grade) 平均成绩
  FROM Student S JOIN SC ON S.Sno = SC.Sno
  WHERE Sdept = '计算机系'
  GROUP BY S.sno
  HAVING COUNT(*) > 2
  ORDER BY AVG(Grade) DESC
```

查询结果如图 5-60 所示。

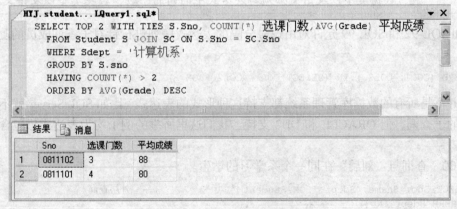

图 5-60　例 59 的查询结果

5.1.5　子查询

在 SQL 语言中,一个 SELECT-FROM-WHERE 语句称为一个查询块。

如果一个 SELECT 语句嵌套在一个 SELECT、INSERT、UPDATE 或 DELETE 语句中,则称之为**子查询**(subquery)或内层查询;而包含子查询的语句则称为主查询或外层查询。一个子查询也可以嵌套在另一个子查询中。为了与外层查询有所区别,总是把子查询写在圆括号中。与外层查询类似,子查询语句中也必须至少包含 SELECT 子句和 FROM 子句,并根据需要选择使用 WHERE 子句、GROUP BY 子句和 HAVING 子句。

子查询语句可以出现在任何能够使用表达式的地方，但通常情况下，子查询语句是用在外层查询的 WHERE 子句或 HAVING 子句中（大多数情况下是出现 WHERE 子句中），与比较运算符或逻辑运算符一起构成查询条件。

子查询通常有如下几种形式。

- WHERE 列名 [NOT] IN (子查询)
- WHERE 列名 比较运算符 (子查询)
- WHERE EXISTS (子查询)

本章介绍第 1 种和第 2 种形式，第 6 章介绍第 3 种形式以及第 1 种形式的扩展。

1. 使用子查询进行基于集合的测试

使用子查询进行基于集合的测试时，通过运算符 IN 或 NOT IN，将一个表达式的值与子查询返回的结果集进行比较。其语法形式如下。

```
WHERE 表达式 [NOT] IN ( 子查询 )
```

这与前边讲的 WHERE 子句中 IN 运算符的作用完全相同。使用 IN 运算符时，如果表达式的值与集合中的某个值相等，则此测试结果为真；如果表达式的值与集合中的所有值均不相等，则为假。

包含这种子查询形式的查询语句是分步骤实现的，是先执行子查询，然后在子查询的结果基础上再执行外层查询（先内后外）。子查询返回的结果实际上就是一个集合，外层查询就是在这个集合上使用 IN 运算符进行比较。

> **注意：** 使用子查询进行基于集合的测试时，由该子查询返回的结果集中的列的个数、数据类型以及语义必须与表达式中的列的个数、数据类型以及语义相同。

Full SQL-92 和 SQL-99 允许对由逗号分隔的表达式序列进行针对子查询成员的测试，如下所示。

```
WHERE (COL1, COL2 ) IN (SELECT COL1, COL2 FROM …)
```

但并不是所有的数据库管理系统都支持这种形式的表达式，比如 SQL Server 就不支持这种形式的子查询，但 ORACLE 和 DB2 支持。我们这里所举的例子均为表达式只包含一个列的情况。

例 60 查询与"刘晨"在同一个系学习的学生。

```
SELECT Sno, Sname, Sdept FROM Student              -- 外层查询
  WHERE Sdept IN (
    SELECT Sdept FROM Student WHERE Sname = '刘晨')  -- 子查询
```

该子查询实际的执行过程如下。

① 执行子查询，确定"刘晨"所在的系：

```
SELECT Sdept FROM Student WHERE Sname = '刘晨'
```

其查询结果为"计算机系"。

② 以子查询的执行结果为条件再执行外层查询，查找所有在此系学习的学生：

```
SELECT Sno, Sname, Sdept FROM Student
  WHERE Sdept IN('计算机系')
```

查询结果如图 5-61 所示。

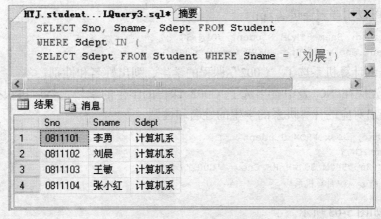

图 5-61 例 60 的查询结果

从查询结果中可以看到其中也包含刘晨，如果不希望刘晨出现在查询结果中，可以对上述查询语句添加一个条件，如下所示。

```
SELECT Sno, Sname, Sdept FROM Student
  WHERE Sdept IN (
    SELECT Sdept FROM Student WHERE Sname = '刘晨')
  AND Sname != '刘晨'
```

之前我们曾用自连接形式实现过此查询，从这个例子可以看出，SQL 语言的使用是很灵活的，同样的查询可以用多种形式实现。随着进一步的学习，我们会对这一点有更深的体会。

从概念上讲，IN 形式的子查询就是向外层查询的 WHERE 子句返回一个值集合。

例 61 查询考试成绩大于 90 分的学生的学号和姓名。

分析：首先应从 SC 表中查出成绩大于 90 分的学生的学号，然后再根据这些学号在 Student 表中查出对应的姓名。具体如下。

```
SELECT Sno, Sname FROM Student
  WHERE Sno IN (
    SELECT Sno FROM SC
    WHERE Grade > 90 )
```

查询结果如图 5-62 所示。

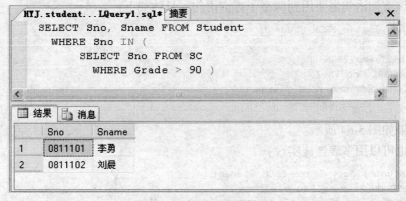

图 5-62 例 61 的查询结果

此查询也可以用多表连接实现：

```
SELECT SC.Sno, Sname FROM Student JOIN SC
  ON Student.Sno = SC.Sno WHERE Grade > 90
```

例 62 查询计算机系选了"C002"课程的学生，列出姓名和性别。

分析：首先应在 SC 表中查出选了 C002 课程的学生的学号，然后再根据这些学号在 Student 表中查出对应的计算机系的学生的姓名和性别。

```
SELECT Sname, Ssex FROM Student
  WHERE Sno IN (
    SELECT Sno FROM SC WHERE Cno = 'C002')
    AND Sdept = '计算机系'
```

查询结果如图 5-63 所示。

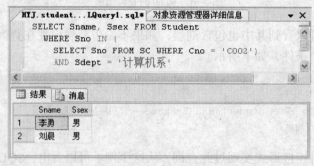

图 5-63　例 62 的查询结果

此查询也可以用多表连接实现：

```
SELECT Sname, Ssex FROM Student S JOIN SC ON S.Sno = SC.Sno
  WHERE Sdept = '计算机系' AND Cno = 'C002'
```

例 63 查询选修了"VB"课程的学生的学号和姓名。

分析：这个查询可以分为以下三个步骤来实现。

① 在 Course 表中，找出"VB"课程名对应的课程号。

② 根据找到的"VB"的课程号，在 SC 表中找出选了该课程号的学生的学号。

③ 根据得到的学号，在 Student 表中找出对应的学生的学号和姓名。

因此，该查询语句需要用到两个子查询语句，具体如下：

```
SELECT Sno, Sname FROM Student
  WHERE Sno IN (
    SELECT Sno FROM SC
      WHERE Cno IN (
        SELECT Cno FROM Course
          WHERE Cname = 'VB'))
```

查询结果如图 5-64 所示。

此查询也可以用多表连接实现：

```
SELECT Student.Sno, Sname FROM Student
  JOIN SC ON Student.Sno = SC.Sno
  JOIN Course ON Course.Cno = SC.Cno
  WHERE Cname = 'VB'
```

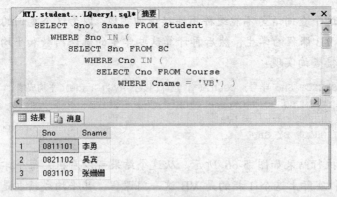

图 5-64　例 63 的查询结果

多表连接查询与子查询可以混合使用。

例 64　在选修了 VB 课程的这些学生中，统计他们的选课门数和平均成绩。

分析：这个查询应该分如下两个步骤实现。

① 找出选了 VB 课程的学生，这可通过如下两种形式实现。

● 用连接查询：

```
SELECT Sno FROM SC JOIN Course C
  ON C.Cno = SC.Cno
  WHERE Cname = 'VB'
```

● 用子查询：

```
SELECT Sno FROM SC
  WHERE Cno IN (SELECT Cno FROM Course
    WHERE Cname = 'VB')
```

② 再统计这些学生的选课门数和平均成绩，这个查询与步骤①之间只能通过子查询形式关联。

具体代码如下。

```
SELECT Sno 学号, COUNT(*) 选课门数, AVG(Grade) 平均成绩
  FROM SC WHERE Sno IN (
    SELECT Sno FROM SC JOIN Course C
      ON C.Cno = SC.Cno
      WHERE Cname = 'VB')
  GROUP BY Sno
```

查询结果如图 5-65 所示。

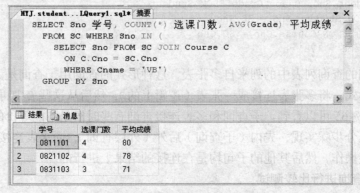

图 5-65　例 64 的查询结果

注意: 这个查询语句不能纯粹用连接查询实现，因为这个查询的语义是要先找出选了 VB 课程的学生，然后再计算这些学生的选课门数和平均成绩。如果完全用连接查询实现：

```
SELECT Sno 学号, COUNT(*) 选课门数, AVG(Grade) 平均成绩
  FROM SC JOIN Course C ON C.Cno = SC.Cno
  WHERE Cname = 'VB'
  GROUP BY Sno
```

则其执行结果如图 5-66 所示。从这个结果可以看出，每个学生的选课门数均为 1，实际上这个 1 指的是 VB 这一门课程，其平均成绩也是 VB 课程的考试成绩。之所以产生这个结果，是因为在执行有连接操作的查询时，系统是首先将所有被连接的表连接成一张大表，这个大表中的数据为全部满足连接条件的数据（相当于关系代数中的等值连接运算）。之后再在这个连接后的大表上执行 WHERE 子句，然后是 GROUP BY 子句。显然执行"WHERE Cname = 'VB'"子句后，连接后的大表中的数据就只剩下 VB 这一门课程的情况了。这种处理模式显然不符合该查询要求。

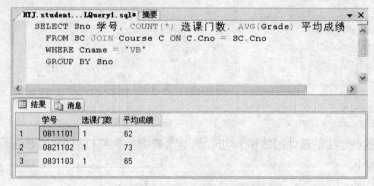

图 5-66　用连接查询实现例 64 的查询结果

从这个例子可以看出子查询和连接查询并不是总能相互替换的。下面再看一个例子，我们将例 64 作如下修改。

例 65　查询选修了"VB"课程的学生的学号、姓名和 VB 成绩。

这个查询就只能用多表连接查询形式实现：

```
SELECT Student.Sno, Sname,Grade FROM Student
  JOIN SC ON Student.Sno = SC.Sno
  JOIN Course ON Course.Cno = SC.Cno
  WHERE Cname = 'VB'
```

因为该查询的查询列表中的列来自多张表，这种形式的查询用子查询是无法实现的，必须通过连接的形式，将多张表连接成一张表（逻辑上的），然后从这些表中再选取需要的列。

从例 64 和例 65 可以看到，子查询和多表连接查询有些时候是不能等价的，基于集合的子查询的特点是分步骤实现，先内（子查询）后外（外层查询），而多表连接查询是对称的，它是先执行连接操作，然后其他的子句均是在连接的结果上进行的。

2. 使用子查询进行比较测试

使用子查询进行比较测试时，通过比较运算符（=、<>（或!=）、<、>、<=、<=），将一

个表达式的值与子查询返回的值进行比较。如果比较运算的结果为真，则比较测试返回 True。

使用子查询进行比较测试的语法格式如下。

```
WHERE 列名 比较运算符 （子查询）
```

注意：　　　　使用子查询进行比较测试时，要求子查询语句必须是返回单值的查询语句。

我们之前曾经提到，统计函数不能出现在 WHERE 子句中，对于要与统计函数进行比较的查询，就应该使用进行比较测试的子查询实现。

同基于集合的子查询一样，用子查询进行比较测试时，也是先执行子查询，然后再根据子查询的结果执行外层查询。

例 66　查询选了 "C004" 号课程且成绩高于此课程的平均成绩的学生的学号和成绩。

分析：这个查询可用如下两个步骤实现。

① 计算 "C004" 号课程的平均成绩。

```
SELECT AVG(Grade) from SC
  WHERE Cno = 'C004'
```

执行结果为：81。

② 查找在 "C004" 号课程的所有考试成绩中，高于 81 分的学生的学号和成绩。

```
SELECT Sno , Grade  FROM SC
  WHERE Cno = 'C004'
    AND Grade > 81
```

将两个查询语句合起来即为满足要求的查询语句：

```
SELECT Sno , Grade FROM SC
  WHERE Cno = 'C004' AND Grade > (
    SELECT AVG(Grade) FROM SC
      WHERE Cno = 'C004')
```

这个子查询的执行过程正是上边分析的两个步骤。

查询结果如图 5-67 所示。

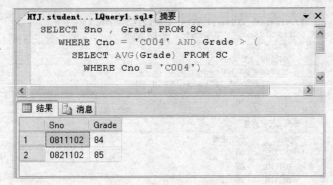

图 5-67　例 66 的查询结果

例 67　查询计算机系年龄最大的学生的姓名和年龄。

分析：首先应该在 Student 表中找出计算机系的最大年龄（在子查询中实现），然后再在 Student 表中找出计算机系年龄等于该最大年龄的学生（在外层查询实现）。具体语句如下。

```
SELECT Sname, Sage FROM Student
  WHERE Sdept = '计算机系'
    AND Sage = (
      SELECT MAX(Sage) FROM Student
        WHERE Sdept = '计算机系')
```

查询结果如图 5-68 所示。

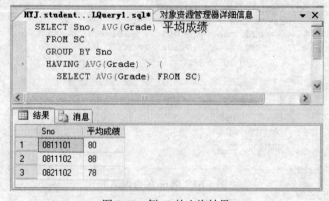

图 5-68　例 67 的查询结果

　　从上边的例子可以看到，用子查询进行基于集合测试和比较测试时，都是先执行子查询，然后再在子查询的结果基础之上执行外层查询。子查询都只执行一次，子查询的查询条件不依赖于外层查询，我们将这样的子查询称为**不相关子查询**或**嵌套子查询**（nested subquery）。

　　嵌套子查询也可以出现在 HAVING 子句中。

例 68　查询考试平均成绩高于全体学生的总平均成绩的学生的学号和平均成绩。

```
SELECT Sno, AVG(Grade) 平均成绩
  FROM SC
  GROUP BY Sno
  HAVING AVG(Grade) > (
    SELECT AVG(Grade) FROM SC)
```

查询结果如图 5-69 所示。

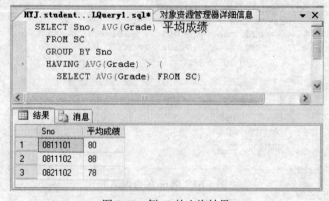

图 5-69　例 68 的查询结果

例 69　查询没有选修"C001"号课程的学生姓名和所在系。

　　这是一个带否定条件的查询，如果利用多表连接和子查询分别实现这个查询，则一般有

如下几种形式。

（1）用多表连接实现

```
SELECT DISTINCT Sname, Sdept
  FROM Student S JOIN SC
  ON  S.Sno = SC.Sno
  WHERE Cno != 'C001'
```

执行结果如图 5-70（a）所示。

（2）用嵌套子查询实现

① 在子查询中否定。

```
SELECT Sname, Sdept FROM Student
  WHERE Sno IN (
    SELECT Sno FROM SC
      WHERE Cno != 'C001' )
```

执行结果与图 5-70（a）所示相同。

② 在外层查询中否定。

```
SELECT Sname, Sdept FROM Student
  WHERE Sno NOT IN (
    SELECT Sno FROM SC
      WHERE Cno = 'C001' )
```

执行结果如图 5-70（b）所示。

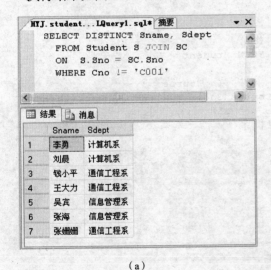

（a）

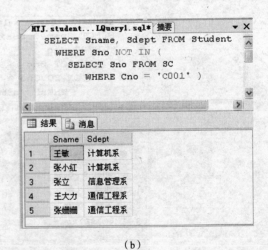

（b）

图 5-70　例 69 的两种查询结果

观察上述 3 种实现方式产生的结果，可以看到，多表连接查询与在子查询中否定的嵌套子查询所产生的结果是一样的，但与在外层查询中否定的嵌套子查询产生的结果不一样。通过对数据库中的数据进行分析，发现（1）和（2）中①的结果均是错误的。（2）中②的结果是正确的，即将否定放置在外层查询中时其结果是正确的。其原因就是不同的查询执行的机制是不同的。

● 对于多表连接查询，所有的条件都是在连接之后的结果表上进行的，而且是逐行进行判断，一旦发现满足要求的数据（Cno != 'C001'），则此行即作为结果产生。因此，由多表连接产生的结果必然包含没有选修 C001 课程的学生，也包含选修了 C001 同时又选修了其他课程的学生。

● 对于含有嵌套子查询的查询，是先执行子查询，然后在子查询的结果基础之上再执行外层查询，而在子查询中也是逐行进行判断，当发现有满足条件的数据时，即将此行数据作为外层查询的一个比较条件。分析这个查询，要查的数据是在某个学生所选的全部课程中不包含 C001 课程，如果将否定放在子查询中，则查出的结果是既包含没有选修 C001 课程的学生，也包含选修了 C001 课程同时也选修了其他课程的学生。显然，这个否定的范围不够。

通常情况下，对于这种形式的部分否定条件的查询都应该使用子查询来实现，而且应该将否定放在外层。

例 70 查询计算机系没有选修 VB 课程的学生的姓名和性别。

分析：对于这个查询，首先应该在子查询中查询出全部选修了 VB 课程的学生，然后再在外层查询中去掉这些学生（即为没有选修 VB 课程的学生），最后从这个结果中筛选出计算机系的学生。语句如下。

```
SELECT Sname, Ssex FROM Student
  WHERE Sno NOT IN (
    SELECT Sno FROM SC JOIN Course        -- 子查询：查询选了 VB 的学生
      ON SC.Cno = Course.Cno
        WHERE Cname = 'VB')
  AND Sdept = '计算机系'
```

查询结果如图 5-71 所示。

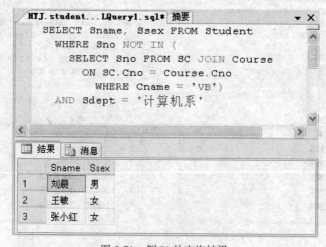

图 5-71　例 70 的查询结果

5.2　数据更改功能

上一节讨论了如何检索数据库中的数据，通过 SELECT 语句可以返回由行和列组成的结果，但查询操作不会使数据库中的数据发生任何变化。如果要对数据进行各种更新操作，包括添加新数据、修改数据和删除数据，则需要使用 INSERT、UPDATE 和 DELETE 语句来完成，这些语句修改数据库中的数据，但不返回结果集。

5.2.1 插入数据

插入数据的 INSERT 语句的格式如下。

```
INSERT [INTO] 〈表名〉 [（〈列名表〉）] VALUES （值列表）
```

其中,〈列名表〉中的列名必须是表定义中有的列名,值列表中的值可以是常量也可以是 NULL 值, 各值之间用逗号分隔。

INSERT 语句用来新增一个符合表结构的数据行,将值列表数据按表中列定义顺序（或〈列名表〉中指定的顺序）逐一赋给对应的列名。

使用插入语句时应注意:

- 值列表中的值与列名表中的列按位置顺序对应, 它们的数据类型必须一致。
- 如果〈表名〉后边没有指明列名, 则新插入记录的值的顺序必须与表中列的定义顺序一致, 且每一个列均有值（可以为空）。
- 如果值列表中提供的值个数或者顺序与表定义顺序不一致, 则〈列名表〉部分不能省。没有被提供值的列必须是允许为 NULL 的列, 因为在插入时, 系统自动为被省略的列插入 NULL。

例 71 将一个新生插入到 Student 表中, 其学号: 0821105, 姓名: 陈冬, 性别: 男, 年龄: 18 岁, 信息管理系学生。

```
INSERT INTO Student VALUES ('0821105', '陈冬', '男', 18, '信息管理系')
```

例 72 在 SC 表中插入一条新记录, 学号为 "0821105", 选修的课程号为 "C001", 成绩暂缺。

```
INSERT INTO SC(Sno, Cno) VALUES('0821105', 'C001')
```

> **注意:** 对于例 2, 由于提供的常量值个数与表中的列个数不一致, 因此在插入时必须列出列名。而且 SC 中的 Grade 列必须允许为 NULL。

此句实际插入的数据为: ('0821105', 'C001', NULL)。

5.2.2 更新数据

如果某些数据发生了变化, 那么就需要对表中已有的数据进行修改, 可以使用 UPDATE 语句对数据进行修改。

UPDATE 语句的语法格式如下。

```
UPDATE 〈表名〉 SET 〈列名〉=表达式[,… n]
  [WHERE 〈更新条件〉]
```

参数说明如下。

- 〈表名〉给出了需要修改数据的表的名称。
- SET 子句指定要修改的列, 表达式指定修改后的新值。
- WHERE 子句用于指定只修改表中满足 WHERE 子句条件的记录的相应列值。如果省略 WHERE 子句, 则是无条件更新表中的全部记录的某列值。UPDATE 语句中 WHERE 子句的作用和写法同 SELECT 语句中的 WHERE 子句一样。

1. 无条件更新

例1 将所有学生的年龄加 1。

```
UPDATE Student SET Sage = Sage + 1
```

2. 有条件更新

当用 WHERE 子句指定更改数据的条件时，可以分两种情况。一种是基于本表条件的更新，即要更新的记录和更新记录的条件在同一张表中。例如，将计算机系全体学生的年龄加1，要修改的表是 Student 表，而更改条件学生所在的系（这里是计算机系）也在 Student 表中。另一种是基于其他表条件的更新，即要更新的记录在一张表中，而更新的条件来自于另一张表，如将计算机系全体学生的成绩加 5 分，要更新的是 SC 表的 Grade 列，而更新条件学生所在的系（计算机系）在 Student 表中。基于其他表条件的更新可以用两种方法实现：一种是使用多表连接，另一种是使用子查询。

（1）基于本表条件的更新

例2 将 "0811104" 号学生的年龄改为 18 岁。

```
UPDATE Student SET Sage = 18
  WHERE Sno = '0811104'
```

（2）基于其他表条件的更新

例3 将计算机系全体学生的成绩加 5 分。

① 用子查询实现。

```
UPDATE SC SET Grade = Grade + 5
  WHERE Sno IN
    (SELECT Sno FROM Student
      WHERE Sdept = '计算机系' )
```

② 用多表连接实现。

```
UPDATE SC SET Grade = Grade + 5
  FROM SC JOIN Student ON SC.Sno = Student.Sno
  WHERE Sdept = '计算机系'
```

例4 将学分最低的课程的学分加 2 分。

这个更改只能通过子查询的形式实现，因为是要和聚合函数（最小值）的值进行比较，而聚合函数是不能出现在 WHERE 子句中的。

```
UPDATE Course SET Credit = Credit + 2
  WHERE Credit = (
    SELECT MIN(Credit) FROM Course )
```

5.2.3 删除数据

当确定不再需要某些记录时，可以使用删除语句：DELETE，将这些记录删掉。DELETE 语句的语法格式如下。

```
DELETE [ FROM ] 〈表名〉 [ WHERE 〈删除条件〉 ]
```

参数说明如下。

- 〈表名〉说明了要删除哪个表中的数据。

● WHERE 子句说明只删除表中满足 WHERE 子句条件的记录。如果省略 WHERE 子句，则表示要无条件删除表中的全部记录。DELETE 语句中的 WHERE 子句的作用和写法同 SELECT 语句中的 WHERE 子句一样。

1. 无条件删除

例 1　删除所有学生的选课记录。

```
DELETE FROM SC                  -- SC 成空表
```

2. 有条件删除

当用 WHERE 子句指定要删除记录的条件时，同 UPDATE 语句一样，也分为两种情况：一种是基于本表条件的删除。例如，删除所有不及格学生的选课记录，要删除的记录与删除的条件都在 SC 表中。另一种是基于其他表条件的删除，如删除计算机系不及格学生的选课记录，要删除的记录在 SC 表中，而删除的条件（计算机系）在 Student 表中。基于其他表条件的删除同样可以用两种方法实现，一种是使用多表连接，另一种是使用子查询。

（1）基于本表条件的删除

例 2　删除所有不及格学生的选课记录。

```
DELETE FROM SC WHERE Grade < 60
```

（2）基于其他表条件的删除

例 3　删除计算机系不及格学生的选课记录。

① 用子查询形式实现。

```
DELETE FROM SC
WHERE Grade < 60 AND Sno IN (
    SELECT Sno FROM Student
      WHERE Sdept = '计算机系' )
```

② 用多表连接形式实现。

```
DELETE FROM SC
  FROM SC JOIN Student ON SC.Sno = Student.Sno
    WHERE Sdept = '计算机系' AND Grade < 60
```

例 4　删除信息管理系考试成绩不及格的学生的不及格课程的选课记录。

① 用多表连接形式实现。

```
DELETE FROM SC
  FROM Student S JOIN SC ON S.Sno = SC.sno
  WHERE Sdept = '信息管理系' AND Grade < 60
```

② 用子查询形式实现。

```
DELETE FROM SC
  WHERE Sno IN (
    SELECT Sno FROM Student
      WHERE Sdept = '信息管理系')
    AND Grade < 60
```

注意删除数据时，如果表之间有外键引用约束，则在删除主表数据时，系统会自动检查所删除的数据是否被外键表引用，如果是，则根据所定义的外键的类别（级联、限制，参见第 8 章，数据完整性约束）来决定是否能对主表数据进行删除操作。

小　结

本章主要介绍了 SQL 中的数据操作功能：数据的增、删、改、查功能。数据的增、删、改、查，尤其是查询是数据库中使用的最多的操作。

首先介绍的是查询语句，介绍了单表查询和多表连接查询，包括无条件查询、有条件查询、分组、排序、选择结果集中的前若干行等功能。多表连接查询介绍了内连接、自连接、左外连接和右外连接。对条件查询介绍了多种实现方法，包括用子查询实现和用连接查询实现。

在综合运用这些方法实现数据查询时，需要注意以下事项。

* 当查询语句的目标列中包含聚合函数时，若没有分组子句，则目标列中只能写聚合函数，而不能再写其他列名。若包含分组子句，则在查询的目标列中除了可以写聚合函数外，只能写分组依据列。

* 对行的过滤条件一般用 WHERE 子句实现，对组的过滤条件用 HAVING 子句实现。

* 不能将对统计后的结果进行筛选的条件写在 WHERE 子句中，应该写在 HAVING 子句中。

例如：查询平均年龄大于 20 的系，若将条件写成：

```
WHERE AVG(Sage) > 20
```

则是错误的，应该是：HAVING AVG(Sage) > 20

* 不能将列值与统计结果值进行比较的条件写在 WHERE 子句中，这种条件一般都用子查询来实现。

例如：查询年龄大于平均年龄的学生，若将条件写成：

```
WHERE Sage > AVG(Sage)
```

则是错的，应该是：

```
WHERE Sage > ( SELECT AVG(Sage) FROM Student )
```

* 当查询目标列来自多个表时，必须用多表连接实现。子查询语句中的列不能用在外层查询中。

* 使用内连接时，必须为表取别名，使其在逻辑上成为两张表。

* 带否定条件的查询一般用子查询实现 NOT IN（或 NOT EIXSTS，在第 6 章介绍），不用多表连接实现。

* 当使用 TOP 子句限制选取结果集中的前若干行数据时，一般情况下都要有 ORDER BY 子句和它配合。

对数据的更改操作，介绍了数据的插入、修改和删除。对删除和更新操作，介绍了无条件的操作和有条件的操作，对有条件的删除和更新操作又介绍了用多表连接实现和用子查询实现两种方法。

在进行数据的增、删、改时数据库管理系统自动检查数据的完整性约束，而且这些检查是在对数据进行操作之前进行的，只有当数据完全满足完整性约束条件时才进行数据更改操作。

习　题

利用第 4 章定义的 Student、Course 和 SC 表，编写实现如下操作的 SQL 语句。

1. 查询 SC 表中的全部数据。

2. 查询计算机系学生的姓名和年龄。

3. 查询成绩在 70～80 分的学生的学号、课程号和成绩。

4. 查询计算机系年龄在 18～20 岁的男学生的姓名和年龄。

5. 查询 C001 课程的最高分。

6. 查询计算机系学生的最大年龄和最小年龄。

7. 统计每个系的学生人数。

8. 统计每门课程的选课人数和考试最高分。

9. 统计每个学生的选课门数和考试总成绩，并按选课门数升序显示结果。

10. 查询选修 C002 课程的学生的姓名和所在系。

11. 查询成绩 80 分以上的学生的姓名、课程号和成绩，并按成绩降序排列结果。

12. 查询选课门数最多的前 2 位学生，列出学号和选课门数。

13. 查询哪些课程没有学生选修，要求列出课程号和课程名。

14. 查询计算机系哪些学生没有选课，列出学生姓名。

15. 用子查询实现如下查询：

（1）查询选修 C001 课程的学生的姓名和所在系。

（2）查询通信工程系成绩 80 分以上的学生的学号和姓名。

（3）查询计算机系考试成绩最高的学生的姓名。

（4）查询年龄最大的男学生的姓名和年龄。

（5）查询 C001 课程的考试成绩高于该课程平均成绩的学生的学号和成绩。

16. 创建一个新表，表名为 test，其结构为（COL1，COL2，COL3），其中，

COL1：整型，允许空值。

COL2：普通编码定长字符型，长度为 10，不允许空值。

COL3：普通编码定长字符型，长度为 10，允许空值。

试写出按行插入如下数据的语句（空白处表示是空值）。

COL1	COL2	COL3
	B1	
1	B2	C2
2	B3	

17. 将所有选修 C001 课程的学生的成绩加 10 分。

18. 将计算机系所有选修 "计算机文化学" 课程的学生的成绩加 10 分。

19. 删除成绩小于 50 分的学生的选课记录。

20. 删除计算机系 VB 考试成绩不及格学生的 VB 选课记录。

21. 删除没人选的课程的基本信息。

第6章
高级查询

我们在第 5 章介绍了基本的数据查询语句，本章将介绍一些扩展的和复杂的查询语句，包括多分支表达式的使用、将查询结果永久保存的方法，相关子查询以及查询结果的并、交、差运算等。

本章查询的示例均根据第 5 章表 5-1～表 5-3 所示的三张表进行。

6.1 CASE 函数

CASE 函数是一种多分支的函数，它可以根据条件列表的值返回多个可能的结果表达式中的一个。

CASE 函数可用在任何允许使用表达式的地方，但它不是一个完整的 T-SQL 语句，因此不能单独执行，只能作为一个可以单独执行的语句的一部分来使用。

6.1.1 CASE 函数介绍

CASE 函数分为简单 CASE 函数和搜索 CASE 函数两种类型。

1. 简单 CASE 函数

简单 CASE 函数将一个测试表达式和一组简单表达式进行比较，如果某个简单表达式与测试表达式的值相等，则返回相应的结果表达式的值。

简单 CASE 函数的语法格式如下。

```
CASE 测试表达式
    WHEN 简单表达式 1 THEN 结果表达式 1
    WHEN 简单表达式 2 THEN 结果表达式 2
    …
    WHEN 简单表达式 n THEN 结果表达式 n
    [ ELSE 结果表达式 n+1 ]
END
```

其中：

- 测试表达式可以是一个变量名、字段名、函数或子查询。
- 简单表达式中不能包含比较运算符，它们给出被比较的表达式或值，其数据类型必须与测试表达式的数据类型相同，或者可以隐式转换为测试表达式的数据类型。

CASE 函数的执行过程如下。

● 计算测试表达式，然后按从上到下的书写顺序将测试表达式的值与每个 WHEN 子句的简单表达式进行比较。

● 如果某个简单表达式的值与测试表达式的值匹配（即相等），则返回第一个与之匹配的 WHEN 子句所对应结果表达式的值。

● 如果所有简单表达式的值与测试表达式的值都不匹配，若指定了 ELSE 子句，则返回 ELSE 子句中指定的结果表达式的值；若没有指定 ELSE 子句，则返回 NULL。

CASE 函数经常被应用在 SELECT 语句中，作为不同数据的不同返回值。

例1 查询选了 VB 课程的学生的学号、姓名、所在系和成绩，并对所在系进行如下处理：

● 当所在系为"计算机系"时，在查询结果中显示"CS"。

● 当所在系为"信息管理系"时，在查询结果中显示"IM"。

● 当所在系为"通信工程系"时，在查询结果中显示"COM"。

分析：这个查询需要对学生所在系作分情况处理，并根据不同的系返回不同的值，因此需要用 CASE 函数对"所在系"列进行测试。其语句如下。

```
SELECT s.Sno 学号,Sname 姓名,
  CASE sdept
    WHEN '计算机系' THEN 'CS'
    WHEN '信息管理系' THEN 'IM'
    WHEN '通信工程系' THEN 'COM'
  END AS 所在系,Grade 成绩
  FROM Student s join SC ON s.Sno = SC.Sno
  JOIN Course c ON c.Cno = SC.Cno
WHERE Cname = 'VB'
```

查询结果如图 6-1 所示。

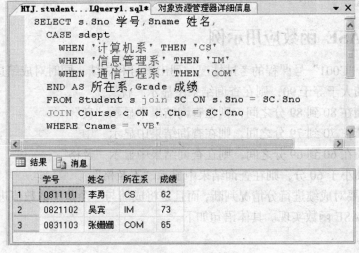

图 6-1 例 1 的查询结果

2. 搜索 CASE 函数

简单 CASE 函数只能将测试表达式与一个单值进行相等的比较，如果需要将测试表达式与一个范围内的值进行多条件比较，如比较成绩在 80～90，则简单 CASE 函数就实现不了，

这时就需要使用搜索 CASE 函数。

搜索 CASE 函数的语法格式如下。

```
CASE
   WHEN 布尔表达式 1 THEN 结果表达式 1
   WHEN 布尔表达式 2 THEN 结果表达式 2
   …
   WHEN 布尔表达式 n THEN 结果表达式 n
   [ ELSE 结果表达式 n+1 ]
END
```

搜索 CASE 函数中各个 WHEN 子句的布尔表达式可以是用由比较运算符、逻辑运算符组合起来的复杂的布尔表达式。

搜索 CASE 函数的执行过程如下。

● 按从上到下的书写顺序计算每个 WHEN 子句的布尔表达式。

● 返回第一个取值为 TRUE 的布尔表达式所对应的结果表达式的值。

● 如果没有取值为 TRUE 的布尔表达式，则当指定 ELSE 子句时,返回 ELSE 子句中指定的结果；如果没有指定 ELSE 子句，则返回 NULL。

用搜索 CASE 函数，例 1 的查询语句如下。

```
SELECT s.Sno 学号,Sname 姓名,
   CASE
     WHEN sdept = '计算机系' THEN 'CS'
     WHEN sdept = '信息管理系' THEN 'IM'
     WHEN sdept = '通信工程系' THEN 'COM'
   END AS 所在系, Grade 成绩
FROM Student s join SC ON s.Sno = SC.Sno
JOIN Course c ON c.Cno = SC.Cno
WHERE Cname = 'VB'
```

6.1.2　CASE 函数应用示例

例 2　查询"C001"号课程的考试情况，列出学号和成绩，同时对成绩进行如下处理。

● 如果成绩大于等于 90，则在查询结果中显示"优"。

● 如果成绩在 80 到 89 分之间，则在查询结果中显示"良"。

● 如果成绩在 70 到 79 分之间，则在查询结果中显示"中"。

● 如果成绩在 60 到 69 分之间，则在查询结果中显示"及格"。

● 如果成绩小于 60 分，则在查询结果中显示"不及格"。

这个查询需要对成绩进行分情况判断，而且是将成绩与一个范围的数值进行比较，因此，需要使用搜索 CASE 函数实现。具体语句如下。

```
SELECT Sno,
  CASE
    WHEN Grade >= 90 THEN '优'
    WHEN Grade between 80 and 89 THEN '良'
    WHEN Grade between 70 and 79 THEN '中'
    WHEN Grade between 60 and 69 THEN '及格'
```

```
    WHEN Grade <60 THEN '不及格'
  END AS 成绩
  FROM SC
  WHERE Cno = 'C001'
```

查询结果如图 6-2 所示。

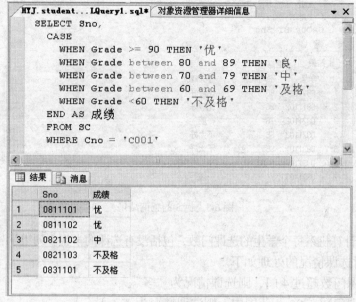

图 6-2 例 2 的查询结果

例 3 统计每个学生的考试平均成绩，列出学号、考试平均成绩和考试情况，其中考试情况的处理如下。

- 如果平均成绩大于等于 90，则考试情况为"好"。
- 如果平均成绩在 80~89，则考试情况为"比较好"。
- 如果平均成绩在 70~79，则考试情况为"一般"。
- 如果平均成绩在 60~69，则考试情况为"不太好"。
- 如果平均成绩低于 60，则考试情况为"比较差"。

这个查询是对考试平均成绩进行分情况处理，而且只能使用搜索 CASE 函数。

```
SELECT Sno 学号, AVG(Grade) 平均成绩,
  CASE
    WHEN AVG(Grade) >= 90 THEN '好'
    WHEN AVG(Grade) BETWEEN 80 AND 89 THEN '比较好'
    WHEN AVG(Grade) BETWEEN 70 AND 79 THEN '一般'
    WHEN AVG(Grade) BETWEEN 60 AND 69 THEN '不太好'
    WHEN AVG(Grade) < 60 THEN '比较差'
  END AS 考试情况
  FROM SC
  GROUP BY Sno
```

查询结果如图 6-3 所示。

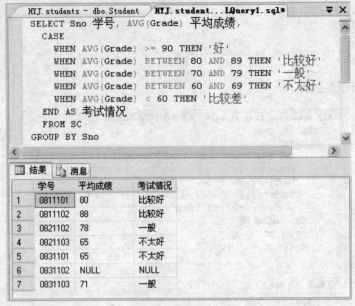

图 6-3 例 3 的查询结果

例 4 统计计算机系每个学生的选课门数，包括没有选课的学生。列出学号、选课门数和选课情况，其中对选课情况的处理如下。

- 如果选课门数超过 4 门，则选课情况为"多"。
- 如果选课门数在 2～4 范围内，则选课情况为"一般"。
- 如果选课门数少于 2 门，则选课情况为"少"。
- 如果学生没有选课，则选课情况为"未选"。

并将查询结果按选课门数降序排序。

分析：① 由于这个查询需要考虑有选课的学生和没有选课的学生，因此，需要用外连接来实现。② 需要对选课门数进行分情况处理，因此需要用 CASE 函数。

具体代码如下。

```
SELECT S.Sno, COUNT(SC.Cno) 选课门数,CASE
  WHEN COUNT(SC.Cno) > 4 THEN '多'
  WHEN COUNT(SC.Cno) BETWEEN 2 AND 4 THEN '一般'
  WHEN COUNT(SC.Cno) BETWEEN 1 AND 2 THEN '少'
  WHEN COUNT(SC.Cno) = 0 THEN '未选'
END AS 选课情况
FROM Student S LEFT JOIN SC ON S.Sno = SC.Sno
WHERE Sdept = '计算机系'
GROUP BY S.Sno
ORDER BY COUNT(SC.Cno) DESC
```

查询结果如图 6-4 所示。

CASE 函数也可以用在更新语句中，以实现分情况更新，这在实际情况中也有比较广泛的应用。比如，国家发放的困难补助，经常就是根据经济收入的不同，补助的资金也不同。再如，给职工涨工资时，经常会根据职工等级的不同，工资的幅度也不同。

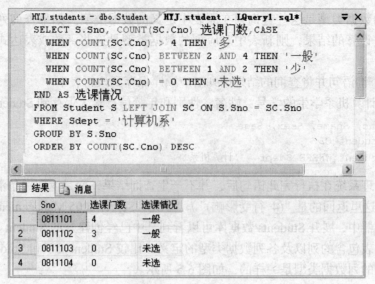

图 6-4　例 4 的查询结果

例 5　修改全体学生的 VB 考试成绩，修改规则如下。

- 对通信工程系学生，成绩加 10 分。
- 对信息管理系学生，成绩加 5 分。
- 对其他系学生，成绩不变。

```
UPDATE SC SET Grade = Grade +
  CASE Sdept
    WHEN '通信工程系' THEN 10
    WHEN '信息管理系' THEN 5
    ELSE 0
  END
  FROM Student S JOIN SC ON S.Sno = SC.Sno
  JOIN Course C ON C.Cno = SC.Cno
  WHERE Cname = 'VB'
```

6.2　将查询结果保存到新表

SELECT 语句产生的查询结果是保存在内存中的,如果希望将查询结果永久地保存起来,比如保存在一个物理表中，则可以通过在 SELECT 语句中使用 INTO 子句实现。

包含 INTO 子句的 SELECT 语句的语法格式如下。

```
SELECT 查询列表序列 INTO <新表名>
  FROM 数据源
  ...                    -- 其他的条件子句、分组子句等
```

其中，<新表名>是用于存放查询结果的表名。这个语句将查询的结果保存到该数据库的一个新表中。实际上这个语句包含如下两个功能。

- 根据查询列表序列的内容创建一个新表，新表中各列的列名就是查询结果中显示的

列标题，列的数据类型是这些查询列在原表中定义的数据类型。如果查询列是统计函数或表达式等经过计算的结果，则新表中对应列的数据类型是这些函数或表达式等返回值的数据类型。

● 执行查询语句并将查询的结果按列对应顺序保存到该新表中。

例 6 将计算机系学生的学号、姓名、性别和年龄信息永久保存到 Student_CS 表中。

```
SELECT Sno, Sname, Ssex, Sage
  INTO Student_CS
  FROM Student WHERE Sdept = '计算机系'
```

数据库管理系统在执行完此语句后，并不产生查询结果，而是返回一条消息，表明影响了几行数据（这里返回的是"(4 行受影响)"）。在 SQL Server 2005 Management Studio 工具的对象资源管理器中，展开 Students 数据库可以看到其中已经创建好的 Student_CS 表，展开此表，可看到此表包含的列以及各列数据类型的定义。比较 Student_CS 和 Student 的表结构，可发现两个表的列数据类型是一样的，如图 6-5 所示。

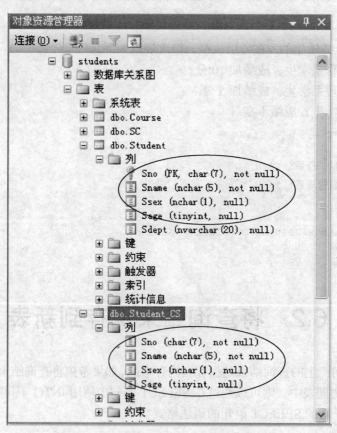

图 6-5 比较 Student_CS 表和 Student 表的结构

执行完上述语句后，我们就可以对 Student_CS 表进行操作了，例如：

```
SELECT * FROM Student_CS
```

执行结果如图 6-6 所示。

例 7 查询计算机系学生的姓名、选修的课程名和成绩，并将查询结果保存到新表 S_G_CS 中。

```
SELECT Sname, Cname , Grade  INTO S_G_CS
  FROM Student s JOIN SC ON s.Sno = SC.Sno
  JOIN Course c ON c.Cno = SC.Cno
  WHERE Sdept = '计算机系'
```

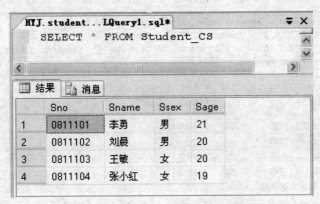

图 6-6　Student_CS 表的查询结果

可以把由 SELECT…INTO…语句生成的新表看成是普通的表，可以对这样生成的表进行增、删、改、查操作。

例 8　利用新生成的 S_G_CS 表，查询成绩大于等于 90 的学生的姓名、课程名和成绩。

```
SELECT * FROM S_G_CS WHERE Grade >= 90
```

查询结果如图 6-7 所示。

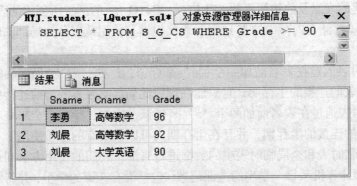

图 6-7　例 8 的查询结果

从例 7 和例 8 可以看到，不但可以将查询结果保存下来，而且还可以利用新生成的表进行其他的查询，这对条件非常复杂的查询是一种很好的解决办法，它可以分步骤实现复杂的查询。

例 9　统计每个系的学生人数和平均年龄，并将查询结果保存到永久表 Dept 表中。

```
SELECT Sdept AS 系名, COUNT(*) AS 人数, AVG(Sage) AS 平均年龄
  INTO Dept
  FROM Student
  GROUP BY Sdept
```

例 10　利用例 9 生成的新表，查询计算机系学生人数、姓名、年龄和平均年龄。

```
SELECT 人数, Sname AS 姓名, Sage AS 年龄, 平均年龄
```

```
FROM Dept JOIN Student ON Dept.系名= Student.Sdept
WHERE 系名= '计算机系'
```

查询结果如图 6-8 所示。

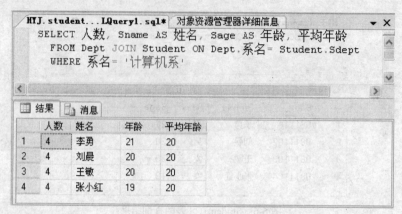

图 6-8   例 10 的查询结果

从这个例子我们可以看到，通过将统计结果保存到表中，可以实现将统计函数和普通列一起进行查询的目的。利用这种方法可以将复杂的查询分解为若干步骤实现，并可以实现用一条语句不能实现的查询要求（如例 10 的查询）。这种类似的查询要求也可以通过构建视图的方法实现，具体将在第 7 章介绍。

用 SELECT…INTO…方法创建的新表可以是永久表（物理存储在磁盘上表，用 CREATE TABLE 语句创建的表以及前边所举的 SELECT…INTO … 的例子所创建的表都是永久表），也可以是临时表（存储在内存中的表）。临时表又根据其使用范围分为局部临时表和全局临时表两种。

● 局部临时表通过在表名前加一个 '#' 来标识，比如：#T1。局部临时表的生存期为创建此局部临时表的连接的生存期，它只能在创建此局部临时表的当前连接中使用。

● 全局临时表通过在表名前加两个 '#' 来标识，比如：##T1。全局临时表的生存期为创建全局临时表的连接的生存期，并且在生存期内可以被所有的连接使用。

可以对局部临时表和全局临时表中的数据进行查询，它们的使用方法同永久表一样。

例 11   查询计算机系每个学生的选课门数，包括没有选课的学生，并将结果保存到一个局部临时表#CS_Sno。

```
SELECT S.Sno 学号, Count(SC.Cno) 选课门数
  INTO #CS_Sno
  FROM Student S LEFT JOIN SC ON S.Sno = SC.Sno
  WHERE Sdept = '计算机系'
  GROUP BY S.Sno
```

例 12   利用例 11 创建的局部临时表，查询计算机系学生的学号、姓名和选课门数。

```
SELECT 学号, Sname 姓名, 选课门数
  FROM Student S JOIN #CS_Sno T ON S.Sno = T.学号
```

查询结果如图 6-9 所示。

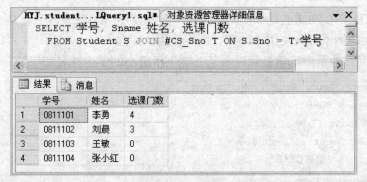

图 6-9 例 12 的查询结果

6.3 子 查 询

第 5 章介绍的子查询，其执行顺序是先内后外，内层查询（子查询）与外层查询（父查询）之间没有关联关系，外层查询是在子查询返回的结果基础之上进行的。这样的子查询称为嵌套子查询，也称为不相关子查询。

本节将进一步介绍一些其他子查询的功能，包括相关子查询。

6.3.1 ANY、SOME 和 ALL 谓词

当子查询返回单值时，可以使用运算符进行比较，但当返回多值时，就可以使用 ANY（或 SOME）和 ALL 谓词修饰。但在使用 ANY、SOME 和 ALL 谓词时，必须同时使用比较运算符。

ANY、SOME 和 ALL 谓词的一般使用形式如下。

`<列名> 比较运算符 [ ANY | SOME | ALL ]（子查询）`

其中：

- ANY、SOME：在进行比较运算时只要子查询中有一行能使结果为真，则结果为真。
- ALL：在进行比较运算时当子查询中所有行都使结果为真，则结果为真。

ANY、SOME 和 ALL 谓词的具体语义如表 6-1 所示。

表 6-1   ANY、SOME 和 ALL 谓词的语义

表 达 方 法	含 义
>ANY（或>=ANY），>SOME（或>=SOME）	大于（或等于）子查询结果中的某个值
>ALL 或>=ALL	大于（或等于）子查询结果中的所有值
<ANY（或<=ANY），<SOME（或<=SOME）	小于（或等于）子查询结果中的某个值
<ALL（或<=ALL）	小于（或等于）子查询结果中的所有值
=ANY，=SOME	等于子查询结果中的某个值
=ALL	等于子查询结果中的所有值
!=ANY（或<>ANY），!=SOME（或<>SOME）	不等于子查询结果中的某个值
!=ALL（或<>ALL）	不等于子查询结果中的任何一个值

ANY 和 SOME 在功能上是一样的，现在一般都使用 SOME，因为它是 ANSI 兼容的谓词，因此，下面的例子都只使用 SOME，而不使用 ANY。

例 13　查询其他系中比信息管理系某一学生年龄小的学生姓名和年龄。

```
SELECT Sname, Sdept, Sage FROM Student
  WHERE Sage < SOME (
    SELECT Sage FROM Student
      WHERE Sdept = '信息管理系' )
  AND Sdept != '信息管理系'
```

该语句的执行情况如图 6-10 所示。

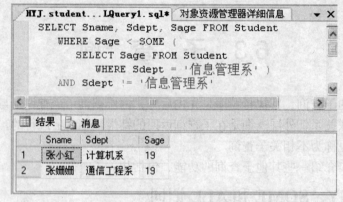

图 6-10　例 13 的语句执行情况

该语句实际上等价于：查询比信息管理系最大年龄小的其他系学生的姓名、所在系和年龄。因此可用如下子查询语句实现。

```
SELECT Sname, Sdept, Sage FROM Student
  WHERE Sage < (
    SELECT MAX(Sage) FROM Student
      WHERE Sdept = '信息管理系')
  AND Sdept != '信息管理系'
```

例 14　查询至少获得一次成绩大于等于 90 的学生的姓名，所修的课程号和成绩。

```
SELECT Sname, Cno, Grade FROM Student S
  JOIN SC ON S.Sno = SC.Sno
  WHERE S.Sno = SOME (
    SELECT Sno FROM SC
      WHERE Grade >= 90 )
```

该语句的执行情况如图 6-11 所示。

该语句实际是查询成绩大于等于 90 分的学生的学号、他们所修的全部课程号和考试成绩，因此可以用如下的子查询形式实现。

```
SELECT Sname,Cno,Grade FROM Student S
  JOIN SC ON S.Sno = SC.Sno
  WHERE S.Sno IN (
    SELECT Sno FROM SC
      WHERE Grade >= 90 )
```

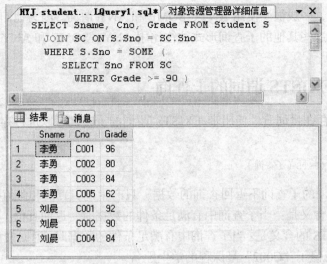

图 6-11 例 14 的语句执行情况

例 15 查询比信息管理系所有学生的年龄都小的其他系学生的姓名及年龄。

```
SELECT Sname, Sage FROM Student
  WHERE Sage < ALL    (
    SELECT Sage FROM Student
      WHERE Sdept = '信息管理系')
  AND Sdept != '信息管理系'
```

该语句的查询结果为空集合,即在 Student 表中没有满足条件的数据。

该语句实际是查询其他系中年龄小于信息管理系最小年龄的学生姓名和年龄,因此可用如下子查询实现。

```
SELECT Sname, Sage FROM Student
  WHERE Sage < (
    SELECT MIN(Sage ) FROM Student
      WHERE Sdept = '信息管理系')
  AND Sdept != '信息管理系'
```

从上边的例子我们可以看到,带 SOME(ANY) 和 ALL 谓词的查询一般都可以用普通的基于比较运算符和基于 IN 形式的子查询实现。

以">"为例,">SOME"意味着大于值中的任何一个,即大于最小的一个值,因此,">SOME (1,2,3)"就意味着大于 1。如果与 "=" 一起使用,则 "=SOME"与"IN"运算符功能相同。而 ">ALL" 意味着大于所有的值,即大于最大值,因此,">ALL (1,2,3)"意味着大于 3。

一般有如下的等价运算。

- 表达式 = {SOME|ANY}(子查询) ⟸⟹ 表达式 IN (子查询)
- 表达式 >= {SOME|ANY}(子查询)⟸⟹ 表达式 >= MIN (子查询)
- 表达式 <= {SOME|ANY}(子查询)⟸⟹ 表达式 <= MAX (子查询)
- 表达式 <= ALL (子查询)   ⟸⟹ 表达式 <= MIN (子查询)
- 表达式 <> ALL (子查询)   ⟸⟹ 表达式 NOT IN (子查询)
- 表达式 >= ALL (子查询)   ⟸⟹ 表达式 >= MAX (子查询)

在实际应用中，一般很少使用 ANY、SOME 和 ANY 谓词，因为他们一般都能通过其他的子查询实现，而这些其他的子查询形式往往比用 ANY、SOME 和 ANY 谓词更易于理解，且性能更好。

6.3.2　带 EXISTS 谓词的子查询

EXISTS 代表存在量词∃。使用带 EXISTS 谓词的子查询可以进行存在性测试，其基本使用形式如下。

```
WHERE [NOT] EXISTS (子查询)
```

带 EXISTS 谓词的子查询不返回查询的数据，只产生逻辑真值和假值。

- EXISTS 的含义是：当子查询中有满足条件的数据时，返回真值，否则返回假值。
- NOT EXISTS 的含义是：当子查询中有满足条件的数据时，返回假值；否则返回真值。

例 16　查询选修了"C002"号课程的学生姓名。

这个查询可以用多表连接形式实现，也可以用 IN 形式的嵌套子查询实现，这里我们用 EXISTS 子查询形式实现。

```
SELECT Sname FROM Student
  WHERE EXISTS (
    SELECT * FROM SC
      WHERE Sno = Student.Sno AND Cno = 'C002')
```

查询结果如图 6-12 所示。

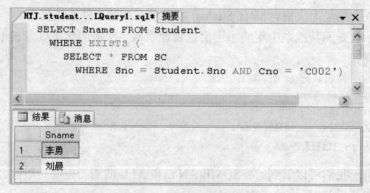

图 6-12　例 16 的查询结果

使用子查询进行存在性测试时需注意以下问题。

① 带 EXISTS 谓词的查询是先执行外层查询，然后再执行内层查询。内层查询的结果由外层查询的值决定；内层查询的执行次数由外层查询的结果决定。

上述查询语句的处理过程如下。

- 无条件执行外层查询语句，在外层查询的结果集中取第一行结果，得到 Sno 的一个当前值，然后根据此 Sno 值处理内层查询。

- 将外层的 Sno 值作为已知值执行内层查询，如果在内层查询中有满足其 WHERE 子句条件的记录存在，则 EXISTS 返回一个真值（True），表示在外层查询结果集中的当前行数据为满足要求的一个结果。如果内层查询中不存在满足 WHERE 子句条件的记录，则 EXISTS 返回一个假值（False），表示在外层查询结果集中的当前行数据不是满足要求的结果。

● 顺序处理外层表 Student 中的第 2、3… 行数据，直到处理完所有行。

② 由于 EXISTS 的子查询只能返回真或假值，因此在子查询中指定列名是没有意义的。所以在有 EXISTS 的子查询中，其目标列名序列通常都用 "*"。

带 EXISTS 的子查询由于在子查询中要涉及与外层表数据的关联，因此经常将这种形式的子查询称为**相关子查询**。相关子查询在内层查询和外层查询之间一定有一个关联关系，而且这个关联关系是写在 WHERE 子句中的。

例 17 查询选修了 VB 课程的学生姓名和所在系。

```
SELECT Sname, Sdept FROM Student
  WHERE EXISTS (
    SELECT * FROM SC
      WHERE EXISTS (
        SELECT * FROM Course
          WHERE Cno = SC.Cno AND Cname = 'VB')
            AND Sno = Student.Sno)
```

查询结果如图 6-13 所示。

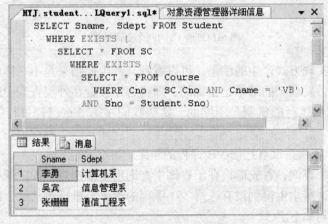

图 6-13　例 17 的查询结果

例 18 查询没有选修 "C001" 号课程的学生姓名和所在系。

我们在第 5 章已经用 "NOT IN" 形式的子查询实现过该查询，下面用 EXISTS 形式的子查询实现。这是一个带否定条件的查询，可以写出如下两种形式。

① 在子查询中否定。

```
SELECT Sname, Sdept FROM Student
  WHERE EXISTS (
    SELECT * FROM SC
      WHERE Sno = Student.Sno
        AND Cno != 'C001' )
```

执行结果如图 6-14（a）所示。

② 在外层查询中否定。

```
SELECT Sname, Sdept FROM Student
  WHERE NOT EXISTS (
    SELECT * FROM SC
      WHERE Sno = Student.Sno
        AND Cno = 'C001' )
```

执行结果如图 6-14（b）所示。

 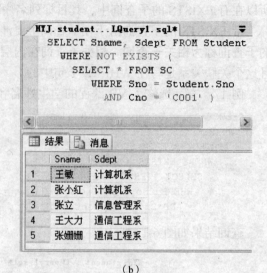

（a）   （b）

图 6-14 例 18 的两个查询结果

观察上述两种实现方式产生的结果，可以看到其产生的结果是不一样的。通过对数据库中的数据进行分析，发现②的结果是正确的，即将否定放置在外层查询中时结果是正确的。其原因是不同的查询执行的机制是不同的，这些我们在第 5 章已经进行了分析，这里不再重复。

例 19 查询计算机系没有选修 VB 课程的学生的姓名和性别。

分析：对于这个查询，首先应该在子查询中查询出全部选修了 VB 课程的学生，然后再在外层查询中去掉这些学生得到没有选修 VB 课程的学生，最后再从这个结果中筛选出计算机系的学生。其语句如下。

```
SELECT Sname, Ssex FROM Student
  WHERE Sdept = '计算机系'
    AND NOT EXISTS(
     SELECT * FROM SC JOIN Course C
       ON C.Cno = SC.Cno
       WHERE Sno = Student.Sno
         AND Cname = 'VB')
```

查询结果如图 6-15 所示。

例 20 查询至少选了第 1 学期开设的全部课程的学生的学号、姓名和所在系。

分析：在第 3 章的关系代数中，我们已经见过类似的查询，这个查询需要用到除法运算，用关系代数可将该查询表达如下。

$$\Pi_{\text{Sno, Sname, Sdept}}\left(\text{Student}\bowtie\left(\Pi_{\text{SNO,CNO}}(\text{SC})\div\Pi_{\text{cno}}\left(\sigma_{\text{Semester=1}}\left(\text{Course}\right)\right)\right)\right)$$

但在 SQL 语言中没有提供除运算，而且，除运算也不能用如<ALL、<=ALL、=ALL 等量化的谓词形式构造，因为在第 1 学期开设的课程属性上没有出现任何可进行比较的操作。下面，我们介绍另一种 SQL 方法来实现该查询。

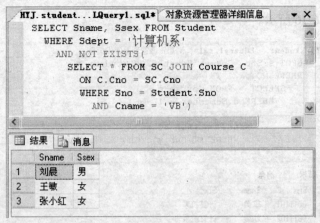

图 6-15 例 19 的查询结果

该方法以数理逻辑和数学证明为基础。首先从这样的问题开始：如何证明或反驳所有在第 1 学期开设的课程都被某个范围变量 s 所指定的行上的特定学生 s.sno 选了？显然，可以通过找出反例来反驳，即有一个第 1 学期开设的课程是 s.sno 没有选的，如果把该课程命名为 c.cno，则可以将反例表示成 SQL 的搜索条件（为便于后边的引用，我们将该搜索条件标注为：Cond1）。

```
Cond1: c.semester = 1 and
        not exists(select * from sc x
                     where x.cno = c.cno and x.sno = s.sno)
```

该条件说明，c.cno 所代表的课程是第 1 学期开设的，但在 SC 表中却没有连接 s.sno 和 c.cno 的行，也就是说，c.cno 没有被 s.sno 选。

现在来证明所有第 1 学期开设的课程确实都被 s.sno 所代表的特定学生选了，因此，需要构造保证刚才所举的那种反例不存在的条件。也就是说，要确保没有课程 c.cno 能使 Cond1 为真。该条件也可以被表示成搜索条件，这里称为 Cond2。

```
Cond2: not exists(select * from course c where c.semester = 1
         and not exists(select * from sc x
                          where x.cno = c.cno and x.sno = s.sno))
```

这个逻辑理解起来比较复杂，我们再分析一下 Cond2。它的内在逻辑是：不存在这样一个第 1 学期开设的课程 c.cno，它没有被 s.sno 选(s.sno 中的范围变量 s 在这里还没有被定义)，这也就意味着第 1 学期开设的所有课程都被 s.sno 选了。剩下我们所需要做的就是检索满足 Cond2 条件的 sno。

```
Select s.sno from students s where Cond2
```

下面给出完整的实现此查询的语句。

```
SELECT s.Sno, Sname, Sdept FROM Student s
  WHERE NOT EXISTS(
    SELECT * FROM Course c
      WHERE c.Semester = 1
        and NOT EXISTS(
          SELECT * FROM SC x
              WHERE x. Cno = c.Cno and x.Sno = s.Sno))
```

查询结果如图 6-16 所示。

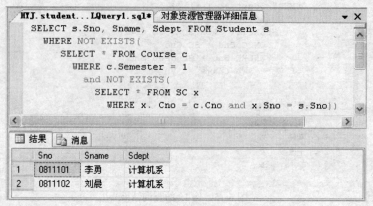

图 6-16　例 20 的查询结果

从上边所写的语句可以看到，这个语句的逻辑比较难理解，这基本上也是 SQL 查询中最难的概念。要想能熟练运用这种方法应该采用循序渐进的步骤，读者需要掌握每一步的原理直到非常清楚其中每个步骤所包含的概念。

如果查询要求检索的对象集合是必须符合某个带有"所有"这类关键词的条件，则可按如下步骤执行。

① 为要检索的对象命名并考虑如何用文字来表述要检索的候选对象的一个反例。在该反例中，在前面提到的"所有"对象中至少有一个对象不符合规定的条件。

② 建立 SELECT 语句的搜索条件以表达步骤①所创建的反例（步骤①和②必定会引用来自外部 SELECT 语句的对象，所以要在如何用这些外部对象所在的表来引用它们这一问题上有一定的灵活性）。

③ 建立包含步骤②所创建的语句的搜索条件，说明不存在上面定义的那种反例，这里将涉及到 NOT EXISTS 谓词。

④ 用步骤③的搜索条件来建立最终的 SELECT 语句，检索满足条件的数据。

例 21　查询至少选了"0811102"号学生所选的学分高于 2 学分的全部课程的学生的学号和所选的课程号。

① 构造一个反例：有一个"0811102"号学生选的学分高于 2 学分的课程是 ?.sno 没有选的。我们把该学生命名为 ?.sno（这里的"?"表示表并不固定是 Student 表还是 SC 表，以保持范围变量的灵活性）。

② 将步骤①构造的反例表达为搜索条件。

```
Cond1:  c.credit > 2 and s.sno = '0811102'
        and not exists(select * from sc x
                        where x.cno = c.cno and x.sno = ?.sno)
```

③ 建立表示这类反例不存在的搜索条件。

```
Cond2: not exists(
        Select * from course c join sc s on c.cno = sc.cno
          where c.credit > 2 and s.sno = '0811102'
          and not exists(select * from sc x
                        where x.cno = c.cno and x.sno = ?.sno)
```

④ 建立完整的 SELECT 语句。

```
SELECT Sno, Cno FROM SC s1
  WHERE NOT EXISTS(
    SELECT * FROM Course c JOIN SC ON c.Cno = SC.Cno
      WHERE c.Credit > 2 and Sno = '0811102'
        and NOT EXISTS(
            select * from SC x
              where x.Cno = c.Cno and x.Sno = s1.Sno))
  and Sno != '0811102'    -- 从查询结果中去掉'0811102'学生本人
```

查询结果如图 6-17 所示。

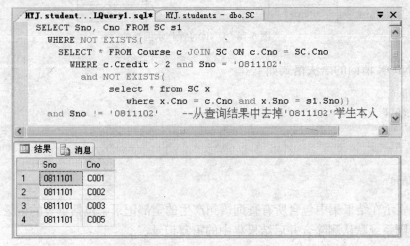

图 6-17　例 21 的查询结果

6.4　查询结果的并、交、差运算

数据查询的结果是产生一个集合，SQL 支持对查询的结果进行并、交、差运算。本节将要介绍的这些操作并不一定在所有的数据库产品中都得到了实现，但在大多数产品中已经被实现了。

我们在本书第 3 章介绍了用关系代数表达集合的并、交、差运算的方法，下面将介绍使用 SQL 语句实现这些操作的方法。

6.4.1　并运算

并运算可将两个或多个查询语句的结果集合并为一个结果集，这个运算可以使用 UNION 运算符实现。UNION 是一个特殊的运算符，通过它可以实现让两个或更多的查询产生单一的结果集。

UNION 操作与 JOIN 连接操作不同，UNION 更像是将一个查询结果追加到另一个查询结果中（虽然各数据库管理系统对 UNION 操作略有不同，但基本思想是一样的）。JOIN 操作是水平地合并数据（添加更多的列），而 UNION 是垂直地合并数据（添加更多的行），其操作示例如图 6-18 所示。

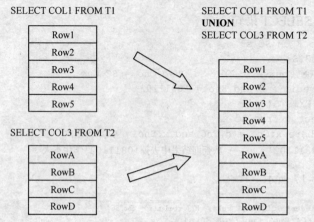

图 6-18　UNION 操作示例

使用 UNION 谓词的语法格式如下。

```
SELECT 语句 1
UNION [ ALL ]
SELECT 语句 2
UNION [ ALL ]
… …
SELECT 语句 n
```

其中：ALL 表示在结果集中包含所有查询语句产生的全部记录，包括重复的记录。如果没有指定 ALL，则系统默认删除合并后结果集中的重复记录。

使用 UNION 时，需要注意以下几点。

- 所有要进行 UNION 操作的查询，其 SELECT 列表中列的个数必须相同，而且对应列的语义应该相同。
- 各查询语句中每个列的数据类型必须与其他查询中对应列的数据类型是隐式兼容的。
- 合并后的结果采用第一个 SELECT 语句的列标题。
- 如果要对查询的结果进行排序，则 ORDER BY 子句应该写在最后一个查询语句之后，且排序的依据列应该是第一个查询语句中出现的列名。

例 22　将对计算机系学生的查询结果与信息管理系学生的查询结果合并为一个结果集。

```
SELECT Sno, Sname, Sage, Sdept FROM Student
    WHERE Sdept = '计算机系'
UNION
SELECT Sno, Sname, Sage, Sdept FROM Student
    WHERE Sdept = '信息管理系'
```

执行结果如图 6-19 所示。

例 23　查询要求同例 22，但将查询结果按年龄从小到大的顺序进行排序，并将结果列名按中文显示。

```
SELECT Sno 学号, Sname 姓名, Sage 年龄, Sdept 所在系
  FROM Student
  WHERE Sdept = '计算机系'
UNION
SELECT Sno, Sname, Sage, Sdept FROM Student
```

```
WHERE Sdept = '信息管理系'
ORDER BY Sage ASC
```

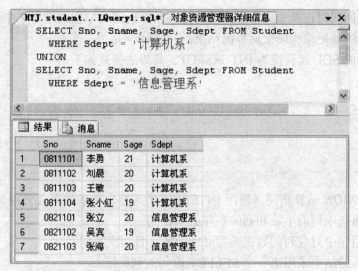

图 6-19 例 22 的查询结果

执行结果如图 6-20 所示。

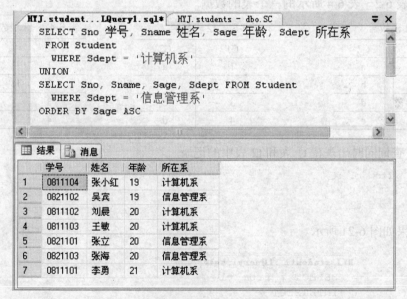

图 6-20 例 23 的执行结果

UNION 操作一般用在要从不同的表中查询语义相同的列,并将这些结果合并为一个结果的情况。例如,假设有作者表(authors)和出版商表(publishers),其中都有城市(city)列,如果要查询作者和出版商所在的全部城市(不包括重复的),则就需要使用 UNION 操作来实现。

```
SELECT city as 城市 FROM authors
UNION
SELECT city FROM publishers
```

147

6.4.2 交运算

交运算是返回同时在两个集合中出现的记录，即返回两个查询结果集中各个列的值均相同的记录，并用这些记录构成交运算的结果。

实现交运算的 SQL 运算符为 INTERSECT，其语法格式如下。

```
SELECT 语句 1
INTERSECT
SELECT 语句 2
INTERSECT
……
SELECT 语句 n
```

同集合的 UNION 运算相同，使用 INTERSECT 运算也要求如下几方面。

- 各查询语句中列的个数和列的顺序必须相同。
- 各查询语句中对应列的数据类型必须兼容，且语义相同。
- 交运算后的结果采用第一个 SELECT 语句的列标题。
- 如果要对交运算的结果进行排序，则 ORDER BY 子句应该写在最后一个查询语句之后，且排序的依据列应该是第一个查询语句中出现的列名。

设有如表 6-2～表 6-4 所示的三个表的数据。

表 6-2	t1 表数据
C1	C2
1	a
2	b
4	d
5	e

表 6-3	t2 表数据
C1	C2
1	a
2	b
3	c
4	d

表 6-4	t3 表数据
C1	C2
1	a
2	x
3	y
4	d

例 24 查询同时出现在 t1 表和 t2 表中的记录。

```
SELECT * from t1
INTERSECT
SELECT * from t2
```

运算结果如图 6-21 所示。

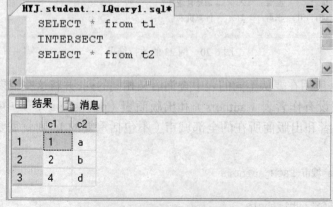

图 6-21 例 24 的执行结果

可以对多个集合进行交运算。

例 25　查询同时出现在 t1、t2 和 t3 表的记录。

```
SELECT * from t1
INTERSECT
SELECT * from t2
NTERSECT
SELECT * from t3
```

运算结果如图 6-22 所示。

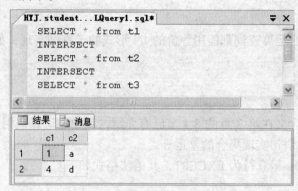

图 6-22　例 25 的执行结果

例 26　查询李勇和刘晨所选的相同的课程（即查询同时被李勇和刘晨选的课程），列出课程名和学分。

分析：该查询是查找李勇所选的课程和刘晨所选的课程的交集。

```
SELECT Cname,Credit
  FROM Student S JOIN SC ON S.Sno = SC.Sno
  JOIN Course C ON C.Cno = SC.Cno
  WHERE Sname = '李勇'
INTERSECT
SELECT Cname,Credit
  FROM Student S JOIN SC ON S.Sno = SC.Sno
  JOIN Course C ON C.Cno = SC.Cno
   WHERE Sname = '刘晨'
```

查询结果如图 6-23 所示。

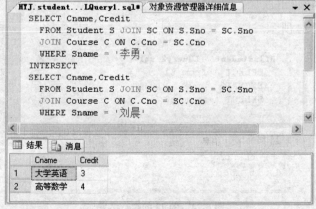

图 6-23　例 26 的执行结果

例 26 的查询也可以写为：

```
SELECT Cname,Credit FROM Course
  WHERE Cno IN ( --李勇选的课程
    SELECT Cno FROM SC JOIN Student S
      ON S.Sno = SC.Sno
      WHERE Sname = '李勇' )
  AND Cno IN (   --刘晨选的课程
    SELECT Cno FROM SC JOIN Student S
      ON S.Sno = SC.Sno
      WHERE Sname = '刘晨' )
```

但并不是所有的交运算查询都能用等价的 IN 形式的子查询实现，如例 24 和例 25 这样的查询就不可以。

6.4.3　差运算

集合的差运算的含义在第 3 章的 3.4 节已有介绍，其中差运算是用关系代数表达式实现的。本节介绍用 SQL 语句实现集合的差运算。

实现差运算的 SQL 运算符为 EXCEPT，其语法格式如下。

```
SELECT 语句 1
EXCEPT
SELECT 语句 2
EXCEPT
… …
SELECT 语句 n
```

同集合的 UNION 运算相同，使用 EXCEPT 运算也要求如下几方面。
- 所有查询语句中列的个数和列的顺序必须相同。
- 所有查询语句中对应列的数据类型必须兼容，语义相同。
- 差运算后的结果采用第一个 SELECT 语句的列标题。
- 如果要对查询的结果进行排序，则 ORDER BY 子句应该写在最后一个查询语句之后，且排序的依据列应该是第一个查询语句中出现的列名。

例 27　利用表 6-2～表 6-4 所示的三张表，查询在 t1 表中有但在 t2 表中没有的记录。

```
SELECT * from t1
EXCEPT
SELECT * from t2
```

查询结果如图 6-24 所示。

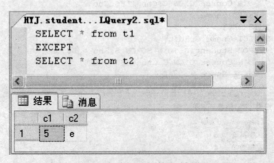

图 6-24　例 27 的执行结果

例 28 查询李勇选了但刘晨没有选的课程的课程名和开课学期。

分析： 该查询是从李勇所选的课程中去掉刘晨所选的课程，即做差运算。

```sql
SELECT C.Cno, Cname, Semester FROM Course C
  JOIN SC ON C.Cno = SC.Cno
  JOIN Student S ON S.Sno = SC.Sno
  WHERE Sname = '李勇'
EXCEPT
SELECT C.Cno, Cname, Semester FROM Course C
  JOIN SC ON C.Cno = SC.Cno
  JOIN Student S ON S.Sno = SC.Sno
  WHERE Sname = '刘晨'
```

查询结果如图 6-25 所示。

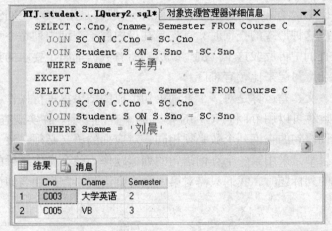

图 6-25　例 28 的执行结果

例 28 的查询也可以用如下子查询的形式实现。

```sql
SELECT C.Cno, Cname, Semester FROM Course C
  JOIN SC ON C.Cno = SC.Cno
  JOIN Student S ON S.Sno = SC.Sno
  WHERE Sname = '李勇'
  AND C.Cno NOT IN (
    SELECT C.Cno FROM Course C
      JOIN SC ON C.Cno = SC.Cno
      JOIN Student S ON S.Sno = SC.Sno
        WHERE Sname = '刘晨')
```

同交运算一样，并不是所有的差运算查询都能用等价的 NOT IN 子查询实现，如例 27 这样的查询。

小　结

本章介绍了 SQL 语言中的一些高级查询功能，这些高级查询在不同的数据库产品中可能语法不完全一致，而且有些数据库产品也不一定都支持这些操作。这些语句在 SQL Server

2005 平台上都支持，因此读者可在这个平台上测试这些语句。

本章主要介绍了 4 个高级查询功能：分情况的 CASE 函数的应用、保存查询结果、相关子查询以及对查询结果进行并、交、差运算。

CASE 函数用于对数据进行分情况判断，它一般是用在 SELECT 语句的查询列表中，对数据库中的数据进行分情况显示不同内容，但也可以用在 UPDATE 语句中，用于根据不同的条件对数据进行不同的更改。

SELECT … INTO 子句可以把查询结果保存下来，可以保存到永久表中，也可以保存到临时表中。利用这个语句可以实现分步骤查询、为报表设计查询等目的。

一般情况下 ANY、SOME 和 ALL 运算都可以用其他的 IN 等形式的子查询替代，因此这种形式的子查询在实际当中用得比较少。EXISTS 形式的子查询要求在内层查询和外层查询之间必须有关联关系，也就是内层查询和外层查询是相关的，称为相关子查询。对于 FOR ALL 这种形式的查询（比如选了某人所选的全部课程），一般都是用 NOT EXISTS 这种形式的相关子查询实现。实现这种形式的查询时，首先是在最内层子查询中列举一个不符合要求的反例，然后在外层子查询中再反驳这个反例，以达到所有数据都满足要求的目的。这种形式的子查询逻辑比较复杂，写起来比较有难度。

查询结果的并、交、差运算是对多个查询语句形成的结果集进行操作，在很多情况下，集合的交运算和差运算可以用 IN 和 NOT IN 形式的子查询实现。在实现查询结果的并、交、差运算时要求各查询语句的查询列个数必须相同，对应列的语义必须一致、数据类型兼容。这些操作的最终结果都是采用第一个查询语句的列标题作为整个操作结果的列标题，因此当需要改变操作结果的列标题时，我们只需对第一个查询语句指定列别名即可。

习 题

根据第 4 章定义的 Student、Course 和 SC 表，并利用本章介绍的 SQL 查询功能，编写实现如下操作的 SQL 语句。

1. 查询计算机系每个学生的 VB 考试情况，列出学号、姓名、成绩和成绩情况，其中成绩情况的显示规则如下。

如果成绩大于等于 90，则成绩情况为"好"。

如果成绩在 80～89，则成绩情况为"较好"。

如果成绩在 70～79，则成绩情况为"一般"。

如果成绩在 60～69，则成绩情况为"较差"。

如果成绩小于 60，则成绩情况为"差"。

2. 统计每个学生的选课门数（包括没有选课的学生），列出学号、选课门数和选课情况，其中选课情况显示规则如下。

如果选课门数大于等于 6 门，则选课情况为"多"。

如果选课门数超过在 3～5 门，则选课情况为"一般"。

如果选课门在 1～2 门，则选课情况为"偏少"。

如果没有没有选课，则选课情况为"未选课"。

3. 统计每个系 VB 课程的考试情况，列出系名和考试情况，其中考试情况如下。

如果 VB 平均成绩超过 90 分，则考试情况为 "好"。

如果 VB 平均成绩在 81～90 分，则考试情况为 "良好"。

如果 VB 平均成绩在 70～80 分，则考试情况为 "一般"。

如果 VB 平均成绩低于 70 分，则考试情况为 "较差"。

4. 修改全部课程的学分，修改规则如下。

如果是第 1～2 学期开设的课程，则学分增加 5 分。

如果是第 3～4 学期开设的课程，则学分增加 3 分。

如果是第 5～6 学期开设的课程，则学分增加 1 分。

对其他学期开设的课程，学分不变。

5. 查询每个系年龄大于 20 岁的学生人数，并将结果保存到一个新的永久表 Dept_Age 中。

6. 统计第 2 学期开设的课程的总学分，列出该学期开设的课程名、学分和总学分。（可以分步骤实现）

7. 统计考试平均成绩大于等于 80 分的学生的姓名、考试的课程号、考试成绩和平均成绩，并将结果按平均成绩从高到低排序。（可以分步骤实现）

8. 查询计算机系年龄小于信息管理系全体学生年龄的学生的姓名和年龄。

9. 查询计算机系年龄大于信息管理系某个学生年龄的学生的姓名和年龄。

10. 查询哪些课程没有学生选修，要求列出课程号和课程名。(用 EXISTS 子查询实现)

11. 查询计算机系哪些学生没有选课，列出学生姓名。(用 EXISTS 子查询实现)

12. 查询没有选修第 2 学期开设的全部课程的学生的学号和所选的课程号。

13. 查询至少选了第 4 学期开设的全部课程的学生的学号和所在系。

14. 查询至少选了 "0831102" 号学生所选的全部课程的学生的学号。

15. 查询至少选了 "张海" 所选的全部课程的学生的学号、所在系和所选的课程号。

16. 查询至少选了全部学分大于 3 分的课程的学生的学号、所在系和所选的课程号、课程名以及学分。

17. 查询在第 4 学期开设课程中与第 1 学期开设的课程学分相同的课程，列出课程名和学分。

18. 查询 "李勇" 和 "王大力" 所选的相同的课程，列出课程名、开课学期和学分。

19. 查询 "李勇" 选了但 "王大力" 没有选的课程，列出课程名、开课学期和学分。

20. 查询至少同时选了 "C001" 和 "C002" 这两门课程的学生的学号和所选的课程号。

第7章
索引和视图

在第4章已经介绍了关系数据库中最重要的对象——基本表，本章我们将介绍数据库中的另外两个重要对象：索引和视图，这两个对象都是建立在基本表基础之上的。索引的作用是为了加快数据的查询效率，视图是为了满足不同用户对数据的需求。索引通过对数据建立方便查询的搜索结构来达到加快数据查询效率的目的；视图是从基本表中抽取满足用户所需的数据，这些数据可以只来自一张表，也可以来自多张表。

7.1　索　引

本节将介绍索引的作用以及如何创建和维护索引。

7.1.1　索引基本概念

在数据库中建立索引是为了加快数据的查询速度。数据库中的索引与书籍中的目录或书后的术语表类似。在一本书中，利用目录或术语表可以快速查找所需信息，而无须翻阅整本书。在数据库中，索引使对数据的查找不需要对整个表进行扫描，就可以在其中找到所需数据。书籍的索引表是一个词语列表，其中注明了包含各个词的页码。而数据库中的索引是一个表中所包含的列值的列表，其中注明了表中包含各个值的行数据所在的存储位置。可以为表中的单个列建立索引，也可以为一组列建立索引。索引一般采用B树结构。索引由索引项组成，索引项由来自表中每一行的一个或多个列（称为搜索关键字或索引关键字）组成。B树按搜索关键字排序，可以对组成搜索关键字的任何子词条集合上进行高效搜索。例如，对于一个由A、B、C三个列组成的索引，可以在A以及A、B和A、B、C上对其进行高效搜索。

例如，假设在Student表的Sno列上建立了一个索引（索引项为Sno），则在索引部分就有指向每个学号所对应的学生的存储位置的信息，如图7-1所示。

当数据库管理系统执行一个在Student表上根据指定的Sno查找该学生的信息的语句时，它能够识别Sno列的索引列，并首先在索引部分（按学号有序存储）查找该学号，然后根据找到的学号所指向的数据的存储位置，直接检索出需要的信息。如果没有索引，则数据库管理系统需要从Student表的第一行开始，逐行检索指定的Sno的值。从数据结构的算法知识我们知道有序数据的查找比无序数据的查找效率要高很多。

但索引为查找所带来的性能好处是有代价的，首先，索引在数据库中会占用一定的存储

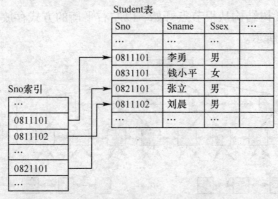

图 7-1　索引及数据间的对应关系示意图

空间来存储索引信息。其次，在对数据进行插入、更改和删除操作时，为了使索引与数据保持一致，还需要对索引进行相应维护。对索引的维护是需要花费时间的。

因此，利用索引提高查询效率是以占用空间和增加数据更改的时间为代价的。在设计和创建索引时，应确保对性能的提高程度大于在存储空间和处理资源方面的代价。

在数据库管理系统中，数据一般是按数据页存储的，数据页是一块固定大小的连续存储空间。不同的数据库管理系统数据页的大小不同，有的数据库管理系统数据页的大小是固定的，如 SQL Server 的数据页就固定为 8KB；有些数据库管理系统的数据页大小可由用户设定，如 DB2。在数据库管理系统中，索引项也按数据页存储，而且其数据页的大小与存放数据的数据页的大小相同。

存放数据的数据页与存放索引项的数据页采用的都是通过指针链接在一起的方式连接各数据页，而且在页头包含指向下一页及前面页的指针，这样就可以将表中的全部数据或者索引链在一起。数据页的组织方式的示意图如图 7-2 所示。

图 7-2　数据页的组织方式示意图

7.1.2　索引的存储结构及分类

索引分为两大类，一类是聚集索引（Clustered Index，聚簇索引），另一类是非聚集索引（Non-clustered Index，非聚簇索引）。聚集索引对数据按索引关键字进行物理的排序，非聚集索引不对数据进行物理排序，图 7-1 所示的索引示意图即为非聚集索引。聚集索引和非聚集索引一般都使用 B 树结构来存储索引项，而且都包含数据页和索引页，其中索引页用来存放索引项和指向下一层的指针，数据页用来存放数据。

在介绍这两类索引之前，首先简单介绍一下 B 树结构。

1. B 树结构

B 树（Balanced Tree，平衡树）的最上层节点称为根节点（Root Node），最下层节点称为叶节点（Left Node）。在根节点所在层和叶节点所在层之间的层上的节点称为中间节点

（Intermediate Node）。B 树结构从根节点开始，以左右平衡的方式存放数据，中间可根据需要分成许多层，如图 7-3 所示。

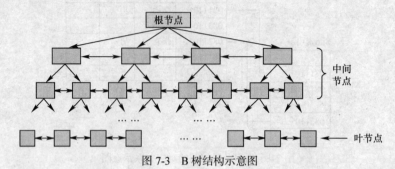

图 7-3 B 树结构示意图

2. 聚集索引

聚集索引的 B 树是自下而上建立的，最下层的叶级节点存放的是数据，因此它即是索引页，同时也是数据页。多个数据页生成一个中间层节点的索引页，然后由数个中间层的节点的索引页合成更上层的索引页，如此上推，直到生成顶层的根节点的索引页。其示意图如图 7-4 所示。生成高一层节点的方法是：从叶级节点开始，高一层节点中的每个索引项的索引关键字的值是其下层节点中的最大或最小索引关键字的值。

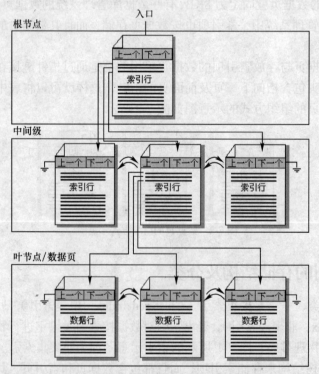

图 7-4 建有聚集索引的表的存储结构示意图

除叶级节点之外的其他层节点，每一个索引行由索引项的值以及这个索引项在下层节点的数据页编号组成。

例如，设有职工（employee）表，其包含的列有：职工号（eno）、职工名（ename）和所在单位（dept），数据示例如表 7-1 所示。假设在 eno 列上建有一个聚集索引（按升序排序），则其 B 树结构示意图如图 7-5 所示（注：每个节点左上位置的数字代表数据页编号），其中的虚线代表数据页间的链接。

表 7-1　　　　　　　　　　　　　　　　employee 表的数据

eno	ename	dept
E01	AB	CS
E02	AA	CS
E03	BB	IS
E04	BC	CS
E05	CB	IS
E06	AS	IS
E07	BB	IS
E08	AD	CS
E09	BD	IS
E10	BA	IS
E11	CC	CS
E12	CA	CS

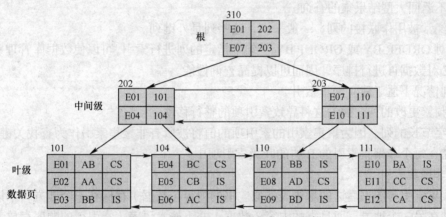

图 7-5　在 eno 列上建有聚集索引的 B 树

在聚集索引的叶节点中，数据按聚集索引项的值进行物理排序。因此，聚集索引很类似于电话号码簿，在电话号码簿中数据是按姓氏排序的，这里姓氏就是聚集索引项。由于聚集索引项决定了数据在表中的物理存储顺序，因此一个表只能包含一个聚集索引。但该索引可以由多个列（组合索引）组成，就像电话号码簿按姓氏和名字进行组织一样。

当在建有聚集索引的列上查找数据时，系统首先从聚集索引树的入口（根节点）开始逐层向下查找，直到达到 B 树索引的叶级，也就是达到了要找的数据所在的数据页，最后只在这个数据页中查找所需数据即可。

例如，若执行语句：SELECT * FROM employee WHERE eno = 'E08'，则首先从根（310数据页）开始查找，用"E08"逐项与 310 页上的每个索引项进行比较。由于"E08"大于此页的最后一个索引项"E07"的值，因此，选"E07"索引项所在的 203 数据页，再进入到 203数据页中继续比较。由于"E08"大于 203 数据页上的"E07"而小于"E10"，因此，选"E07"索引项所在的 110 数据页，再进入到 110 数据页中继续逐项比较。在 110 数据页上进行逐项比较，这时可找到职工号等于"E08"的项，而且这个项包含了此职工的全部数据信息。至此查找完毕。

当增加或删除数据时，除了会影响数据的排列顺序外，还会引起索引页中索引项的增加或减少，系统会对索引页进行分裂或合并，以保证 B 树的平衡性，因此 B 树的中间节点数量以及 B 树的层次都有可能会发生变化，但这些调整都是系统自动完成的。在对有索引的表进行增加、删除和修改操作时，会影响这些操作的执行性能。

聚集索引对于那些经常要搜索列在连续范围内的值的查询特别有效。使用聚集索引找到包含第一个列值的行后，由于后续要查找的数据值在物理上相邻而且有序，因此只要将数据值直接与查找的终止值进行比较即可。

在创建聚集索引之前，应先了解数据是如何被访问的，因为数据的访问方式直接影响了对索引的使用。如果索引建立的不合适，则非但不能达到提高数据查询效率的目的，而且还会影响数据的插入、删除和修改操作的效率。因此，索引并不是建立的越多越好（建立索引需要占用空间，维护索引需要占用时间），而是要考虑一些因素。

下列情况可考虑创建聚集索引。

- 包含大量非重复值的列。
- 使用下列运算符返回一个范围值的查询：BETWEEN AND、>、>=、< 和 <=。
- 不返回大型结果集的查询。
- 经常被用作联接的列，一般来说，这些列是外键列。
- 对 ORDER BY 或 GROUP BY 子句中指定的列进行索引，可以使数据库管理系统在查询时不必对数据再进行排序，因而可以提高查询性能。

下列情况不适于建立聚集索引。

- 频繁更改的列。因为这将导致索引项的整行移动。
- 字节长的列。因为聚集索引的索引项的值将被所有非聚集索引作为查找关键字使用，并被存储在每个非聚集索引的 B 树的叶级索引项中。

3. 非聚集索引

非聚集索引与图书后边的术语表类似。书的内容（数据）存储在一个地方，术语表（索引）存储在另一个地方。而且书的内容（数据）并不按术语表（索引）的顺序存放，但术语表中的每个词在书中都有确切的位置。非聚集索引类似于术语表，而数据就类似于一本书的内容。

非聚集索引的存储示意图如图 7-6 所示。

非聚集索引与聚集索引一样用 B 树结构，但有两个重要差别。

- 数据不按非聚集索引关键字值的顺序排序和存储。
- 非聚集索引的叶级节点不是存放数据的数据页。

非聚集索引 B 树的叶级节点是索引行。每个索引行包含非聚集索引关键字值以及一个或多个行定位器，这些行定位器指向该关键字值对应的数据行（如果索引不唯一，则可能是多行）。

例如，假设在前边的 employee 表的 eno 列上建有一个非聚集索引，则其表和索引 B 树的形式如图 7-7 所示。图中数据页上的数据并不是按索引列 eno 排序的，但根据 eno 建立的索引 B 树是按 eno 排序的，而且上一层节点中的每个索引键值取的是下一层节点上的最小索引键值。

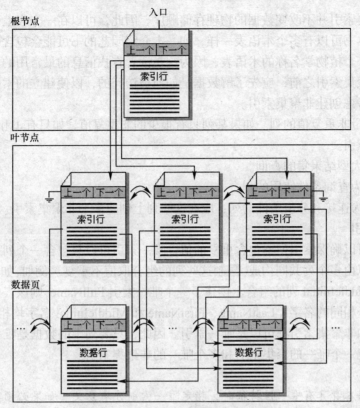

图 7-6　非聚集索引的存储结构示意图

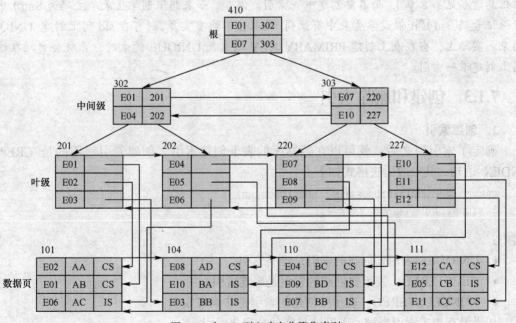

图 7-7　在 eno 列上建有非聚集索引

　　在建有非聚集索引的表上查找数据的过程与聚集索引类似，也是从根节点开始逐层向下查找，直到找到叶级节点，在叶级节点中找到匹配的索引关键字值之后，其所对应的行定位器所指位置即是查找数据的存储位置。

由于非聚集索引并不改变数据的物理存储顺序，因此，可以在一个表上建立多个非聚集索引。就象一本书可以有多个术语表一样，如一本介绍园艺的书可能会包含一个植物通俗名称的术语表和一个植物学名称的术语表，因为这是读者查找信息的最常用的两种方法。

在创建非聚集索引之前，应先了解数据是如何被访问的，以使建立的索引科学合理。对于下述情况可考虑创建非聚集索引。

- 包含大量非重复值的列。如果某列只有很少的非重复值，如只有 1 和 0，则不对这些列建立非聚集索引。
- 不返回大型结果集的查询。
- 经常作为查询条件使用的列。
- 经常作为连接和分组条件的列，应在这些列上创建多个非聚集索引。

4. 唯一索引

唯一索引可以确保索引列不包含重复的值，唯一索引可以只包含一个列（限制该列取值不重复），也可以由多个列共同构成（限制这些列的组合取值不重复）。例如，如果在 LastName、FirstName 和 MiddleInitial 列的组合上创建了一个唯一索引 FullName，则该表中任何两个人都不可以具有完全相同的名字（LastName、FirstName 和 MiddleInitial 名字均相同）。

聚集索引和非聚集索引都可以是唯一索引。因此，只要列中的数据是唯一的，就可以在同一个表上创建一个唯一的聚集索引和多个唯一的非聚集索引。

说明：

只有当数据本身具有唯一性特征时，指定唯一索引才有意义。如果必须要实施唯一性来确保数据的完整性，则应在列上创建 UNIQUE 约束或 PRIMARY KEY 约束（关于约束的详细信息请参见第 8 章），而不要创建唯一索引。例如，如果想限制学生表（主码为 Sno）中的身份证号码（sid）列（假设学生表中有此列）的取值不能有重复，则可在 sid 列上创建 UNIQUE 约束。实际上，当在表上创建 PRIMARY KEY 约束或 UNIQUE 约束时，系统会自动在这些列上创建唯一索引。

7.1.3 创建和删除索引

1. 创建索引

确定了索引列之后，就可以在数据库的表上创建索引。创建索引使用的是 CREATE INDEX 语句，其一般语法格式如下。

```
CREATE [UNIQUE] [CLUSTERED | NONCLUSTERED]
    INDEX 索引名 ON 表名 (列名 [,...n])
```

其中：

- UNIQUE：表示要创建的索引是唯一索引。
- CLUSTERED：表示要创建的索引是聚集索引。
- NONCLUSTERED：表示要创建的索引是非聚集索引。

如果没有指定索引类型，则默认是创建非聚集索引。

例 1 为 Student 表的 Sname 列创建非聚集索引。

```
CREATE INDEX Sname_ind
    ON Stuent ( Sname )
```

例 2　为 Student 表的 Sid 列创建唯一聚集索引。

```
CREATE UNIQUE CLUSTERED INDEX Sid_ind
  ON Stuent (Sid )
```

例 3　为 Employee 表的 FirstName 和 LastName 列创建一个聚集索引。

```
CREATE CLUSTERED INDEX EName_ind
  ON Employee (FirstName, LastName )
```

2. 删除索引

索引一经建立，就由数据库管理系统自动使用和维护，不需要用户干预。建立索引是为了加快数据的查询效率，但如果需要频繁地对数据进行增、删、改操作，则系统会花费很多时间来维护索引，这会降低数据的修改效率；另外，存储索引需要占用额外的空间，这增加了数据库的空间开销。因此，当不需要某个索引时，可将其删除。

在 SQL 语言中，删除索引使用的是 DROP INDEX 语句。其一般语法格式如下。

```
DROP INDEX <索引名>
```

例 4　删除 Student 表中的 Sname_ind 索引。

```
DROP INDEX Sname_ind
```

7.2　视　　图

在第 2 章介绍数据库的三级模式时，可以看到模式（对应到基本表）是数据库中全体数据的逻辑结构，这些数据也是物理存储的，当不同的用户需要基本表中不同的数据时，可以为每类这样的用户建立一个外模式。外模式中的内容来自于模式，这些内容可以是某个模式的部分数据或多个模式组合的数据。外模式对应到关系数据库中的概念就是视图。

视图（view）是数据库中的一个对象，它是数据库管理系统提供给用户的以多种角度观察数据库中数据的一种重要机制。本节将介绍视图的概念和作用。

7.2.1　基本概念

通常，将模式所对应的表称为基本表。基本表中的数据实际上是物理存储在磁盘上的。关系模型有一个重要的特点，就是由 SELECT 语句得到的结果仍然是二维表，由此引出了视图的概念。视图是查询语句产生的结果，但它有自己的视图名，视图中的每个列也有自己的列名。视图在很多方面都与基本表类似。

视图是由从数据库的基本表中选取出来的数据组成的逻辑窗口，是基本表的部分行和列数据的组合。它与基本表不同的是，视图是一个虚表。数据库中只存储视图的定义，而不存储视图所包含的数据，这些数据仍存放在原来的基本表中。这种模式有如下两个好处。

第一，视图数据始终与基本表数据保持一致。当基本表中的数据发生变化时，从视图中查询出的数据也会随之变化。因为每次从视图查询数据时，都是执行定义视图的查询语句，即最终都是落实到基本表中查询数据。从这个意义上讲，视图就像一个窗口，透过它可以看到数据库中用户自己感兴趣的数据。

第二，节省存储空间。当数据量非常大时，重复存储数据是非常耗费空间的。

视图可以从一个基本表中提取数据，也可以从多个基本表中提取数据，甚至还可以从其他视图中提取数据，构成新的视图。但不管怎样，对视图数据的操作最终都会转换为对基本表的操作。图 7-8 显示了视图与基本表之间的关系。

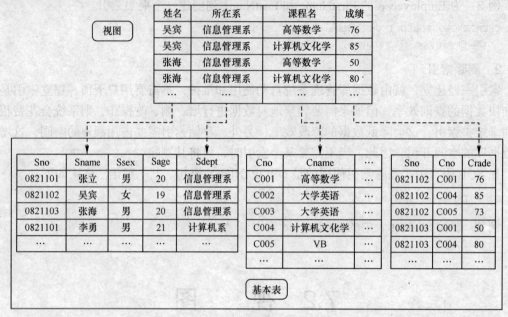

图 7-8　视图与基本表的关系示意图

7.2.2　定义视图

定义视图的 SQL 语句为 CREATE VIEW，其一般格式如下。

```
CREATE VIEW <视图名> [( 列名 [ ,...n ] )]
AS
SELECT 语句
```

在定义视图时注意以下几点。

① SELECT 语句中通常不包含 ORDER BY 和 DISTINCT 子句。

② 在定义视图时要么指定视图的全部列名，要么全部省略不写，不能只写视图的部分列名。如果省略了视图的 "列名" 部分，则视图的列名与查询语句中查询结果显示的列名相同。在如下 3 种情况下必须明确指定组成视图的所有列名。

- 某个目标列不是简单的列名，而是函数或表达式，并且没有为这样的列起别名。
- 多表连接时选出了几个同名列作为视图的字段。
- 需要在视图中为某个列选用新的更合适的列名。

1. 定义单源表视图

单源表的行列子集视图指视图的数据取自一个基本表的部分行和列，此视图行列与基本表行列对应。用这种方法定义的视图可以通过视图对数据进行查询和修改操作。

例 5　建立查询信息管理系学生的学号、姓名、性别和年龄的视图。

```
CREATE VIEW IS_Student
AS
```

```
SELECT Sno, Sname, Ssex, Sage
    FROM Student WHERE Sdept = '信息管理系'
```

数据库管理系统执行 CREATE VIEW 语句的结果只是在数据库中保存视图的定义，并不执行其中的 SELECT 语句。只有在对视图执行查询操作时，才按视图的定义从相应基本表中检索数据。

2. 定义多源表视图

多源表视图指定义视图的查询语句涉及多张表，这样定义的视图一般只用于查询，不用于修改数据。

例 6 建立信息管理系选修了"C001"号课程的学生的学号、姓名和成绩的视图。

```
CREATE VIEW V_IS_S1(Sno, Sname, Grade)
AS
  SELECT Student.Sno, Sname, Grade
    FROM Student JOIN  SC ON Student.Sno = SC.Sno
    WHERE Sdept = '信息管理系'  AND SC.Cno = 'C001'
```

3. 在已有视图上定义新视图

在视图上再建立新的视图时，作为数据源的视图必须是已经建立好的视图。

例 7 利用例 5 建立的视图，建立查询信息管理系年龄小于 20 的学生的学号、姓名和年龄的视图。

```
CREATE VIEW IS_Student_Sage
AS
  SELECT Sno, Sname, Sage
    FROM IS_Student WHERE Sage < 20
```

视图的来源不仅可以是单个的视图和基本表，而且还可以是视图和基本表的组合。

例 8 在例 5 所建的视图基础上，例 6 的视图定义可改为如下。

```
CREATE VIEW V_IS_S2(Sno, Sname, Grade)
AS
  SELECT SC.Sno, Sname, Grade
    FROM IS_Student JOIN SC ON IS_Student.Sno = SC.Sno
    WHERE Cno = 'C001'
```

这里的视图 V_IS_S2 就是建立在 IS_Student 视图和 SC 表之上的。

4. 定义带表达式的视图

在定义基本表时，为减少数据库中的冗余数据，表中只存放基本数据，而基本数据经过各种计算派生出的数据一般是不存储的。但由于视图中的数据并不实际存储，所以定义视图时可以根据需要设置一些派生属性列，在这些派生属性列中保存经过计算的值。这些派生属性由于在基本表中并不实际存在，因此，也称它们为虚拟列。包含虚拟列的视图也称为带表达式的视图。

例 9 定义一个查询学生出生年份的视图，内容包括学号，姓名和出生年份。

```
CREATE VIEW BT_S(Sno, Sname, Sbirth)
AS
  SELECT Sno, Sname, 2009 - Sage
    FROM Student
```

注意： 在定义这个视图的查询语句的查询列表中有一个表达式，但没有为表达式指定别名，因此，在定义视图时必须指定视图的全部列名。

5. 含分组统计信息的视图

含分组统计信息的视图是指定义视图的查询语句中含有 GROUP BY 子句,这样的视图只能用于查询, 不能用于修改数据。

例 10 定义一个查询每个学生的学号及平均成绩的视图。

```
CREATE VIEW S_G
AS
   SELECT Sno, AVG(Grade) AverageGrade FROM SC
     GROUP BY Sno
```

7.2.3 通过视图查询数据

定义视图后, 就可以对其进行查询了, 通过视图查询数据同通过基本表查询数据一样。

例 11 利用例 5 建立的视图, 查询信息管理系男生的信息。

```
SELECT * FROM IS_Student WHERE Ssex = '男'
```

查询结果如图 7-9 所示。

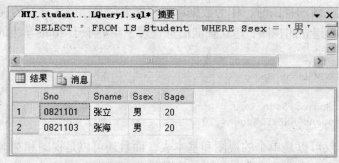

图 7-9　例 11 的查询结果

数据库管理系统在对视图进行查询时, 首先检查要查询的视图是否存在。如果存在, 则从数据字典中提取视图的定义, 根据定义视图的查询语句转换成等价的对基本表的查询, 然后再执行转换后的查询操作。

因此, 例 11 的查询最终转换成的实际查询语句如下。

```
SELECT Sno, Sname, Ssex, Sage
  FROM Student
  WHERE Sdept = '信息管理系' AND Ssex = '男'
```

例 12 查询信息管理系选修了 "C001" 号课程且成绩大于等于 60 的学生的学号、姓名和成绩。

这个查询可以利用例 6 的视图实现。

```
SELECT * FROM V_IS_S1 WHERE Grade >= 60
```

查询结果如图 7-10 所示。

此查询转换成的对最终基本表的查询语句如下。

```
SELECT S.Sno, Sname, Grade FROM SC
  JOIN Student S ON S.Sno = SC.Sno
  WHERE Sdept = '信息管理系' AND SC.Cno = 'C001'
    AND Grade >= 60
```

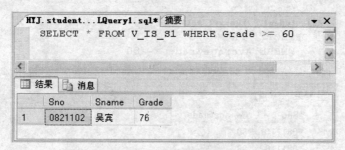

图 7-10　例 12 的查询结果

例 13　查询信息管理系学生的学号、姓名、所选课程的课程名。

```
SELECT v.Sno, Sname, Cname
  FROM IS_Student v JOIN SC ON v.Sno = SC.Sno
  JOIN Course C ON C.Cno = SC.Cno
```

查询结果如图 7-11 所示。

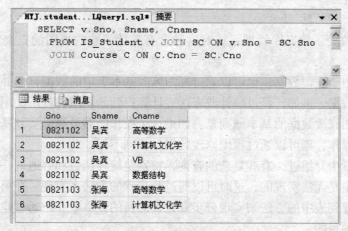

图 7-11　例 13 的查询结果

此查询转换成的对最终基本表的查询如下。

```
SELECT S.Sno, Sname, Cname
  FROM Student S JOIN SC ON S.Sno = SC.Sno
  JOIN Course C ON C.Cno = SC.Cno
  WHERE Sdept = '信息管理系'
```

有时，将通过视图查询数据转换成对基本表查询是很直接的，但有些情况下，这种转换不能直接进行。

例 14　利用例 10 建立的视图，查询平均成绩大于等于 80 分的学生的学号和平均成绩。

```
SELECT * FROM S_G
  WHERE  AverageGrade >= 80
```

查询结果如图 7-12 所示。

这个示例的查询语句不能直接转换为基本表的查询语句，因为若直接转换，将会产生如下的语句。

```
SELECT Sno, AVG(Grade) FROM SC
  WHERE  AVG(Grade) > 80
  GROUP BY Sno
```

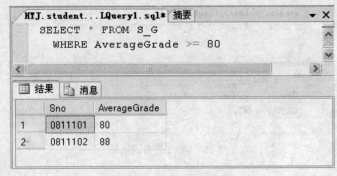

图 7-12　例 14 的查询结果

这个转换显然是错误的，因为在 WHERE 子句中不能包含统计函数。正确的转换语句应该如下。

```
SELECT Sno, AVG(Grade) FROM SC
   GROUP BY Sno
   HAVING AVG(Grade) >= 80
```

目前，大多数关系数据库管理系统对这种含有统计函数的视图的查询均能进行正确的转换。

视图不仅可用于查询数据，也可以通过视图修改基本表中的数据，但并不是所有的视图都可以用于修改数据。例如，经过统计或表达式计算得到的视图，就不能用于修改数据的操作。能否通过视图修改数据的基本原则是：如果这个操作能够最终落实到基本表上，并成为对基本表的正确操作，则可以通过视图修改数据，否则不行。

我们在第 6 章中介绍过，有些复杂的查询，特别是统计函数和普通列一起进行的查询，在一个查询语句中是无法实现的，这时可以通过分步骤的方法来实现。在第 6 章介绍的是利用将查询结果保存到表中的方法来实现分步骤查询的目的，本章介绍通过建立视图的方法来达到分步骤查询的目的。

视图从本质上来说就是二维表，因此可以把它看成是普通的表，来与其他表或视图进行连接等查询操作。下面利用视图机制来实现第 6 章分步骤查询的例子。

例 15　查询计算机系学生人数、姓名、年龄和平均年龄。

① 建立统计每个系的学生人数和平均年龄的视图。

```
CREATE VIEW V_SD
AS
SELECT Sdept AS 系名, COUNT(*) AS 人数, AVG(Sage) AS 平均年龄
  INTO Dept
  FROM Student
  GROUP BY Sdept
```

② 利用该视图和 Student 表查询计算机系学生人数、姓名、年龄和平均年龄。

```
SELECT 人数, Sname AS 姓名, Sage AS 年龄, 平均年龄
  FROM V_SD JOIN Student ON V_SD.系名= Student.Sdept
  WHERE 系名= '计算机系'
```

相比将查询结果保存到表中的分步骤查询方法，利用视图实现分步骤查询的好处有如下几点。

● 视图并不物理地存储数据，因此会更节省空间。

● 每次从视图中查询数据时均是落实到基本表中进行操作，因此，可以保证视图的数据与基本表数据保持一致。

相比将查询结果保存到表中的分步骤查询方法，利用视图实现分步骤查询的缺点是查询的执行效率比较低，因为每次通过视图进行操作时，都要转换为对基本表的操作，这个转换是需要花费时间的。

7.2.4　修改和删除视图

定义视图后，如果其结构不能满足用户的要求，则可以对其进行修改。如果不需要某个视图了，则可以删除此视图。

1. 修改视图

修改视图定义的 SQL 语句为 ALTER VIEW，其语法格式如下。

```
ALTER VIEW  视图名 [ ( 列名 [ ,...n ] ) ]
AS
    SELECT 语句
```

可以看到，修改视图的 SQL 语句与定义视图的语句基本是一样的，只是将 CREATE VIEW 改成了 ALTER VIEW。

例 16　修改 7.2.2 节例 10 定义的视图，使其统计每个学生的考试平均成绩和修课总门数。

```
ALTER VIEW S_G(Sno, AverageGrade,Count_Cno)
AS
  SELECT Sno, AVG(Grade), Count(*) FROM SC
    GROUP BY Sno
```

2. 删除视图

删除视图的 SQL 语句的格式如下。

```
DROP VIEW <视图名>
```

例 17　删除例 5 定义的 IS_Student 视图。

```
DROP VIEW IS_Student
```

删除视图时需要注意，如果被删除的视图是其他视图的数据源，如 IS_Student_Sage 视图就是定义在 IS_Student 视图之上的，那么删除 IS_Student 视图，其导出的 IS_Student_Sage 视图将无法再使用。同样，如果视图的基本表被删除了，视图也将无法使用。因此，在删除基本表和视图时一定要注意是否存在引用被删除对象的视图，如果有应同时删除。

7.2.5　视图的作用

如前所述，使用视图可以简化和定制用户对数据的需求。虽然对视图的操作最终都转换为对基本表的操作，视图看起来似乎没什么用处，但实际上，如果合理地使用视图会带来许多好处。

1. 简化了数据查询语句

采用视图机制可以使用户将注意力集中在所关心的数据上。如果这些数据来自多个基本表，或者数据一部分来自于基本表，另一部分来自视图，并且所用的搜索条件又比较复杂时，需要编写的 SELECT 语句就会很长，这时定义视图就可以简化数据的查询语句。定义视图可以将表与表之间复杂的连接操作和搜索条件对用户隐藏起来，用户只需简单地查询一个视图即可。这在多次执行相同的数据查询操作时尤为有用。

2. 使用户能从多角度看待同一数据

采用视图机制能使不同的用户以不同的方式看待同一数据，当许多不同类型的用户共享同一个数据库时，这种灵活性是非常重要的。

3. 提高了数据的安全性

使用视图可以定制用户查看哪些数据并屏蔽敏感数据。例如，不希望员工看到别人的工资，就可以建立一个不包含工资项的职工视图，然后让用户通过视图来访问表中的数据，而不授予他们直接访问基本表的权限，这样就在一定程度上提高了数据库数据的安全性。

4. 提供了一定程度的逻辑独立性

视图在一定程度上提供了数据的逻辑独立性（详见第 2 章），因为它对应的是数据库的外模式。

在关系数据库中，数据库的重构是不可避免的。重构数据库的最常见方法是将一个基本表分解成多个基本表。例如，可将学生关系表 Student（Sno, Sname, Ssex, Sage, Sdept）分解为 SX(Sno, Sname, Sage,)和 SY（Sno, Ssex, Sdept）两个关系，这时对 Student 表的操作就变成了对 SX 和 SY 的操作，则可定义视图如下。

```
CREATE VIEW Student (Sno, Sname, Ssex, Sage, Sdept)
AS
  SELECT SX.Sno, SX.Sname, SY.Ssex, SX.Sage, SY.Sdept
    FROM SX JOIN SY ON SX.Sno = SY.Sno
```

这样，尽管数据库的表结构变了，但应用程序可以不必修改，新建的视图保证了用户原来的关系，使用户的外模式未发生改变。

> 注意：　视图只能在一定程度上提供数据的逻辑独立性，由于视图的更新是有条件的，因此，应用程序在修改数据时可能会因基本表结构的改变而受一些影响。

7.3 物 化 视 图

标准视图的结果集并不永久存储在数据库中，每次通过标准视图访问数据时，数据库管理系统都会在内部将视图定义替换为查询，直到最终的查询仅仅涉及基本表。这个替换（或叫做转换）过程需要花费时间，因此通过视图这种方法访问数据会降低数据的访问效率。为解决这个问题，很多数据库管理系统提供了允许将视图数据进行物理存储的机制，而且数据库管理系统能够保证当定义视图的基本表数据发生了变化，视图中的数据也随之更改，这样的视图称为**物化视图**（materialized view，在 SQL Server 中将这样的视图称为**索引视图**），保证视图数据与基本表数据保持一致过程称为视图维护（view maintenance）。

对于标准视图而言，为每个引用视图的查询动态生成结果集的开销很大，特别是对于那些涉及对大量数据行进行复杂处理（如聚合大量数据或连接许多行）的视图。在 SQL Server 2005 中，如果在查询中频繁地引用这类视图，可通过对视图创建唯一聚集索引来提高性能。对视图创建唯一聚集索引后，视图结果集将存储在数据库中，就像带有聚集索引的表一样。

当需要频繁使用某个视图时，就可将该视图物化。对于需要加快基于视图数据的查询效率时，也可以使用物化视图。但物化视图带来的好处是以增加存储空间为代价的。

小　　结

本章介绍了数据库中的两个重要概念：索引和视图。建立索引的目的是为了提高数据的查询效率，但存储索引需要空间的开销，维护索引需要时间的开销。因此，当对数据库的应用主要是查询操作时，可以适当多建立索引。如果对数据库的操作主要是增、删、改，则应尽量少建立索引，以免影响数据的更改效率。

索引分为聚集索引和非聚集索引两种，它们一般都采用 B 树结构存储。建立聚集索引时，数据库管理系统首先按聚集索引列的值对数据进行物理地排序，然后再在此基础之上建立索引的 B 树。如果建立的是非聚集索引，则系统是直接在现有数据存储顺序的基础之上直接建立索引 B 树。不管数据是否是有序的，索引 B 树中的索引项一定是有序的。因此建立索引需要耗费一定的时间，特别是当数据量很大时，建立索引需要花费相当长的时间。

在一个表上只能建立一个聚集索引，但可以建立多个非聚集索引。聚集索引和非聚集索引都可以使唯一索引。唯一索引的作用是保证索引项所包含的列的取值彼此不能重复。

视图是基于数据库基本表的虚表，视图所包含的数据并不被物理地存储，视图的数据全部来自基本表，它的数据可以是一个表的部分数据，也可以是几个表的数据的组合。用户通过视图访问数据时，最终都落实到对基本表的操作，因此通过视图访问数据比直接从基本表访问数据效率会低一些，因为它多了一层转换操作。尤其当视图层次比较多时，即某个视图建立在其他视图基础上，而这个或这些视图又是建立在另一些视图之上的，这个效率的降低就越明显。

视图提供了一定程度的数据逻辑独立性，并可增加数据的安全性，封装了复杂的查询，简化了客户端访问数据库数据的编程，为用户提供了从不同的角度看待同一数据的方法。对视图进行查询的方法与基本表的查询方法相同。

习　　题

1. 索引的作用是什么？
2. 索引分为哪几种类型？分别是什么？它们的主要区别是什么？
3. 在一个表上可以创建几个聚集索引？可以创建多个非聚集索引吗？
4. 聚集索引一定是唯一性索引，是否正确？反之呢？
5. 在建立聚集索引时，数据库管理系统是真正将数据按聚集索引列进行物理排序。是否正确？
6. 在建立非聚集索引时，数据库管理系统并不对数据进行物理排序。是否正确？
7. 不管对表进行什么类型的操作，在表上建立的索引越多越能提高操作效率。是否正确？
8. 经常对表进行哪类操作适合建立索引？适合在哪些列上建立索引？
9. 使用第 4 章建立的 Student、Course 和 SC 表，写出实现下列操作的 SQL 语句。

（1）在 Student 表上为 Sname 列建立一个聚集索引，索引名为：IdxSno。

（2）在 Course 表上为 Cname 列建立一个唯一的非聚集索引，索引名为：IdxCN。

（3）在 SC 表上为 Sno 和 Cno 建立一个组合的聚集索引，索引名为：IdxSnoCno。

（4）删除 Sname 列上建立的 IdxSno 索引。

10. 试说明使用视图的好处。

11. 使用视图可以加快数据的查询速度，是否正确？为什么？

12. 使用第 4 章建立的 Student、Course 和 SC 表，写出创建满足下述要求的视图的 SQL 语句。

（1）查询学生的学号、姓名、所在系、课程号、课程名、课程学分。

（2）查询学生的学号、姓名、选修的课程名和考试成绩。

（3）统计每个学生的选课门数，要求列出学生学号和选课门数。

（4）统计每个学生的修课总学分，要求列出学生学号和总学分（说明：考试成绩大于等于 60 才可获得此门课程的学分）。

13. 利用第 12 题建立的视图，完成如下查询。

（1）查询考试成绩大于等于 90 分的学生的姓名、课程名和成绩。

（2）查询选课门数超过 3 门的学生的学号和选课门数。

（3）查询计算机系选课门数超过 3 门的学生的姓名和选课门数。

（4）查询修课总学分超过 10 分的学生的学号、姓名、所在系和修课总学分。

（5）查询年龄大于等于 20 岁的学生中，修课总学分超过 10 分的学生的姓名、年龄、所在系和修课总学分。

14. 修改 12 题（4）定义的视图，使其查询每个学生的学号、总学分以及总的选课门数。

第8章
数据完整性约束

数据完整性约束是指保证数据库中的数据符合现实中的实际情况，或者说，数据库中存储的数据要有实际意义。我们在第3章简单介绍了关系数据库的完整性约束包括实体完整性、参照完整性和用户定义的完整性约束三个方面，并在第4章介绍了主键约束和外键约束的定义方法，本章将详细介绍数据完整性的概念以及实现这些完整性约束的方法。

8.1　数据完整性的概念

数据完整性是指数据的正确性和相容性。例如，每个人的身份证号必须是唯一的，人的性别只能是"男"或"女"，人的年龄应该是0～150之间（假设人现在最多能活到150岁）的整数，学生所在的系必须是学校有的系等。

数据完整性约束是为了防止数据库中存在不符合语义的数据，为了维护数据的完整性，数据库管理系统必须要提供一种机制来检查数据库中的数据，看其是否满足语义规定的条件。这些加在数据库数据之上的语义约束条件就称为数据完整性约束条件，这些约束条件作为表定义的一部分存储在数据库中。而DBMS中检查数据是否满足完整性条件的机制就称为完整性检查。

8.1.1　完整性约束条件的作用对象

完整性检查是围绕完整性约束条件进行的，因此，完整性约束条件是完整性控制机制的核心。完整性约束条件的作用对象可以是表、元组和列。

1. 列级约束

列级约束主要是对列的类型、取值范围、精度等的约束，具体包括如下几方面。

- 对数据类型的约束：包括数据类型、长度、精度等。例如，人的性别的数据类型为字符型，长度为一个汉字；职工的工资为定点小数类型，精度为6，小数位数为2（设整数部分到千位，小数点后保留2位）。

- 对数据格式的约束：如规定学号的前两位表示学生的入学年份，第三位表示系的编号，第四位表示专业编号，第五位代表班的编号等。

- 对取值范围或取值集合的约束：如学生的成绩取值范围为 0～100，大学生的年龄大于14，学生的省份来自国家存在的省份等。

- 对空值的约束：有些列允许为空（例如成绩），有些列则不允许为空（例如姓名），在定义列时应指明其是否允许取空值。

2. 元组约束

元组约束是元组中各个字段之间联系的约束，例如：开始日期小于结束日期，订货数量小于等于库存数量，职工的最低工资不能低于规定的最低值等。

3. 关系约束

关系约束是指若干元组之间、关系之间的联系的约束。例如学号的取值不能重复也不能取空值，学生修课表中学号取值受学生表中学号取值的限制等。

8.1.2　实现数据完整性的方法

第3章介绍了关系模型中的3种数据完整性（实体完整性、参照完整性和用户定义的完整性），本节将介绍实现数据完整性的方法。实现数据完整性可以在服务器端完成，也可以在客户端编程实现。在服务器端实现数据完整性的方法主要有两种，一种是在定义表时声明数据完整性，另一种是在服务器端编写触发器来实现。不管用哪种方法，只要用户定义好了数据完整性，以后在执行对数据的增、删、改操作时，都由数据库管理系统自动地保证这些用户定义好的数据完整性。

在客户端实现数据完整性主要是用数据库前端开发工具（例如，Visual Basic、PowerBuilder、C#、Java等），在应用程序中编写相应代码来保证。在客户端实现数据完整性的好处是在将数据发送到服务器端之前，可以先进行判断，然后，只将正确的数据发送给数据库服务器。但这样实现的一个弊端是当数据完整性要求发生变化时，都必须修改应用程序，这加重了维护应用程序的负担。

下面将介绍在服务器端实现数据完整性的方法。

8.2　实现数据完整性

本节将介绍作为表定义的一部分实现数据完整性约束的方法，具体包括实体完整性（PRIMARY KEY）、参照完整性（FOREIGN KEY）和用户定义的完整性（或叫域完整性），在用户定义的完整性中介绍默认值约束（DEFAULT）、列取值范围约束（CHECK）和唯一值约束（UNIQUE）的实现方法。

本节以职工表和工作表为例，说明逐步在这两张表上添加约束的方法。这两张表的定义语句如下。

```
CREATE TABLE 职工表(
职工编号 CHAR(7)  NOT NULL,
职工名  CHAR(10) NOT NULL,
工作编号 CHAR(8),
工资    SMALLINT,
电话    CHAR(8),
身份证号 CHAR(18))

CREATE TABLE 工作表(
工作编号 CHAR(8) NOT NULL,
最低工资 SMALLINT,
最高工资 SMALLINT )
```

假设这两张表已创建好，下面的约束均以这两个表为基础。

8.2.1　实体完整性约束

实体完整性是用主键约束（PRIMARY KEY）来保证的，定义主键约束要注意以下几方面。

- 每个表只能有一个 PRIMARY KEY 约束。
- 用 PRIMARY KEY 约束的列的取值必须是不重复的（对由多列构成的主键，是这些主键列组合起来取值不重），并且不允许有空值。

在第 4 章我们已经介绍了如何在定义表的同时定义主键约束，因此这里只介绍如何在已定义好的表上添加主键约束。添加约束的语句均为 ALTER TABLE，添加主键约束的语句的语法格式如下。

```
ALTER TABLE 表名
  ADD [ CONSTRAINT  约束名]
  PRIMARY KEY (<列名> [, … n] )
```

例 1　对职工表和工作表分别添加主键约束。

职工表的主键为"职工编号"，工作表的主键为"工作编号"，添加主键约束的语句如下。

```
ALTER TABLE 职工表
  ADD  CONSTRAINT  PK_EMP
  PRIMARY KEY (职工编号)
ALTER TABLE 工作表
  ADD  CONSTRAINT  PK_JOB
  PRIMARY KEY (工作编号)
```

> **注意**：　　如果是使用 ALTER TABLE 语句为定义好的表添加主键约束，则主键列在定义表时必须有非空约束，否则无法添加主键约束。

8.2.2　唯一值约束

唯一值约束用 UNIQUE 约束来实现，它用于限制一个列的取值不重复，或者是多个列的组合取值不重复。这个约束用在事实上具有唯一性的属性列上，例如每个人的身份证号码、驾驶证号码等均不能有重复值。定义 UNIQUE 约束时注意如下事项。

- 有 UNIQUE 约束的列允许有一个空值。
- 在一个表中可以定义多个 UNIQUE 约束。
- 可以在一个列或多个列上定义 UNIQUE 约束。

在一个已有主键的表中使用 UNIQUE 约束是很有用的，例如对于职工的身份证号码，"身份证号"列不是主键，但它的取值也不能重复，这种情况就必须使用 UNIQUE 约束。

可以在创建表时指定 UNIQUE 约束，也可以使用 ALTER TABLE 语句为已创建的表添加 UNIQUE 约束。

1. 在创建表时定义 UNIQUE 约束

在创建表时定义 UNIQUE 约束的语法格式如下。

```
CREATE TABLE 表名(
```

```
...
列名 类型 [ CONSTRAINT 约束名 ] UNIQUE (<列名> [, … n] ),
... )
```

或者

```
CREATE TABLE 表名 (
...
列名 类型,
...
[ CONSTRAINT 约束名 ] UNIQUE (<列名> [, … n] )
)
```

2. 在已创建好的表上添加 UNIQUE 约束

在已创建好的表上添加 UNIQUE 约束的语法格式如下。

```
ALTER TABLE 表名
  ADD [ CONSTRAINT 约束名]
  UNIQUE (<列名> [, … n] )
```

例 2 为职工表的 "身份证号" 列添加唯一值约束。

● 在创建表时实现。

```
CREATE TABLE 职工表 (
...
身份证号 CHAR(19) UNIQUE,
...
)
```

或者

```
CREATE TABLE 职工表 (
...
身份证号 CHAR(19),
...
UNIQUE (身份证号),
...
)
```

● 为已创建好的表添加唯一值约束。

```
ALTER TABLE 职工表
  ADD  CONSTRAINT  UN_EMP
  UNIQUE  (身份证号)
```

例 3 设有 authors 表，其中包含 au_fname 和 au_lname 两个列，现要限制这两个列组合起来不重复。

● 在创建表时实现。

```
CREATE TABLE authors (
...
au_fname  VARCHAR(20),
```

```
au_lname  VARCHAR(20) UNIQUE(au_fname, au_lname),  --作为列级约束定义
  ...
)
```

或者

```
CREATE TABLE authors (
  ...
  au_fname  VARCHAR(20),
  au_lname  VARCHAR(20) ,
  UNIQUE(au_fname, au_lname),                    --作为表级约束定义
  ...
)
```

● 在已创建好的表上添加唯一值约束。

```
ALTER TABLE authors
  ADD  CONSTRAINT  UN_Name
  UNIQUE (au_fname, au_lname)
```

8.2.3　参照完整性

参照完整性(或叫引用完整性)是用外键(FOREIGN KEY)约束来保证的,定义 FOREIGN KEY 约束时要注意, 外键列引用的列必须是有 PRIMARY KEY 约束或 UNIQUE 约束的列。

第 4 章介绍了在创建表时定义外键约束的方法, 本节只介绍如何在已创建的表上添加外键约束。

在已创建好的表上添加 FOREIGN KEY 约束的语法格式如下。

```
ALTER TABLE 表名
  ADD [ CONSTRAINT 约束名 ]
  [ FOREIGN KEY ] (<列名>) REFERENCES 引用表名 (<列名>)
  [ ON DELETE { CASCADE | NO ACTION } ]
  [ ON UPDATE { CASCADE | NO ACTION } ]
```

其中, [ON DELETE { CASCADE | NO ACTION }]和[ON UPDATE { CASCADE | NO ACTION }]为级联引用完整性。其各项的含义如下。

● ON DELETE CASCADE: 级联删除。表示当删除主表中的记录时, 如果在子表中有对这些记录的值的引用, 则一起删掉。

● ON DELETE NO ACTION: 限制删除。表示当删除主表中的记录时, 如果在子表中有对这些记录的值的引用, 则拒绝删除主表中的记录。

● ON UPDATE CASCADE: 级联更新。表示当更新主表中有子表引用的列时, 如果在子表中有对这个列值的引用, 则一起更改。

● ON UPDATE NO ACTION: 限制更新。表示当更新主表中有子表引用的列时, 如果在子表中有对这个列值的引用, 则拒绝更改主表中的记录。

例 4　为职工表的 "工作编号" 列添加外键约束, 此列引用工作表中的 "工作编号" 列。

```
ALTER TABLE 职工表
  ADD CONSTRAINT FK_job_id
  FOREIGN KEY( 工作编号 ) REFERENCES 工作表 ( 工作编号 )
```

8.2.4 默认值约束

默认值约束用 DEFAULT 约束来实现，它用于提供列的默认值。当在表中插入数据时，如果没有为有 DEFAULT 约束的列提供值，则系统自动使用 Default 约束定义的默认值。使用 Default 约束时要注意如下几方面。

● 只在向表中插入数据时才检查 DEFAULT 约束。

● 每个列只能有一个 DEFAULT 约束。

可以在创建表时定义 DEFAULT 约束，也可以使用 ALTER TABLE 语句在已经创建好的表上添加该约束。

1. 在创建表时定义 DEFAULT 约束

在创建表时定义 DEFAULT 约束的格式如下。

```
CREATE TABLE 表名 (
   …
   列名 类型 [ CONSTRAINT 约束名 ] DEFAULT 常量表达式,
   …
)
```

2. 为已创建好的表添加 Default 约束

为创建好的表添加 DEFAULT 约束的语法格式如下。

```
ALTER TABLE 表名
  ADD [ CONSTRAINT 约束名 ]
  DEFAULT 常量表达式 FOR 列名
```

例 5 在职工表中，如果某个职工没有电话，则写入默认值 '11111111'。

● 在创建表时实现。

```
CREATE TABLE 职工表 (
   …
   电话 CHAR(8) DEFAULT '11111111' ,
   …
)
```

● 为已经创建好的表添加默认值约束。

```
ALTER TABLE 职工表
  ADD CONSTRAINT  DF_PHONE
  DEFAULT '11111111' FOR 电话
```

8.2.5 列取值范围约束

列取值范围约束用 CHECK 约束实现，它用于限制列的取值在指定范围内，即约束列的取值符合应用语义，例如，人的性别只能是"男"或"女"，工资必须大于 800（假设最低工资为 800）。使用 CHECK 约束时注意如下几方面。

● 在执行 INSERT 语句和 UPDATE 语句时系统自动检查 CHECK 约束。

● CHECK 约束可以限制一个列的取值范围，也可以限制同一个表中多个列之间的取值约束关系。

可以在创建表的同时定义 CHECK 约束，也可以使用 ALTER TABLE 语句为已建好的表添加 CHECK 约束。

1. 在创建表时定义 CHECK 约束

在创建表时定义 CHECK 约束的语法格式如下。

```
CREATE TABLE 表名(
    ...
    列名 类型 [ CONSTRAINT 约束名 ] CHECK(逻辑表达式),
    ...
)
```

2. 在已创建好的表上添加 CHECK 约束

在已创建的表上添加 CHECK 约束的语法格式如下。

```
ALTER TABLE 表名
  ADD [ CONSTRAINT 约束名 ]
  CHECK ( 逻辑表达式 )
```

例 6 为职工表定义限制职工的工资必须大于等于 800 的约束。

- 在定义表时实现。

```
CREATE TABLE 职工表 (
    ...
    工资 SMALLINT CHECK ( 工资 >= 800 ),    -- 作为列级约束定义
    ...
)
```

或者

```
CREATE TABLE 职工表 (
    ...
    工资 SMALLINT,
    ...
    CHECK ( 工资 >= 800 ) ,                  -- 作为表级约束定义
    ...
)
```

- 在已创建好的表上添加约束。

```
ALTER TABLE 职工表
  ADD CONSTRAINT  CHK_Salary
  CHECK ( 工资 >= 800 )
```

例 7 限制工作表的"最低工资"小于等于"最高工资"。

- 在创建表时定义约束。

```
CREATE TABLE 工作表(
    ...
    最低工资 int,
```

```
    最高工资 int,
    ...
    CHECK(最低工资 <= 最高工资),
    ...
)
```

注意： 多列之间的 CHECK 约束只能定义在表级约束处。

- 为已创建好的表添加约束。

```
ALTER TABLE 工作表
 ADD CONSTRAINT  CHK_Job_Salary
 CHECK ( 最低工资 <= 最高工资 )
```

例 8 限制职工表的电话号码列的每一位的取值必须是 0～9 之间的数字。

- 在创建表时定义约束。

```
CREATE TABLE 职工表 (
    ...
    电话 CHAR(8) CHECK(电话 LIKE '[0-9][0-9][0-9] [0-9][0-9][0-9][0-9][0-9]'),
    ...
)
```

或者

```
CREATE TABLE 职工表 (
    ...
    电话 CHAR(8),
    ...
    CHECK(电话 LIKE '[0-9][0-9][0-9] [0-9][0-9][0-9][0-9][0-9]'),
    ...
)
```

- 为已创建好的表添加约束。

```
ALTER TABLE 职工表
  ADD CONSTRAINT  CHK_PHONE
  CHECK ( 电话 LIKE '[0-9][0-9][0-9] [0-9][0-9][0-9][0-9][0-9]' )
```

8.3 系统对完整性约束的检查

在定义好数据的完整性约束之后，当用户对数据库中的数据进行更改操作（包括插入、删除和修改）时，系统首先会检查所定义的约束，只有当数据更改操作完全满足完整性约束条件时，系统才进行这些操作，否则拒绝操作。

1. 主键约束

对于主键约束，每当用户执行插入数据时，系统检查新插入的数据的主键值是否与已存在的主键值重复，或者新插入的主键值是否为空。当用户执行修改有主键约束的列时，系统检查修改后的主键值是否与表中的主键值重复，或者修改后的主键值是否有空值。只有当新插入数据或者修改后的主键值满足不重、不空时，系统才进行插入和修改操作，否则出错。

2．唯一值约束

对唯一值约束的检查同主键很类似。只是在检查有唯一值约束的列时，系统只需检查新插入数据或者更改后的有唯一值约束的列的值是否与表中已有数据有重复，而不检查是否有空值。只要新插入数据或者更改后的值满足不重复这个条件，即可进行操作。

注意：　　　对于有唯一值约束的列，可以有空值，但整个列只允许有一个空值。系统会将后续的空值看成与第一个空值重复的值，因此会拒绝操作。

3．外键约束

对于外键引用约束，分下述几种情况。

● 当在子表中插入数据时，检查新插入数据的外键值是否在主表的主键值范围内，若在，则插入，否则失败。

● 当在子表中修改外键列的值时，检查修改后的外键值是否在主表的主键值范围内，若在，则进行修改，否则失败。

● 当在主表中删除数据时，检查被删除数据的主键值是否在子表中有对它的引用，若无，则删除；若有，则看是否允许级联删除。若允许级联删除，则将子表中外键值等于被删除数据的主键值的记录一起删掉；若不允许级联删除，则删除失败。

● 当更改主表中的主键列的值时，检查被更改的主键值是否在子表中有对它的引用，若无，则更改；若有，则看是否允许级联更改。若允许级联更改，则将子表中外键值等于被更改主键值的记录的外键一起进行更改；若不允许级联更改，则更改失败。

4．默认值约束

对于默认值约束，是当用户对数据进行插入操作并且没有为某个列提供值时，系统检查省略值的列是否有默认值约束，若有则插入默认值，若无，则系统检查此列是否允许为空，若允许，则插入空值，否则出错。

5．列取值范围约束

对列取值范围约束的检查同唯一值约束类似。当用户插入数据或修改有列取值约束的数据时，系统检查新插入的值或更改后的值是否符合列取值范围约束，若符合则执行插入或修改操作，否则拒绝操作。

8.4　删　除　约　束

删除约束也是通过 ALTER TABLE 语句实现的。使用 ALTER TABLE 删除约束的语法如下。

```
ALTER TABLE 表名
    DROP [ CONSTRAINT ] 约束名
```

例 9　删除在职工表上定义的限制电话号码的 CHK_PHONE 约束。

```
ALTER TABLE 职工表
    DROP CHK_PHONE
```

8.5 触 发 器

触发器是一段由对数据的更改操作引发的自动执行的代码，这些更改操作包括UPDATE、INSERT 或 DELETE。触发器通常用于保证业务规则和数据完整性，其主要优点是用户可以用编程的方法实现复杂的处理逻辑和商业规则，增强了数据完整性约束的功能。

触发器可以实现比 CHECK 约束更复杂的数据约束。从前边的例子我们可以看到，CHECK 约束只能约束位于同一个表上的列之间的取值约束，例如前边例子的"最低工资小于等于最高工资"，如果被约束的列位于两个不同表中，例如，8.2 节给出的职工表和工作表，如果要求职工的"工资"列的取值范围在相应的工作表的"最低工资"和"最高工资"范围内，这样的约束 CHECK 就无能为力了，这种情况就需要使用触发器来实现。

触发器是定义在某个表上的，用于限制该表中的某些约束条件，但在触发器中可以引用其他表中的列。例如，触发器可以使用另一个表中的列来比较插入或更新的数据是否符合要求。

8.5.1 创建触发器

建立触发器时，要指定触发器的名称、触发器所作用的表、引发触发器的操作以及在触发器中要完成的功能。

建立触发器的 SQL 语句为：CREATE TRIGGER ，其语法格式如下。

```
CREATE TRIGGER 触发器名称
ON {表名 | 视图名}
{ FOR | AFTER | INSTEAD OF } { [ INSERT ] [ , ] [ DELETE ] [ , ] [UPDATE] }
AS
    SQL 语句
```

其中，

- 触发器名称在数据库中必须是唯一的。
- ON 子句用于指定在其上执行触发器的表。
- AFTER：指定触发器只有在引发的 SQL 语句中的操作都已成功执行，并且所有的约束检查也成功完成后，才执行此触发器。
- FOR：作用同 AFTER。
- INSTEAD OF：指定执行触发器而不是执行引发触发器执行的 SQL 语句，从而替代触发语句的操作。
- INSERT、DELETE 和 UPDATE 是引发触发器执行的操作，若同时指定多个操作，则各操作之间用逗号分隔。

创建触发器时，需要注意如下几点。

① 在一个表上可以建立多个名称不同、类型各异的触发器，每个触发器可由所有三个操作引发。对于 AFTER 型的触发器，可以在同一种操作上建立多个触发器；对于 INSTEAD OF 型的触发器，在同一种操作上只能建立一个触发器。

② 大部分 SQL 语句都可用在触发器中，但也有一些限制。例如，所有的创建和更改数据库以及数据库对象的语句、所有的 DROP 语句都不允许在触发器中使用。

③ 触发器中可以使用 INSERTED 表和 DELETED 表两个特殊的临时表。这两个表的结构同建立触发器的表的结构完全相同，而且这两个临时表只能用在触发器代码中。

● INSERTED 表保存了 INSERT 操作中新插入的数据和 UPDATE 操作中更新后的数据。

● DELETED 保存了 DELETE 操作删除的数据和 UPDATE 操作中更新前的数据。

在触发器中对这两个临时表的使用方法同一般基本表一样，可以通过这两个临时表所记录的数据来判断所进行的操作是否符合约束。

8.5.2 后触发型触发器

使用 FOR 或 AFTER 选项定义的触发器为后触发型的触发器，即只有在引发触发器执行的语句中指定的操作都已成功执行，才执行触发器。

注意：　　不能在视图上定义 AFTER 触发器。

后触发型触发器的执行过程如图 8-1 所示。

从图 8-1 中可以看到，当后触发型触发器执行时，引发触发器执行的数据操作语句已经执行完成，因此，如果该操作语句不符合数据完整性约束，则在触发器中必须撤销该操作。

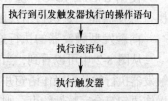

图 8-1 后触发型触发器执行过程

1. 维护不同表数据之间的取值约束

例 10 针对 8.2 节给出的职工表和工作表，限制职工工资必须在相应工作的最低工资到最高工资之间。

```
CREATE Trigger tri_Salary
  ON 职工表 AFTER INSERT, UPDATE
AS
  IF EXISTS(SELECT * FROM 职工表 a JOIN 工作表 b
            ON a.工作编号= b.工作编号
            WHERE 工资 NOT BETWEEN 最低工资 AND 最高工资)
     ROLLBACK    --撤销操作
```

注意：　　触发器与引发触发器执行的操作共同构成了一个事务，事务是一个完整的工作单元，其中包含的操作要么全部完成，要么全部不完成，事务的详细概念将在第 12 章介绍。事务的开始是引发触发器执行的操作，事务的结束是触发器的结束。由于 AFTER 型触发器在执行时，引发触发器执行的操作已经执行完了，因此，在触发器中应使用 ROLLBACK 撤销不正确的操作，这里的 ROLLBACK 实际是回滚到引发触发器执行的操作之前的状态，也就是撤销了违反完整性约束的操作。

2. 维护关系完整性——级联更新

许多大型数据库管理系统都支持对数据的级联更新功能，但有些数据库管理系统并不支持级联更新功能，这时可以用触发器来实现。

例 11 针对 8.2 节给出的职工表和工作表，实现工作表到工作编号与职工表的工作编号的级联更新。

```
CREATE Trigger tri_Salary
  ON 工作表 AFTER UPDATE
AS
  UPDATE 职工表 SET 工作编号= (          --改为新工作编号
    SELECT 工作编号 FROM INSERTED )
    WHERE 工作编号 IN (                  --对旧的工作编号
      SELECT 工作编号 FROM DELETED )
```

注意: 当两个表之间有外码约束时，默认情况下，不能通过后触发型触发器实现主码和外码的级联更新。因为数据库管理系统对数据的增、删、改操作都是先检查约束，符合约束时才执行数据操作，执行操作之后才会引发后触发型触发器的执行。

8.5.3 前触发型触发器

使用 INSTEAD OF 选项定义的触发器为前触发型触发器。在这种模式的触发器中，指定执行触发器而不是执行引发触发器执行的 SQL 语句，从而替代引发语句的操作。

前触发型触发器的执行过程如图 8-2 所示。

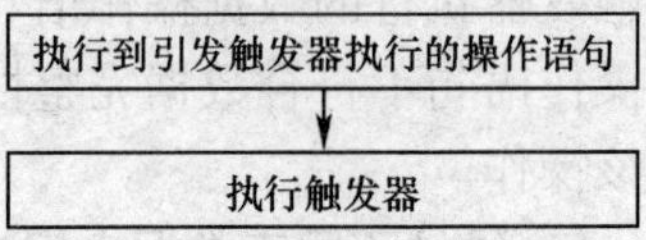

从图 8-2 中可以看到，当前触发型触发器执行时。引发触发器执行的数据操作语句并没有执行。因此，如果该数据操作语句符合完整性约束，则在触发器中需要重做该操作。

在表或视图上，每个 INSERT、UPDATE 或 DELETE 操作最多可以定义一个 INSTEAD OF 触发器。

图 8-2 前触发型触发器执行过程

例 12 用前触发器实现例 10 限制职工工资必须在相应工作的最低工资到最高工资之间。

```
CREATE Trigger tri_Salary
  ON 职工表 INSTEAD OF INSERT
AS
  IF NOT EXISTS(SELECT * FROM 职工表 a JOIN 工作表 b
                ON a.工作编号 = b.工作编号
                  WHERE 工资 NOT BETWEEN 最低工资 AND 最高工资)
      INSERT INTO 职工表 SELECT * FROM INSERTED   --重做操作
```

8.5.4 删除触发器

删除触发器的语句是 DROP TRIGGER，其语法格式如下。

```
DROP TRIGGER 触发器名
```

例 13 删除触发器 tri1。

```
DROP TRIGGER tri1
```

小 结

本章介绍了有关数据完整性的概念和实现完整性约束的方法。数据完整性是数据库中的一个非常重要的特征，要使数据库中的数据符合应用语义，必须要保证数据的完整性，包括数据的实体完整性、引用完整性和用户定义的完整性。

实现数据完整性约束有两种方法，一种是作为表定义的一部分来实现，用这种方法实现主键约束（PRIMARY KEY）、外键约束（FOREIGN KEY）、唯一值约束（UNIQUE）、默认值约束（DEFAULT）和限制列取值范围的 CHECK 约束。除外键约束可以引用其他表外，其他的几个约束都局限在一张表中，不能引用其他的表。因此，当限制列取值范围的约束涉及多张表时，就必须使用第二种方法——触发器来实现。

触发器可以实现复杂的完整性约束条件，它与作为表定义一部分的完整性约束相比功能更强，但触发器的执行效率不如作为表定义一部分的约束高，而且维护触发器会增加系统开销。因此，一般情况下，能作为表定义一部分实现的约束，就不用触发器实现。

触发器分为前触发和后触发两种，后触发型触发器是在引发触发器执行的操作语句执行完成之后执行，因此在这种类型的触发器中，当发现该操作违反了完整性约束时，必须撤销该操作。前触发型触发器是在引发触发器执行的操作语句之前执行，因此，当该操作符合完整性约束时，在触发器中必须重复执行该操作，否则这个操作是没有作用的。

要设计和实现一个实用的数据库应用系统，必须仔细考虑数据的完整性约束，以避免出现数据库中存储的数据与现实情况不符的情况。

习　题

1. 数据完整性约束的含义是什么？有哪些完整性约束？每个完整性约束的作用是什么？
2. 在一个表上可以定义几个主键约束？几个唯一值约束？
3. 唯一值约束可以限制多个列取值组合起来不重复吗？请举例说明。
4. 在一个表上可以定义几个默认值约束？在一个列上可以定义几个默认值约束？
5. 为描述顾客的订购情况，定义了如下两张表。

顾客表
　　顾客 ID　普通编码定长字符型，长度为 10，非空。
　　顾客名　普通编码定长字符型，长度为 10。
　　电话　普通编码定长字符型，长度为 12。
　　地址　普通编码可变长字符型，最长为 30。
　　社会保险号码　普通编码定长字符型，长度为 15。
　　注册日期　小日期时间型。

　订购表
　　商品 ID　普通编码定长字符型，长度为 15，非空。
　　商品名称　普通编码可变长字符型，长度为 20，非空。
　　顾客 ID　普通编码定长字符型，长度为 10，非空。
　　订货日期　小日期时间型，非空。
　　订购数量　整型，非空。
　　交货日期　小日期时间型。

分别用 CREATE TABLE 语句和 ALTER TABLE 语句实现如下约束。

（1）为顾客表和订购表添加主键约束，顾客表的主键为顾客 ID，订购表的主键为（商品 ID、顾客 ID、订货日期）。

（2）为订购表添加外键约束，限制订购表的顾客必须来自于顾客表。

（3）限制顾客表电话号码的形式为：三位区号-8 位电话号码，且每一位均为数字。

（4）当顾客没有提供地址值时，使用默认值：'UNKNOWN'。

（5）限制订购表的"订购数量"必须大于 0。

（6）限制订购表的"订货日期"必须早于"交货日期"。

（7）限制顾客表的"社会保险号码"取值不能重复。

6. 触发器的作用是什么？前触发和后触发的主要区别是什么？

7. 插入操作产生的临时工作表叫什么？它存放的是什么数据？

8. 删除操作产生的临时工作表叫什么？它存放的是什么数据？

9. 更改操作产生的两个临时工作表叫什么？它们分别存放的是什么数据？

10. 对第 5 题建立的顾客表和订购表，创建满足如下要求的触发器。

（1）订购表的"订货日期"大于等于顾客表的"注册日期"。

（2）当更改顾客表的"顾客 ID"时，一起更改订购表的"顾客 ID"。

第Ⅱ篇 设计篇

如何使设计的关系表数据冗余最少，如何尽可能防止因数据库设计缺陷而造成的数据操作异常，这些都是数据库设计要解决的问题。数据库设计以关系规范化理论为指导，同时所设计的模型应能以直观的形式展示给客户，以衡量数据库设计正确与否。本篇讲解数据库设计的全部过程，包括关系规范化理论、实体-联系模型以及其他一些设计技术。具体如下：

第 9 章　关系规范化理论。本章全面介绍规范化理论所涉及的内容，包括为什么要进行规范化、规范化的目的和结果，详细介绍从第一范式到第五范式的概念、每个范式能够解决的问题，并用一个图表总结了各规范化步骤解决的问题和产生的结果。在本章的最后给出了模式分解的准则以及分解过程中应注意的事项。

第 10 章　实体-联系（E-R）模型。本章首先介绍了实体的分类、联系的特性以及属性的划分，实体之间的联系约束，然后介绍了 E-R 模型可能存在的问题，比如扇形陷阱和深坑陷阱。

第 11 章　数据库设计。本章从数据库需求分析、结构设计和行为设计几个方面详细介绍了数据库设计的全部过程。

第 9 章
关系规范化理论

数据库设计是数据库应用领域中的主要研究课题，其任务是在给定的应用环境下，创建满足用户需求且性能良好的数据库模式、建立数据库及其应用系统，使之能有效地存储和管理数据，满足某公司或部门各类用户业务的需求。

数据库设计需要理论指导，关系数据库规范化理论就是数据库设计的一个理论指南。规范化理论研究的是关系模式中各属性之间的依赖关系及其对关系模式性能的影响，探讨"好"的关系模式应该具备的性质，以及达到"好"的关系模式的方法。规范化理论提供了判断关系模式好坏的理论标准，帮助我们预测可能出现的问题，是数据库设计人员的有力工具，同时也使数据库设计工作有了严格的理论基础。

本章将主要讨论关系数据库规范化理论，讨论如何判断一个关系模式是否是好的关系模式，以及如何将不好的关系模式转换成好的关系模式，并能保证所得到的关系模式仍能表达原来的语义。

9.1 函 数 依 赖

数据的语义不仅表现为完整性约束，对关系模式的设计也提出了一定的要求。针对一个实际应用业务，如何构建合适的关系模式，应构建几个关系模式，每个关系模式由哪些属性组成等，这些都是数据库设计问题，确切地讲是关系数据库的逻辑设计问题。

下面介绍关系模式中各属性之间的依赖关系。

9.1.1 基本概念

函数是我们非常熟悉的概念，对公式

$$Y=f(X)$$

自然也不会陌生，但是大家熟悉的是 X 和 Y 在数量上的对应关系，即给定一个 X 值，都会有一个 Y 值和它对应。也可以说，X 函数决定 Y，或 Y 函数依赖于 X。在关系数据库中讨论函数或函数依赖注重的是语义上的关系，如

$$省=f(城市)$$

只要给出一个具体的城市值，就会有唯一的省值和它对应，如"武汉市"在"湖北省"，这里"城市"是自变量 X，"省"是因变量或函数值 Y。并且把 X 函数决定 Y，或 Y 函数依赖于 X 表示如下。

$$X \rightarrow Y$$

根据以上讨论可以写出较直观的函数依赖定义，即如果有一个关系模式 $R(A_1, A_2, \cdots, A_n)$，X 和 Y 为 $\{A_1, A_2, \cdots, A_n\}$ 的子集，那么对于关系 R 中的任意一个 X 值，都只有一个 Y 值与之对应，则称 X 函数决定 Y 或 Y 函数依赖于 X。

例如，对学生关系模式 Student（Sno, Sname, Sdept, Sage）有以下依赖关系。

Sno→Sname,　　Sno→Sdept,　　Sno→Sage

对学生选课关系模式：SC（Sno, Cno, Grade）有以下依赖关系。

（Sno, Cno）→Grade

显然，函数依赖讨论的是属性之间的依赖关系，它是语义范畴的概念，也就是说关系模式的属性之间是否存在函数依赖只与语义有关。下面对函数依赖给出严格的形式化定义。

定义　设有关系模式 $R(A_1, A_2, \cdots, A_n)$，X 和 Y 均为 $\{A_1, A_2, \cdots, A_n\}$ 的子集，r 是 R 的任一具体关系，t_1、t_2 是 r 中的任意两个元组。如果由 $t_1[X]=t_2[X]$ 可以推导出 $t_1[Y]=t_2[Y]$，则称 X 函数决定 Y，或 Y 函数依赖于 X，记为 $X \rightarrow Y$。

在以上定义中特别要注意，只要

$$t_1[X]=t_2[X] \Rightarrow t_1[Y]=t_2[Y]$$

成立，就有 $X \rightarrow Y$。也就是说，只有当 $t_1[X]=t_2[X]$ 为真，而 $t_1[Y]=t_2[Y]$ 为假时，函数依赖 $X \rightarrow Y$ 不成立；而当 $t_1[X]=t_2[X]$ 为假时，不管 $t_1[Y]=t_2[Y]$ 为真或为假，都有 $X \rightarrow Y$ 成立。

9.1.2　一些术语和符号

下面给出本章中使用的一些术语和符号。设有关系模式 $R(A_1, A_2, \cdots, A_n)$，X 和 Y 均为 $\{A_1, A_2, \cdots, A_n\}$ 的子集，则有以下结论。

① 如果 $X \rightarrow Y$，但 Y 不包含于 X，则称 $X \rightarrow Y$ 是非平凡的函数依赖。如不作特别说明，我们总是讨论非平凡函数依赖。

② 如果 Y 不函数依赖于 X，则记作 $X \overset{}{\longrightarrow}\!\!\!/\ Y$。

③ 如果 $X \rightarrow Y$，则称 X 为决定因子。

④ 如果 $X \rightarrow Y$，并且 $Y \rightarrow X$，则记作 $X \leftarrow\!\!\!\rightarrow Y$。

⑤ 如果 $X \rightarrow Y$，并且对于 X 的一个任意真子集 X' 都有 $X' \longrightarrow\!\!\!/\ Y$，则称 Y 完全函数依赖于 X，记作 $X \overset{f}{\longrightarrow} Y$；如果 $X' \rightarrow Y$ 成立，则称 Y 部分函数依赖于 X，记作 $X \overset{p}{\longrightarrow} Y$。

⑥ 如果 $X \rightarrow Y$（非平凡函数依赖，并且 $Y \longrightarrow\!\!\!/\ X$）、$Y \rightarrow Z$，则称 Z 传递函数依赖于 X。

例1　假设有关系模式 SC（Sno, Sname, Cno, Credit, Grade），其中各属性分别为学号、姓名、课程号、学分和成绩，主键为（Sno, Cno），则函数依赖关系如下。

Sno→Sname　　　　　　　　　姓名函数依赖于学号

（Sno, Cno）$\overset{p}{\longrightarrow}$ Sname　　　　姓名部分函数依赖于学号和课程号

（Sno, Cno）$\overset{f}{\longrightarrow}$ Grade　　　　成绩完全函数依赖于学号和课程号

例2　假设有关系模式 S（Sno, Sname, Dept, Dept_master），其中各属性分别为学号、姓名、所在系和系主任（假设一个系只有一个主任），主键为 Sno，则函数依赖关系如下。

Sno $\overset{f}{\longrightarrow}$ Sname　　　　　　　姓名完全函数依赖于学号

由于

Sno $\overset{f}{\longrightarrow}$ Dept　　　　　　　　所在系完全函数依赖于学号

Dept $\overset{f}{\longrightarrow}$ Dept_master　　　　系主任完全函数依赖于系

所以

Sno $\xrightarrow{\text{传递}}$ Dept_master   系主任传递函数依赖于学号

函数依赖是数据的重要性质，关系模式应能反映这些性质。

9.1.3 为什么讨论函数依赖

讨论属性之间的关系和讨论函数依赖有什么必要呢？我们通过例子来说明。

假设有描述学生选课及住宿情况的关系模式如下。

S-L-C（Sno,Sname,Ssex,Sdept,Sloc,Cno,Grade）

其中，各属性分别为学号、姓名、性别、学生所在系、学生所住宿舍楼、课程号和考试成绩。每个系的学生都住在同一栋楼里，（Sno,Cno）为主键。

观察表 9-1 所示的数据，看看这个关系模式存在什么问题。

表 9-1   S-L-C 模式的部分数据示例

Sno	Sname	Ssex	Sdept	Sloc	Cno	Grade
0811101	李勇	男	计算机系	2公寓	C001	96
0811101	李勇	男	计算机系	2公寓	C002	80
0811101	李勇	男	计算机系	2公寓	C003	84
0811101	李勇	男	计算机系	2公寓	C005	62
0811102	刘晨	男	计算机系	2公寓	C001	92
0811102	刘晨	男	计算机系	2公寓	C002	90
0811102	刘晨	男	计算机系	2公寓	C004	84
0821102	吴宾	女	信息管理系	1公寓	C001	76
0821102	吴宾	女	信息管理系	1公寓	C004	85
0821102	吴宾	女	信息管理系	1公寓	C005	73
0821102	吴宾	女	信息管理系	1公寓	C007	
0821103	张海	男	信息管理系	1公寓	C001	50
0821103	张海	男	信息管理系	1公寓	C004	80
0831103	张珊珊	女	通信工程系	1公寓	C004	78
0831103	张珊珊	女	通信工程系	1公寓	C005	65
0831103	张珊珊	女	通信工程系	1公寓	C007	

由这个表可以发现如下问题。

● 数据冗余问题：在这个关系中，学生所在系和其所住宿舍楼的信息有冗余，因为一个系有多少个学生，这个系所对应的宿舍楼的信息就至少要重复存储多少遍。学生基本信息（包括学生学号、姓名、性别和所在系）也有重复，一个学生修了多少门课，他的基本信息就重复多少遍。

● 数据更新问题：如果某一学生从计算机系转到了信息管理系，那么不但要修改此学生的 Sdept 列的值，而且还要修改其 Sloc 列的值，从而使修改复杂化。

● 数据插入问题：虽然新成立了某个系，并且确定了该系学生的宿舍楼，即已经有了 Sdept 和 Sloc 信息，却不能将这个信息插入到 S-L-C 表中，因为这个系还没有招生，其 Sno

和 Cno 列的值均为空，而 Sno 和 Cno 是这个表的主键，不能为空。

- 数据删除问题：如果一名学生最初只选修了一门课，之后又放弃了，那么应该删除该学生选修此门课程的记录。但由于这个学生只选了一门课，因此，删除此学生选课记录的同时也就删除了此学生的其他基本信息。

类似的问题统称为操作异常。为什么会出现以上种种操作异常呢？是因为这个关系模式没有设计好，它的某些属性之间存在"不良"的函数依赖关系。如何改造这个关系模式并克服以上种种问题是关系规范化理论要解决的问题，也是我们讨论函数依赖的原因。

解决上述种种问题的方法就是进行模式分解，即把一个关系模式分解成两个或多个关系模式，在分解的过程中消除那些"不良"的函数依赖，从而获得良好的关系模式。

9.1.4　函数依赖的推理规则

尽管我们将注意力集中在非平凡函数依赖上，但一个关系的函数依赖的完整集合仍然可能是很大的，因此找到一种方法来减少函数依赖集合的规模是非常重要的。理想情况是（理论上）希望确定一组函数依赖（表示为 X），但这组函数依赖的规模要比完整的函数依赖集合（表示为 Y）小的多，而且 Y 中的每个函数依赖都可以通过 X 中的函数依赖表示。因此，如果满足 X 中的函数依赖定义的完整性约束，则也必然满足 Y 中定义的函数依赖定义的完整性约束。这种想法表明必须可以从一些函数依赖推导出另外一些函数依赖。例如，如果关系中存在函数依赖：A→B 和 B→C，那么函数依赖 A→C 在这个关系中也是成立的。A→C 就是一个传递依赖的例子。

如何才能确定关系中有用的函数依赖呢？通常，我们是先确定那些语义上非常明显的函数依赖。但是，经常还会有大量的其他函数依赖。事实上，在实际的数据库项目中要确定所有可能的函数是不现实的。我们要讨论的是用一种方法来帮助确定关系的完整的函数依赖集合，并讨论如何得到一个表示完整函数依赖的最小函数依赖集。

从一个函数依赖集 X 推导出的所有函数依赖的集合称为 X 的闭包，记为 X^+。需要有一些规则来帮助计算 X^+。Armstrong 公理系统包含了一组推导规则，这些规则确定了如何从已知的函数依赖推导出新的函数依赖（Armstrong，1974）。

在下面的讨论中，假设 A、B、C 都是关系 R 的子集，Armstrong 公理如下。

① 自反性：如果 B 是 A 的子集，则 A→B。

② 增广性：如果 A→B，则 A,C→B,C。

③ 传递性：如果 A→B 并且 B→C，则 A→C。

这三条规则都可以使用函数依赖的概念直接证明。当给定一个函数依赖的集合 X，使用这三条规则可以推导出所有通过 X 确定的函数依赖，这时候这些规则是完备的。由于使用这些规则不会推导出不能通过 X 确定的函数依赖，因此这些规则又是充分的。也就是说，这些规则可以用来计算 X 的闭包 X^+。

从上面的三条规则还可以推导出下面的几条规则，这些规则简化了计算 X^+ 的过程。在下面的规则中，D 也是关系 R 的子集。

④ 自确定性：A→A。

⑤ 可分解性：如果 A→B,C，则 A→B 和 A→C。

⑥ 合并性：如果 A→B 和 A→C，则 A→B,C。

⑦ 组合性：如果 A→B 和 C→D，则 A,C→B,D。

规则①自反性和规则④自确定性表明一组属性总是能决定它的所有子集和它自己。由于使用这个规则产生的函数依赖总是成立的，因此这些依赖是平凡的，是没有用处的。规则②增广性表明在函数依赖的两边同时增加一组相同的属性后得到的依赖仍然是有效的函数依赖。规则③传递性表明函数依赖是可以传递的。规则⑤可分解性表明可以将函数依赖右边的一部分属性移除，得到的依赖还是正确的。重复使用这个规则，可以将函数依赖：

A→B，C，D

分解成函数依赖：

A→B，A→C 和 A→D

规则⑥合并性表明可以将规则⑤描述的过程反过来进行，即可以将函数依赖：

A→B，A→C 和 A→D

合并成函数依赖：

A→B，C，D

规则⑦组合性比规则⑥更一般化，它表明可以将一组不重叠的函数依赖连接起来构成另一个正确的函数依赖。

在开始确定一个关系的函数依赖集合 F 时，首先是确定那些语义上非常明显的函数依赖，然后，应用 Armstrong 公理（规则①到规则③）从这些函数依赖推导出附加的正确的函数依赖。确定这些附加的函数依赖的一种系统化方法是首先确定每一组会在函数依赖左边出现的属性组 A，然后确定所有依赖于 A 的属性组。这样，对每一组属性 A^+，都可以确定 A 是基于 F 函数确定的，A^+ 称为 A 在 F 下的闭包。

9.1.5 最小函数依赖集

本节介绍函数依赖的等价集合。对于一组函数依赖 Y 和另一组函数依赖 X，如果 Y 中的每个函数依赖都在 X^+ 中，也就是说，Y 中的每个函数依赖都可以从 X 推导出，则称 Y 被 X 覆盖。

如果 X 满足如下条件，则称 X 是最小的函数依赖集。

- X 中每个函数的右边都只有一个属性。
- 对 X 中的任何函数依赖 A→B，都不存在 A 的一个真子集 C，使得用函数依赖 C→B 代替函数依赖 A→B 后得到和原来的 X 等价的一组依赖。
- 从 X 中移出任何一个函数依赖都无法再得到和原来的 X 等价的一组函数依赖。

条件 1 确保每个函数依赖都符合标准的形式，条件 2 和条件 3 确保这些函数依赖中没有冗余。

例 3 确定关系 S-L-C（Sno,Sname,Ssex,Sdept,Sloc,Cno,Grade）的最小函数依赖集。

Sno →Sname

Sno →Ssex

Sno →Sdept

Sdept →Sloc

(Sno,Cno) →Grade

这些函数满足上面三个条件，并构成了 S-L-C 关系的到最小函数依赖集。

9.2　关系规范化中的一些基本概念

关系规范化是一种形式化的技术，它利用主键和候选键以及属性之间的函数依赖来分析关系（Codd，1972），这种技术包括一系列作用于单个关系的测试，一旦发现某关系未满足规范化要求，就分解该关系，直到满足规范化要求。

规范化的过程被分解成一系列的步骤，每一步都对应某一个特定的范式。随着规范化的进行，关系的形式将逐步地变得更加规范，表现为具有更少的操作异常。对于关系数据模型，应该认识到建立关系时只有第一范式（1NF，是必需的，后续的其他范式都是可选的。但为了避免出现前边所说的操作异常情况，通常需要将规范化进行到第三范式（3NF））。图 9-1 说明了各种范式之间的联系，从图中可以看到，1NF 的关系也是 2NF 的，2NF 的关系也是 3NF 的。

下面我们首先介绍关系中的键、候选键和外键的概念，然后介绍规范化过程。

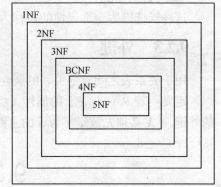

图 9-1　各范式之间的关系

9.2.1　关系模式中的键

设 U 表示关系模式 R 的属性全集，即 $U=\{A_1, A_2, \cdots, A_n\}$，$F$ 表示关系模式 R 上的函数依赖集，则关系模式 R 可表示为 R(U, F)。

9.2.2　候选键

定义　设 K 为 R (U, F) 中的属性或属性组，若 $K \xrightarrow{\ f\ } U$，则 K 为 R 的候选键。（K 为决定 R 中全部属性值的最小属性组。）

主键：关系 R (U, F) 中可能有多个候选键，则选其中一个作为主键。

全键：候选键为整个属性组。

主属性与非主属性：在 R(U, F) 中，包含在任一候选键中的属性称为主属性，不包含在任一候选键中的属性称为非主属性。

例 4　学生表（学号，姓名，性别，身份证号，年龄，所在系）

候选键：学号，身份证号。

主键："学号"或者是"身份证号"。

主属性：学号，身份证号。

非主属性：姓名，性别，年龄，所在系。

例 5　学生选课（学号，课程号，考试次数，成绩），设一个学生对一门课程可以有多次考试，每一次考试有一个考试成绩。

候选键：（学号，课程号，考试次数），也为主键。

主属性：学号，课程号，考试次数

非主属性：成绩。

例 6 教师_课程（教师号，课程号，学年），其语义为：一位教师在一个学年可以讲授多门不同的课程，可以在不同学年对同一门课程讲授多次，但不能在同一个学年对同一门课程讲授多次。一门课程在一个学年可以由多个不同的教师讲授，同一个学年可以开设多门课程，同一门课程可以在不同学年开设多次。

候选键：（教师号，课程号，学年），这里的候选键也是主键。

主属性：教师号，课程号，学年。

非主属性：无。

这种候选键为全部属性的表称为全键表。

9.2.3　外键

用于关系表之间建立关联的属性（组）称为外键。

定义　若 $R(U, F)$ 的属性（组）X（X 属于 U）是另一个关系 S 的主键，则称 X 为 R 的外键。（X 必须先被定义为 S 的主键。）

9.3　范　式

9.1.3 节介绍了设计"不好"的关系模式会带来的问题，本节将讨论"好"的关系模式应具备的性质，即关系规范化问题。

关系数据库中的关系要满足一定的要求，满足不同程度的要求即为不同的范式。满足最低要求的关系称为第一范式，即 1NF。在第一范式中进一步满足一些要求的关系称为第二范式，即 2NF，依此类推，还有第三范式（3NF）、Boyce-Codd 范式（简称 BC 范式，BCNF）、第四范式（4NF）和第五范式（5NF）。

所谓"第几范式"是表示关系模式满足的条件，所以经常称某一关系模式为第几范式的关系模式。这个模式也可以理解为符合某种条件的关系模式的集合，因此，R 为第二范式的关系模式也可以写为：$R \in 2NF$。

对关系模式的属性间的函数依赖加以不同的限制，就形成了不同的范式。这些范式是递进的，第一范式的表比不是第一范式的表要好；第二范式的表比第一范式的表好……使用这种方法的目的是从一个表或表的集合开始，逐步产生一个与初始集合等价的表的集合（指提供同样的信息）。范式越高，规范化的程度越高，关系模式就越好。

规范化的理论首先由 E. F. Codd 于 1971 年提出，目的是设计"好的"关系数据库模式。关系规范化实际上就是对有问题（操作异常）的关系进行分解，从而消除这些异常。

9.3.1　第一范式

定义　不包含重复组的关系（即不包含非原子项的属性）是第一范式（1NF）的关系。

表 9-2 和表 9-3 所示表不是第一范式关系（也称为非规范化表或非范式表，unnormalized table），因为在表 9-2 中，"高级职称人数"不是基本的数据项，它是由两个基本数据项组成的一个复合数据项。而在表 9-3 中，"学号"、"姓名"和"所在系"都不是基本数据项。

表 9-2   非第一范式的表

系 名 称	高级职称人数	
	教授	副教授
计算机系	6	10
信息管理系	3	5
通信工程系	4	8

表 9-3   非第一范式的表

学 号	姓 名	所 在 系	课程号	成 绩
0811101	李勇	计算机系	C001	96
			C002	80
			C003	64
			C005	82
0821102	吴宾	信息管理系	C001	76
			C004	85
			C005	73
			C007	NULL

对于表 9-2 所示的这种形式的非规范化表，可以直接将重复组数据项表示为最小数据项，即可成为第一范式的表，如表 9-4 所示。

表 9-4   表 9-2 规范化成第一范式的表

系 名 称	教 授 人 数	副教授人数
计算机系	6	10
信息管理系	3	5
通信工程系	4	8

对于表 9-3 所示的非规范化表，可用如下两种方法之一将其转换为第一范式的表。

① 通过在包含重复数据的行的空列中输入合适的数据，从而消除重复组，即在每一行和每一列的相交部分的空列中填入合适的数据。这种方法通常被看做是对表的修平（flattening）。但用这种方法消除重复组会在关系中造成数据冗余，这些冗余可在后续的规范化过程中消除。

② 通过将关系中的重复数据列移到一个独立的新关系中，同时将原来的关键字属性也复制到这个新关系中，并在原表中删除被复制的重复数据列，形成新的关系。有时，不规范表可能包含不止一个重复组，或者重复组里又有重复组，这种情况下，可以重复这一方法直到不存在重复组为止。最后得到的一组关系如果都没有重复组，则它们就都符合 1NF。

用方法 1 填充表 9-3 所示表后得到的关系如表 9-5 所示，用方法 2 得到的关系如表 9-6（1）和表 9-6（2）所示。

这两种方法都是正确的，但第二种方法产生的关系数据冗余更少。如果用第一种方法，则得到的 1NF 关系还要在接下来的规范化过程中被进一步分解成更小的关系。通过这两种方法最终得到的关系是一样的。

表 9-5　　　　　　　　　　　填充表 9-3 空列位置的值后得到的关系

学　　号	姓　　名	所中系	课程号	成　　绩
0811101	李勇	计算机系	C001	96
0811101	李勇	计算机系	C002	80
0811101	李勇	计算机系	C003	64
0811101	李勇	计算机系	C005	82
0821102	吴宾	信息管理系	C001	76
0821102	吴宾	信息管理系	C004	85
0821102	吴宾	信息管理系	C005	73
0821102	吴宾	信息管理系	C007	NULL

表 9-6（1）　　　　　　　　　　复制重复数据列后得到的关系

学　　号	课　程　号	成　　绩
0811101	C001	96
0811101	C002	80
0811101	C003	64
0811101	C005	82
0821102	C001	76
0821102	C004	85
0821102	C005	73
0821102	C007	NULL

表 9-6（2）　　　　　　　　　去掉重复数据列后原表形成的关系

学　　号	姓　　名	所　在　系
0811101	李勇	计算机系
0821102	吴宾	信息管理系

9.3.2　第二范式

第二范式基于完全函数依赖的概念，因此在介绍第二范式之前，先回顾一下完全函数依赖。完全函数依赖的直观描述如下。

假设 A 和 B 是某个关系中的属性组，如果 B 函数依赖于 A，但不函数依赖于 A 的任一真子集，则 B 完全函数依赖于 A。

对于函数依赖 A→B，如果移除 A 中的任一属性都使得这种依赖关系不存在，则 A→B 就是一个完全函数依赖。如果移除 A 中的某个或某些属性，这个依赖仍然成立，那么 A→B 就是一个部分函数依赖。

定义　如果 R(U,F) ∈ 1NF，并且 R 中的每个非主属性都完全函数依赖于主键，则 R(U,F) ∈ 2NF。

从定义可以看出，若某个第一范式关系的主键只由一个列组成，则这个关系就是第二范式关系。但如果某个第一范式关系的主键是由多个属性列共同构成的复合主键，并且存在非主属性对主键的部分函数依赖，则这个关系就不是第二范式关系。

例如，前面所示的 S-L-C（Sno,Sname,Ssex,Sdept,Sloc,Cno,Grade）就不是第二范式关系。

因为（Sno,Cno）是主键，且有 Sno→Sname，所以

（Sno，Cno）$\xrightarrow{\quad p \quad}$ Sname

即存在非主属性对主键的部分函数依赖关系。前面介绍了这个关系存在操作异常，而这些操作异常产生的一个原因就是因为它存在部分函数依赖。

用模式分解的办法可以将非第二范式关系分解为多个第二范式关系。去掉部分函数依赖关系的分解过程如下。

① 用组成主键的属性集合的每一个子集作为主键构成一个关系。

② 将依赖于这些主键的属性放置到相应的关系中。

③ 最后去掉只由主键的子集构成的关系。

例如，对于上述 S-L-C 关系进行分解。

① 将该关系分解为如下 3 个关系（下画线部分表示主键）。

S-L（<u>Sno</u>，…）

C（<u>Cno</u>，…）

S-C（<u>Sno, Cno</u>,…）

② 将依赖于这些主键的属性放置到相应的关系中，形成如下 3 个关系。

S-L（Sno，Sname, Ssex, Sdept, Sloc）

C（Cno）

S-C（Sno, Cno, Grade）

③ 去掉只由主键的子集构成的关系，也就是去掉 C（Cno）关系。S-L-C 关系最终被分解的形式如下。

S-L（Sno, Sname, Ssex, Sdept, Sloc）

S-C（Sno, Cno, Grade）

现在对分解后的关系再进行分析。

① 分析 S-L 关系，这个关系的主键是（Sno），并且有

Sno$\xrightarrow{\ f\ }$Sname，Sno$\xrightarrow{\ f\ }$Ssex，Sno$\xrightarrow{\ f\ }$Sdept，Sno$\xrightarrow{\ f\ }$Sloc

所以 S-L 是第二范式关系。

② 分析 S-C 关系，这个关系的主键是（Sno, Cno），并且有

（Sno, Cno）$\xrightarrow{\ f\ }$Grade，

所以 S-C 也是第二范式关系。

下面分析分解后的 S-L 关系和 S-C 关系。先讨论 S-L 关系，现在这个关系包含的数据如表 9-7 所示。

表 9-7　　　　　　　　　　　　S-L 关系的部分数据示例

Sno	Sname	Ssex	Sdept	Sloc
0811101	李勇	男	计算机系	2 公寓
0811102	刘晨	男	计算机系	2 公寓
0821102	吴宾	女	信息管理系	1 公寓
0821103	张海	男	信息管理系	1 公寓
0831103	张珊珊	女	通信工程系	1 公寓

从表 9-7 所示的数据可以看到，一个系有多少个学生，就会重复描述每个系和其所在宿舍楼多少遍，因此还存在数据冗余，也存在操作异常。例如，当新组建一个系时，如果此系

还没有招收学生，但已分配了宿舍楼，则还是无法将此系的信息插入到数据库中，因为这时的学号为空。

由此看到，第二范式的关系同样还可能存在操作异常情况，还需要对此关系模式进行进一步的分解。

9.3.3 第三范式

定义 如果 $R(U,F) \in 2NF$，并且所有的非主属性都不传递依赖于主键，则 $R(U,F) \in 3NF$。

从定义可以看出，如果存在非主属性对主键的传递依赖，则相应的关系模式就不是第三范式的。以关系模式 S-L（Sno, Sname, Ssex, Sdept, Sloc）为例，因为有

Sno→Sdept，Sdept→Sloc

所以

Sno $\xrightarrow{\text{传递}}$ Sloc

从前面的分析可知，当关系中存在传递函数依赖时，这个关系仍然有操作异常，因此，还需要对其进一步分解，使其成为第三范式关系。

去掉传递函数依赖关系的分解过程如下。

① 对于不是候选键的每个决定因子，从表中删去依赖于它的所有属性。

② 新建一个关系，新关系中包含原关系中所有依赖于该决定因子的属性。

③ 将决定因子作为新关系的主键。

S-L 分解后的关系模式如下。

S-D（Sno, Sname, Ssex, Sdept），主键为 Sno。

S-L（Sdept, Sloc），主键为 Sdept。

对 S-D，有：Sno $\xrightarrow{f}$ Sname，Sno $\xrightarrow{f}$ Ssex，Sno $\xrightarrow{f}$ Sdept，因此 S-D 是第三范式的。

对 S-L，有：Sdept $\xrightarrow{f}$ Sloc，因此 S-L 也是第三范式的。

对 S-C（Sno, Cno, Grade）关系，这个关系的主键是（Sno，Cno），并且有

（Sno, Cno）$\xrightarrow{f}$ Grade

因此 S-C 也是第三范式的。

至此，S-L-C（Sno, Sname, Ssex, Sdept, Sloc, Cno, Grade）关系模式分解为 3 个关系模式，每个关系模式都是第三范式的。模式分解之后，原来在一个关系中表达的信息被分解在 3 个关系中表达，因此，为了能够表达分解前关系的语义，分解后除了要标识主键之外，还要标识相应的外键，如下所示。

S-D（Sno, Sname, Ssex, Sdept），Sno 为主键，Sdept 为引用 S-L 表的外键。

S-L（Sdept, Sloc），Sdept 为主键，没有外键。

S-C（Sno, Cno, Grade），（Sno，Cno）为主键，Sno 为引用 S-D 表的外键。

由于第三范式关系模式中不存在非主属性对主键的部分依赖和传递依赖关系，因而在很大程度上消除了数据冗余和更新异常。在数据库设计中，一般要求达到第三范式即可。

9.3.4 Boyce-Codd 范式

关系数据库设计的目的是消除部分依赖和传递依赖，因为这些依赖会导致更新异常。到目前为止，我们讨论的第二范式和第三范式都不允许存在对主键的部分依赖和传递依赖，但这些定义并没有考虑对候选键的依赖问题。如果只考虑对主键属性的依赖关系，则在第三范

式的关系中有可能存在会引起数据冗余的函数依赖。第三范式的这些不足导致了另一种更强范式的出现，即 Boyce-Codd 范式，简称（BC 范式或 BCNF，Boyce Codd Normal Form）。

BCNF 是由 Boyce 和 Codd 共同提出的，它比 3NF 更进了一步，通常认为 BCNF 是修正的 3NF。它是在考虑了关系中对所有候选键的函数依赖的基础上建立的。

定义　如果 R(U,F)∈1NF，若 X→Y 且 Y⊈X 时 X 必包含候选键，则 R(U,F)∈BCNF。

通俗地讲，当且仅当关系中的每个函数依赖的决定因子都是候选键时，该范式即为 Boyce-Codd 范式（BCNF）。

为了验证一个关系是否符合 BCNF，首先要确定关系中所有的决定因子，然后再看它们是否都是候选键。所谓决定因子是一个属性或一组属性，其他属性完全函数依赖于它。

3NF 和 BCNF 之间的区别在于对一个函数依赖 A→B，3NF 允许 B 是主键属性，而 A 不是候选键。而 BCNF 则要求在这个依赖中，A 必须是候选键。因此，BCNF 也是 3NF，只是更加规范。尽管满足 BCNF 的关系也是 3NF 关系，但 3NF 关系却不一定是 BCNF 的。

看下前面分解的 S-D、S-L 和 S-C 关系，这 3 个关系都是 3NF 的，同时也都是 BCNF 的，因为它们都只有一个决定因子。大多数情况下 3NF 的关系都是 BCNF 的，只有在非常特殊情况下，才会发生违反 BCNF 的情况。下面是有可能违反 BCNF 的情形。

- 关系中包含两个（或更多）复合候选键。
- 候选键有重叠，通常至少有一个重叠的属性。

下面给出一个违法 BCNF 的例子，并说明如何将非 BCNF 关系转换为 BCNF 关系。该示例说明了将 1NF 关系转换为 BCNF 的方法。

设有如表 9-8 所示的职员会见客户关系（ClientInterview），该关系描述了职员对客户的会见情况。包含的属性有：客户号（clientNo）、会见日期（interviewDate）、会见开始时间（interviewTime）、职员号（staffNo）和会见房间号（roomNo）。

其语义为：每个参与会见的职员被分配到一个特定的房间中进行，一个房间在一个工作日内可以被分配多次，但一个职员在特定工作日内只在一个房间会见客户，一个客户在某个特定的日期只能参与一次会见，但可以在不同的日期多次参与会见。

表 9-8　　　　　　　　　　　　　　　　　ClientInterview

clientNo	interviewDate	interviewTime	staffNo	roomNo
C001	2009-10-20	10：30	Z005	R101
G002	2009-10-20	12：00	Z005	R101
G005	2009-10-20	10：30	Z002	R102
G002	2009-10-28	10：30	Z005	R102

ClientInterview 关系有 3 个候选键：（clientNo，interviewDate）、（staffNo，interviewDate，interviewTime）和（roomNo，interviewDate，interviewTime），而且这些候选键都是复合候选键，它们包含一个共同的属性 interviewDate。选择（clientNo，interviewDate）作为该关系的主键。ClientInterview 的关系模式如下。

ClientInterview（<u>clientNo, interviewDate</u>, interviewTime, staffNo, roomNo）

该关系模式具有如下函数依赖关系。

fd1：（clientNo, interviewDate）→ interviewTime, staffNo, roomNo　　　（主键）

fd2：（staffNo, interviewDate, interviewTime）→ clientNo　　　（候选键）

fd3：（roomNo, interviewDate, interviewTime）→ stuffNo, ClientNo　　　（候选键）

fd4：（staffNo, interviewDate） → roomNo

现在对这些函数依赖进行分析以确定 ClientInterview 关系属于第几范式。由于函数依赖 fd1、fd2 和 fd3 的决定因子都是该关系的候选键，因此这些依赖不会带来任何问题。唯一需要讨论的函数依赖是 fd4：（staffNo, interviewDate） → roomNo，尽管（staffNo, interviewDate）不是 ClientInterview 关系的候选键，但由于 roomNo 是候选键（roomNo, interviewDate, interviewTime）中的一个主属性，因此，这个函数依赖是 3NF 所允许的。又由于在主键（clientNo, interviewDate）上没有部分依赖关系或传递依赖关系，因此 ClientInterview 关系是 3NF 的。

但这个范式不是 BCNF 的，因为决定因子（stuffNo, interviewDate）不是该关系的候选键，而 BCNF 要求关系中所有的决定因子都必须是候选键，因此 ClientInterview 关系可能会存在操作异常。例如，当要改变职员"Z005"在 2009 年 10 月 20 日的房间号时就需要更改关系中的两个元组。如果只有一个元组更新了房间号，而另一个元组没有更新，则会导致数据不一致。

为了将 ClientInterview 关系转换为 BCNF，就必须要消除关系中违反 BCNF 的函数依赖，为此，可以将 ClientInterview 关系分解为两个新的符合 BCNF 的关系：Interview 和 StuffRoom，如表 9-9 和表 9-10 所示。

表 9-9 Interview

clientNo	interviewDate	interviewTime	staffNo
C001	2009-10-20	10：30	Z005
G002	2009-10-20	12：00	Z005
G005	2009-10-20	10：30	Z002
G002	2009-10-28	10：30	Z005

表 9-10 StuffRoom

staffNo	interviewDate	roomNo
Z005	2009-10-20	R101
Z002	2009-10-20	R102
Z005	2009-10-28	R102

可以把任何不符合 BCNF 的关系分解成符合 BCNF 的关系，但在任何情况下都将所有关系转化为 BCNF 并不一定是最佳的。例如，在对关系进行分解时，有可能会丢失一些函数依赖，也就是，经过分解会将决定因子和由它决定的属性放置在不同的关系中。这时要满足原关系中的函数依赖是非常困难的，而且一些重要的约束也可能随之丢失。当发生这种情况时，最好的方法就是将规范化过程只进行到 3NF。在 3NF 中，所有的函数依赖都会被保留下来。例如，在上边对 ClientInterview 关系分解的例子中，当将该关系分解为两个 BCNF 后，已经丢失了函数依赖：

(roomNo, interviewDate, interviewTime) → staffNo, clientNo 　　（fd3）

因为这个函数依赖的决定因子已经不在一个关系中了。但我们也应该认识到，如果不消除 fd4 函数依赖：（staffNo, interviewDate） → roomNo，那么在 ClientInterview 关系中就存在数据冗余。

在具体的实际应用过程中，到底应该将 ClientInterview 关系规范化到 3NF，还是规范化到 BCNF，主要由 3NF 的 ClientInterview 关系所产生的数据冗余量与丢失 fd3 函数依赖所造成的影响哪个更重要决定。例如，如果在实际情况中，每个职员每天只会见一次客户，那么，

fd4 函数依赖的存在不会导致数据冗余，因此就不需要将 ClientInterview 关系分解为两个 BCNF 关系，而且也是不必要的。但如果实际情况是，每位职员在一天内可能会多次会见客户，那么 fd4 函数依赖就会造成数据冗余，这时将 ClientInterview 关系规范化为两个 BCNF 可能就更好。但也要考虑丢失 fd3 函数依赖带来的影响，也就是说，fd3 是否传递了关于会见客户的重要信息，并且是否必须在关系中表现这个依赖关系。弄清楚这些问题有助于彻底解决到底是保留所有的函数依赖重要还是消除数据冗余重要。

9.3.5 多值依赖与第四范式

尽管 BCNF 消除了由于函数依赖带来的所有更新异常，但是通过对另一种称为多值依赖的研究表明，这种类型的依赖也会导致数据冗余，从而造成操作异常。例如对表 9-11 所示的商店职工顾客（StoreStuffCustomer）关系就存在操作异常。

表 9-11   StoreStuffCustomer

storeNo	sName	cName
S002	张强	王萍
S002	李清	王萍
S002	张强	钱景
S002	李清	钱景

其中，storeNo 是商店号，sName 是商店职工名，cName 是顾客名。这个关系说明，职工张强和李清在"S002"号商店工作，而顾客王萍和钱景在"S002"号商店购买了商品。该关系是 BCNF。

但在这个关系中，在某商店工作的职工和在某商店买东西的顾客之间没有直接的联系，因此，为保证数据的一致性，必须建立新的元组将每个职工和顾客联系在一起。例如，如果要为"S002"商店新增一名职工，为了保证关系的一致性就必须建立两个新的元组，每个元组对应一名顾客。这是该关系更新异常的一个例子。

造成更新异常的原因是该关系中存在多值依赖的情况。

StoreStuffCustomer 关系中的这个约束就表现为多值，即这个多值依赖的存在是由于 StoreStuffCustomer 关系中存在两个一对多关系（商店和职工以及商店和顾客）。

下面先简要介绍多值依赖，然后介绍这种依赖与第四范式之间的关系。

1. 多值依赖

从上边的例子可以看到，即使一个关系满足 3NF 或者 BCNF，但仍有可能存在问题。为了解决 BCNF 的问题，R.Fagin 提出了多值依赖（MVD）和第四范式（4NF）的思想。多值依赖是指一组值而不是单个值之间的函数依赖。

定义 在关系模式 R<X, Y, Z>中，如果对每个 X 值，都存在一组 Y 值与其对应，而 Y 的这组值又不以任何方式与 Z 相关，则称 Y 多值依赖于 X，记为：X→→Y。

例如，对于表 9-11 所示的关系，其中存在的多值依赖可表示如下。

storeNo→→sName，storeNo→→cName

在多值依赖的定义中，有两个重要概念需要注意。第一，包含多值依赖的关系至少包含 3 个属性；第二，可能有包含两个或更多属性的表，这些属性内部多值依赖于另一个属性，但这样的关系中是不存在多值依赖的，多值依赖必须是数据间彼此相互独立。

函数依赖是指一个属性的值对应另一个属性的唯一值，而多值依赖是指一个属性的值对应另一个属性的多个值。

例7 设有如表 9-12 所示的 StudentBook 关系，该关系表达了下列信息：学生（studentName）从图书馆借阅的图书（book）、图书管理员（librarian）和借阅日期（borrowDate）。该关系包含了 3 个有关学生的多值情况，即所借的图书、图书管理员和借阅日期。

表 9-12 　　　　　　　　　　　　　StudentBook 关系

studentName	librarian	book	borrowDate
李勇	张洪波	数据库系统基础	2009-7-8
李勇	李长亮	软件工程	2009-7-8
王萍	李长亮	计算机网络	2009-9-1
李勇	张洪波	数据库系统基础	2009-11-1
张海	李长亮	计算机网络	2009-8-20
张海	张洪波	计算机网络	2009-11-2
张海	王清	数据通信基础	2009-11-2

但是这个多值的属性间不是相互独立的。图书管理员、学生借出的图书以及图书借阅日期之间明显存在联系。因此，在该关系中不存在多值依赖，而且也不存在信息冗余。例如，学生"李勇"借出图书"数据库系统基础"的信息被记录了两次，但是在不同的借阅日期借的，因此这些信息组成了不同的数据项。

现考虑表 9-13 所示的另一个 CourseStudentBook 关系，这个关系包含学生参加的课程（courseName）、参加课程的学生（studentName）和课程教材（textBooks）。教材是权威人士为每一门课程指定的，也就是说，学生不能选择教材。显然，studentName 和 textBooks 都是关于属性 courseName 的多值属性。因为学生不能影响课程所用的教材，所以关于课程的多值属性间是相互独立的。这样，关系 CourseStudentBook 就包含一个多值依赖。因为是多值依赖，所以它包含了深度的冗余信息，这同表 9-12 所示的 StudentBook 关系不一样。例如，学生"李勇"参加"数据库技术及应用"课程的信息记录了两次，为课程指定教科书的信息也记录多次。

表 9-13 　　　　　　　　　　　　　CourseStudentBook 关系

courseName	studentName	textBooks
数据库技术及应用	李勇	数据库系统基础
数据库技术及应用	李勇	数据库实践教程
数据库技术及应用	王萍	数据库系统基础
数据库技术及应用	王萍	数据库实践教程
电子工程	李勇	数字电路
电子工程	李勇	自动控制原理
通信基础	张海	计算机网络
通信基础	张海	数据通信基础

多值依赖也可以描述为：给定 X 的一个特定值，就有一组完全由 X 值独立决定的 Y 值，

并且不依赖于 R 中剩余属性 Z 的值。因此，只要出现 Y 值不同但 X 值相同的两行，那么在 X 值相同 Z 值不同的各行中，Y 值一定重复。与函数依赖不同，多值依赖不是关系中的信息的特性。实际上，它们依赖于属性构成关系的方式。当多个非简单域的关系被规范化时，多值依赖就会存在。

多值依赖可以进一步分为平凡的（trivial）和非平凡的（nontrivial）。对于关系 R 中的一个多值依赖 A→→B，如果：（a）B 是 A 的子集，或者（b）A∪B = R，则多值依赖 A→→B 就是平凡的。如果（a）和（b）都不满足，则多值依赖 A→→B 就是非平凡的。平凡多值依赖没有规定关系中的约束，而非平凡多值依赖规定了关系中的约束。

表 9-11 所示的 StoreStuffCustomer 关系的多值依赖就是非平凡的，因为在这个关系中，（a）和（b）都不满足。因此，StoreStuffCustomer 关系中存在由这个非平凡多值依赖规定的约束。为了保证属性 sName 和 cName 的一致性，就需要对元组进行重复。

表 9-13 所示的 CourseStudentBook 关系的多值依赖也是非平凡的。

StoreStuffCustomer 和 CourseStudentBook 关系中由于存在非平凡多值依赖，而这些依赖会引起数据冗余，因此这两个关系的结构仍然是"不好"的。因此需要定义一种更"好"的范式来消除这些关系中的操作异常。

2. 第四范式

定义 满足 BCNF 范式并且不包含非平凡多值依赖的关系即为第四范式关系（4NF）。

第四范式的关系防止关系中存在非平凡多值依赖和由于非平凡多值依赖引起的数据冗余，因而是一种比 BCNF 更强的范式。将 BCNF 规范化为第四范式需要消除关系中的多值依赖，这可以通过将多值依赖属性和决定因子的副本移到新的关系中来实现。

例如，对于表 9-11 所示的 StoreStuffCustomer 关系，由于存在非平凡的多值依赖，因此不是 4NF 的。将 StoreStuffCustomer 关系分解为 StoreStuff 和 StoreCustomer 关系，如表 9-14（a）和表 9-14（b）所示。在 StoreStuff 关系中只存在平凡多值依赖 storeNo→→sName，而且在 StoreCustomer 关系中也只存在平凡多值依赖 storeNo→→cName，因此，这两个关系都是 4NF 的。由于 4NF 关系中没有数据冗余，因此也就消除了潜在的操作异常。例如，如果在 S002 商店中增加一名职工，则只需在 StoreStuff 关系中插入一行数据即可。

表 9-14（a）　StoreStuff 关系

storeNo	sName
S002	张强
S002	李清

表 9-14（b）　StoreCustomer 关系

storeNo	cName
S002	王萍
S002	钱景

9.3.6　连接依赖与第五范式

函数依赖、多值依赖和 4NF 并不足以标识所有的数据冗余。让我们考虑表 9-15 所示的 PersonsOnJobSkills 关系，这个关系存储了关于人们在自己的工作中应用他们的所有技能的信息，但只有当工作需要某个技能时，他们才使用特定的或全部的技能。其中 PersonName 表示职工名，skillType 表示技能类型，jobNo 表示工作编号。

表 9-15 所示的 PersonsOnJobSkills 关系是 BCNF 和 4NF 的，但该表也存在异常。例如，拥有"系统分析"和"DBA"技能的职工"李勇"在"J02"工作中用到了这两个技能，因为

"J02"工作需要这两个技能。同样的职工"李勇"在"J01"工作中只用到了"系统分析"这个技能，因为 J01 工作只需要"系统分析"技能，而不需要"DBA"技能。因此，如果删除（李勇，DBA，J02）元组，则也必须删除（李勇，系统分析，J02）元组，因为如果某个工作需要某些技能的话，这个职工必须应用他的所有技能。显然存在操作异常。

表 9-15   PersonsOnJobSkills 关系

personName	skillType	jobNo
李勇	系统分析	J01
李勇	系统分析	J02
李勇	DBA	J02
李勇	DBA	J03
刘晨	DBA	J03
张海	系统分析	J01

通过连接依赖（JD）和第五范式（5NF）可以消除多值依赖的异常。

1. 连接依赖

无损连接是指将一个关系分解为两个关系后，对这两个关系进行连接还能得到原来的关系。

如果关系 R_1 和 R_2 在 C 上的连接与关系 R 相等，则称存在一个**连接依赖**（JD），这里 R_1 和 R_2 是给定关系 R（A, B, C, D）的两个分解：R_1（A, B, C）和 R_2（C, D），而且，R_1 和 R_2 是 R 的无损分解。如果用 *（$R_1, R_2, R_3, \cdots$）代表关系 R_1、R_2、R_3、$\cdots$是 R 的一个连接依赖，则关系 R 满足连接依赖 *（$R_1, R_2, R_3, \cdots$）的必要条件如下。

$$R = R_1 \cup R_2 \cup \cdots \cup R_n$$

因此，当将关系 R 基于 R 中的一个多值依赖 $X \rightarrow\rightarrow Y$ 分解为 $R_1 = X \cup Y$ 和 $R_2 = （R-Y）$时，这个分解就具有无损连接特性。因此，无损连接可以定义为分解的一个性质，这个性质保证了当关系通过自然连接操作还原时不会出现谬误的元组。

让我们考虑表 9-15 所示的 PersonsOnJobSkills 关系，这个关系可以被分解为三个关系，即 HasSkills、NeedsSkill 和 AssignedToJobs。图 9-2 说明了分解后的关系的连接依赖，我们注意到 PersonsOnJobSkills 关系被分解后的任何两个关系都不是无损连接的。事实上，对分解后的三个关系进行连接才会产生与 PersonsOnJobSkills 原始关系相同的数据，因此，每个关系都作为其他两个关系的连接上的约束。

例如，如果对分解后的 HasSkills 和 NeedsSkill 关系进行连接，将获得图 9-3 所示的 CanUseJobSkills 关系，这个关系存储那些技能能够被应用在特定工作上的职工。但有特定工作所需技能的职工不需要被分配到那个工作上。实际的工作分配是由关系 AssignedToJobs 给定的，当这个关系与 HasSkills 关系连接时，将获得一个包含所有能够应用在每个工作上的技能的关系。因此，通过连接 NeedsSkill 关系，消除掉了那些不必要的由 SkillType 和 JobNo 的组合产生的冗余元组（行）。

2. 第五范式

定义 不包含连接依赖的关系即是第五范式关系（5NF）。

第五范式（也称为投影连接范式，PJNF）规定了关系中没有连接依赖，为了分析连接依赖的含义，考虑表 9-16 所示的 StoreItemSupplier 关系的例子。该关系描述了商店（storeNo）所需的商品（itemDescription）和该商品的供应商（supplieNo），而且规定，当一个商店需要

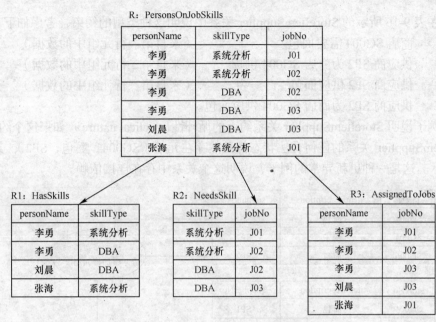

图 9-2 PersonsOnJobSkills 关系的连接依赖

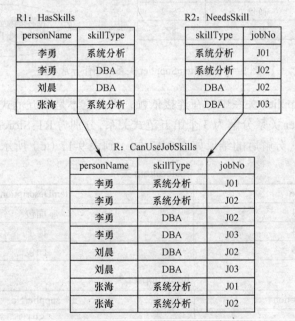

图 9-3 R1 和 R2 连接后生成的关系

某种类型的商品时，如果有供应商提供这类商品，并且该供应商已经为该商店提供过至少一种其他类型的商品，则该供应商也将为该商店提供该类商品。在这个例子中，假设商品描述（itemDescription）唯一地标识每种类型的商品。

表 9-16　　　　　　　　　　　　　　　StoreItemSupplier 关系

storeNo	itemDescription	supplierNo
SG004	面包	SP1
SG004	椅子	SP2
SG006	面包	SP2

为了在表 9-16 所示的 StoreItemSupplier 关系中说明这种类型的约束，考虑如下。

如果，　　商店 SG004 需要面包　　　　　　（来自第一行元组中的数据）

　　　　　供应商 SP2 为商店 SG004 供货　　（来自第二行元组中的数据）

　　　　　供应商 SP2 供应面包　　　　　　　（来自第三行元组中的数据）

则，　　　供应商 SP2 为商店 SG004 供应面包。

这个例子说明 StoreItemSupplier 关系约束的循环性（cyclical nature）。如果这个约束存在，则 StoreItemSupplier 关系的任何合法状态都必然存在元组（SG004，面包，SP2），其过程如图 9-4 所示。这是一种更新异常的例子，说明这个关系中存在连接依赖。

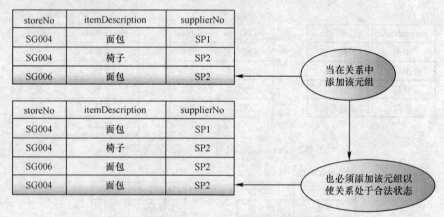

图 9-4　StoreItemSupplier 关系的操作异常示例

由于 StoreItemSupplier 关系中存在连接依赖，因此它不是第五范式的。为了消除连接依赖，将 StoreItemSupplier 关系分解为 3 个第五范式关系，分别为 R1：StoreItem，R2：ItemSupplier 和 R3：StoreSupplier。分解后的结果如表 9-17（a）到表 9-17（c）所示。

表 9-17（a）　　　　　　　　　　StoreItem 关系

storeNo	itemDescription
SG004	面包
SG004	椅子
SG006	面包

表 9-17（b）　　　　　　　　　　ItemSupplier 关系

itemDescription	supplierNo
面包	SP1
椅子	SP2
面包	SP2

表 9-17（c）　　　　　　　　　　StoreSupplier 关系

storeNo	supplierNo
SG004	SP1
SG004	SP2
SG006	SP2

对这三个关系中任意两个关系进行自然连接运算都会产生谬误的元组，注意这一点是非常重要的。如要还原出原来的 StoreItemSupplier 关系，则必须对这三个关系进行自然连接。

9.3.7　规范化小结

在关系数据库中，对关系模式的基本要求是要满足第一范式。这样的关系模式是可以实现的。但在第一范式的关系中会存在数据操作异常，因此，人们寻求解决这些问题的方法，这就是规范化引出的目的。

规范化的基本思想是逐步消除数据依赖中不合适的部分，通过模式分解的方法使关系模式逐步消除操作异常。分解的基本思想是让一个关系模式只描述一件事情，即面向主题设计数据库的关系模式。因此，规范化的过程就是让每个关系模式概念单一化的过程。

人们对这些原则的认识是逐步深入的，从认识非主属性的部分依赖带来的问题开始，到 2NF、3NF、BCNF、4NF 和 5NF 的提出，是这个认识过程逐步深化的标志，图 9-5 总结了规范化的过程。

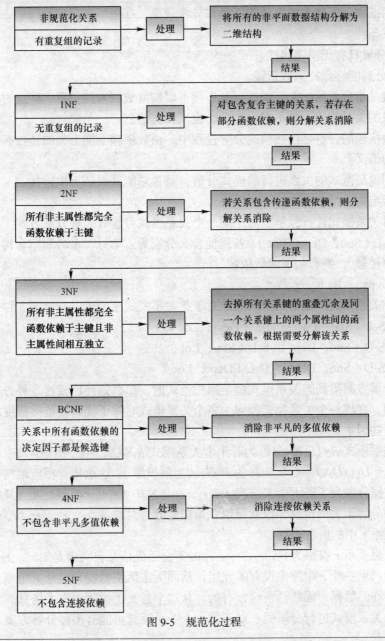

图 9-5　规范化过程

规范化的过程实际上是通过把范式程度低的关系模式分解为若干个范式程度高的关系模式来实现的。分解的最终目的是使每个规范化的关系只描述一个主题。如果某个关系描述了两个或多个主题，则就应该将它分解为多个关系，使每个关系只描述一个主题。

规范化的方法是进行模式分解，且确保分解后产生的模式与原模式等价，即模式分解不能破坏原来的语义，同时还要保证不丢失原来的函数依赖关系。

9.4 关系模式的分解准则

规范化的方法就是进行模式分解，但分解后产生的模式应与原模式等价，即模式分解必须遵守一定的准则，不能表面上消除了操作异常现象，却留下了其他的问题。为此，模式分解应满足如下条件。

① 模式分解具有无损连接性。

② 模式分解能够保持函数依赖。

无损连接是指分解后的关系通过自然连接可以恢复成原来的关系，即通过自然连接得到的关系与原来的关系相比，既不多出信息，也不丢失信息。

保持函数依赖的分解是指在模式分解过程中，函数依赖不能丢失的特性，即模式分解不能破坏原来的语义。

为了得到更高范式的关系进行的模式分解，是否总能既保证无损连接、又保持函数依赖呢？答案是否定的。

应如何对关系模式进行分解？对于同一个关系模式可能有多种分解方案。例如，对于关系模式：S-D-L（Sno，Dept，Loc）（各属性含义分别为：学号，系名和宿舍楼号，假设系名可以决定宿舍楼号），则有如下函数依赖。

Sno → Dept，Dept → Loc

显然这个关系模式不是第三范式的。对于此关系模式至少可以有以下 3 种分解方案。

方案 1：S-L（Sno，Loc），D-L（Dept，Loc）

方案 2：S-D（Sno，Dept），S-L（Sno，Loc）

方案 3：S-D（Sno，Dept），D-L（Dept，Loc）

这 3 种分解方案得到的关系模式都是第三范式的，那么如何比较这 3 种方案的好坏呢？由此可以看到，在将一个关系模式分解为多个关系模式时除了提高规范化程度之外，还需要考虑其他的一些因素。

将一个关系模式 $R<U, F>$ 分解为若干个关系模式 $R_1<U_1, F_1>$，$R_2<U_2, F_2>$，…，$R_n<U_n, F_n>$（其中 $U = U_1 \cup U_2 \cup \cdots \cup U_n$，$F_i$ 为 F 在 U_i 上的投影），这意味着相应地将存储在一张二维表 r 中的数据分散到了若干个二维表 r_1，r_2，…，r_n 中（r_i 是 r 在属性组上 U_i 的投影）。我们希望这样的分解不丢失信息，也就是说，希望能通过对关系 r_1，r_2，…，r_n 的自然连接运算重新得到关系 r 中的所有信息。

事实上，将关系 r 投影为 r_1，r_2，…，r_n 时不会丢失信息，关键是对 r_1，r_2，…，r_n 做自然连接时可能产生一些 r 中原来没有的元组，从而无法区别哪些元组是 r 中原来有的，即数据库中应该存在的数据，哪些是不应该有的。从这个意义上说就丢失了信息。

但如何对关系模式进行分解呢？对于同一个关系模式可能有多种分解方案。例如，对于上述关系模式：S-D-L（Sno，Dept，Loc），有 3 种分解方案，而且这 3 种分解方案得到的关系模式都是第三范式的，那么这 3 种分解方案是否都满足分解的要求呢？我们对此进行一些分析。

假设在某一时刻，此关系模式的数据如表 9-18 所示，此关系用 r 表示。

表 9-18　　　　　　　　　　　S-D-L 关系模式的某一时刻数据（r）

Sno	Dept	Loc
S01	D1	L1
S02	D2	L2
S03	D2	L2
S04	D3	L1

若按方案 1 将关系模式 S-D-L 分解为 S-L（Sno，Loc）和 D-L（Dept，Loc），则将 S-D-L 投影到 S-L 和 D-L 的属性上，得到关系 r_{11} 和 r_{12}，如表 9-19 和表 9-20 所示。

表 9-19　　　　　　　　　　　分解所得到的结果（r_{11}）

Sno	Loc
S01	L1
S02	L2
S03	L2
S04	L1

表 9-20　　　　　　　　　　　分解所得到的结果（r_{12}）

Dept	Loc
D1	L1
D2	L2
D3	L1

做自然连接 $r_{11}*r_{12}$，得到 r'，如表 9-21 所示。

表 9-21　　　　　　　　　　　$r_{11}*r_{12}$ 自然连接后得到 r'

Sno	Dept	Loc
S01	D1	L1
S01	D3	L1
S02	D2	L2
S03	D2	L2
S04	D1	L1
S04	D3	L1

r' 中的元组（S01,D3,L1）和（S04,D1,L1）不是原来 r 中有的元组，因此，无法知道原来的 r 中到底有哪些元组，这当然是我们所不希望的。

将关系模式 $R<U, F>$ 分解为关系模式 $R_1<U_1, F_1>$，$R_2<U_2, F_2>$，…，$R_n<U_n, F_n>$，若对于 R 中的任何一个可能的 r，都有 $r = r_1*r_2*\cdots*r_n$，即 r 在 R_1，R_2，…，R_n 上的投影的自然连接等于 r，则称关系模式 R 的这个分解具有无损连接性。

分解方案 1 不具有无损连接性，因此不是一个好的分解方法。

下面分析方案 2。将 S-D-L 投影到 S-D，S-L 的属性上，得到关系 r_{21} 和 r_{22}，如表 9-22

和表 9-23 所示。

表 9-22 分解所得到的结果（r_{21}）

Sno	Dept
S01	D1
S02	D2
S03	D2
S04	D3

表 9-23 分解所得到的结果（r_{22}）

Sno	Loc
S01	L1
S02	L2
S03	L2
S04	L1

将 $r_{11}*r_{12}$ 做自然连接，得到 r'' ，如表 9-24 所示。

表 9-24 $r_{21}*r_{22}$ 自然连接后得到 r''

Sno	Dept	Loc
S01	D1	L1
S02	D2	L2
S03	D2	L2
S04	D3	L1

我们看到分解后的关系模式经过自然连接后恢复成了原来的关系，因此，分解方案 2 具有无损连接性。现在我们对这个分解做进一步的分析。假设学生 S03 从 D2 系转到了 D3 系，于是我们需要在 r_{21} 中将元组（S03,D2）改为（S03,D3），同时还需要在 r_{22} 中将元组（S03,L2）改为（S03,L1）。如果这两个修改没有同时进行，则数据库中就会出现不一致信息。这是由于这样分解得到的两个关系模式没有保持原来的函数依赖关系造成的。原有的函数依赖 Dept → Loc 在分解后既没有投影到 S-D 中，也没有投影到 S-L 中，而是跨在了两个关系模式上。因此分解方案 2 没有保持原有的函数依赖关系，因此，也不是好的分解方法。

我们看分解方案 3，经过分析（读者可以自己思考）可以看出分解方案 3 既满足无损连接性，又保持了原有的函数依赖关系，因此它是一个好的分解方法。

总结上边可以看出，分解具有无损连接性和分解保持函数依赖是两个独立的标准。具有无损连接性的分解不一定保持函数依赖，如前边的分解方案 2；保持函数依赖的分解不一定具有无损连接性（请读者自己举例来说明这种情况）。

一般情况下，在进行模式分解时，应将有直接依赖关系的属性放置在一个关系模式中，这样得到的分解结果一般能具有无损连接性，并且能保持函数依赖关系不变。

小　结

关系规范化理论是设计没有操作异常的关系数据库表的基本原则，主要研究关系表中各属性之间的依赖关系。根据属性间依赖关系的不同，我们介绍了各个属性都是不能再分的原子属性的第一范式，消除了非主属性对主键的部分依赖关系的第二范式，消除了非主属性对主键的传递依赖关系的第三范式。一般情况下，将关系模式设计到第三范式基本就可以消除数据冗余和操作异常，但第三范式的关系模式在有些情况下还是存在操作异常，因此可以继续分解为 BCNF。BCNF 要求决定因子必须是候选键。如果 BCNF 中包含非平凡的多值依赖关系，则这样的关系也会产生操作异常，因此可继续对 BCNF 进行分解，消除其中的非平凡多值依赖关系，即分解为第四范式关系。但如果第四范式的关系中存在连接依赖，则还应该将该关系分解为第五范式关系，否则也会产生操作异常。范式的每一次升级都是通过模式分解实现的，在进行模式分解时要保持分解后的关系能够具有无损连接性并能保持原有的函数依赖关系。

关系规范化理论的根本目的是指导我们设计没有数据冗余和操作异常的关系模式。对于一般的数据库应用来说，设计到第三范式就足够了，因为规范化程度越高，表的个数也就越多，相应地就有可能降低数据的操作效率。

习　题

1. 关系规范化中的操作异常有哪些？是由什么引起的？解决的办法是什么？
2. 第一范式、第二范式和第三范式的关系的定义是什么？
3. 什么是部分依赖？什么是传递依赖？请举例说明。
4. 第三范式的表是否一定不包含部分依赖关系？
5. 对于主键只由一个属性组成的关系，如果它是第一范式关系，则它是否一定也是第二范式关系？
6. 说明非规范化关系模式的特点，说明如何将非规范化关系转化为第一范式关系。
7. 设有关系模式：学生修课管理（学号，姓名，所在系，性别，课程号，课程名，学分，成绩）。设一名学生可以选修多门课程，一门课程可以被多名学生选修。一名学生有唯一的所在系，每门课程有唯一的课程名和学分。请指出此关系模式的候选键，判断此关系模式是第几范式的；若不是第三范式的，请将其规范化为第三范式关系模式，并指出分解后的每个关系模式的主键和外键。
8. 设有关系模式：学生表（学号，姓名，所在系，班号，班主任，系主任），其语义为：一名学生只在一个系的一个班学习，一个系只有一名系主任，一个班只有一名班主任，一个系可以有多个班。请指出此关系模式的候选键，判断此关系模式是第几范式的；若不是第三范式的，请将其规范化为第三范式关系模式，并指出分解后的每个关系模式的主键和外键。
9. 设有关系模式：授课表（课程号，课程名，学分，授课教师号，教师名，授课时数），其语义为：一门课程（由课程号决定）有确定的课程名和学分，每名教师（由教师号决定）有确定的教师名，每门课程可以由多名教师讲授，每名教师也可以讲授多门课程，每名教师对每门课程有确定的授课时数。指出此关系模式的候选键，判断此关系模式属于第几范式；若不属于第三范式，请将其规范化为第三范式关系模式，并指出分解后的每个关系模式的主键和外键。
10. 定义 BCNF，它与 3NF 的区别是什么？为什么它比 3NF 更强？

11. 为什么 4NF 比 BCNF 更好?

12. 指出下列各关系模式属于第几范式。

（1）$R_1 = (\{A, B, C, D\}, \{B \rightarrow D, AB \rightarrow C\})$

（2）$R_2 = (\{A, B, C, D, E\}, \{AB \rightarrow CE, E \rightarrow AB, C \rightarrow D\})$

（3）$R_3 = (\{A, B, C, D\}, \{A \rightarrow C, D \rightarrow B\})$

（4）$R_4 = (\{A, B, C, D\}, \{A \rightarrow C, CD \rightarrow B\})$

第 10 章
实体-联系（E-R）模型

E-R 模型是数据库设计者、编程者和用户之间有效、标准的交流方法。它是一种非技术的方法，表达清晰，为形象化数据提供了一种标准和逻辑的途径。E-R 模型能准确反映现实世界中的数据以及在用户业务中的使用情况，它提供了一种有用的概念，允许数据库设计者将用户对数据库需求的非正式描述转化成一种能在数据库管理系统中实施的更详细、准确的描述。因此，E-R 建模是数据库设计者必须掌握的重要技能。这种技术已广泛应用于数据库设计中。

本章将主要介绍 E-R 模型的一些扩展知识，并在最后说明了 E-R 模型存在的一些问题。

10.1　E-R 模型的基本概念

E-R 模型是用于数据库设计的高层概念数据模型。概念数据模型用于描述数据库的结构以及在数据库上有关的检索和更新事务，它独立于数据库管理系统（DBMS）和硬件平台。E-R 模型也被定为企业数据的逻辑表示。它通过定义代表数据库全部逻辑结构的企业模式来辅助数据库设计，是一种自顶向下的数据库设计方法，是数据的一种大致描述，由需求分析中收集的信息来构建。E-R 模型是若干语义数据模型中的一种，它有助于将现实世界企业中的信息和相互作用映射为概念模式。许多数据库设计工具都借鉴了 E-R 模型的概念，E-R 模型为数据库设计者提供了下列几个主要的语义概念。

- 实体：指用户业务中可区分的对象。
- 联系：指对象之间的相互关联。
- 属性：用来描述实体和联系。每个属性都与一组数值的集合（也称为值域）相对应，属性的取值均来自该集合。
- 约束：对实体、联系和属性的约束。

10.1.1　实体

实体是现实世界中独立存在的、可区别于其他对象的"对象"或"事物"。实体是关于被收集的信息的主要数据对象。一个实体可以是物理存在的对象，如人、汽车、商品、职工等；也可以是抽象存在的对象，如公司、企业、工作或感兴趣的信息事件。每个实体都具有一组属性。下面是实体的一些例子。

- 人：学生，病人，医生，职工，工程师。

- 事件：研讨班，销售，比赛。
- 物体：建筑物，汽车，机器，家具。

在 E-R 模型中，实体是存在于用户业务中抽象且有意义的事物。这些事物被模式化成可用属性描述的实体。实体之间存在多种联系。

1. 实体（或实体集）与实体实例

实体（entity，也称为实体集）是一组具有相同特征或属性的对象的集合。E-R 模型中，相似的对象被分到同一个实体中。实体可以包含物理（或真实）存在的对象，也可以包含概念（或抽象）存在的对象。每个实体用一个实体名和一组属性来标识。一个数据库通常包含许多不同的实体，实体的一个实例表现为一个具体的对象，比如一个具体的学生。E-R 模型中的"实体"对应关系中的一张表，实体的实例对应表中的一行记录。

2. 实体的分类

实体可以分为强实体和弱实体。强实体（strong entity，也称为强实体集）指不依赖于其他实体而存在的实体，比如"职工"实体。强实体的特点是：每个实例都能被实体的主键唯一标识。弱实体（weak entity，也称为弱实体集）指依赖于其他实体而存在的实体，比如"职工子女"实体，该实体必须依赖于"职工"实体的存在而存在。弱实体的特点是：每个实例不能用该实体的属性唯一标识。强实体有时也称为父实体、主实体或者统治实体，弱实体也称为子实体、依赖实体或从实体。在 E-R 模型中，一般用单线矩形框表示强实体，用双线矩形框表示弱实体。

图 10-1 所示描述了"职工"实体和其中的两个实例，从这个图也可以看出实体和实例的区别。

实体：职工			
属性		实例	
属性名	域	实例 1	实例 2
职工号	长度为 6 字节的字符串	Z10001	Z10002
姓名	长度为 8 字节的字符串	张小平	李红丽
性别	长度为 2 字节的字符串	男	女
出生日期	日期类型	1980-2-5	1976-8-10

图 10-1　有实例的实体

10.1.2　联系

联系指用户业务中相关的两个或多个实体之间的关联。它表示现实世界的关联关系。联系只依赖于实体间的关联，在物理和概念上是不存在的。联系的一个具体值称为联系实例。联系实例是可唯一区分的关联，它包括每一个参与实体的一个实例，表明特定的实体实例间是相互关联的。联系也被视为抽象对象。联系通过连线与相互关联的实体连接起来。

在 E-R 建模中，相似的联系被归到一个联系（也称为联系集或联系型）中。这样，一个具体的联系表达了一个或多个实体之间的一组有意义的关联，例如假设"学生"实体和"课程"实体之间存在一个"选课"联系，则如果学生（081001，张三，男）选了课程（C001，计算机网络），则（081001，张三，男）和（C001，计算机网络）之间就存在一个联系实例，这个联系实例可表示为（081001，C001，…）。

具有相同属性的联系实例都属于一个联系。联系有如下特性。

- 联系的度。
- 连接性。
- 存在性。
- n 元联系。

1. 联系的度

联系的度指联系中相关联的实体的数量，一般有递归联系或一元联系、二元联系和三元联系。

（1）递归联系

递归联系指同一实体的实例之间的联系。在递归联系中，实体中的一个实例只与同一实体中的另一个实例相互关联，如图 10-2（a）所示。在图 10-2 中，"管理"是实体"职工"与另一个实体"职工"之间的递归联系。递归联系也称为一元联系。参与联系的每一个实例都有特定的角色。联系的角色名对递归联系非常重要，它确定了每个参与者的功能。在"管理"联系中"职工"实体的第一个参与者的角色名为"管理者"，第二个参与者的角色名为"被管理"。当两个实体之间不止一个联系时，角色名就很有用。而当参与联系的实体之间的作用很明确时，联系中的角色名就不是必须的了。

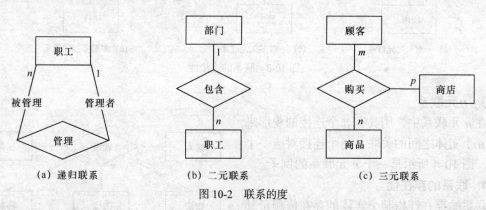

（a）递归联系　　（b）二元联系　　（c）三元联系

图 10-2　联系的度

（2）二元联系

二元联系指两个实体之间的关联，比如部门和职工，班和学生，学生和课程等都是二元联系的例子。二元联系是最常见的联系，其联系的度为 2。图 10-2（b）所示为"部门"和"职工"之间的二元联系。

（3）三元联系

三元联系指三个实体之间的关联，其联系的度为 3。用一个与三个实体相连接的菱形来表示三元联系，如图 10-2（c）所示。在图 10-2（c）中，三个实体"顾客"、"商品"和"商店"与一个菱形"购买"相连接。当二元联系不能充分准确地描述三个实体间的关联语义时，则需要采用三元联系来描述。

不管是哪种类型的联系，都需要指明实体间的连接是"一"还是"多"。

2. 联系的连接性

联系的连接性描述联系中相关联实体间映射的约束，取值为"一"或"多"。例如，对图

10-2（b）所示的 E-R 图，实体"部门"和"职工"之间为一对多的联系，即对"职工"实体中的多个实例，在"部门"中至多有一个实例与其关联。实际的连接数目称为联系连接的基数。由于基数值常随着联系实例发生变化，所以基数比连接性使用的少。

图 10-3 描述了二元联系中的三种基本连接结构：一对一（1∶1）、一对多（1∶n）和多对多（m∶n）。对图 10-3（a）所示的一对一连接，表示一个部门只有一个经理，而且一个人只担任一个部门的经理，这两个实体的最大和最小连接都仅为 1。如果是图 10-3（b）所示的一对多连接，则表示一个部门可有多名职工，而一个职工只能在一个部门工作。"职工"端的最大和最小连接分别为 n 和 1。"部门"端的最大和最小连接都为 1。如果是图 10-3（c）所示的多对多连接，则表示一个职工可以参与多个项目，一个项目可以由多个职工来完成。"职工"和"项目"的最大连接分别为 m 和 n，最小连接都为 1。如果 m 和 n 的值分别为 10 和 5，则表示一个职工最多可以参与 5 个项目，一个项目最多可以由 10 个职工来完成。

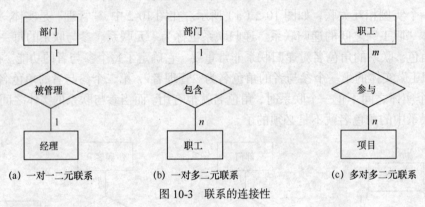

(a) 一对一二元联系　　　　(b) 一对多二元联系　　　　(c) 多对多二元联系

图 10-3　联系的连接性

3. n元联系

在 n 元联系中，用具有 n 个连接的菱形来表示 n 个实体之间的关联，每个连接对应一个实体。图 10-4 所示是一个 n 元联系的例子。

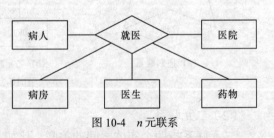

图 10-4　n 元联系

4. 联系的存在性

联系的存在性指某个实体的存在依赖于其他实体的存在。联系中实体的存在分为强制和非强制（也称为可选的）两种。强制存在要求联系中任何一端的实体的实例都必须存在，而非强制存在允许实体的实例可以不存在。例如实体"职工"可以管理某个"部门"，也可以不管理任何"部门"，因此"职工"和"部门"之间的"被管理"联系中实体"部门"是非强制存在的。而对"部门"和"职工"之间的"拥有"联系，如果要求每个部门必须有职工，而且每个职工必须属于某个部门，则"部门"和"职工"相对"拥有"联系来说都是强制存在的。对于强制存在的实体，一般都会使用"必须"这个词来描述。

在 E-R 图中，在实体和联系的连线上标〇表示是非强制存在（如图 10-5（a）所示）；在实体和联系的连线上加一条垂直线表示强制存在（如图 10-5（b）所示）。如果在连线上既没有标〇，也没有加垂直线，则表示类型未知（如图 10-5（c）所示），在图 10-5（c）例子中，实体既不是强制存在也不是非强制存在，最小连接定为 1。

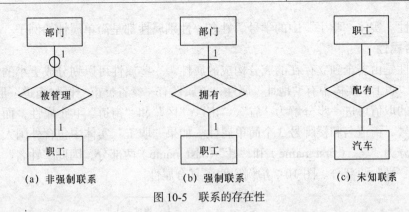

图 10-5　联系的存在性

10.1.3　属性

实体的特性或联系的特征都称为属性。用一组属性来描述一个实体。同一个实体中的实例具有相同或相似的属性。例如，"学生"实体的属性有姓名、学号、性别等。实体中的每个属性都有取值范围，属性的取值范围称为值域。值域定义了属性的所有取值，例如，如果职工的年龄在 18～60 岁之间，则可以将"职工"实体的"年龄"属性定义为 18～60 岁之间的整型。一个值域可以由多个值域构成。例如，属性"生日"的值域由年、月、日的值域构成。多个属性可以共享一个值域，该值域称为属性域。属性域的值是一组一个或多个属性所允许的取值。例如，同一企业中"工人"和"管理员"的"生日"属性可以共享一个属性域。

属性值描述每个实例，它是数据库存储的主要数据。例如，"职工"的"姓名"属性的取值可以是具有 5 个汉字的字符串，身份证号的取值可以是 18 位数字等。联系也可以具有属性。图 10-6 中"职工"实体和"项目"间的多对多联系"参与"具有"分配的任务"、"开始日期"和"结束日期"属性。在这个例子中，当给定一个职工值和一个项目值后，有一组"分配的任务"、"开始日期"和"结束日期"属性值与其对应；当单独描述"职工"或"项目"时，这三个属性都有多个值与其对应。通常，只有二元多对多联系和三元联系才具有属性，而一对一联系和一对多联系没有属性。这是因为如果联系至少有一端是单一实体，则可以很明确地将属性分配给某个实体而不需要分配给联系。

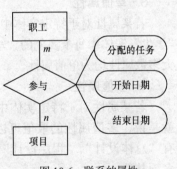

图 10-6　联系的属性

属性可以分为以下几类。

- 简单属性。
- 复合属性。
- 单值属性。
- 多值属性。
- 派生属性。

下面分别介绍这几类属性。

1．简单属性

简单属性是由一个独立成分构成的属性。简单属性不可再分成更小的成分。简单属性也称为原子属性。实体"学生"中的学号、姓名、性别属性都是简单属性的例子。

2. 复合属性

复合属性是由多个独立存在的成分构成的属性。一些属性可以划分成更小的独立成分。例如，假设"职工"实体中有"地址"属性，该属性有"**省**市**区**街道"形式的取值，则这种形式的取值可进一步分解为"省"、"市"、"区"和"街道"4 个属性，而"街道"又可分为街道号、街道名和楼牌号 3 个简单属性。如果"职工"实体中包含外国人，则外国人的名字经常分为"名"（first_name）和"姓"（last_name）两部分，因此"姓名"又可以拆分为"名"和"姓"两部分。图 10-7 举例说明了复合属性。

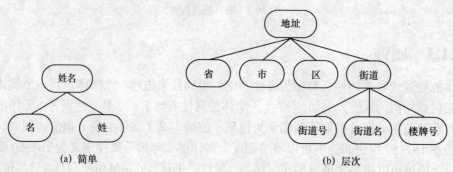

(a) 简单　　　　　　　　　　　　　　　　(b) 层次

图 10-7　复合属性

复合属性可以是有层次的，如图 10-7（b）所示的"地址"属性，其中的"街道"可划分为 3 个简单属性：街道名、街道号和楼牌号。这些简单属性值的集合构成了复合属性的值。

3. 单值属性

若某属性对于特定实体中的每个实例都只取一个值，则这样的属性为单值属性。例如，"学生"实体中每个实例的"学号"属性都只有一个值"0812101"，则该属性即为单值属性。大多数属性均为单值属性。

4. 多值属性

若某属性对于特定实体中的每个实例可以取多个值，则这样的属性即为多值属性。也就是说，多值属性的取值可以不止一个。例如，"职工"的"技能"属性，一个职工可以有"总体设计"、"程序设计"、"数据库管理"多项技能。

对多值属性的取值数目进行上、下界的限制。例如，可以限定"技能"属性的取值为 1～3。在 E-R 图中，用双线圆角矩形表示是多值属性，如图 10-8 所示。

5. 派生属性

派生属性的值是由相关联的属性或属性组派生出来的，这些属性并非来自同一实体。因此，一些属性值是由两个或多个属性值派生出来的。例如，"职工"实体中的"工龄"属性的值可以由该职工的"参加工作日期"和当前日期计算得到，所以"工龄"属性就是派生属性。

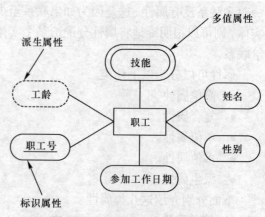

图 10-8　E-R 图中各种属性的表示

在 E-R 图中用虚线的圆角矩形表示是派生属性，如图 10-8 所示。

在有些情况下，属性值可以派生于同一实体中的实例。例如，"职工"实体的"总人数"属性的值可以通过计算"职工"实体中的实例总数获得。

6. 标识属性

在一个实体中，每个实例需要能被唯一识别，可以用一个或多个实体中的属性来标识实体实例，这些属性就称为是标识属性。标识属性指能够唯一标识实体中每个实例的属性或属性组。例如，"职工"实体中的标识属性是"职工号"，"项目"实体中的标识属性是"项目号"。

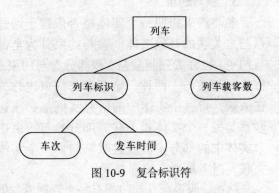

图 10-9 复合标识符

在 E-R 图中标识属性用下画线标识，如图 10-8 所示。在某些实体中，如果单个属性都不能满足标识属性的要求，那么就用两个或多个属性作为标识属性。这些用于唯一识别一个实例的属性组称为复合标识符。图 10-9 所示是一个复合标识符的例子，其中，"列车"实体有一个复合标识符"列车标识"。"列车标识"属性由"车次"和"发车时间"组成。"车次"和"发车时间"属性组能够唯一地标识从始发站到目的站的各列车实例。

与此类似，联系的标识符是指唯一标识联系中的属性或属性组。联系通常由多个属性共同标识。大多数情况下，联系的标识属性也是参与联系的实体的标识属性。例如，在图 10-10 中，"学号"和"课程号"属性组能够唯一地标识"选课"联系中的每个实例。"学号"和"课程号"属性也是该联系的参与实体中的标识属性。如果实体标识符和联系中的标识符的值域相同，那么通常习惯将实体标识符与联系中的标识符同名。图 10-10 中的"学号"是"学生"实体的标识符，同时也标识"选课"联系中的学生。

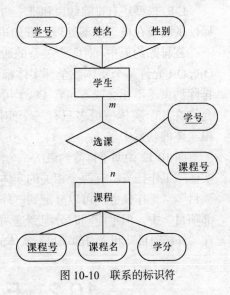

图 10-10 联系的标识符

10.1.4 约束

联系通常采用特定约束来限制联系集合中的实体组合。约束要反映现实世界中对联系的限定。例如，"系"实体要求每个系必须有一个人，"职工"实体中的每个人必须有一种技能。联系中约束的主要类型有多样性约束、基数约束、参与约束和排除约束等。

1. 多样性约束

多样性约束指一个实体所包含的每个实例都通过某种联系与另一个实体的同一实例相关联。它约束了实体相关联的方式，是由企业或用户确立的原则或商业规则的一种表示。在为用户业务建模时，定义和表示用户业务中的所有约束是很重要的。

2. 基数约束

基数约束指定了一个实体中的实例与另一个实体中的每个实例相关联的数目。基数约束分为最大基数约束和最小基数约束两种。**最小基数**约束指一个实体中的实例与另一个实体中的每个实例相关联的最小数目。**最大基数**约束指一个实体中的实例与另一个实体中的每个实例相关联的最大数目。

例如，假设一名职工只管理一个部门，一个部门只由一名职工管理，则"职工"和"部门"之间的基数约束都是 1，如图 10-11 所示。

3. 参与约束

参与约束指明一个实体是否依赖于通过联系与之关联的其他实体。参与约束分为全部参与约束（也称为强制参与）和部分参与约束（也称为可选参与）两种。**全部参与约束也称为存在依赖**，指一个实体中的所有实例都必须通过联系与另一个实体相关联。**部分参与约束**指一个实体中的部分实例通过联系与另一个实体相关联，但不是所有的都必须。

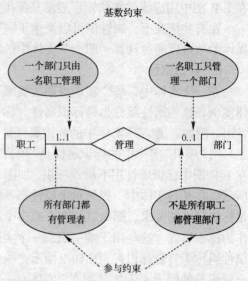

图 10-11　一对一联系的基数约束与参与约束

例如，假设所有部门都有一个管理者，但并不是每个职工都管理一个部门，则"职工"和"部门"间的参与约束就是 0 或 1，而"部门"和"职工"间的参与约束是 1。

4. 排除约束

E-R 模型还有排除约束和唯一约束等约束，这两个约束产生不好的语义库，并使得实体—属性的决策在概念模型处理的开始进行。

在排除约束中，对多个关系的通常或默认的处理是包含 OR，OR 允许某个实体或全部实体都参与。但在有些情况下，排除约束（不相交或不包含 OR）可能会影响多个关系，它允许在几个实体中最多只有一个实体实例参与到只有一个根实体的联系中。

图 10-12 说明了排除约束的一个例子，在这个例子中，根实体"工作任务"有两个相关的实体"外部项目"和"内部项目"。"工作任务"可以分配到"外部项目"中或者是"内部项目"中，但不能同时分配到这两个实体中。这意味着，

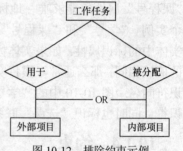

图 10-12　排除约束示例

在"外部项目"和"内部项目"实体的实例中最多只有一个能够应用到"工作任务"的实例中。

10.2　E-R 模型存在的问题

在构建 E-R 模型的过程中，可能出现连接陷阱的问题。连接陷阱通常是由于曲解了某些联系的含义而造成的。连接陷阱主要有扇形陷阱和深坑陷阱两类。

10.2.1　扇形陷阱

当用模型来表示实体间的联系时，某些特殊实体的实例间的通路（pathway）是不明确的。当一个实体与其他实体之间存在两个或多个一对多联系时，可能存在扇形陷阱。图 10-13 是

一个扇形陷阱的例子。

在图 10-13 中，一个银行有一个或者多个柜台，有一个或者多个人员。该模型中，实体"银行"发出两个一对多（$1:n$）的联系，分别为"具有"和"操作"。当我们想知道哪些人员在某个特定柜台工作时，问题就出现了。

我们可以通过该 E-R 模型对应的语义网来说明该模型存在的问题。在语义网中，用符号"◇"表示联系。

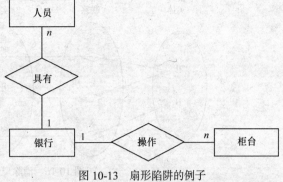

图 10-13　扇形陷阱的例子

从图 10-14 所示的语义图可以看出，我们很难准确回答"编号为'110345'的人员在哪个柜台工作？"，我们只能回答他在"现金"或"出纳"柜台工作。原因在于对柜台、银行和人员实体间的联系的理解有误，从而导致扇形陷阱而引起的。可以通过重建 E-R 模型来表示正确的关联关系，从而消除扇形陷阱，如图 10-15 所示。

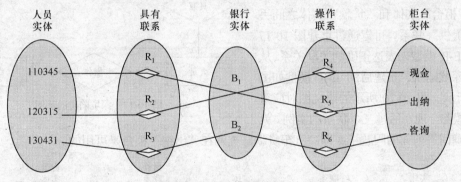

图 10-14　E-R 模型的语义图

图 10-16 的语义网对应于消除扇形陷阱重建后的 E-R 模型。现在可以准确回答前面的问题了，即编号为"110345"的人员在 "B1"银行的"现金"柜台工作。

10.2.2　深坑陷阱

在深坑陷阱中，E-R 模型中的实体之间存在联系，但某些实例之间却不存在相应的通路。在关联实体的通路上存在一个或多个多样性最小为零的联系时，可能会产生深坑陷阱。图 10-17 所示是一个深坑陷阱的问题，

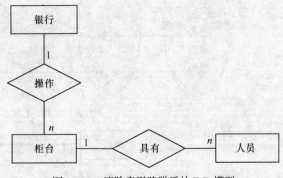

图 10-15　消除扇形陷阱后的 E-R 模型

一个柜台有一个或者多个人员，每个人员可以进行零次或多次贷款查询。需要注意的是，并不是所有人员都要进行贷款查询，也不是所有的贷款都被查询到。当我们想知道每个柜台哪些贷款查询是可用的时，问题就出现了。

从图 10-18 所示的语义图可以看出，我们很难准确回答"哪个柜台的'汽车贷款'查询是可用的？"。由于"汽车贷款"还没有分配给任何人，所以我们无法回答这个问题。无法回答就

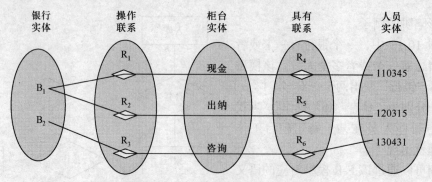

图 10-16　消除扇形陷阱后的语义网

意味着信息丢失，这是由深坑陷阱引发的。联系"操作"两端的"人员"和"贷款"实体的多样性的最小值为零，意味着一些贷款不能通过人员与柜台关联。因此，我们需要确定丢失的连接来解决这个问题。在这个例子中，"柜台"实体和"贷款"实体之间丢失了"提供"联系。可以通过重建图 10-17 所示的 E-R 模型来表达正确的关联关系，从而消除深坑陷阱，重建后的 E-R 模型如图 10-19 所示。图 10-20 所示的语义图对应重建后的模型。现在通过三个联系的实例，就

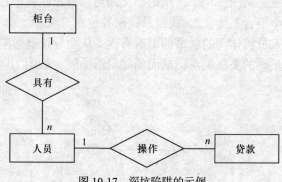

图 10-17　深坑陷阱的示例

可以准确回答前面的问题了，即"汽车贷款"查询在"出纳"柜台是可用的。

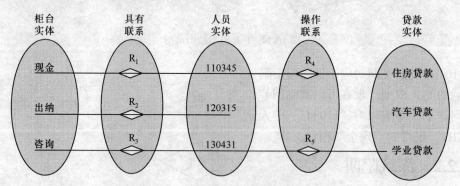

图 10-18　E-R 模型的语义图

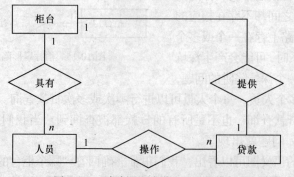

图 10-19　消除深坑陷阱后的 E-R 模型

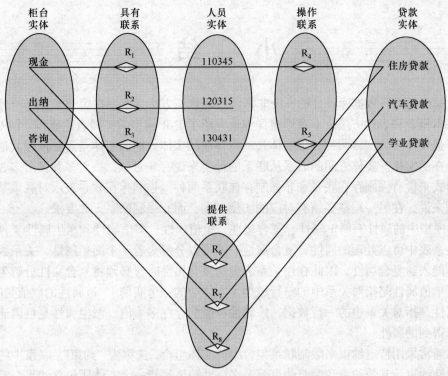

图 10-20　消除深坑陷阱后的语义网

10.3　E-R 图符号

E-R 模型通常用实体-联系图（E-R 图）表示，E-R 图是 E-R 模型的图形表示。我们在本书第 2 章 2.2.2 节介绍了基本的 E-R 图并给出了 E-R 图的一些表达符号，本章我们对 E-R 模型进行了更深入的介绍，根据本章对 E-R 模型的扩展，E-R 图的表示也有相应的表达符号，如图 10-21 所示。

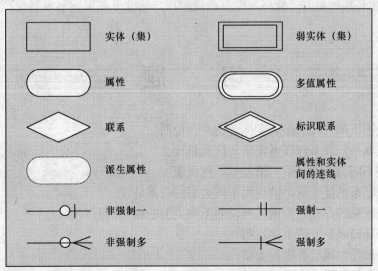

图 10-21　E-R 图的符号

小 结

E-R 模型是进行数据库设计的一个非常常用的建模方法，本书在第 2 章简单介绍了 E-R 模型的基本概念和表达方法，本章则更详细地介绍了 E-R 模型的扩展表达能力。E-R 模型中的实体有强实体和弱实体两种，强实体是一定存在的实体，而弱实体是需要依赖其他实体的存在而存在的实体。实体之间的联系从联系的种类来说有一对一、一对多和多对多 3 种，从联系的形式来说有强制存在联系和非强制存在联系两种。强制存在联系表示对联系某一端的实体实例来说，在另一端都必须有对应的实例存在，而非强制联系无此要求。

E-R 模型中的属性有简单属性、复合属性、单值属性、多值属性和派生属性 4 种。简单属性是关系表中可以处理的属性，复合属性一般可以分解为若干个简单属性，关系数据库的关系表不能表达复合属性，因此在用关系表表达复合属性时，必须将复合属性分解为若干简单属性。单值属性是指对关系中的一行数据（实体中的一个实例），该属性的取值是唯一的，而多值属性是指对关系中的一行数据，该属性可能会存在多个值。派生属性是可以通过其他属性计算得到的属性。

联系通常采用特定约束来限制联系集合中的实体组合，这称为"约束"。联系中约束主要有：多样性约束、基数约束和参与约束等。多样性约束是指一个实体所包含的每个实例都通过某种联系与另一个实体的同一实例相关联；基数约束指定了一个实体中的实例与另一个实体中的每个实例相关联的数目，它有最大基数约束和最小基数约束两种；参与约束指明一个实体是否依赖于通过联系与之关联的其他实体，参与约束又分为全部参与约束（也称为强制参与）和部分参与约束（也称为可选参与）两种。

E-R 模型虽然是数据库设计非常常用的工具，但使用得不好也可能会产生一些问题，主要包括两种：扇形陷阱和深坑陷阱。扇形陷阱指当一个实体与其他实体之间存在两个或更多的一对多联系时，如果确定不好各实体之间联系的连接方式，则会产生信息不确定的情况。深坑陷阱是指在 E-R 模型的某些实体之间没有标识出应有的关联关系，从而造成无法解决某些问题。在设计 E-R 模型时，应尽可能准确理解用户的业务要求，尽量避免产生深坑陷阱和扇形陷阱。

习 题

1. 什么是强实体？什么是弱实体？请举例说明。
2. 什么是联系？联系和联系实例的区别是什么？
3. 有哪些不同类型的联系？请各举一例说明。
4. 什么是联系的度？请举例说明不同类型的联系的度。
5. 什么是联系的存在性？请举例说明不同类型的联系的存在性。
6. 什么是递归联系？请举例说明。
7. 什么是属性？属性有哪些类型？
8. E-R 模型存在哪些问题？

9. 有某大学的教学管理数据库，包含的信息有教师（Teacher_ID 为标识属性）和所教的课程。针对下面不同的语义环境，画出相应的 E-R 图。

（1）每位教师可以在多个学期教授同一门课程并且记录每次教学信息。

（2）每位教师可以在多个学期教授同一门课程并且只记录最近一次的教学信息。

（3）每位教师必须教授多门课程并且只记录最近一次的教学信息。

（4）每位教师只教授一门课程并且每门课程必须被多位教师教授。

10. 某大学需要用数据库来管理学生、教师、课程以及学生的修课信息。需求如下。

（1）每位教师的姓名是唯一的。

（2）每门课程的课程名是唯一的。

（3）每门课程都有相应学分。

（4）每门课程由一位教师负责，学校需要记录教师的姓名和地址信息。

（5）每门课程都有多位助教。

（6）每位助教可以辅导多门课程。

（7）助教不仅可以进行教学辅导，还可以负责一些课程。

（8）每个学生有唯一的学号。

（9）每位学生在学习一些特定课程前，必须完成相应的先修课程的学习。

（10）每门课程可以有多位学生学习。

（11）每位学生可以修多门课程，学校需要记录学生的姓名、地址和联系电话。

请根据以上需求，确定实体和联系并构建 E-R 图。

11. 什么是联系的连接性？用图形讨论不同类型的联系的连接性。

12. 一个企业的数据库需要存储如下信息。

职工：职工号，工资，电话

部门：部门号，部门名，人数

职工子女：姓名，年龄

职工在部门工作。每个部门由一个职工管理。当父母确定时，其孩子的名字是唯一的。一旦父母离开该企业，孩子的信息也不保存。

根据以上信息，画出 E-R 图。

13. 某商店业务系统数据库需要存储如下信息。

（1）一个商店从多个供应商购买货物，供应商由"供应商编号"标识。

（2）需要记录从各供应商购买每件商品的数量以及商品价格，而且还需要记录供应商的地址。

（3）供应的商品由"商品编号"标识，并且每个商品都有描述信息。

（4）每个供应商可以有多个地址。

（5）确定该业务实体和联系并构建相应的 E-R 图。

14. 某企业包含多个部门，每个部门有若干职工，每个部门可以承担若干项目，职工可以参与到项目中。现需要维护如下信息。

（1）需要记录职工的编号和姓名信息，其中"编号"为职工的标识属性。

（2）所有职工都归属于某个部门，部门由"部门名"标识。

（3）每个职工可参与一个或多个项目，每个项目有"项目编号"和"项目预算"属性。

（4）每个项目由一个部门负责，一个部门可以负责多个项目。

（5）每个职工只能参加其所在部门承担的项目，同时允许什么项目也不参加的职工存在。完成下列要求。

（1）确定实体和联系并构建 E-R 图。

（2）如果每个职工都参加所在部门的所有项目，是否需要修改该 E-R 图？

（3）如果需要记录每个职工在每个项目上花费的时间（花费时间），是否需要修改该 E-R 图？

第 11 章
数据库设计

数据库设计是指利用现有的数据库管理系统针对具体的应用对象构建适合的数据库模式，建立数据库及其应用系统，使之能有效地收集、存储、操作和管理数据，满足企业中各类用户的应用需求（信息需求和处理需求）。

从本质上讲，数据库设计是将数据库系统与现实世界进行密切的、有机的、协调一致的结合的过程。因此，数据库设计者必须非常清晰地了解数据库系统本身及其实际应用对象这两方面的知识。

本章将介绍数据库设计的全过程，从需求分析、结构设计到数据库的实施和维护。

11.1　数据库设计概述

数据库设计虽然是一项应用课题，但它涉及的内容很广泛，所以设计一个性能良好的数据库并不容易。数据库设计的质量与设计者的知识、经验和水平有密切的关系。

数据库设计中面临的主要困难和问题如下。

① 懂得计算机与数据库的人一般都缺乏应用业务知识和实际经验，而熟悉应用业务的人又往往不懂计算机和数据库，同时具备这两方面知识的人很少。

② 在开始时往往不能明确应用业务的数据库系统的目标。

③ 缺乏很完善的设计工具和方法。

④ 用户的要求往往不是一开始就明确的，而是在设计过程中不断提出新的要求，甚至在数据库建立之后还会要求修改数据库结构和增加新的应用。

⑤ 应用业务系统千差万别，很难找到一种适合所有应用业务的工具和方法，这就增加了研究数据库自动生成工具的难度。因此，研制适合一切应用业务的全自动数据库生成工具是不可能的。

在进行数据库设计时，必须确定系统的目标，这样可以确保开发工作进展顺利，并能提高工作效率，保证数据模型的准确和完整。数据库设计的最终目标是数据库必须能够满足客户对数据的存储和处理需求，同时定义系统的长期和短期目标，能够提高系统的服务以及新数据库的性能期望值——客户对数据库的期望也是非常重要的。新的数据库能在多大程度上方便最终用户？新数据库的近期和长期发展计划是什么？是否所有的手工处理过程都可以自动实现？现有的自动化处理是否可以改善？这些都只是定义一个新的数据库设计目标时所必须考虑的一部分问题或因素。

成功的数据库系统应具备如下一些特点。

- 功能强大。
- 能准确地表示业务数据。
- 使用方便，易于维护。
- 对最终用户操作的响应时间合理。
- 便于数据库结构的改进。
- 便于数据的检索和修改。
- 维护数据库的工作较少。
- 有效的安全机制可以确保数据安全。
- 冗余数据最少或不存在。
- 便于数据的备份和恢复。
- 数据库结构对最终用户透明。

11.1.1 数据库设计的特点

数据库设计的工作量大且比较复杂，是一项数据库工程也是一项软件工程。数据库设计的很多阶段都可以对应于软件工程的各阶段，软件工程的某些方法和工具同样也适合于数据库工程。但由于数据库设计是与用户的业务需求紧密相关的，因此，它还有很多自己的特点。

1. 综合性

数据库设计涉及的范围很广，包含了计算机专业知识及业务系统的专业知识；同时它还要解决技术及非技术两方面的问题。

非技术问题包括组织机构的调整，经营方针的改变，管理体制的变更等。这些问题都不是设计人员所能解决的，但新的管理信息系统要求必须有与之相适应的新的组织机构、新的经营方针、新的管理体制，这就是一个较为尖锐的矛盾。另一方面，由于同时具备数据库和业务两方面知识的人很少，因此，数据库设计者一般都需要花费相当多的时间去熟悉应用业务系统知识，这一过程有时很麻烦，可能会使设计人员产生厌烦情绪，从而影响系统的最后成功。而且，由于承担部门和应用部门是一种委托雇佣关系，在客观上存在着一种对立的势态，当在某些问题上意见不一致时会使双方关系比较紧张。这在 MIS（管理信息系统）中尤为突出。

2. 结构设计与行为设计相分离

结构设计是指数据库的模式结构设计，包括概念结构、逻辑结构和存储结构；行为设计是指应用程序设计，包括功能组织、流程控制等方面的设计。在传统的软件工程中，比较注重处理过程的设计，不太注重数据结构的设计。在一般的应用程序设计中只要可能就尽量推迟数据结构的设计，这种方法对于数据库设计就不太适用。

数据库设计与传统的软件工程的做法正好相反。数据库设计的主要精力首先是放在数据结构的设计上，如数据库的表结构、视图等。

11.1.2 数据库设计方法概述

为了使数据库设计更合理更有效，需要有效的指导原则，这种原则就称为数据库设计方法。

首先，一个好的数据库设计方法，应该能在合理的期限内，以合理的工作量，产生一个有实用价值的数据库结构。这里的"实用价值"是指满足用户关于功能、性能、安全性、完整性及发展需求等方面的要求，同时又服从特定 DBMS 的约束，可以用简单的数据模型来表达。其次，数据库设计方法还应具有足够的灵活性和通用性，不但能够为具有不同经验的人使用，而且不受数据模型及 DBMS 的限制。最后，数据库设计方法应该是可再生的，即不同的设计者使用同一方法设计同一问题时，可以得到相同或相似的设计结果。

多年来，经过人们不断的努力和探索，提出了各种数据库设计方法。运用软件工程的思想和方法提出的各种设计准则和规程都属于规范设计方法。

新奥尔良（New Orleans）方法是一种比较著名的数据库设计方法，这种方法将数据库设计分为 4 个阶段：需求分析、概念结构设计、逻辑结构设计和物理结构设计，如图 11-1 所示。这种方法注重数据库的结构设计，而不太考虑数据库的行为设计。

图 11-1　新奥尔良方法的数据库设计步骤

其后，S. B. Yao 等人又将数据库设计分为 5 个阶段，主张数据库设计应包括设计系统开发的全过程，并在每一阶段结束时进行评审，以便及早发现设计错误，及早纠正。各阶段也不是严格线性的，而是采取"反复探寻、逐步求精"的方法。在设计时从数据库应用系统设计和开发的全过程来考察数据库设计问题，既包括数据库模型的设计，也包括围绕数据库展开的应用处理的设计。在设计过程中努力把数据库设计和系统其他成分的设计紧密结合，把数据和处理的需求、分析、抽象、设计和实现在各个阶段同时进行，相互参照，相互补充，以完善两方面的设计。

基于 E-R 模型的数据库设计方法、基于第三范式的设计方法、基于抽象语法规范的设计方法等都是在数据库设计的不同阶段上使用的具体技术和方法。

数据库设计方法从本质上看仍然是手工设计方法，其基本思想是过程迭代和逐步求精。

11.1.3　数据库设计的基本步骤

按照规范设计的方法，同时考虑数据库及其应用系统开发的全过程，可以将数据库设计分为如下几个阶段。

- 需求分析。
- 结构设计，包括概念结构设计、逻辑结构设计和物理结构设计。
- 行为设计，包括功能设计、事务设计和程序设计。
- 数据库实施，包括加载数据库数据和调试运行应用程序。
- 数据库运行和维护阶段。

图 11-2 说明了数据库设计的全过程，从这个图我们也可以看到数据库的结构设计和行为设计是分离进行的。

需求分析阶段主要是收集信息并进行分析和整理，为后续的各个阶段提供充足的信息。这个过程是整个设计过程的基础，也是最困难、最耗时间的一个阶段，需求分析做得不好，会导致整个数据库设计重新返工。概念结构设计是整个数据库

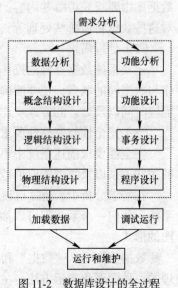

图 11-2　数据库设计的全过程

设计的关键，此过程对需求分析的结果进行综合、归纳，形成一个独立于具体的 DBMS 的概念模型。逻辑结构设计是将概念结构设计的结果转换为某个具体的 DBMS 所支持的数据模型，并对其进行优化。物理结构设计是为逻辑结构设计的结果选取一个最适合应用环境的数据库物理结构。数据库的行为设计是设计数据库所包含的功能、这些功能间的关联关系以及一些功能的完整性要求。数据库实施是人们运用 DBMS 提供的数据语言以及数据库开发工具，根据结构设计和行为设计的结果建立数据库，编制应用程序，组织数据入库并进行试运行。数据库运行和维护阶段是指将已经试运行的数据库应用系统投入正式使用，在数据库应用系统的使用过程中不断对其进行调整、修改和完善。

设计一个完善的数据库应用系统不可能一蹴而就，往往要经过上述几个阶段的不断反复才能设计成功。

11.2 数据库需求分析

简单地说，需求分析就是分析用户的要求。需求分析是数据库设计的起点，其结果将直接影响后续阶段的设计，并影响最终的数据库系统能否被合理地使用。

11.2.1 需求分析的任务

需求分析阶段的主要任务是对现实世界要处理的对象（公司，部门，企业）进行详细调查，在了解现行系统的概况、确定新系统功能的过程中，收集支持系统目标的基础数据及其处理方法。需求分析是在用户调查的基础上，通过分析，逐步明确用户对系统的需求，包括数据需求和围绕这些数据的业务处理需求。

用户调查的重点是"数据"和"处理"。通过调查要从用户那里获得对数据库的下列要求。

（1）信息需求

定义所设计数据库系统用到的所有信息，明确用户将向数据库中输入什么样的数据，从数据库中要求获得哪些内容，将要输出哪些信息。也就是明确在数据库中需要存储哪些数据，对这些数据将做哪些处理等，同时还要描述数据间的联系等。

（2）处理需求

定义系统数据处理的操作功能，描述操作的优先次序，包括操作的执行频率和场合，操作与数据间的联系，还要明确用户要完成哪些处理功能，每种处理的执行频度，用户需求的响应时间以及处理的方式（比如是联机处理还是批处理）等。

（3）安全性与完整性要求

安全性要求描述系统中不同用户对数据库的使用和操作情况，完整性要求描述数据之间的关联关系以及数据的取值范围要求。

在需求分析中，通过自顶向下、逐步分解的方法分析系统，任何一个系统都可以抽象为图 11-3 所示的数据流图的形式。

数据流图是从"数据"和"处理"两方面表达数据处理的一种图形化表示方法。在需求分析阶段，不必确定数据的具体存储方式，这些问题留待进行物理结构设计时考

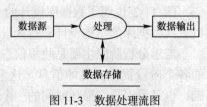

图 11-3 数据处理流图

虑。数据流图中的"处理"抽象地表达了系统的功能需求，系统的整体功能要求可以分解为系统的若干子功能要求，通过逐步分解的方法，可以将系统的工作过程细分，直至表达清楚为止。

需求分析是整个数据库设计（严格讲是管理信息系统设计）中最重要的一步，是其他各步骤的基础。如果把整个数据库设计当成一个系统工程看待，那么需求分析就是这个系统工程的最原始的输入信息。如果这一步做得不好，那么后续的设计即使再优化也只能前功尽弃。所以这一步特别重要。

需求分析也是最困难最麻烦的一步，其困难之处不在于技术上，而在于要了解、分析、表达客观世界并非易事，这也是数据库自动生成工具的研究中最困难的部分。目前，许多自动生成工具都绕过这一步，先假定需求分析已经有结果，这些自动工具就以这一结果作为后面几步的输入。

11.2.2　需求分析的方法

需求分析首先要调查清楚用户的实际需求，与用户达成共识，然后再分析和表达这些需求。

调查用户的需求的重点是"数据"和"处理"，为达到这一目的，在调查前要拟定调查提纲。调查时要抓住两个"流"，即"信息流"和"处理流"，而且调查中要不断地将这两个"流"结合起来。调查的任务是调研现行系统的业务活动规则，并提取描述系统业务的现实系统模型。

通常情况下，调查用户的需求包括三方面内容，即系统的业务现状、信息源流及外部要求。

① 业务现状，包括：业务方针政策、系统的组织机构、业务内容、约束条件和各种业务的全过程。

② 信息源流，包括：各种数据的种类、类型及数据量，各种数据的源头、流向和终点，各种数据的产生、修改、查询及更新过程和频率以及各种数据与业务处理的关系。

③ 外部要求，包括：对数据保密性的要求，对数据完整性的要求，对查询响应时间的要求，对新系统使用方式的要求，对输入方式的要求，对输出报表的要求，对各种数据精度的要求，对吞吐量的要求，对未来功能、性能及应用范围扩展的要求。

在调查用户的需求时，实际上就是发现现行业务系统的运作事实。常用的发现事实的方法有检查文档、面谈、观察业务的运转、研究和问卷调查等。

（1）检查文档

当要深入了解为什么客户需要数据库应用时，检查用户的文档是非常有用的。检查文档可以发现文档中有助于提供与问题相关的业务信息（或者业务事务的信息）。如果问题与现存系统相关，则一定有与该系统相关的文档。检查与目前系统相关的文档、表格、报告和文件是一种非常好的快速理解系统的方法。

（2）面谈

面谈是最常用的，通常也是最有用的事实发现方法，通过面对面谈话获取有用信息。面谈还有其他用处，比如找出事实、确认、澄清事实、得到所有最终用户、标识需求、集中意见和观点。但是，使用面谈这种技术需要良好的交流能力，面谈的成功与否依赖于谈话者的交流技巧，而且，面谈也有它的缺点，比如非常消耗时间。为了保证谈话成功，必须选择合适的谈话人选，准备的问题涉及范围要广，要引导谈话有效地进行。

（3）观察业务的运转

观察是用来理解一个系统的最有效的事实发现方法之一。使用这个技术可以参与或者观察做事的人以了解系统。当用其他方法收集的数据的有效性值得怀疑或者系统特定方面的复杂性阻碍了最终用户做出清晰的解释时，这种技术尤其有用。

与其他事实发现技术相比，成功的观察要求做非常多的准备。为了确保成功，要尽可能多地了解要观察的人和活动。例如，所观察的活动的低谷、正常以及高峰期分别是什么时候？

（4）研究

研究是通过计算机行业的杂志、参考书和因特网来查找是否有类似的解决此问题的方法，甚至可以查找和研究是否存在解决此问题的软件包。但这种方法也可能因找不到解决此问题的方法而浪费了时间。

（5）问卷调查

另一种事实发现方法是通过问卷来调查。问卷是一种有着特定目的的小册子，针对几个给定的答案，来获得一大群人的意见。当与大批用户打交道，其他的事实发现技术都不能有效地把这些事实列成表格时，就可以采用问卷调查的方式。

问卷有两种格式：自由形式和固定形式。在自由格式问卷上，答卷人提供的答案有更大的自由。问题提出后，答卷人在题目后的空白地方写答案。例如，"你当前收到的是什么报表，它们有什么用？"、"这些报告是否存在问题？如果有，请说明"自由格式问卷存在的问题是答卷人的答案可能难以列成表格，而且，有时答卷人可能答非所问。

在固定格式问卷上，包含的问题答案是特定的。给定一个问题，回答者必须从提供的答案中选择一个。因此，结果容易列表。但另一方面，答卷人不能提供一些有用的附加信息。例如：现在的业务系统的报告形式非常理想，不必改动。答卷人可以选择的答案有"是"或"否"，或者一组选项，包括"非常赞同"、"同意"，"没意见"、"不同意"、"强烈反对"等。

11.3　数据库结构设计

数据库设计主要分为数据库结构设计和数据库行为设计。数据库结构设计包括概念结构设计、逻辑结构设计和物理结构设计。行为设计包括设计数据库的功能组织和流程控制。

数据库结构设计是在数据库需求分析的基础上，逐步形成对数据库概念、逻辑、物理结构的描述。概念结构设计的结果是形成数据库的概念层数据模型，用语义层模型描述，如 E-R 模型。逻辑结构设计的结果是形成数据库的模式与外模式，用结构层模型描述，如基本表、视图等。物理结构设计的结果是形成数据库的内模式，用文件级术语描述。例如数据库文件或目录、索引等。

11.3.1　概念结构设计

概念结构设计的重点在于信息结构的设计，它将需求分析得到的用户需求抽象为信息结构即概念层数据模型，是整个数据库系统设计的关键，独立于逻辑结构设计和数据库管理系统。

1.　概念结构设计的特点和策略

概念结构设计的任务是产生反映企业组织信息需求的数据库概念结构，即概念层数据模型。

（1）概念结构的特点

概念结构应具备如下特点。

① 有丰富的语义表达能力。能表达用户的各种需求，包括描述现实世界中各种事物和事物与事物之间的联系，能满足用户对数据的处理需求。

② 易于交流和理解。概念结构是数据库设计人员和用户之间的主要交流工具，因此必须能通过概念模型和不熟悉计算机的用户交换意见，用户的积极参与是数据库成功的关键。

③ 易于更改。当应用环境和应用要求发生变化时，能方便地对概念结构进行修改，以反映这些变化。

④ 易于向各种数据模型转换，易于导出与 DBMS 有关的逻辑模型。

描述概念结构的一个有力工具是 E-R 模型。有关 E-R 模型的概念已经在第 2 章介绍，本章在介绍概念结构设计时也采用 E-R 模型。

（2）概念结构设计的策略

概念结构设计的策略主要有如下几种。

① 自底向上。先定义每个局部应用的概念结构，然后按一定的规则把它们集成起来，从而得到全局概念结构。

② 自顶向下。先定义全局概念结构，然后再逐步细化。

③ 由里向外。先定义最重要的核心结构，然后再逐步向外扩展。

④ 混合策略。将自顶向下和自底向上方法结合起来使用。先用自顶向下设计一个概念结构的框架，然后以它为框架再用自底向上策略设计局部概念结构，最后把它们集成起来。

最常用的设计策略是自底向上的策略。

从这一步开始，需求分析所得到的结果按"数据"和"处理"分开考虑。概念结构设计重点在于信息结构的设计，而"处理"则由行为设计来考虑。这也是数据库设计的特点，即"行为"设计与"结构"设计分离进行。但由于两者原本是一个整体，因此在设计概念结构和逻辑结构时，要考虑如何有效地为"处理"服务，而设计应用模型时，也要考虑如何有效地利用结构设计提供的条件。

概念结构设计使用集合概念，抽取现实业务系统的元素及其应用语义关联，最终形成 E-R 模型。

2.　采用 E-R 模型方法的概念结构设计

设计数据库概念结构的最著名、最常用的方法是 E-R 方法。采用 E-R 方法的概念结构设计可分为如下 3 个步骤。

① 设计局部 E-R 模型。局部 E-R 模型的设计内容包括确定局部 E-R 模型的范围、定义实体、联系以及它们的属性。

② 设计全局 E-R 模型。这一步是将所有局部 E-R 图集成为一个全局 E-R 图，即全局 E-R 模型。

③ 优化全局 E-R 模型。

3.　设计局部 E-R 模型

概念结构是对现实世界的一种抽象。所谓抽象是对实际的人、物、事和概念进行人为处理，抽取所关心的共同特性，忽略非本质细节，并把这些特性用各种概念准确地加以描述。

抽象方法一般包括如下 3 种。

① 分类（classification）：定义某一类概念作为现实世界中一组对象的类型，这些对象具有某些共同的特性和行为。它抽象的是对象值和型之间的 "is a member of"（是……的成员）的语义。在 E-R 模型中，实体就是这种抽象（是对具有相同特征的实例的抽象）。例如，"张三"是学生（见图 11-4），表示"张三"是"学生"（实体）中的一员（实例），即"张三是学生的一个成员"，这些学生具有系统的特性和行为。

② 概括（generalization）：定义了实体之间的一种子集联系，它抽象了实体之间的 "is a subset of"（是……的子集）的语义。例如，"学生"是一个实体，"本科生"、"研究生"也是实体。而"本科生"和"研究生"均为"学生"实体的子集。如果把"学生"称为超类，那么"本科生"和"研究生"就是"学生"的子类，如图 11-5 所示。

③ 聚集（aggregation）：定义某一类型的组成成分，它抽象了对象内部类型和成分之间的 "is a part of"（是……的一部分）语义。在 E-R 模型中，若干个属性的聚集就组成了一个实体。聚集的示例如图 11-6 所示。

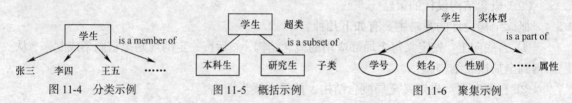

图 11-4　分类示例　　　　图 11-5　概括示例　　　　图 11-6　聚集示例

（1）设计全局 E-R 模型

把局部 E-R 模型集成为全局 E-R 模型时，可以采用一次将所有的 E-R 模型集成在一起的方式，也可以用逐步集成、进行累加的方式，即一次只集成少量几个 E-R 模型，这样实现起来比较容易。

当将局部 E-R 模型集成为全局 E-R 模型时，需要消除各分 E-R 模型合并时产生的冲突。解决冲突是合并 E-R 模型的主要工作和关键所在。

各分 E-R 模型之间的冲突主要有 3 类：属性冲突、命名冲突和结构冲突。

① 属性冲突，包括如下几种情况。

● 属性域冲突。即属性的类型、取值范围和取值集合不同。例如，部门编号有的定义为字符型，有的定义为数字型。又如，年龄有的定义为出生日期，有的定义为整数。

● 属性取值单位冲突。例如，学生的身高，有的用"米"为单位，有的用"厘米"为单位。

② 命名冲突，包括同名异义和异名同义，即不同意义的实体名、联系名或属性名在不同的局部应用中具有相同的名字，或者具有相同意义的实体名、联系名和属性名在不同的局部应用中具有不同的名字。如科研项目，在财务部门称为项目，在科研处称为课题。

属性冲突和命名冲突通常可以通过讨论、协商等方法解决。

③ 结构冲突，有如下两种情况。

● 同一对象在不同应用中具有不同的抽象。例如，"职工"可能在某一局部应用中作为实体，而在另一局部应用中却作为属性。

解决这种冲突的方法通常是把属性转换为实体或者把实体转换为属性，使同样对象具有相同的抽象。但在转换时要进行认真的分析。

● 同一实体在不同的局部 E-R 模型中所包含的属性个数和属性的排列次序不完全相同。

这是很常见的一类冲突，原因是不同的局部 E-R 模型关心的实体的侧面不同。解决的方法是让该实体的属性为各局部 E-R 模型中的属性的并集，然后再适当调整属性的顺序。

（2）优化全局 E-R 模型

一个好的全局 E-R 模型除了能反映用户功能需求外，还应满足如下条件。

● 实体个数尽可能少。

● 实体所包含的属性尽可能少。

● 实体间联系无冗余。

优化的目的就是使 E-R 模型满足上述 3 个条件。要使实体个数尽可能少，可以进行相关实体的合并，一般是把具有相同主键的实体进行合并，另外，还可以考虑将 1∶1 联系的两个实体合并为一个实体，同时消除冗余属性和冗余联系。但也应该根据具体情况，有时候适当的冗余可以提高数据查询效率。

图 11-7 所示是将两个局部 E-R 模型合并成一个全局 E-R 模型的示例。

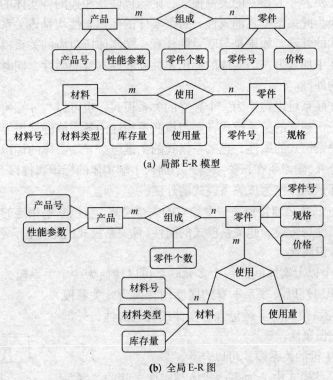

(a) 局部 E-R 模型

(b) 全局 E-R 图

图 11-7 将局部 E-R 模型合并为全局 E-R 模型

11.3.2 逻辑结构设计

逻辑结构设计的任务是把在概念结构设计中设计的基本 E-R 模型转换为具体的数据库管理系统支持的组织层数据模型，也就是导出特定的 DBMS 可以处理的数据库逻辑结构（数据库的模式和外模式），这些模式在功能、性能、完整性和一致性约束方面满足应用要求。

特定 DBMS 可以支持的组织层数据模型包括层次模型、网状模型、关系模型和面向对象模型等。下面仅讨论从概念模型向关系模型的转换。

逻辑结构设计一般包含两个步骤。

① 将概念结构转换为某种组织层数据模型。

② 对组织层数据模型进行优化。

1. E-R 模型向关系模型的转换

E-R 模型向关系模型的转换要解决的问题，是如何将实体以及实体间的联系转换为关系模式，如何确定这些关系模式的属性和主键。

关系模型的逻辑结构是一组关系模式的集合。E-R 模型由实体、实体的属性以及实体之间的联系三部分组成，因此将 E-R 模型转换为关系模型实际上就是将实体、实体的属性和实体间的联系转换为关系模式，转换的一般规则如下。

一个实体转换为一个关系模式。实体的属性就是关系的属性，实体的标识属性就是关系的主键。

对于实体间的联系有以下不同的情况。

① 一个 1:1 联系可以转换为一个独立的关系模式，也可以与任意一端所对应的关系模式合并。如果可以转换为一个独立的关系模式，则与该联系相连的各实体的标识属性以及联系本身的属性均转换为此关系模式的属性，每个实体的标识属性均是该关系模式的候选键，同时也是该关系模式的外键。如果是与联系的任意一端实体所对应的关系模式合并，则需要在该关系模式的属性中加入另一个实体的标识属性和联系本身的属性，同时该实体的标识属性作为该关系模式的外键。

② 一个 1:n 联系可以转换为一个独立的关系模式，也可以与 n 端所对应的关系模式合并。如果转换为一个独立的关系模式，则与该联系相连的各实体的标识属性以及联系本身的属性均转换为此关系模式的属性，且关系模式的主键包含 n 端实体的标识属性。如果与 n 端对应的关系模式合并，则需要在该关系模式中加入 1 端实体的标识属性以及联系本身的属性，并将 1 端实体的标识属性作为该关系模式的外键。

③ 一个 m:n 联系必须转换为一个独立的关系模式。与该联系相连的各实体的标识属性以及联系本身的属性均转换为此关系模式的属性，且关系模式的主键包含各实体的标识属性，外键为各实体的标识属性。

④ 三个或三个以上实体间的一个多元联系可以转换为一个关系模式。与该多元联系相连的各实体的标识属性以及联系本身的属性均转换为此关系模式的属性，而此关系模式的主键包含各实体的标识属性，外键为各相关实体的标识属性。

⑤ 具有相同主键的关系模式可以合并。

在转换后的关系模式中，为表达实体与实体之间的关联关系，通常是通过关系模式中的外键来表达的，这些外键是否允许为空，可按如下处理规则判断。

● 非强制实体（不是必须存在的）对应的表的外键允许为空值。

● 强制实体（必须存在的）对应的表的外键不允许为空值。

例 1 有 1:1 联系的 E-R 模型如图 11-8 所示，其中每个部门必须有一个经理，一个经理只负责一个部门且必须负责一

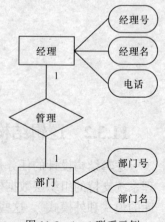

图 11-8 1:1 联系示例

个部门。

在这个例子中，"部门"和"经理"均是强制存在的（注：为简化，我们在 E-R 图中未标出是否是强制存在的实体，这里只用语言叙述，以避免读者因未学习第 10 章而造成对本章内容理解的困难）。可按如下几种方式进行转换。

（1）如果将联系与某一端的关系模式合并，则转换后的结果为两个关系模式。

部门（部门号，部门名，经理号），其中"部门号为"主键，非空，"经理号"为外键，非空。

经理（经理号，经理名，电话），其中"经理号"为主键。

或者也可以转换为以下两张表。

部门（部门号，部门名），其中"部门号"为主键。

经理（经理号，部门号，经理名，电话），"经理号"为主键，"部门号"为外键，非空。

（2）如果将联系转换为一个独立的关系模式，则该 E-R 模型可以转换成三个关系模式。

部门（部门号，部门名），其中"部门号"为主键。

经理（经理号，经理名，电话），其中"经理号"为主键。

部门—经理（经理号，部门号），其中"经理号"和"部门号"为候选键，同时也都为外键，非空。

在 1：1 联系中一般不将联系单独作为一张表，因为这样转换出来的表个数太多。查询时涉及的表个数越多，查询效率就越低。

例 2 有 1：n 联系的 E-R 模型如图 11-9 所示，一个部门可以包含多个职工，也可以暂时没有职工，但一个职工必须属于一个部门。

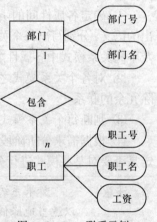

在这个例子中，"部门"是非强制存在的，"职工"是强制存在的。可按如下几种方式进行转换。

（1）如果与 n 端的关系模式合并，则可以转换成两个关系模式，如下所示。

部门（部门号，部门名），其中部门号为主键。

职工（职工号，部门号，职工名，工资），其中"职工号"为主键，"部门号"为外键，允许空。

（2）如果将联系转换为一个独立的关系模式，则该 E-R 模型可以转换为以下三张表。

图 11-9 1：n 联系示例

部门（部门号，部门名），其中部门号为主键。

职工（职工号，职工名，工资），其中"职工号"为主键。

部门—职工（部门号，职工号），其中"职工号"为主键，同时也为外键，"部门号"为外键，非空。

同 1：1 联系一样，在 1：n 联系中，一般也不将联系转换为一张独立的表。

例 3 有 m：n 联系的 E-R 模型如图 11-10 所示，其中一名教师必须至少讲授一门课程，一门课程必须至少有一名教师讲授。这里"教师"和"课程"都是强制存在的。

对 m：n 联系，必须将联系转换为一个独立的关系模式。转换后的结果如下。

教师表（教师号，教师名，职称），"教师号"为主键。

课程表（课程号，课程名，学分），"课程号"为主键。

授课表（教师号，课程号，授课时数），（教师号，课程号）为主键，同时"教师号"也为外键，非空；"课程号"为外键，非空。

对于递归联系，其转换规则是一样的。

例 4 一对一递归联系。设一个职工可以是管理者，也可以不是。一个职工最多只被一个人管理。其 E-R 模型如图 11-11 所示，该 E-R 模型包含一个一对一递归联系。

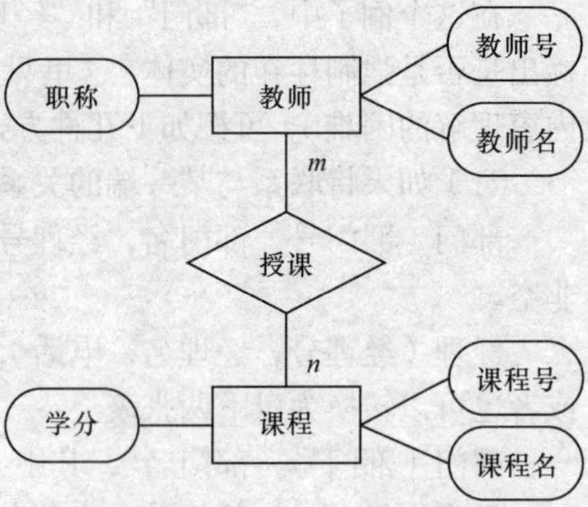

对一对一的递归联系，只需要转换为一个关系模式。

职工（职工号，职工名，工资，管理者职工号），"职工号"为主键，"管理者职工号"为外键，引用自身关系模式中的"职工号"。

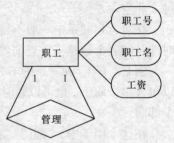

图 11-10 $m:n$ 联系示例

2. 数据模型的优化

逻辑结构设计的结果并不是唯一的，为了进一步提高数据库应用系统的性能，还应该根据应用的需要对逻辑数据模型进行适当的修改和调整，这就是数据模型的优化。关系数据模型的优化通常以关系规范化理论为指导，并考虑系统的性能。具体方法如下。

① 确定各属性间的函数依赖关系。根据需求分析阶段得出的语义，分别写出每个关系模式的各属性之间的函数依赖以及不同关系模式中各属性之间的数据依赖关系。

② 对各个关系模式之间的数据依赖进行极小化处理，消除冗余的联系。

图 11-11 一对一递归联系示例

③ 判断每个关系模式的范式，根据实际需要确定最合适的范式。

④ 根据需求分析阶段得到的处理要求，分析这些模式对于这样的应用环境是否合适，确定是否要对某些模式进行分解或合并。

> **注意：** 如果系统的查询操作比较多，而且对查询响应速度的要求也比较高，则可以适当地降低规范化的程度，即将几个表合并为一个表，以减少查询时的表的连接个数。甚至可以在表中适当增加冗余数据列，比如把一些经过计算得到的值作为表中的一个列也保存在表中。但这样做时要考虑可能引起的潜在的数据不一致的问题。

对于一个具体的应用来说，到底规范化到什么程度，需要权衡响应时间和潜在问题两者的利弊，做出最佳的决定。

⑤ 对关系模式进行必要的分解，以提高数据的操作效率和存储空间的利用率。常用的分解方法是水平分解和垂直分解。

● 水平分解是以时间、空间、类型等范畴属性取值为条件，满足相同条件的数据行为一个子表。分解的依据一般以范畴属性取值范围划分数据行。这样在操作同表数据时，时空范围相对集中，便于管理。水平分解过程如图 11-12 所示，其中 K#代表主键。

原表中的数据内容相当于分解后各表数据内容的并集。例如，对于管理学校学生情况的"学生情况表"，可以将其分解为"历史学生情况表"和"在册学生情况表"。"历史学生情况表"中存放已毕业学生的数据，"在册学生情况表"存放目前在校学生的数据。因为经常需要了解当前在校学生的

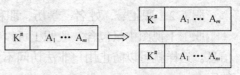

图 11-12　水平分解示意图

情况，而对已毕业学生的情况关心较少。因此将历年学生的信息存放在两张表中，可以提高对在校学生的处理速度。当一届学生毕业时，就将这些学生从"在册学生情况表"中删除，同时插入到"历史学生情况表"中。

● 垂直分解是以非主属性所描述的数据特征为条件，描述一类相同特征的属性划分在一个子表中。这样操作同表数据时属性范围相对集中，便于管理。垂直分解过程如图 11-13 所示，其中 K#代表主键。

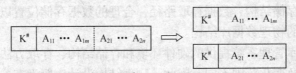

图 11-13　垂直分解示意图

垂直分解后原表中的数据内容相当于分解后各表数据内容的连接。例如，可以将"学生情况表"垂直拆分为"学生基本信息表"和"学生家庭情况表"。

垂直分解方法还可以解决包含很多列或者列占用空间比较多的表创建问题。一般在数据库管理系统中，表中一行数据的大小（即各列所占的空间总和）都是有限制的（一般受数据页大小的限制，数据页是数据库数据的最小存储分配单位，比如 SQL Server 2005 的数据页大小是 8KB），当表中一行数据的大小超过了数据页大小时，就可以使用垂直分解方法，将一张表拆分为多张表。

3. 设计外模式

将概念模型转换为逻辑数据模型之后，还应该根据局部应用需求，并结合具体的数据库管理系统的特点，设计用户的外模式。

外模式概念对应关系数据库的视图，设计外模式是为了更好地满足各个用户的需求。

定义数据库的模式主要是从系统的时间效率、空间效率、易维护等角度出发。由于外模式与模式是相对独立的，因此在定义用户外模式时可以从满足每类用户的需求出发，同时考虑数据的安全和用户的操作方便。在定义外模式时应考虑如下问题。

（1）使用更符合用户习惯的别名

在概念模型设计阶段，当合并各 E-R 图时，曾进行了消除命名冲突的工作，以使数据库中的同一个关系和属性具有唯一的名字。这在设计数据库的全局模式时是非常必要的。但在修改了某些属性或关系的名字之后，可能会不符合某些用户的习惯，因此在设计用户模式时，可以利用视图的功能，对某些属性重新命名。视图的名字也可以命名成符合用户习惯的名字，使用户的操作更方便。

（2）对不同级别的用户定义不同的视图，以保证数据的安全

假设有关系模式：职工（职工号，姓名，工作部门，学历，专业，职称，联系电话，基

本工资，浮动工资）。在这个关系模式上建立了如下两个视图。

职工 1（职工号，姓名，工作部门，专业，联系电话）

职工 2（职工号，姓名，学历，职称，联系电话，基本工资，浮动工资）

职工 1 视图中只包含一般职工可以查看的基本信息，职工 2 视图中包含允许领导查看的信息。这样就可以防止用户非法访问不允许他们访问的数据，从而在一定程度上保证了数据的安全。

（3）简化用户对系统的使用

如果某些局部应用经常要使用某些很复杂的查询，为了方便用户，可以将这些复杂查询定义为一个视图，这样用户每次只对定义好的视图查询，而不必再编写复杂的查询语句，从而简化了用户的使用。

11.3.3 物理结构设计

数据库的物理结构设计是对已经确定的数据库逻辑结构，利用数据库管理系统提供的方法、技术，以较优的存储结构、数据存取路径，合理的数据存储位置以及存储分配，设计出一个高效的、可实现的物理数据库结构。

由于不同的数据库管理系统提供的硬件环境和存储结构、存取方法不同，提供给数据库设计者的系统参数以及变化范围不同，因此，物理结构设计一般没有一个通用的准则，它只能提供一个技术和方法供参考。

数据库的物理结构设计通常分为以下两步。

① 确定数据库的物理结构，在关系数据库中主要指存取方法和存储结构。

② 对物理结构进行评价，评价的重点是时间和空间效率。

如果评价结果满足原设计要求，则可以进入到数据库实施阶段；否则，需要重新设计或修改物理结构，有时甚至要返回到逻辑设计阶段修改数据模式。

1. 物理结构设计的内容和方法

物理数据库设计得好，可以使各事务的响应时间短、存储空间利用率高、事务吞吐量大。因此，在设计数据库时首先要对经常用到的查询和对数据进行更新的事务进行详细地分析，获得物理结构设计所需的各种参数。其次，要充分了解所使用的 DBMS 的内部特征，特别是系统提供的存取方法和存储结构。

对于数据查询，需要得到如下信息。

- 查询所涉及的关系。
- 查询条件所涉及的属性。
- 连接条件所涉及的属性。
- 查询列表中涉及的属性。

对于更新数据的事务，需要得到如下信息。

- 更新所涉及的关系。
- 每个关系上的更新条件所涉及的属性。
- 更新操作所涉及的属性。

除此之外，还需要了解每个查询或事务在各关系上的运行频率和性能要求。例如，假设某个查询必须在 1s 之内完成，则数据的存储方式和存取方式就非常重要。

需要注意的是，在数据库上运行的操作和事务是不断变化的，因此需要根据这些操作的变化不断调整数据库的物理结构，以获得最佳的数据库性能。

通常关系数据库的物理结构设计主要包括如下内容。

（1）确定存取方法

存取方法是快速存取数据库中数据的技术，数据库管理系统一般都提供多种存取方法。具体采取哪种存取方法由系统根据数据的存储方式决定，一般用户不能干预。

一般用户可以通过建立索引的方法来加快数据的查询效率，如果建立了索引，系统就可以利用索引查找数据。

索引方法实际上是根据应用要求确定在关系的哪个属性或哪些属性上建立索引，在哪些属性上建立复合索引以及哪些索引要设计为唯一索引，哪些索引要设计为聚集索引。聚集索引是将数据按索引列在物理上进行有序排列。

建立索引的一般原则如下。

● 如果某个（或某些）属性经常作为查询条件，则考虑在这个（或这些）属性上建立索引。

● 如果某个（或某些）属性经常作为表的连接条件，则考虑在这个（或这些）属性上建立索引。

● 如果某个属性经常作为分组的依据列，则考虑在这个属性上建立索引。

● 对经常进行连接操作的表建立索引。

一个表可以建立多个索引，但只能建立一个聚集索引。

需要注意的是，索引一般可以提高数据查询性能，但会降低数据修改性能。因为在进行数据修改时，系统要同时对索引进行维护，使索引与数据保持一致。维护索引需要占用相当多的时间，而且存放索引信息也会占用空间资源。因此在决定是否建立索引时，要权衡数据库的操作。如果查询多，并且对查询的性能要求比较高，则可以考虑多建一些索引；如果数据更改多，并且对更改的效率要求比较高，则应该考虑少建一些索引。

（2）确定存储结构

物理结构设计中一个重要的考虑就是确定数据记录的存储方式。一般的存储方式如下。

● 顺序存储。这种存储方式的平均查找次数为表中记录数的 1/2。

● 散列存储。这种存储方式的平均查找次数由散列算法决定。

● 聚集存储。为了提高某个属性（或属性组）的查询速度，可以把这个或这些属性（称为聚集码）上具有相同值的元组集中存放在连续的物理块上，这样的存储方式称为聚集存储。聚集存储可以极大提高对聚集码的查询效率。

一般用户可以通过建立索引的方法来改变数据的存储方式。但在其他情况下，数据是采用顺序存储还是散列存储，或其他的存储方式是由数据库管理系统根据数据的具体情况决定的，一般它都会为数据选择一种最合适的存储方式，而用户并不能对此进行干预。

2. 物理结构设计的评价

物理结构设计过程中要对时间效率、空间效率、维护代价和各种用户要求进行权衡，其结果可以产生多种方案，数据库设计者必须对这些方案进行细致的评价，从中选择一个较优的方案作为数据库的物理结构。

评价物理结构设计的方法完全依赖于具体的 DBMS，主要考虑操作开销，即为使用户获得及时、准确的数据所需的开销和计算机资源的开销。具体可分为如下几类。

① 查询和响应时间。响应时间是从查询开始到查询结果开始显示之间所经历的时间。一

个好的应用程序设计可以减少 CUP 时间和 I/O 时间。

② 更新事务的开销。主要是修改索引、重写物理块或文件以及写校验等方面的开销。

③ 生成报告的开销。主要包括索引、重组、排序和结果显示的开销。

④ 主存储空间的开销。包括程序和数据所占用的空间。对数据库设计者来说，一般可以对缓冲区做适当的控制，如缓冲区个数和大小。

⑤ 辅助存储空间的开销。辅助存储空间分为数据块和索引块两种，设计者可以控制索引块的大小、索引块的充满度等。

实际上，数据库设计者只能对 I/O 和辅助空间进行有效控制。其他方面都是有限的控制或者根本就不能控制。

11.4　数据库行为设计

到目前为止，我们详细讨论了数据库的结构设计问题，这是数据库设计中最重要的任务。前面已经说过，数据库设计的特点是结构设计和行为设计是分离的。行为设计与一般的传统程序设计区别不大，软件工程中的所有工具和手段几乎都可以用到数据库行为设计中，因此，多数数据库教科书都没有讨论数据库行为设计问题。考虑到数据库应用程序设计毕竟有它特殊的地方，而且不同的数据库应用程序设计也有许多共性，因此，这里介绍一下数据库的行为设计。

数据库行为设计一般分为如下几个步骤。

① 功能分析。

② 功能设计。

③ 事务设计。

④ 应用程序设计与实现。

我们主要讨论前 3 个步骤。

11.4.1　功能分析

在进行需求分析时，实际上进行了两项工作，一项是"数据流"的调查分析，另一项是"事务处理"过程的调查分析，也就是应用业务处理的调查分析。数据流的调查分析为数据库的信息结构提供了最原始的依据，而事务处理的调查分析则是行为设计的基础。

对于行为特性要进行如下分析。

① 标识所有的查询、报表、事务及动态特性，指出对数据库所要进行的各种处理。

② 指出对每个实体所进行的操作（增、删、改、查）。

③ 给出每个操作的语义，包括结构约束和操作约束，通过下列条件，可定义下一步的操作。

- 执行操作要求的前提。
- 操作的内容。
- 操作成功后的状态。

例如，教师退休行为的操作特征如下。

- 该教师没有未讲授完的课程。

- 从当前在职教师表中删除此教师记录。
- 将此教师信息插入到退休教师表中。
④ 给出每个操作（针对某一对象）的频率。
⑤ 给出每个操作（针对某一应用）的响应时间。
⑥ 给出该系统总的目标。

功能需求分析是在需求分析之后功能设计之前的一个步骤。

11.4.2　功能设计

系统目标的实现是通过系统的各功能模块来达到的。由于每个系统功能又可以划分为若干个更具体的功能模块，因此，可以从目标开始，一层一层分解下去，直到每个子功能模块只执行一个具体的任务。子功能模块是独立的，具有明显的输入信息和输出信息。当然，也可以没有明显的输入和输出信息，只是动作产生后的一个结果。通常我们按功能关系画成的图叫功能结构图，如图 11-14 所示。

例如，"学籍管理"的功能结构图如图 11-15 所示。

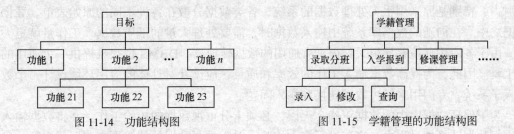

图 11-14　功能结构图　　　　　图 11-15　学籍管理的功能结构图

11.4.3　事务设计

事务处理是计算机模拟人处理事务的过程，它包括输入设计、输出设计等。

1．输入设计

系统中的很多错误都是由于输入不当引起的，因此设计好输入是减少系统错误的一个重要方面。在进行输入设计时需要完成如下几方面工作。

- 原始单据的设计格式。对于原有的单据，表格要根据新系统的要求重新设计，其设计的原则是：简单明了，便于填写，尽量标准化，便于归档，简化输入工作。
- 制成输入一览表。将全部功能所用的数据整理成表。
- 制作输入数据描述文档。包括数据的输入频率、数据的有效范围和出错校验。

2．输出设计

输出设计是系统设计中的重要一环。如果说用户看不出系统内部的设计是否科学、合理，那么输出报表是直接与用户见面的，而且输出格式的好坏会给用户留下深刻的印象，它甚至是衡量一个系统好坏的重要标志。因此，要精心设计好输出报表。

在输出设计时要考虑如下因素。

- 用途。区分输出结果是给客户还是用于内部或报送上级领导。
- 输出设备的选择。是仅仅显示出来，还是要打印出来或需要永久保存。
- 输出量。
- 输出格式。

11.5　数据库实施

完成了数据库的结构设计和行为设计并编写了实现用户需求的应用程序之后，就可以利用 DBMS 提供的功能实现数据库逻辑结构设计和物理结构设计的结果。然后将一些数据加载到数据库中，运行已编好的应用程序，以查看数据库设计以及应用程序是否存在问题。这就是数据库的实施阶段。

数据库实施阶段包括两项重要的工作，一项是加载数据，一项是调试和运行应用程序。

1.　加载数据

在一般的数据库系统中，数据量都很大，而且数据来源于多个部门，数据的组织方式、结构和格式都与新设计的数据库系统可能有很大的差别，组织数据的录入就是将各类数据从各个局部应用中抽取出来，输入到计算机中，然后再分类转换，最后综合成符合新设计的数据库结构的形式，输入到数据库中。这样的数据转换、组织入库的工作相当耗费人力、物力和财力，特别是原来用手工处理数据的系统，各类数据分散在各种不同的原始表单、凭据和单据之中。在向新的数据库系统中输入数据时，需要处理大量的纸质数据，工作量就更大。

由于各应用环境差异很大，很难有通用的数据转换器，DBMS 也很难提供一个通用的转换工具。因此，为提高数据输入工作的效率和质量，应该针对具体的应用环境设计一个数据录入子系统，专门用来解决数据转换和输入问题。

为了保证数据库中的数据正确、无误，必须十分重视数据的校验工作。在将数据输入系统进行数据转换的过程中，应该进行多次校验。对于重要数据的校验更应该反复进行，确认无误后再输入到数据库中。

如果新建数据库的数据来自已有的文件或数据库，那么应该注意旧的数据模式结构与新的数据模式结构之间的对应关系，然后再将旧的数据导入到新的数据库中。

目前，很多 DBMS 都提供了数据导入的功能，有些 DBMS 还提供了功能强大的数据转换功能，比如 SQL Server 就提供了功能强大、方便易用的数据导入和导出功能。

2.　调试和运行应用程序

一部分数据加载到数据库之后，就可以开始对数据库系统进行联合调试了，这个过程又称为数据库试运行。

这一阶段要实际运行数据库应用程序，执行对数据库的各种操作，测试应用程序的功能是否满足设计要求。如果不满足，则要对应用程序进行修改、调整，直到达到设计要求为止。

在数据库试运行阶段，还要对系统的性能指标进行测试，分析其是否达到设计目标。在对数据库进行物理结构设计时已经初步确定了系统的物理参数，但一般情况下，设计时的考虑在很多方面只是一个近似的估计，和实际系统的运行还有一定的差距，因此必须在试运行阶段实际测量和评价系统的性能指标。事实上，有些参数的最佳值往往是经过调试后找到的。如果测试的结果与设计目标不符，则要返回到物理结构设计阶段，重新调整物理结构，修改系统参数，某些情况下甚至要返回到逻辑结构设计阶段，对逻辑结构进行修改。

特别要强调的是，首先，由于组织数据入库的工作十分费力，如果试运行后要修改数据库的逻辑结构设计，则需要重新组织数据入库。因此在试运行时应该先输入小批量数据，试运行基本合格后，再大批量输入数据，以减少不必要的工作浪费。其次，在数据库试运行阶段，由于系统还不稳定，随时可能发生软硬件故障，而且系统的操作人员对系统也还不熟悉，误操作不可避免，因此应该首先调试运行 DBMS 的恢复功能，做好数据库的备份和恢复工作。一旦出现故障，可以尽快地恢复数据库，以减少对数据库的破坏。

11.6　数据库的运行和维护

数据库投入运行标志着开发工作的基本完成和维护工作的开始，数据库只要存在一天，就需要不断地对它进行评价、调整和维护。

在数据库运行阶段，对数据库的经常性维护工作主要由数据库系统管理员完成，其主要工作包括如下几个方面。

- 数据库的备份和恢复。要对数据库进行定期的备份，一旦出现故障，要能及时地将数据库恢复到尽可能的正确状态，以减少数据库损失。
- 数据库的安全性和完整性控制。随着数据库应用环境的变化，对数据库的安全性和完整性要求也会发生变化。比如，要收回某些用户的权限，或增加、修改某些用户的权限，增加、删除用户，或者某些数据的取值范围发生变化等，这都需要系统管理员对数据库进行适当的调整，以反映这些新的变化。
- 监视、分析、调整数据库性能。监视数据库的运行情况，并对检测数据进行分析，找出能够提高性能的可行性，并适当地对数据库进行调整。目前有些 DBMS 产品提供了性能检测工具，数据库系统管理员可以利用这些工具很方便地监视数据库。
- 数据库的重组。数据库经过一段时间的运行后，随着数据的不断添加、删除和修改，会使数据库的存取效率降低，这时数据库管理员可以改变数据库数据的组织方式，通过增加、删除或调整部分索引等方法，改善系统的性能。注意数据库的重组并不改变数据库的逻辑结构。

数据库的结构和应用程序设计的好坏只是相对的，它并不能保证数据库应用系统始终处于良好的性能状态。这是因为数据库中的数据随着数据库的使用而发生变化，随着这些变化的不断增加，系统的性能就有可能会日趋下降，所以即使在不出现故障的情况下，也要对数据库进行维护，以便数据库始终能够获得较好的性能。总之，数据库的维护工作与一台机器的维护工作类似，花的功夫越多，它服务得就越好。因此，数据库的设计工作并非一劳永逸，一个好的数据库应用系统同样需要精心的维护方能使其保持良好的性能。

小　结

本章介绍了数据库设计的全部过程，数据库设计的特点是行为设计和结构设计相分离，而且在需求分析的基础上是先进行结构设计，再进行行为设计，其中结构设计是关键。结构设计又分为概念结构设计、逻辑结构设计、物理结构设计。概念结构设计是用概念结构来描述用户的业务需求，这里介绍的是 E-R 模型，它与具体的数据库管理系统无关；逻辑结构设计是将概念结构设计的结果转换成组织层数据模型，对于关系数据库来说，是转换为关系表。根据实体之间的不同的联系方式，转换的方式也有所不同。逻辑结构设计与具体的数据库管理系统有关。物理结构设计是设计数据的存储方式和存储结构，一般来说，数据的存储方式和存储结构对用户是透明的，用户只能通过建立索引来改变数据的存储方式。

数据库的行为设计是对系统的功能的设计，一般的设计思想是将大的功能模块划分为功能相对专一的小的功能模块，这样便于用户的使用和操作。

数据库设计完成后，就要进行数据库的实施和维护工作。数据库应用系统不同于一般的应用软件，它在投入运行后必须要有专人对其进行监视和调整，以保证应用系统能够保持持续的高效率。

数据库设计的成功与否与许多具体因素有关，但只要掌握了数据库设计的基本方法，就可以设计出可行的数据库系统。

习　题

1. 试说明数据库设计的特点。
2. 简述数据库的设计过程。
3. 数据库结构设计包含哪几个过程？
4. 需求分析中发现事实的方法有哪些？
5. 概念结构应该具有哪些特点？
6. 概念结构设计的策略是什么？
7. 什么是数据库的逻辑结构设计？简述其设计步骤。
8. 把 E-R 模型转换为关系模式的转换规则有哪些？
9. 数据模型的优化包含哪些方法？
10. 设有如图 11-16 所示的两个 E-R 模型，分别将它们转换为关系模式，并指出每个关系模式的主键和外键。

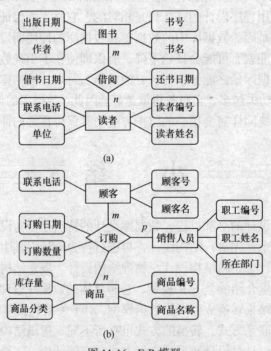

图 11-16　E-R 模型

第Ⅲ篇　系统篇

本篇主要介绍数据库管理系统提供的一些内部功能，主要包括多用户访问数据库时的事务与并发控制技术，用于数据库灾难恢复、防止数据丢失的数据库恢复技术以及提高数据查询效率的查询处理与优化技术。具体内容如下：

第 12 章　事务与并发控制。主要介绍事务的基本概念和 4 个特性，介绍了并发控制操作可能产生的问题，并讲解了并发控制的基本概念以及常用的控制方法和技术。

第 13 章　数据库恢复技术。主要介绍数据库系统故障种类，数据库恢复方法以及各种故障的恢复技术。

第 14 章　查询处理与优化。主要介绍代数优化和物理优化两种优化技术。在代数优化部分，详细介绍了代数优化的基本规则，并通过一个具体的示例说明了优化规则的应用。在物理优化部分，详细介绍了各种集合操作，包括连接、投影、选择以及集合并、交、差运算的优化方法。

第12章
事务与并发控制

数据库保护包括数据的一致性和并发控制、安全性、备份和恢复等内容,事务是保证数据一致性的基本手段。本章将介绍事务和并发控制的概念,安全性管理将在第20章进行介绍,备份和恢复数据库在第13章进行介绍。事务是数据库中一系列的操作,这些操作是一个完整的执行单元。事务处理技术主要包括数据库恢复技术和并发控制技术。数据库是一个多用户的共享资源,因此在多个用户同时操作相同区域的数据时,保证数据的正确性是并发控制要解决的问题。如果数据库在使用过程中出现了故障,比如硬件损坏,那么保证数据库信息不丢失就是备份和恢复要解决的问题。

事务是一个逻辑工作单元,代表用户业务中现实存在的操作序列,而并发控制是对并行执行事务的管理。大型数据库管理系统的事务处理子系统执行数据库事务,并处理并发用户。例如,火车和飞机的订票系统、银行系统、股票市场、超市商品销售等。事务处理和并发控制构成了数据库系统的主要活动。

本章将介绍数据库事务的主要特性,并讨论并发控制问题以及数据库管理系统如何增强并发控制以防止并行执行的事务在执行期间可能出现的各种问题,最后给出并发控制采用的一些方法。

12.1 事 务

数据库中的数据是共享的资源,因此,允许多个用户同时访问相同的数据。当多个用户同时操作相同的数据时,如果不采取任何措施,则可能会造成数据异常。事务是为防止这种情况发生而产生的一个概念。

12.1.1 事务的基本概念

事务(Transaction)是数据库处理的一个逻辑工作单元,它由用户定义的一个或多个访问数据库的操作组成,这些操作一般包括检索(读)、插入(写)、删除和修改数据。一个事务内的所有语句被作为一个整体,要么全部执行,要么全部不执行。事务可以嵌入到应用程序中,也可以通过SQL语句交互地指定。

例如:设有用户转账业务,A账户(假设目前是10 000元)转账给B账户(假设目前是3 000元)n元钱(假设n为2 000),这个业务活动包含如下两个操作:

(1)A账户-2 000

(2)B账户+2 000

可以设想，假设第一个操作成功了，但第二个操作由于某种原因没有成功（比如突然停电等），那么在系统恢复运行后，A 账户的金额是减 n 之前的值还是减 n 之后的值呢？如果 B 账户的金额没有变化（没有加上 n），则正确的情况是 A 账户的金额也应该是没有做减 n 操作之前的值（如果 A 账户是减 n 之后的值，则 A 账户中的金额和 B 账户中的金额就对不上了，这显然是不正确的）。怎样保证在系统恢复之后，A 账户中的金额是减 n 前的值呢？这就需要用到事务的概念。事务可以保证在一个事务中的全部操作或者全部成功，或者全部失败。也就是说，当第二个操作没有成功时，系统自动将第一个操作也撤销掉，使第一个操作不做。这样当系统恢复正常时，A 账户和 B 账户中的数值就是正确的。这个过程如图 12-1 所示。

必须显式地告诉数据库管理系统哪几个动作属于一个事务，这可以通过标记事务的开始与结束来实现。不同的事务处理模型中，事务的开始标记不完全一样（我们将在 12.2.4 节介绍事务处理模型），但不管是哪种事务处理模型，事务的结束标记都是一样的。事务的结束标记有两个，一个是正常结束，用 COMMIT（提交）表示，也就是事务中的所有操作都会物理地保存到数据库中，成为永久的操作；另一个是异常结束，用 ROLLBACK（回滚）表示，也就是事务中的全部操作被撤销，数据库回到事务开始之前的状态。事务中的操作一般是对数据的更改操作。

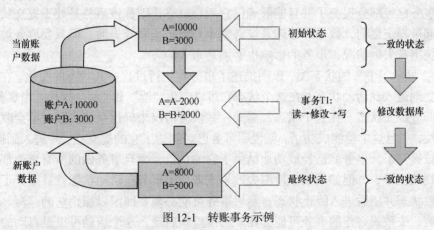

图 12-1　转账事务示例

12.1.2　事务执行和问题

对于单个数据操作来说事务不是必须的，事务是一系列数据操作，这些操作将数据库从一个一致性状态转换到另一个一致性状态，而且不需要保持所有中间点的一致性。事务处理系统的最简单的情形是强制所有的事务在一个流中并且连续地执行这些事务，完全不允许有并发操作。这对大型多用户数据库来说是不可行的，因此，必须要有机制来保证多个事务同时执行时不引起冲突和不一致。

在事务中，全部操作已经被成功完成的事务称为是已提交的，否则，这个事务就是一个异常终止的事务。因此，对于已提交事务所完成的对数据的修改操作，其修改结果必须保证被保存到数据库中，即使系统（包括计算机或数据库应用系统）出现失败的情况也要保证。

事务的状态包括如下几种。

① 活动的（ACTIVE）：在事务开始它的操作之后。

② 部分提交的（PARTIALLY COMMITTED）：当事务执行完最后一个语句后。此时有多种可能，一种是系统发现事务违反了串行化（见 12.2.5 节）或违反了数据完整性约束，因而必须撤销事务的操作。另一种情况可能是系统出现问题，事务更改的所有数据无法被安全地写到数据库中。如果出现这两种情况，事务都将处于失败状态，且所做的操作均被撤销。若事务成功执行，则进行的所有更改都被保存下来，事务将处于提交状态。

③ 终止的（ABORTED）：当不能再执行正常操作时。

④ 提交的（COMMITED）：在成功的完成事务后。

⑤ 失败的（FAILED）：当事务无法提交或者在处于"活动"状态时被撤销，撤销原因可能是用户撤销或者是并发控制协议为保证串行化而撤销事务。

在事务执行期间，当事务本身检测到有错误使事务不能继续执行时，可以终止事务。例如，当信用卡透支额超过了规定额度时。也可以由于系统失败或任何其他可控制范围之外的原因而使事务在提交之前被终止。当事务由于任何原因被终止时，数据库管理系统或者终止这个事务，或者重新启动事务的执行。当被终止的事务中没有任何逻辑错误时，数据库管理系统将重新启动这个事务的执行。不管是哪种情况，都必须消除任何由于事务的终止而造成的对数据库的影响。

如果事务已经部分提交了并且能够确保它不会被终止则称该事务是处于提交状态，因此，在事务能够被提交之前，数据库管理系统必须小心地防止系统失败。但只要事务被提交了，则即使系统出现失败情况，事务的影响也必须是永久的。

图 12-2 显示了事务的状态图，该图描述了事务在执行过程中其状态的变化。在事务开始执行时它立刻进入到活动状态，在这个状态它可以产生"读"和"写"操作。当事务结束时，它进入到部分提交状态。在这个状态，需要一些恢复协议来确保系统失败时不会改变事务更改的持久性，一旦这个检测成功了，就说明事务已经到达了它的提交点，并进入到提交状态。一旦事务被提交了，事务就已经成功地结束了它的执行，而且事务做的所有更改都必须被永久地记录到数据库中。但如果某个检测失败了或者如果事务在活动状态就被终止了，则事务进入到失败状态并随后进入终止状态，然后事务可能必须要回滚以撤销它的"写"操作对数据库的影响。失败或终止的事务可能会在以后被重新启动，这个启动可以是自动的，也可以是由用户作为一个新事务重新提交的。

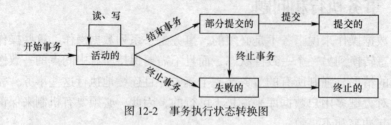

图 12-2　事务执行状态转换图

12.1.3　事务的特性

事务具有 4 个特性，即原子性（Atomicity）、一致性（Consistency）、隔离性（Isolation）和持久性（Durability）。这 4 个特性也简称为事务的 ACID 特性。这些特性用于保证事务执行之后数据库仍然是正确的状态。

1．原子性

事务的原子性是指事务是数据库的一个单一的、独立的逻辑工作单位，事务中的操作要么都做，要么都不做。

2．一致性

事务的一致性是指事务执行的结果必须是使数据库从一个一致性状态转到另一个一致性状态。如前所述的转账事务。因此，当事务成功提交时，数据库就从事务开始前的一致性状态转到了事务结束后的一致性状态。同样，如果由于某种原因，在事务尚未完成时就出现了故障，那么就会出现事务中的一部分操作已经完成，而另一部分操作还没有做，这样就有可能使数据库产生不一致的状态（参考前面转账示例），因此，事务中的操作如果有一部分成功，一部分失败，为避免数据库产生不一致状态，系统会自动将事务中已完成的操作撤销，使数据库回到事务开始前的状态。因此，事务的一致性和原子性是密切相关的。

3．隔离性

事务的隔离性是指数据库中一个事务的执行不能被其他事务干扰。即一个事务内部的操作及使用的数据对其他事务是隔离的，并发执行的各个事务之间不能相互干扰。例如，假设事务 T_1 正在执行，并且正在使用数据项 X，则在事务 T_1 结束之前这个数据不能被任何其他的事务访问。事务必须就好像只有它一个事务在访问数据库，只拥有它自己的数据副本，并且不影响其他事务在相同数据上的执行。在事务安全地终止并且将数据库返回到一个新的或之前的稳定状态之前，不允许其他事务看到由该事务引起的数据库的变化。因此，事务彼此之间没有干扰。事务的隔离性在多用户数据库环境中特别有用，因为在这种环境中几个不同的用户可以同时访问和更改数据库。隔离性是由数据库管理系统的并发控制子系统实现的。

4．持久性

事务的持久性也称为永久性（Permanence），指事务一旦提交，则其对数据库中数据的改变就是永久的，以后的操作或故障不会对事务的操作结果产生任何影响。

事务是数据库并发控制和恢复的基本单位。

保证事务的 ACID 特性是事务处理的重要任务。事务的 ACID 特性可能由于以下情况而遭到破坏。

① 多个事务并行运行时，不同事务的操作有交叉情况。

② 事务在运行过程中被强迫停止。

在第一种情况下，数据库管理系统必须保证多个事务在交叉运行时不影响这些事务的原子性。在第二种情况下，数据库管理系统必须保证被强迫终止的事务对数据库和其他事务没有任何影响。

以上这些工作都由数据库管理系统中的恢复和并发控制机制完成。

12.1.4　事务处理模型

美国标准化组织（ANSI）给出了管理数据库事务的定义，有两个 SQL 语句用来提供对事务的支持，它们是：COMMIT 和 ROLLBACK。ANSI 标准要求，当用户或者是应用程序开始一个事务序列后，它必须连续地执行全部后续的 SQL 语句，直到出现下列 4 个事件之一。

● 到达了一个 COMMIT 语句。这种情况下，事务所进行的所有更改都被用久地保存到数据库中。COMMIT 语句自动结束一个事务并表明成功地完成了事务。

● 到达了一个 ROLLBACK 语句。这种情况下，事务进行的所有更改都失败了，并且数据库被回滚到之前的一个一致性状态。ROLLBACK 操作表明没有成功地完成事务。

● 成功地到达了程序的结束。这种情况下，事务进行的所有更改都被永久地记录到数据库中。这个活动等同于 COMMIT。

● 程序被异常终止了。这种情况下，事务进行的所有对数据库的更改都被终止，而且数据库被回滚到它之前的一个一致性状态。这个活动等同于 ROLLBACK。

事务有两种类型，一种是显式事务，一种是隐式事务。隐式事务是指每一条数据操作语句都自动地成为一个事务，显式事务是有显式的开始和结束标记的事务。对于显式事务，不同的数据库管理系统有不同的表达形式，一类是采用国际标准化组织（ISO）制定的事务处理模型，另一类是采用 T-SQL 的事务处理模型。下面分别介绍这两种模型。

1. ISO 事务处理模型

ISO 的事务处理模型是明尾暗头，即事务的开始是隐式的，而事务的结束有明确的标记。在这种事务处理模型中，程序的首条 SQL 语句或事务结束语句后的第一条 SQL 语句自动作为事务的开始，而在程序正常结束处或在 COMMIT 或 ROLLBACK 语句处是事务的终止。

根据图 12-1 所示的事务，用 ISO 事务处理模型的描述为如下。

```
UPDATE 账户表 SET 账户金额 = 账户金额 - 2000
    WHERE 账户号 = 'A'
UPDATE 账户表 SET 账户金额 = 账户金额 + 2000
    WHERE 账户号 = 'B'
COMMIT
```

2. T-SQL 事务处理模型

T-SQL 使用的事务处理模型对每个事务都有显式的开始和结束标记（语句）。事务的开始语句如下。

```
BEGIN TRANSACTION [事务名]
```

其中，"TRANSACTION" 可简写为 "TRAN"。

如前面的转账例子用 T-SQL 事务处理模型的描述如下。

```
BEGIN TRANSACTION
    UPDATE 账户表 SET 账户金额 = 账户金额 - 2000
    WHERE 账户号 = 'A'
    UPDATE 账户表 SET 账户金额 = 账户金额 + 2000
    WHERE 账户号 = 'B'
COMMIT
```

12.1.5 事务日志

为支持事务处理，DBMS 对数据库所做的每个更改操作都维护一个事务记录，并保存到事务日志中。DBMS 用事务日志来持续跟踪所有影响数据库值的操作，以使 DBMS 能够从由事务引起的失败中恢复数据库。日志是所有事务对数据库的更改记录，存储在日志中的信息由数据库管理系统使用和维护。一般的大型关系数据库管理系统都可以使用事务日志将数据库恢复到当前的一致性状态。在服务器失败之后，这些数据库管理系统（比如，ORACLE、SQL Server 等）自动回滚（即撤销）未提交的事务，并重做已提交但没有写到物理数据库存储的事务。

当执行有更改数据库操作的事务时，数据库管理系统自动更改事务日志，并在事务日志中存储数据库被更改之前和更改之后的数据，以及所有参与到事务中的表、行和属性值。事务的开始和结束（COMMIT）也记录在事务日志中。事务日志的使用增加了 DBMS 的处理工作，并因此增加了整个系统的开销，但其恢复受损数据库的能力对于增加的开销是值得的。对于每个事务，在事务日志中一般记录下列信息。

- 事务的开始标记。
- 事务标识符。
- 操作的记录标识符。
- 在记录上实现的操作（如，插入、删除和修改）。
- 数据被修改之前的值,这个信息是撤销事务已完成的操作所需要的,它称为**撤销部分**。如果事务的修改是插入一个新记录，则之前的值可以假定是空值。
- 记录被更改之后的值,这个信息是确保已提交的事务进行的更改确实反映到了数据库中所需要的，同时也可用于重做这些修改。这个信息被称为日志的**重做部分**。如果事务进行的修改是删除一条记录，则更改后的值可以假定是空值。
- 如果事务被提交的话，事务的制造者，或者是终止或回滚事务的制造者。

在对数据库进行更改前先写日志，后写数据库，这称为**先写日志策略**。在这个策略中，在日志的重做部分被写到稳定的数据库日志之前，不允许事务修改物理数据库。表 12-1 说明了根据 12.1.4 节给出的转账事务示例所记录的事务日志的例子。在这个例子中，两个 UPDATE 语句均是在"账户表"上执行的。如果系统失败了，DBMS 对所有未提交或未完成的事务检查事务日志，并根据事务日志中的信息将数据库恢复（ROLLBACK）到它之前的状态。当恢复过程完成后，DBMS 将所有在失败发生之前没有真正地写到物理数据库的所有已提交的事务写到事务日志中。事务 ID 是 DBMS 自动赋予的。如果在事务完成之前出现了 ROLLBACK，则 DBMS 仅为这个特定的事务恢复数据库，而不是为所有的事务恢复数据库，以维护之前事务的持久性。换句话说，已提交的事务是不被回滚的。

表 12-1 事务日志的例子

事务 ID	表	行 ID	属性	修改之前	修改之后
100	***开始事务				
100	账户表	A	账户金额	10000	8000
100	账户表	B	账户金额	3000	5000
100	***结束事务：COMMITED				

事务日志本身也是数据库的一部分，也由数据库管理系统管理。事务日志被保存在磁盘上，因此除了磁盘故障之外，它不受任何类型的系统故障影响，只受如磁盘满或磁盘故障的影响。由于事务日志包含了 DBMS 中的大部分关键数据，因此有些数据库管理系统（如 SQL Server）支持事务日志进行定期的备份，以降低系统失败的风险。

12.2 并发控制

数据库系统一个明显的特点是多个用户共享数据库资源，尤其是多用户可以同时存取相同的数据，飞机订票系统的数据库、银行系统的数据库等都是典型多用户共享的数据库。在这样的系统中，在同一时刻同时运行的事务可达数百个。若对多用户的并发操作不加控制，就会造成数据存取的错误，破坏数据的一致性和完整性。

如果事务是顺序执行的，即一个事务完成之后，再开始另一个事务，则称这种执行方式为串行执行，串行执行的示意图如图 12-3（a）所示。如果数据库管理系统可以同时接受多个事务，并且这些事务在时间上可以重叠执行，则称这种执行方式为并发执行。在单 CPU 系统中，同一时间只能有一个事务占据 CPU，各个事务交叉地使用 CPU，这种并发方式称为交叉并发。在多 CPU 系统中，多个事务可以同时占有 CPU，这种并发方式称为同时并发，交叉并行执行的示意图如图 12-3（b）所示。这里主要讨论的是单 CPU 中的交叉并发的情况。

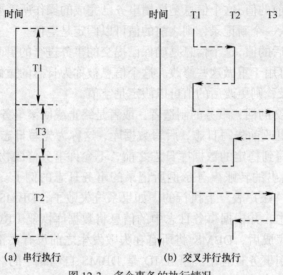

(a) 串行执行 (b) 交叉并行执行

图 12-3 多个事务的执行情况

12.2.1 并发控制概述

数据库中的数据是可以共享的资源，因此会有很多用户同时使用数据库中的数据。也就是说，在多用户系统中，可能同时运行着多个事务，而事务的运行需要时间，并且事务中的操作需要在一定的数据上完成。当系统中同时有多个事务运行时，特别是当这些事务使用同一段数据时，彼此之间就有可能产生相互干扰的情况。

在 12.1.1 节中介绍了事务是并发控制的基本单位，保证事务的 ACID 特性是事务处理的重要任务，而事务的 ACID 特性会因多个事务对数据的并发操作而遭到破坏。为保证事务之间的隔离性和一致性，数据库管理系统应该对并发操作进行正确的调度。

下面看一下并发事务之间可能出现的相互干扰情况。

假设有两个飞机订票点 A 和 B，如果 A、B 两个订票点恰巧同时办理同一架航班的飞机订票业务。其操作过程及顺序如下。

① A 订票点（事务 T_1）读出航班目前的机票余额数，设为 10 张。

② B 订票点（事务 T_2）读出航班目前的机票余额数，也为 10 张。

③ A 订票点订出 6 张机票，修改机票余额为 10-6=4，并将 4 写回到数据库中。

④ B 订票点订出 5 张机票，修改机票余额为 10-5=5，并将 5 写回到数据库中。

由此可见，这两个事务不能反映出飞机票数不够的情况，而且 T_2 事务还覆盖了 T_1 事务对数据库的修改，使数据库中的数据不正确。这种情况就称为数据的不一致，这种不一致是由并发操作引起的。在并发操作情况下，会产生数据的不一致，是因为系统对 T_1、T_2 两个事务的操作序列的调度是随机的。这种情况在现实中是不允许发生的。因此，数据库管理系统必须想办法避免出现这种情况，这就是数据库管理系统在并发控制中要解决的问题。

并发操作所带来的数据不一致情况大致可以概括为 4 种，丢失修改、不可重复读、读"脏"数据和产生"幽灵"数据。下面分别介绍这 4 种情况。

1. 丢失数据修改

丢失数据修改是指两个事务 T_1 和 T_2 读入同一数据并进行修改，T_2 提交的结果破坏了 T_1 提交的结果，导致 T_1 的修改被 T_2 覆盖掉了。上述飞机订票就属这种情况。丢失修改的情况如图 12-4 所示。

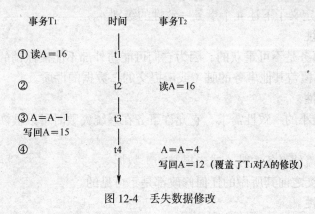

图 12-4　丢失数据修改

2. 读"脏"数据

读"脏"数据是指一个事务读了某个失败事务运行过程中的数据。即事务 T_1 修改了某一数据，并将修改结果写回到磁盘，然后事务 T_2 读取了同一数据（是 T_1 修改后的结果），但 T_1 后来由于某种原因撤销了它所做的操作，这样被 T_1 修改过的数据又恢复为原来的值，那么 T_2 读到的值就与数据库中实际的数据值不一致了。这时就说 T_2 读的数据为 T_1 的"脏"数据，或不正确的数据。

读"脏"数据的情况如图 12-5 所示。

3. 不可重复读（不一致的检索）

不可重复读是指事务 T_1 读取数据后，事务 T_2 执行了更新操作，修改了 T_1 读取的数据，T_1 操作完数据后，又重新读取了同样的数据，但这次读完之后，当 T_1 再对这些数据进行相同操作时，所得的结果与前一次不一样。不可重复读的情况如图 12-6 所示。

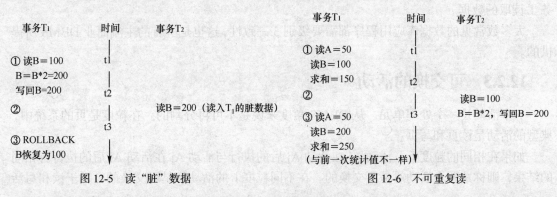

图 12-5　读"脏"数据　　　　　　　　　　　　图 12-6　不可重复读

4. 产生"幽灵"数据

产生"幽灵"数据实际属于不可重复读的范畴。它是指当事务 T_1 按一定条件从数据库中读取了某些数据记录后，事务 T_2 删除了其中的部分记录，或者在其中添加了部分记录，那么当 T_1 再次按相同条件读取数据时，发现其中莫名其妙地少了（删除）或多了（插入）一些记录。这样的数据对 T_1 来说就是"幽灵"数据或称"幻影"数据。

产生这 4 种数据不一致现象的主要原因是并发操作破坏了事务的隔离性。并发控制就是要用正确的方法来调度并发操作，使一个事务的执行不受其他事务的干扰，避免造成数据的不一致情况。

12.2.2 一致性的级别

Gray 在 1976 年定义了下述 4 个事务一致性的级别。

1. 级别 0 一致性

通常，级别 0 事务是不可重获的，因为它们可能与外部不能被撤销的命令有交互。级别 0 事务具有事务 T 不覆盖其他事务的脏（或未提交的）数据的性质。

2. 级别 1 一致性

级别 1 事务是最小的一致性需求，它允许事务在系统失败时可以被恢复。级别 1 事务具有如下性质。

- 事务 T 不覆盖他事务的脏（或未提交的）数据。
- 事务 T 在提交之前其所做的任何修改都是不可见的。

3. 级别 2 一致性

级别 2 事务一致性隔离了其他事务的修改，它具有如下性质。

- 事务 T 不覆盖他事务的脏（或未提交的）数据。
- 事务 T 在提交之前其所做的任何修改都是不可见的。
- 事务 T 不读其他事务的脏（或未提交的）数据。

4. 级别 3 一致性

级别 3 事务一致性增加了一致的读取，使得对一个记录的读取总是得到相同的值。它具有如下性质。

- 事务 T 不覆盖他事务的脏（或未提交的）数据。
- 事务 T 在提交之前其所做的任何修改都是不可见的。
- 事务 T 不读其他事务的脏（或未提交的）数据。
- 事务 T 可以实现一致的读取，即在事务 T 提交之前，任何其他事务都不能修改被事务 T 读取的数据。

大多数常见的数据库应用程序都需要级别 3 一致性，这也是所有的主流商业 DBMS 所提供的。

12.2.3 可交换的活动

一个活动是一个处理单元，从 DBMS 角度来说是不可再分割的。在粒度是页的系统中，典型的活动是读页和写页。

如果在相同的粒度下，活动 Ai 在活动 Aj 后的执行与活动 Aj 在活动 Ai 后的执行有相同的结果，则称这两个活动对是可交换的。在不同粒度上的活动都是可交换的，对于读和写活动有以下几种情况。

- 读-读：可交换的。
- 读-写：不可交换的，因为根据是先读还是先写其结果是不一样的。
- 写-写：不可交换的，因为第二个写总是使第一个写的结果无效。

12.2.4 调度

调度是一个活动或操作（例如，读、写、终止或提交）序列，这个序列由合并事务集合的活动、考虑每个事务内部活动的顺序构建的。正如我们在前边讨论中说明的，只要两个事务 T_1 和 T_2 访问不相关的数据，就不会有冲突，而且执行的顺序与最终的结果无关。但如果两个事务是操作在相同或相关（相互依赖）的数据上，则事务间就有可能产生冲突，而且所选择的不同的操作顺序可能会产生非预期的结果。因此，DBMS 已经内嵌了一个软件，称为**调度**，这个软件决定了执行的正确顺序。调度建立事务执行顺序使得并发事务间的操作是可执行的，它交叉执行数据库的操作并确保事务之间没有相互干扰，使多个事务的执行结果是正确的。调度以在并发控制算法（比如加锁或时间戳方法）上的活动为基础，确保能充分有效地利用计算机的 CPU。

图 12-7 显式了包含两个事务的调度，从这个图可以观察到，这个调度对两个事务都没有包含"终止"或"提交"活动。对每个事务都包含"终止"或"提交"活动的调度称为是一个**完整调度**。如果不同事务的活动是不交叉的，即从开始到结束事务都是一个接一个地执行的，这样的调度称为**串行调度**。非串行调度是一组并发事务中的操作交叉地进行。

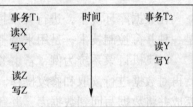

图 12-7 包含两个事务的调度

串行调度在没有放弃并发性的同时给出了并发执行的好处，串行调度的缺点是它的处理效率很低，因为它不允许不同事务中的操作有交叉。当事务等待磁盘输入/输出（I/O），或者等待其他事务结束时，串行调度将导致 CPU 利用率很低，因此，很大程度上降低了处理效率。

12.2.5 可串行化调度

并发控制的目的是安排或调度事务的执行以避免它们之间的相互干扰，通过以串行的顺序执行和提交事务可以达到这个目的。但在多用户环境中，同时会有数百个用户甚至是数千个事务，显然串行执行事务是不可行的。因此，数据库管理系统应对事务进行合理的调度，使在没有相互干扰的情况下可以并行地执行多个事务，以尽可能提高系统的并发性。

调度是一组并发事务的一个操作序列，它决定了每个事务中的操作的执行顺序。可串行化调度是一种使得事务以某种顺序执行，其结果与它们以某种串行调度方式执行的结果一致的调度方式。在可串行化调度中事务的执行是防止冲突的充分条件。事务的串行执行总是使数据库处于一致性状态。

可串行化描述了几个事务的并发执行，可串行化的目的是找到一个非串行调度，这个调度允许事务并发执行并且与其他事务没有相互干扰，使并行执行产生的数据库状态与串行执行产生的状态一样。可串行化必须要保证能够防止事务间的相互干扰，读、写操作的顺序在可串行化中是非常重要的。可串行化调度的规则如下。

- 如果两个事务 T_1 和 T_2 只是读数据项，则它们没有冲突，并且执行顺序是不重要的。

- 如果两个事务 T_1 和 T_2 读或写完全不同的数据项，则它们没有冲突，并且执行顺序是不重要的。
- 如果事务 T_1 写数据项，而事务 T_2 读或者是写相同的数据项，则执行顺序是很重要的。

可串行化调度也可以通过构建一个优先图来描述，优先关系可定义为：如果有两个不可交换的活动 A_1 和 A_2，A_1 是由 T_1 执行的，A_2 是由 T_2 执行的，A_1 先于 A_2，则事务 T_1 先于事务 T_2 而且 T_1 和 T_2 之间存在一个优先关系。给定一个不可交换的活动以及事务中的活动顺序，通过构建一个优先图就可以定义事务的部分顺序。优先图是一个有向图，其性质如下。

- 顶点的集合是事务的集合。
- 如果事务 T_1 先于 T_2，则在 T_1 和 T_2 之间存在一个弧。

如果优先图是一个环，则调度是可串行化的。事务的可串行化性质在多用户和分布式数据库中是非常重要的，在这些环境中若干个事务很可能会并行执行。

12.3　并发控制中的加锁方法

在数据库环境下，进行并发控制的主要方式是使用封锁机制，即加锁（Locking），加锁是一种并行控制技术，是用来调整对共享目标（如数据库中共享记录）的并行存取的技术。

以飞机订票系统为例，若事务 T 要修改订票数，则在读取订票数之前先封锁该数据，然后再对数据进行读取和修改操作。这时其他事务就不能读取和修改订票数，直到事务 T 修改完成并将数据写回到数据库，并解除对该数据的封锁之后其他事务才能使用这些数据。

锁是与数据项有关的一个变量，它描述了数据项的状态，这个状态是关于在数据项上可进行的操作。它防止了第一个事务在完成它的全部活动之前第二个事务对数据记录的访问。通常，在数据库中每个数据项都有一个锁。锁是作为控制并发事务对数据库项访问的一种手段，因此，加锁模式用于允许并发执行兼容的操作。换句话说，可交换的活动是兼容的。加锁是并发控制最常使用的形式，而且它也是大多数应用程序所选择的方法。锁由一个锁管理器来加锁和解锁。锁管理器的主要数据结构是一个锁表，在锁表中，每一项由事务标识符、粒度标识符和锁类型组成。

加锁就是限制事务内和事务外对数据的操作。加锁是实现并发控制的一个非常重要的技术。所谓加锁就是事务 T 在对某个数据操作之前，先向系统发出请求，封锁其所要使用的数据。加锁后事务 T 对其要操作的数据具有了一定的控制权，在事务 T 释放它的锁之前，其他事务不能操作这些数据。

具体的控制权由锁的类型决定。基本的锁类型有两种：排它锁（Exclusive Locks，也称 X 锁或写锁）和共享锁（Share Locks，也称 S 锁或读锁）。

- 排它锁：若事务 T 给数据项 A 加了 X 锁，则允许 T 读取和修改 A，但不允许其他事务再给 A 加任何类型的锁和进行任何操作。即一旦一个事务获得了对某一数据的排它锁，则任何其他事务均不能对该数据进行任何封锁，其他事务只能进入等待状态，直到第一个事务撤销了对该数据的封锁。
- 共享锁：若事务 T 给数据项 A 加了 S 锁，则事务 T 可以读 A，但不能修改 A，其他事务可以再给 A 加 S 锁，但不能加 X 锁，直到 T 释放了 A 上的 S 锁为止。即对于读操作（检索）来说，可以有多个事务同时获得共享锁，但阻止其他事务对已获得共享锁的数据进行排它封锁。

共享锁的操作基于这样的事实：查询操作并不改变数据库中的数据，而更新操作（插入、删除和修改）才会真正使数据库中的数据发生变化。加锁的真正目的在于防止更新操作带来的使数据不一致的问题，而对查询操作则可放心地并行进行。

锁管理器拒绝不兼容的加锁请求，即：

- 如果事务 T_1 在数据项 A 上有一个 S 锁，则允许事务 T_2 在 A 上的 S 锁请求。换句话说，读-读是可交换的。
- 如果事务 T_1 在数据项 A 上有一个 S 锁，则拒绝事务 T_2 在 A 上的 X 锁请求。换句话说，读-写是不可交换的。
- 如果事务 T_1 在数据项 A 上有一个 X 锁，则事务 T_2 在 A 上的任何加锁请求都将被拒绝。换句话说，写是不可交换的。

12.3.1 锁的粒度

数据库是命名的数据项的集合，由并发控制程序选择的作为保护单位的数据项的大小被称为粒度。粒度可以是数据库中一些记录的一个字段，也可以是更大的单位，比如记录或者是一个磁盘块。粒度是由并发控制子系统控制的独立的数据单位，在基于锁的并发控制机制中，粒度是一个可加锁单位。锁的粒度表明加锁使用的级别。尽管也可以使用更小的或更大的单位（比如，元组、关系），但在最通常情况下，锁的粒度是数据页。大多数商业数据库管理系统都提供了以下不同的加锁粒度。

- 数据库级。
- 表级。
- 页级。
- 行（元组）级。
- 属性（字段）级。

锁的粒度影响数据项的并发控制，即数据项代表数据库的哪个部分。一个数据项可以小到一个属性（或字段）值，或者大到一个磁盘块，甚至是一个文件或整个数据库。

1. 数据库级锁

数据库级锁是对整个数据库进行加锁。因此，在某个事务执行期间将防止其他任何事务使用数据库中的任何表。

2. 表级锁

表级锁是对整个表进行加锁。因此，在一个事务使用这个表时将防止任何其他事务访问表中的任何行（元组）。如果某个事务希望访问一些表，则每个表都被加锁。但两个事务可以访问相同的数据库，只要它们访问的表不同即可。

表级锁的限制比数据库级锁少，但当有很多事务等待访问相同的表时也会引起阻塞，尤其是当事务需要访问相同表的不同部分而且彼此没有相互干扰时,这个条件就成为一个问题。表级锁不适合多用户的数据库管理系统。

3. 页级锁

页级锁是对整个磁盘页（或磁盘块）进行加锁。一页有固定的大小，比如 4KB、8KB、16KB、32KB 等。一个表能够跨多个页，而一个页可以包含一个或多个表的若干行数据（元组）。

页级锁最适合多用户数据库管理系统使用。

4. 行级锁

行级锁是对特定的行（或元组）进行加锁，对数据库中的每个表的每一行存在一个锁。数据库管理系统允许并发事务同时访问同一个表的不同行数据，即使这些行位于相同的页上。

行级锁比数据库级锁、表级锁或页级锁的限制要少很多，行级锁提高了数据的可获得性，但对行级锁的管理需要很高的成本。

5. 属性（或字段）级锁

属性级锁是对特定的属性（或字段）进行加锁。属性级锁允许并发事务访问相同的行，只要这些事务是访问行中的不同属性即可。

属性级锁为多用户数据访问产生了最大的灵活性，但它需要很高的计算机开销。

12.3.2 封锁协议

在运用 X 锁和 S 锁给数据项加锁时，还需要约定一些规则，例如，何时申请 X 锁或 S 锁、持锁时间、何时释放锁等，这些规则被称为**封锁协议**或**加锁协议**（Locking Protocel）。对封锁方式规定不同的规则，就形成了各种不同级别的封锁协议。不同级别的封锁协议所能达到的系统一致性级别是不同的。

1. 一级封锁协议

一级封锁协议：对事务 T 要修改的数据加 X 锁，直到事务结束（包括正常结束和异常结束）时才释放。

一级封锁协议可以防止丢失修改，并保证事务 T 是可恢复的，如图 12-8 所示。在图 12-8 中，事务 T_1 要对 A 进行修改，因此，它在读 A 之前先对 A 加了 X 锁；当 T_2 要对 A 进行修改时，它也申请给 A 加 X 锁，但 A 已经被事务 T_1 加了 X 锁，所以 T_2 申请对 A 加 X 锁的请求被拒绝，T_2 只能等待，直到 T_1 释放了对 A 加的 X 锁为止。但当 T_2 能够读取 A 时，它所得到的已经是 T_1 更新后的 A 值了。因此，一级封锁协议可以防止丢失修改。

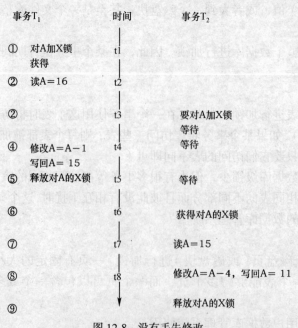

图 12-8 没有丢失修改

在一级封锁协议中，如果事务 T 只是读数据而不对其进行修改，则不需要加锁，因此，不能保证可重复读和不读"脏"数据。

2. 二级封锁协议

二级封锁协议：一级封锁协议加上事务 T 对要读取的数据加 S 锁，读完后即释放 S 锁。

二级封锁协议除了可以防止丢失修改外，还可以防止读"脏"数据。图 12-9 所示为使用二级封锁协议防止读"脏"数据的情况。

在图 12-9 中，事务 T_1 要对 C 进行修改，因此，先对 C 加了 X 锁，修改完后将值写回到数据库中。这时 T_2 要读 C 的值，则申请对 C 加 S 锁，由于 T_1 已在 C 上加了 X 锁，因此 T_2 只能等待。当 T_1 由于某种原因撤销了它所做的操作时，C 恢复为原来的值，然后 T_1 释放对 C 加的 X 锁，故 T_2 获得了对 C 的 S 锁。当 T_2 能够读 C 时，C 的值仍然是原来的值，即 T_2 读到的是 50 而不是 100。因此避免了读"脏"数据。

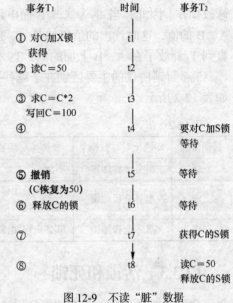

图 12-9　不读"脏"数据

在二级封锁协议中，由于事务 T 读完数据即释放 S 锁，因此，不能保证可重复读数据。

3. 三级封锁协议

三级封锁协议：一级封锁协议加上事务 T 对要读取的数据加 S 锁，并直到事务结束才释放。

三级封锁协议除了可以防止丢失修改和不读"脏"数据之外，还进一步防止了不可重复读。图 12-10 所示为使用三级封锁协议防止不可重复读的情况。

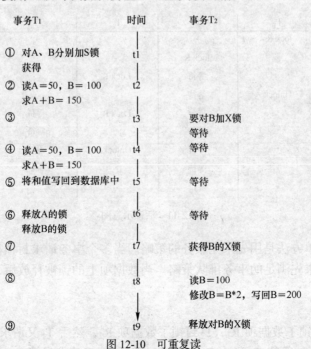

图 12-10　可重复读

在图 12-10 中，事务 T_1 要读取 A、B 的值，因此先对 A、B 加了 S 锁，这样其他事务只能再对 A、B 加 S 锁，而不能加 X 锁，即其他事务只能对 A、B 进行读取操作，而不能进行修改操作。因此，当 T_2 为修改 B 而申请对 B 加 X 锁时被拒绝，T_2 只能等待。T_1 为验算再读 A、B 的值，这时读出的值仍然是 A、B 原来的值，因此求和的结果也不会变，即可重复读。直到 T_1 释放了在 A、B 上加的锁，T_2 才能获得对 B 的 X 锁。

3 个封锁协议的主要区别在于哪些操作需要申请锁以及何时释放锁。3 个级别的封锁协议如表 12-2 所示。

表 12-2　　　　　　　　　　　　　不同级别的封锁协议

封锁协议	X 锁（对写数据）	S 锁（对读数据）	不丢失修改（写）	不读脏数据（读）	可重复读（读）
一级	事务全程加锁	不加	√		
二级	事务全程加锁	事务开始加锁，读完即释放锁	√	√	
三级	事务全程加锁	事务全程加锁	√	√	√

12.3.3　活锁和死锁

和操作系统一样，并发控制的封锁方法可能会引起活锁和死锁等问题。

1. 活锁

如果事务 T_1 封锁了数据 R，事务 T_2 也请求封锁 R，则 T_2 等待数据 R 上的锁的释放。这时又有 T_3 请求封锁数据 R，也进入等待状态。当 T_1 释放了数据 R 上的封锁之后，若系统首先批准了 T_3 对数据 R 的请求，则 T_2 继续等待。然后又有 T_4 请求封锁数据 R。若 T_3 释放了 R 上的锁之后，系统又批准了 T_4 对数据 R 的请求，……，则 T_2 可能永远在等待，这就是活锁的情形，如图 12-11 所示。

T_1	T_2	T_3	T_4
lock R	·	·	·
·	lock R	·	·
·	等待	Lock R	·
Unlock	等待	·	Lock R
	等待	Lock R	等待
	等待	·	等待
	等待	Unlock	等待
	等待	·	Lock R
	等待		

图 12-11　活锁示意图

避免活锁的简单方法是用先来先服务的策略。当多个事务请求封锁相同数据项时，数据库管理系统按先请求先满足的事务排队策略。当数据项上的锁被释放后，让事务队列中第一个事务获得锁。

2. 死锁

如果事务 T_1 封锁了数据项 R_1，T_2 封锁了数据项 R_2，然后 T_1 又请求封锁 R_2，由于 T_2 已经封锁了 R_2，因此 T_1 等待 T_2 释放 R_2 上的锁。然后 T_2 又请求封锁 R_1，由于 T_1 已经封锁了

R_1，因此 T_2 也只能等待 T_1 释放 R_1 上的锁。这样就会出现 T_1 等待 T_2 先释放 R_2 上的锁，而 T_2 又等待 T_1 先释放 R_1 上的锁的情形，此时 T_1 和 T_2 都在等待对方先释放锁，因而形成死锁，如图 12-12 所示。

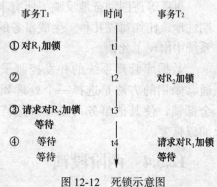

死锁问题在操作系统和一般并行处理中已经有了深入的阐述，这里不做过多解释。目前在数据库中解决死锁问题的方法主要有两种，一种是采取一定的措施来预防死锁的发生，另一种是允许死锁的发生，但采用一定的手段定期诊断系统中有无死锁，若有则解除之。

图 12-12 死锁示意图

3. 预防死锁

在数据库中，产生死锁的原因是两个或多个事务都对一些数据进行了封锁，然后又请求为已被其他事务封锁的数据项进行加锁，从而出现循环等待的情况。由此可见，预防死锁的发生就是解除产生死锁的条件，通常有以下两种方法。

（1）一次封锁法

一次封锁法是每个事务一次将所有要使用的数据项全部加锁，否则就不能继续执行。例如，对于图 12-12 所示的死锁例子，如果事务 T_1 将数据项 R_1 和 R_2 一次全部加锁，则 T_2 在加锁时就只能等待，这样就不会造成 T_1 等待 T_2 释放锁的情况，从而也就不会产生死锁。

一次封锁法的问题是封锁范围过大，降低了系统的并发性。由于数据库中的数据不断变化，使原来可以不加锁的数据，在执行过程中可能变成了被封锁对象，进一步扩大了封锁范围，从而更进一步降低了并发性。

（2）顺序封锁法

顺序封锁法是预先对数据项规定一个封锁顺序，所有事务都按这个顺序封锁。这种方法的问题是若封锁对象很多，则随着插入、删除等操作的不断变化，使维护这些资源的封锁顺序很困难，另外事务的封锁请求可随事务的执行而动态变化，因此很难事先确定每个事务的封锁事务及其封锁顺序。

4. 死锁的诊断和解除

在数据库管理系统中诊断死锁的方法与操作系统类似，一般使用超时法和事务等待图法。

（1）超时法

如果一个事务的等待时间超过了规定的时限，则认为发生了死锁。超时法的优点是实现起来比较简单，但不足之处也很明显。一是可能产生误判的情况，如果事务因某些原因造成等待时间比较长，超过了规定的等待时限，则系统会误认为发生了死锁。二是若时限设置的比较长，则不能对发生的死锁进行及时的处理。

（2）等待图法

事务等待图是一个有向图 $G=(T, U)$。T 为结点的集合，每个结点表示正在运行的事务；U 为边的集合，每条边表示事务等待的情况。若 T_1 等待 T_2，则在 T_1、T_2 之间划一条有向边，从 T_1 指向 T_2，如图 12-13 所示。

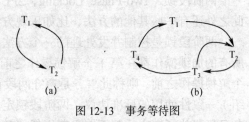

图 12-13 事务等待图

图 12-13（a）表示事务 T_1 等待 T_2，T_2 等待 T_1，因此产生了死锁。图 12-13（b）表示事务 T_1 等待 T_2，T_2 等待 T_3，T_3 等待 T_4，T_4 又等待 T_1，

因此也产生了死锁。

事务等待图动态地反映了所有事务的等待情况。数据库管理系统中的并发控制子系统周期性地（比如每隔几秒）生成事务的等待图，并进行检测。如果发现图中存在回路，则表示系统中出现了死锁。

数据库管理系统的并发控制子系统一旦检测到系统中产生了死锁，就要设法解除。通常采用的方法是选择一个处理死锁代价最小的事务，将其撤销，释放此事务所持有的全部锁，使其他事务可以继续运行下去。而且，对撤销事务所执行的数据修改操作必须加以恢复。

12.3.4　两阶段锁

数据库管理系统对并发事务中的操作的调度是随机的，而不同的调度会产生不同的结果，那么哪个结果是正确的，哪个是不正确的？直观地说，如果多个事务在某个调度下的执行结果与这些事务在某个串行调度下的执行结果相同，那么这个调度就一定是正确的。因为所有事务的串行调度策略一定是正确的调度策略。虽然以不同的顺序串行执行事务可能会产生不同的结果，但都不会将数据库置于不一致的状态，因此都是正确的。

多个事务的并发执行是正确的，当且仅当其结果与按某一顺序的串行执行的结果相同，就称这种调度为可串行化的调度。

可串行性是并发事务正确性的准则，根据这个准则可知，一个给定的并发调度，当且仅当它是可串行化的调度时，才认为是正确的调度。

例如，假设有两个事务，分别包含如下操作。

事务 T_1：读 B；A=B+1；写回 A。

事务 T_2：读 A；B=A+1；写回 B。

假设 A、B 的初值均为 4，如果按 $T_1 \rightarrow T_2$ 的顺序执行，则结果为 A=5，B=6；如果按 $T_2 \rightarrow T_1$ 的顺序执行，则其结果为 A=6，B=5。当并发调度时，如果执行的结果是这两者之一，则认为都是正确的结果。

图 12-14 给出了这两个事务的几种不同的调度策略。

为了保证并发操作的正确性，数据库管理系统的并发控制机制必须提供一定的手段来保证调度是可串行化的。

从理论上讲，若在某一事务执行过程中禁止执行其他事务，则这种调度策略一定是可串行化的，但这种方法实际上是不可取的，因为这样不能让用户充分共享数据库资源，降低了系统的并发性。目前的数据库管理系统普遍采用封锁方法来实现并发操作的可串行性，从而保证调度的正确性。

两阶段锁（Two-Phase Locking，2PL）协议是保证并发调度的可串行性的封锁协议。除此之外还有一些其他的方法，比如乐观方法等来保证调度的正确性。

两阶段锁是控制并发处理的一个方法或一个协议，也称为两段锁协议。在两阶段锁中，所有的加锁操作都在第 1 个解锁操作之前完成，因此，如果事务中的所有加锁操作都在第 1 个解锁操作之前，则称此事务是遵守两段锁协议的。两阶段锁是用于维护级别 3（12.2.2 节介绍）一致性使用的标准协议。两阶段锁定义了事务如何获得和释放锁，基本的规则就是在事务已经释放了锁之后就不能再获得任何其他的锁。两阶段锁有如下 3 个阶段。

● 增长阶段：在这个阶段事务获得所有需要的锁，并且不释放任何锁。

T_1	T_2	T_1	T_2	T_1	T_2	T_1	T_2
B加S锁		A加S锁		B加S锁		B加S锁	
Y=B=4		X=A=4		Y=B=4		Y=B=4	
B释放S锁		A释放S锁			A加S锁	B释放S锁	
A加X锁		B加X锁			X=A=4	A加X锁	
A=Y+1=5		B=X+1=5					A加S锁
写回A（5）		写回B（5）			A释放S锁	A=Y+1=5	等待
A释放X锁		B释放X锁		A加X锁		写回A（5）	等待
	A加S锁	B加S锁		A=Y+1=5		A释放X锁	等待
	X=A=5	Y=B=5		写回A（5）			X=A=5
	A释放S锁	B释放S锁			B加X锁		A释放S锁
	B加X锁	A加X锁			B=X+1=5		B加X锁
	B=X+1=6	A=Y+1=6			写回B（5）		B=X+1=6
	写回B（6）	写回A（6）		A释放X锁			写回B（6）
	B释放X锁	A释放X锁			B释放X锁		B释放X锁
(a)　串行调度		(b)　串行调度		(c)　不可串行化调度		(d)　可串行化调度	

图 12-14　并发事务的不同调度

- 持锁阶段：在这个阶段事务不加锁也不释放任何锁。
- 收缩阶段：在这个阶段事务释放全部的锁，并且也不能再获得任何新锁。

两阶段锁是实现可串行化调度的充分条件。图 12-15 说明了两阶段锁的示意图。

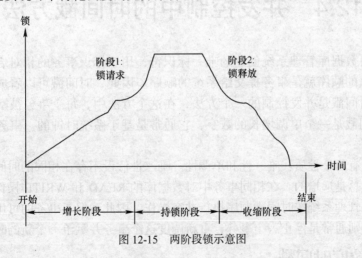

图 12-15　两阶段锁示意图

可以证明，若并发执行的所有事务都遵守两段锁协议，则这些事务的任何并发调度策略都是可串行化的。

事务遵守两段锁协议是可串行化调度的充分条件，而不是必要条件。也就是说，如果并发事务都遵守两段锁协议，则对这些事务的任何并发调度策略都是可串行化的。但若并发事务的某个调度策略是可串行化的，并不意味着这些事务都遵守两段锁协议，如图 12-16 所示。在图 12-16 中，有如下两个事务。

T_1：A=B+1

T_2：B=A+1

假设 A 和 B 的初值均为 4。图 12-16(a)所示为遵守两段锁协议的调度，图 12-16(b)所示为没有遵守两段锁协议的调度，但它们都是可串行化的调度。

T_1	T_2	T_1	T_2
B加S锁		B加S锁	
A加X锁		Y＝B＝4	
	A加S锁	B释放S锁	
	等待	A加X锁	
Y＝B＝4	等待		
A＝Y+1＝5	等待	A＝Y+1＝5	
写回A（5）	等待	写回A（5）	
B释放S锁	等待	A释放X锁	
A释放X锁			A加S锁
	A加S锁		等待
	X＝A＝5		等待
	B加X锁		等待
	B＝X+1＝6		X＝A＝5
	写回B（6）		A释放S锁
	A释放S锁		B加X锁
	B释放X锁		B＝X+1＝6
			写回B（6）
			B释放X锁
(a) 遵守两段锁协议		(b) 不遵守两段锁协议	

图 12-16　可串行化调度

12.4　并发控制中的时间戳方法

时间戳是由数据库管理系统创建的唯一标识符，用于标识事务的相对启动时间。一般被赋予时间戳值的顺序就是事务提交给系统的顺序。因此，时间戳可以看成是事务的启动时间。由此，时间戳是并发控制的一个方法，在这个方法中，每个事务被赋予一个事务时间戳。事务时间戳是一个单调增长的数字，它通常是基于系统时钟的。事务被管理成按时间戳顺序运行。

时间戳必须有两个性质：唯一性和单调性。唯一性假设不存在相同的时间戳值，单调性假设时间戳的值总是递增的。在相同事务中对数据库的 READ 和 WRITE 操作必须有相同的时间戳，数据库管理系统按时间戳顺序执行冲突操作，因此确保了事务的可串行性。如果两个事务冲突了，则通常是停止一个事务，重新调度这个事务并赋予一个新的时间戳值。

12.4.1　粒度时间戳

粒度时间戳是最后一个事务访问它的时间戳的一个记录，一个活动的事务访问的每个粒度必须有一个粒度时间戳。如果存储包括粒度的话，则粒度时间戳可能对读访问引起额外的写操作。为避免这个问题，可以将粒度时间戳作为内存中的一个表来维护。表的大小可以是有限的，因为冲突可能仅发生在当前事务中。粒度时间戳表中有一由粒度标识符和事务时间戳组成的项，同时维护从表中删除的包含最大（最近的）粒度时间戳的记录。对粒度时间戳的查找可以使用粒度标识符，也可以使用最大被删除的时间戳。

12.4.2　时间戳排序

基于时间戳的并发控制方法中有以下 3 个基本变量。

- 总的时间戳排序。
- 部分时间戳排序。
- 多版本时间戳排序。

1.　总时间戳排序

总时间戳排序算法依赖于在时间戳排序中对访问粒度的维护，它是在冲突访问中终止一个事务。读和写访问之间没有区别，因此，对每个粒度时间戳来说只需要一个值。

2.　部分时间戳排序

在部分时间戳排序中，只排序不可交换的活动来提高总的时间戳排序，在这种情况下，同时存储读和写粒度时间戳。这个算法允许比最后一个更改粒度的事务晚的任何事务读取粒度。如果某个事务试图更改之前已经被更晚的事务访问的粒度，则终止该事务。部分时间戳排序算法比总时间戳排序算法终止的事务少，但其代价是需要额外存储粒度时间戳。

3.　多版本时间戳排序

多版本时间戳排序算法存储几个被更改粒度的版本，允许事务为它访问的所有粒度查看一致的版本集合。因此，这个算法降低了重新启动那些有写-写冲突的事务而产生的冲突。每次对粒度的更新都创建一个新的版本，这个版本包含相关的粒度时间戳。需要读访问粒度的事务查看比这个事务旧的最新的版本。因此，版本时间戳等于或只刚刚小于此事务的时间戳。

12.4.3　解决时间戳中的冲突

为处理时间戳算法中的冲突，让包含在冲突中的一些事务等待并终止其他的一些事务。下述是时间戳中主要的冲突解决策略。

（1）等待-死亡（wait-die）

如果新的事务已经首先访问了粒度的话，则旧的事务等待新的事务。如果新的事务试图在旧的并发事务之后访问粒度，则新的事务被终止（死亡）并等待被重新启动。

（2）受伤-等待（wound-wait）

如果新的事务试图在旧的并发事务之后访问一个粒度，则先悬挂旧的事务。如果新的事务已经访问了两者都希望的粒度的话，则旧的事务将等待新的事务提交。

终止事务的处理是冲突解决方案中一个重要的方面，在这种情况下，被终止的事务是正在请求访问的事务，这个事务必须用一个新的时间戳重新启动。如果与其他事务有冲突的话，事务有可能被重复终止。由于出现冲突而使得之前访问粒度被终止的事务可以用相同的时间戳重新启动，因此，为消除出现事务被持续地关在外面的可能性，可以让被终止的事务获得高的优先权。

12.4.4　时间戳的缺点

时间戳具有如下一些缺点。

- 存储在数据库中的每个值需要两个附加的时间戳字段，一个用于存储最后读此字段（属性）的时间，一个用于存储最后更改此字段的时间。
- 它增加了内存需求以及处理数据库的开销。

12.5 乐观的并发控制方法

乐观的并发控制方法是基于假设数据库操作的冲突是很少的，而且最好是让事务完全执行并只在事务提交前检查冲突。乐观的并发控制方法也称为**确认方法**或**验证方法**。当事务正在执行时不检查冲突。乐观的方法不需要加锁或时间戳技术，相反，它是让事务没有限制的执行直到事务被提交。

12.5.1 乐观并发控制方法中的 3 个阶段

在乐观的并发控制方法中，每个事务都经历下述 3 个阶段。

- 读阶段。
- 验证阶段或确认阶段。
- 写阶段。

下面详细介绍乐观并发控制方法中的这 3 个阶段。

1. 读阶段

在读阶段，更改使用私有的（或局部的）粒度副本，在这个阶段，事务从数据库读取已提交的值，执行需要的计算，并对数据库值的私有副本进行更改。事务的所有更改操作都被记录在一个临时更改文件中，这个文件不能被其余的事务访问。在读结束处给每个事务分配一个时间戳是很方便的，以确定这个事务集合必须被验证过程检验。这些事务集合是那些待验证的事务在启动之后已经完成了读阶段的事务。

2. 验证阶段

在验证（或确认）阶段，验证事务以确保所做的更改不影响数据库的完整性和一致性。如果验证测试是正确的，则事务进入到写阶段。如果验证测试是不正确的，则事务被重新启动，并忽略所做的更改。因此，在这个阶段为冲突检查粒度列表。如果在这个阶段检测到冲突，则事务将被终止和重新启动。验证算法必须检查事务是否具有：

- 查看在事务启动后事务提交的全部更改。
- 在事务启动后没有读取由事务提交更改的粒度。

3. 写阶段

在写阶段，更改被永久地存储到数据库中，而且更改的粒度成为公共的，否则，更改将被忽略，并且事务被重新启动。这个阶段只针对读-写事务，而不针对只读事务。

12.5.2 乐观的并发控制方法的优缺点

1. 优点

乐观的并发控制方法有如下优点。

- 当冲突很少时这个技术非常有效，它只撤销产生偶然冲突的事务。
- 撤销只涉及数据的本地副本，不涉及数据库，因此不会有级联撤销。

2. 缺点

乐观的并发控制方法有如下缺点。

- 处理冲突的开销很大，因为冲突事务必须被撤销。

● 长的事务更可能有冲突，而且会因为与短的事务有冲突而被重复撤销。

因此，乐观的并发控制方法仅适合于冲突很少并且没有长事务的情况，对于包含的事务大多数是读和查询数据库而很少有更改操作的应用系统，尤其合适。

小　　结

本章介绍了事务及并发控制的概念。事务在数据库中是非常重要的概念，它是保证数据并发性的重要方面，也是用于恢复数据库的重要手段。事务的特点是事务中的操作是作为一个完整的工作单元，这些操作或者全部成功，或者全部不成功。并发控制指当同时执行多个事务时，为了保证一个事务的执行不受其他事务的干扰所采取的措施。并发控制的主要方法有加锁、时间戳和乐观控制方法等。

在加锁方法中，根据对数据操作的不同，锁分为共享锁（S 锁）和排它锁（X 锁）两种，事务读取数据时需要加共享锁，更改数据时需要加排它锁。为了保证并发执行的事务是正确的，一般要求事务遵守两段锁协议，即在一个事务中，在释放锁之后不允许再申请新锁，在申请锁期间不允许释放任何锁。两段锁协议是保证并发事务可串行化调度的充分条件。

时间戳方法是为每个事务自动安排一个标识符，该标识符表明了事务的启动时间，并将事务按时间戳顺序执行，从而避免并发事务的冲突。对于假定冲突产生的可能性比较小的系统，可以采用乐观的并发控制方法，该方法让事务完全执行并只在事务提交前检查是否有冲突。

习　　题

1. 什么是事务？它有哪些性质？

2. 什么是事务日志？它的功能是什么？

3. 什么是调度？它的作用是什么？

4. 什么是并发控制？它的目的是什么？

5. 事务有哪些处理模型？分别是什么？

6. 在数据库中为什么要有并发控制？

7. 并发控制有哪些方法？

8. 解释下列概念。

丢失修改

读脏数据

不可重复读

9. 描述事务的 4 个一致性级别。

10. 什么是两阶段锁？它可保证数据到哪个一致性级别？

11. 什么是可串行化的？可串行化的目的是什么？

12. 设有三个事务：T_1、T_2 和 T_3，其所包含的操作如下。

T_1：A=A+2

T_2: A=A * 2

T_3: A=A ** 2

设 A 的初值为 1,若这 3 个事务运行并行执行,则可能的调度策略有几种? A 最终的结果分别是什么?

13. 当某个事务对某段数据加了 S 锁之后,在此事务释放锁之前,其他事务还可以对此段数据加什么锁?

14. 什么是死锁? 如何预防死锁的产生?

15. 什么是时间戳? 系统如何产生时间戳?

16. 乐观的并发控制方法与其他的并发控制方法的区别是什么?

第13章
数据库恢复技术

计算机同其他任何设备一样，都有可能发生故障。故障的原因有多种多样，包括磁盘故障、电源故障、软件故障、灾害故障、人为破坏等。这些情况一旦发生，就有可能造成数据的损坏或丢失。因此，数据库系统必须采取必要的措施，以保证即使发生故障，也不会或尽可能减少数据的丢失。

数据库恢复作为数据库管理系统必须提供的一种功能，保证了数据库的可靠性，并保证在故障发生时，数据库总是处于一致的状态。这里的可靠性指的是数据库管理系统对各种故障的适应能力，也就是从故障中进行恢复的能力。

本章将讨论各种故障的类型以及针对不同类型的故障采用的数据库恢复技术。

13.1　恢复的基本概念

数据库恢复是指当数据库发生故障时，将数据库恢复到正确（一致性）状态的过程。换句话说，它是将数据库恢复到发生系统故障之前最近的一致性状态的过程。故障可能是软、硬件错误引起的系统崩溃，例如，存储介质故障，或者数据库访问程序的逻辑错误等应用软件错误。恢复是将数据库从一个给定状态（通常是不一致的）恢复到先前的一致性状态。

数据库恢复是基于事务的原子性特性。事务是一个单一的工作单元，它所包含的操作必须都被应用，并且产生一个一致的数据库状态。如果因为某种原因，事务中的某一个操作不能执行，则必须终止该事务并回滚（撤销）其对数据库的所有修改。因此，事务恢复是在事务终止前撤销事务对数据库的所有修改。

数据库恢复过程通常遵循一个可预测的方案。首先它确定所需恢复的类型和程度。如果整个数据库都需要恢复到一致性状态，则将使用最近的一次处于一致性状态的数据库的备份进行恢复。通过使用事务日志信息，向前回滚备份以恢复所有的后续事务。如果数据库需要恢复，但数据库已提交的部分仍然不稳定，则恢复过程将通过事务日志撤销所有未提交的事务。

恢复机制有两个关键的问题：第一，如何建立备份数据；第二，如何利用备份数据进行恢复。

数据转储（也称为数据库备份）是数据库恢复中采用的基本技术。所谓转储就是数据库管理员定期地将整个数据库复制到辅助存储设备上，比如磁带、磁盘。当数据库遭到破坏后可以利用转储的数据库进行恢复，但这种方法只能将数据库恢复到转储时的状态。如果想恢复到故障发生时的状态，则必须利用转储之后的事务日志，并重新执行日志中的事务。

转储是一项非常耗费资源的活动，因此不能频繁地进行。数据库管理员应该根据实际情况制定合适的转储周期。

转储可分为静态转储和动态转储两种。

● **静态转储**是在系统中无运行事务时进行转储操作。即在转储操作开始时数据库处于一致性状态，而在转储期间不允许对数据库进行任何操作。因此，静态转储得到的一定是数据库的一个一致性副本。

静态转储实现起来比较简单，但转储必须要等到正在运行的所有事务结束才能开始，而且在转储时也不允许有新的事务运行，因此，这种转储方式会降低数据库的可用性。

● 动态转储是不用等待正在运行的事务结束就可以进行，而且在转储过程中也允许运行新的事务，因此转储过程中不会降低数据库的可用性。但不能保证转储结束后的数据库副本是正确的，例如，假设在转储期间把数据 A = 100 转储到了磁带上，而在转储的过程中，有另一个事务将 A 改为了 200，如果对更改后的 A 值没有再进行转储，则数据库转储结束后，数据库副本上的 A 就是过时的数据了。因此，必须把转储期间各事务对数据库的修改操作记录下来，这个保存事务对数据库的修改操作的文件就称为事务日志文件（log file）。这样就可以利用数据库的备份和日志文件把数据库恢复到某个一致性状态。

转储还可以分为海量转储和增量转储两种。海量转储是指每次转储全部数据库，增量转储是指每次只转储上一次转储之后修改过的数据。从恢复的角度看，使用海量转储得到的数据库副本进行恢复一般会比较方便，但如果数据量很大，事务处理又比较频繁，则增量转储方式会更有效。

海量转储和增量转储可以是动态的，也可以是静态的。

13.2　数据库故障的种类

数据库故障是指导致数据库值出现错误描述状态的情况，影响数据库运行的故障有很多种，有些故障仅影响内存，而有些还影响辅存。数据库系统中可能发生的故障种类很多，大致可以分为如下几类。

1. 事务内部的故障

事务内部的故障有些是可以预期到的，这样的故障可以通过事务程序本身发现。例如，在银行转账事务中，当把一笔金额从 A 账户转给 B 账户时，如果 A 账户中的金额不足，则应该不能进行转账，否则可以进行转账。这个对金额的判断就可以在事务的程序代码中进行判断。如果发现不能转账的情况，对事务进行回滚即可。这种事务内部的故障就是可预期的。

但事务内部的故障有很多是非预期性的，这样的故障就不能由应用程序来处理。如运算溢出或因并发事务死锁而被撤销的事务等。我们以后所讨论的事务故障均指这类非预期性的故障。

事务故障意味着事务没有达到预期的终点（COMMIT 或 ROLLBACK），因此，数据库可能处于不正确的状态。数据库的恢复机制要在不影响其他事务运行的情况下，强行撤销该事务中的全部操作，使得该事务就像没发生过一样。

这类恢复操作称为事务撤销（UNDO）。

2. 系统故障

系统故障是指造成系统停止运转、系统要重启的故障。例如，硬件错误（CPU 故障）、操作系统故障、突然停电等。这样的故障会影响正在运行的所有事务，但不破坏数据库。这时内存中的内容全部丢失，这可能会有两种情况：第 1 种，一些未完成事务的结果可能已经送入物理数据库中，从而造成数据库可能处于不正确状态；第 2 种，有些已经提交的事务可能有一部分结果还保留在缓冲区中，尚未写到物理数据库中，这样系统故障会丢失这些事务对数据的修改，也使数据库处于不一致状态。

因此，恢复子系统必须在系统重新启动时撤销所有未完成的事务，并重做所有已提交的事务，以保证将数据库恢复到一致状态。

3. 其他故障

介质故障或由计算机病毒引起的故障或破坏，归类为其他故障。

介质故障指外存故障，如磁盘损坏等。这类故障会对数据库造成破坏，并影响正在操作的数据库的所有事务。这类故障虽然发生的可能性很小，但破坏性很大。

计算机病毒的破坏性很大，而且极易传播，它也可以对数据库造成毁灭性的破坏。

不管是哪类故障，对数据库的影响有两种可能性：一种是数据库本身的破坏；另一种是数据库没有破坏，但数据可能不正确（因事务非正常终止）。

数据库恢复就是保证数据库的正确性和一致性，其原理很简单，就是：冗余。即数据库中任何一部分被破坏的或不正确的数据均可根据存储在系统别处的冗余数据来重建。尽管恢复的原理很简单，但实现的技术细节却很复杂。

13.3　数据库恢复的类型

无论出现何种类型的故障，都必须终止或提交事务，以维护数据完整性。事务日志在数据库恢复中起重要的作用，它使数据库在发生故障时能回到一致性状态。事务是数据库系统恢复的基本单元。恢复管理器保证发生故障时事务的原子性和持久性。在从故障中进行恢复的过程中，恢复管理器确保一个事务的所有影响要么都被永久地记录到数据库中，要么都没被记录。

事务的恢复类型有以下两种。

- 向前恢复。
- 向后恢复。

13.3.1　向前恢复（或重做）

向前恢复（也称为重做，REDO）用于物理损坏情形的恢复过程，例如，磁盘损坏、向数据库缓冲区（数据库缓冲区是内存中的一块空间）写入数据时的故障或将缓冲区中的信息传输到磁盘时出现的故障。事务的中间结果被写入到数据库缓冲区中，数据在缓冲区和数据库的物理存储之间进行传输。当缓冲区的数据被传输到物理存储器后，更新操作才被认为是永久性的。该传输操作可通过事务的 COMMIT 语句触发，或当缓冲区存满时自动触发。如果在写入缓冲区和传输缓冲数据到物理存储器的过程中发生故障，则恢复管理器必须确定故障发生时执行 WRITE 操作的事务的状态。如果事务已经执行了 COMMIT 语句，则恢复管理器将重做（也称为前滚）事务的操作从而将事务的更新结果保存到数据库中。向前恢复保证了事务的持久性。

为了重建由于上述原因而造成损坏的数据库，系统首先读取最新的数据库转储和修改数据的事务日志。然后，开始读取日志记录，从数据库转储之后的第一个记录开始，一直读到物理损坏前的最后一次记录。对于每一条日志记录，程序将把数据库转储中相关的数据值修改为日志记录中修改后的值，使得数据库中的值是事务执行完成后的最终结果。从数据库转储之后，每个修改数据库的事务操作（日志中的每条记录）都会按照事务最初执行的顺序被记录下来，因此数据库可以恢复到被损坏时的最近状态。图 13-1 说明了一个向前恢复的例子。

13.3.2　向后恢复（或撤销）

向后恢复（也称为撤销，UNDO）是用于数据库正常操作过程中发生错误时的恢复过程。这种错误可能是人为键入的数据，或是程序异常结束而留下的未完成的数据库修改。如果在故障发生时事务尚未提交，则将导致数据库的不一致性。因为在这期间，其他程序可能读取并使用了错误的数据。因此恢复管理器必须撤销（回滚）事务对数据库的所有影响。向后恢复保证了事务的原子性。

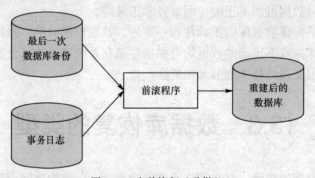

图 13-1　向前恢复（重做）

图 13-2 说明了一个向后恢复方法的例子。向后恢复时，从数据库的当前状态和事务日志的最后一条记录开始，程序按从前向后的顺序读取日志，将数据库中已更新的数据值改为记录在日志中的更新前的值（前像），直至错误发生点。因此，程序按照与事务中的操作执行相反的顺序撤销每一个事务。

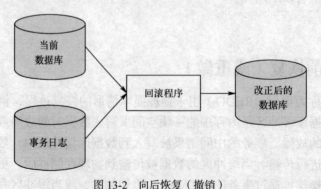

图 13-2　向后恢复（撤销）

例 1　下面以图 13-3 中所示的例子解释撤销和重做操作。图中并发执行的事务有：T_1，

T_2，…，T_6。现在假设 DBMS 在 t_s 时刻开始执行事务，在 t_c 时刻发生磁盘损坏而导致 t_f 时刻的执行失败。同时假设在 t_f 时刻的故障前，事务 T_2 和 T_3 的数据已经写入到物理数据库中。

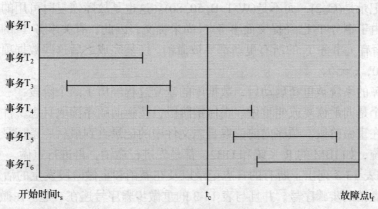

图 13-3　重做和撤销示例

从图 13-3 可以看到，在故障点时，事务 T_1 和 T_6 尚未提交，而 T_2、T_3、T_4 和 T_5 事务均已提交。因此，恢复管理器必须撤销事务 T_1 和 T_6 的操作。但从图 13-3 中无法得知其他已提交的事务对数据库的修改被传输到物理磁盘（数据库）上的程度，这种不确定性源于数据的修改是在缓冲区中进行的，当发生故障时，我们不能确定缓冲区中的数据是否已被传送到磁盘中。因此，恢复管理器必须重新执行事务 T_2、T_3、T_4 和 T_5。

例 2　表 13-1 所示为事务操作历史及相应的日志记录，该表除了操作记录之外，还同时列出了用于数据库恢复记入的日志记录（保存在内存或物理存储器上）。其中，在"事务操作"列，R（…）代表读数据操作，W（…）代表修改数据操作。例如，R_1（A, 50）表示事务 T_1 读 A 的数据为 50，W_1（A, 20）表示事务 T_1 修改 A 的数据为 20。

表 13-1　　　　　　　　　　　　事务历史及对应的日志记录

时间	事务操作	日志记录	说明
时刻 1	R_1(A, 50)	(S, 1)	启动事务 T_1 的日志记录，无需在日志中记录读操作，但这个操作表示事务 T_1 的开始
时刻 2	W_1(A, 20)	(W, 1, A, 50, 20)	将事务 T_1 修改 A 的操作记入日志。A 修改前的值是 50，修改后的值是 20
时刻 3	R_2(C, 100)	(S, 2)	启动事务 T_2 的日志记录
时刻 4	W_2(C, 50)	(W, 2, C, 100, 50)	将事务 T_2 修改 C 的操作记入日志。C 修改前的值是 100，修改后的值是 50
时刻 5	C_2	(C, 2)	提交 T_2（将日志缓冲区中的信息写入日志文件）
时刻 6	R_1(B, 50)	没有日志项	
时刻 7	W_1(B, 80)	(W, 1, B, 50, 80)	将事务 T_1 修改 B 的操作记入日志。B 修改前的值是 50，修改后的值是 80
时刻 8	C_1	(C, 1)	提交 T_1（将日志缓冲区中的信息写入日志文件）

在"日志记录"列，读数据不需要写日志，(S, 1) 表示事务 T_1 开始，(C, 2) 表示事务 T_2 提交。而 (W, 1, A, 50, 20) 表示事务 T_1 执行的是一个更改操作，将 A 的值从 50（更改前）改为 20（更改后）。

现在，按照表 13-1 中事件发生的顺序，假定在 W_1 (B, 80) 操作完成后立即发生了系统崩溃。这意味着，日志记录(W, 1, B, 50, 80)已被放入日志缓冲区，但在日志缓冲区中，写入磁盘的最后一条记录是(C, 2)，而不是(W, 1, B, 50, 80)。这也是故障恢复时可用的最后一条日志记录。这时，由于事务 T_2 已经提交而事务 T_1 尚未提交，因此，有关事务 T_2 的所有更新都要被存入磁盘，而有关事务 T_1 的所有更新都要被撤销。恢复完成之后这些数据项的最终值应当为 A=50，B=50，C=50。

在发生故障的系统被重新启动后，数据库的恢复过程经历了两个阶段：一个是向后恢复或叫撤销；一个是向前恢复或叫重做。在撤销阶段，按逆向顺序读取日志文件中的记录直至第一条记录。在重做阶段，顺序向前读取日志文件中的记录直到最后一条记录。大多数商业数据库管理系统，如 IBM 的 R 系统和 DB2，都是先进行撤销，再进行重做。

表 13-2 和表 13-3 列出了所有的日志记录以及在撤销和重做阶段发生的活动。在表 13-2 的左边标出了撤销的步骤序号，并且与表 13-3 的重做步骤序号连在一起。在撤销阶段，系统向后顺序读取日志文件中的记录，并且将所有已提交和未提交的事务分别列入不同的已提交事务列表和未提交事务列表中。已提交事务列表在重做阶段使用，未提交事务列表用于确定何时撤销更新。由于当系统处理到最后一条日志记录（向后读）时便知道哪些事务没有提交，因此它可以立即开始撤销未提交事务的写操作，并将更新前的值写入到被影响的行。从而将所有被影响的数据项恢复到所有未提交事务更新前的值。

表 13-2　　　　　　　　　　在 W_1 (B, 80)发生故障后的事务操作撤销过程

序号	日志记录	完成的撤销操作
1	(C, 2)	将事务 T_2 放入事务提交列表
2	(W, 2, C, 100, 50)	由于事务 T_2 在提交列表，因此不进行任何操作
3	(S, 2)	记录事务 T_2 不再活动
4	(W, 1, A, 50, 20)	事务 T_1 还未提交。最后一部是写操作，因此系统执行撤销操作，把 A 改为修改前的值（50）。将事务 T_1 放入未提交事务列表
5	(S, 1)	到达事务 T_1 的开始点，现在没有可撤销的活动了，因此撤销阶段结束

表 13-3　　　　　　　表 13-2 所示的撤销过程完成后发生的重做过程

序号	日志记录	重做操作
6	(S, 1)	无动作
7	(W, 1, A, 50, 20)	事务 T_1 未提交，无动作
8	(S, 2)	无动作
9	(W, 2, C, 100, 50)	由于事务 T_2 已提交，因此重做该修改，即把 C 的值改为 50
10	(C, 2)	无动作，恢复结束

在表 13-3 所示的重做阶段，系统仅根据撤销阶段搜集到的已提交事务列表，来重做可能没有被写入到磁盘的事务的修改操作。表 13-3 的第 9 步就是一个重做的例子。重做阶段完成后，数据库中的数据项都具有了正确的值，所有已提交事务的更新均被应用，所有未完成事务的更新均被撤销。注意，表 13-2 中撤销的第 4 步，数据项 A 被赋值为 50。在表 13-3 重做的第 9 步，数据项 C 被赋值为 50。回顾一下，故障恰好发生在操作 W_1(B, 80)之后。从表

13-1 中可以看出，由于该操作的日志记录没有写入磁盘，B 的更新前的值不能恢复，将 B 的值修改为 80 的更新也不能写入磁盘。因此，事务日志中涉及的 3 个数据项的最终值为：A=50，B=50，C=50。

13.3.3　介质故障恢复

当发生介质故障时，磁盘上的物理数据和日志文件均遭到破坏，这是破坏最严重的一种故障。要想从介质故障中恢复数据库，则必须要在故障前对数据库进行定期转储，否则很难恢复。

从介质故障中恢复数据库的方法是首先排除介质故障，例如，用新的磁盘更换掉损坏的磁盘。然后重新安装数据库管理系统，使数据库管理系统能正常运行，最后再利用介质损坏前对数据库已做的转储或利用镜像设备恢复数据库。

13.4　恢　复　技　术

数据库管理系统使用的恢复技术依赖于数据库损坏的类型和程度。基本原则是事务的所有操作必须作为一个逻辑工作单元来对待，事务包含的操作都必须执行，并且要保证数据库的一致性。下面是可能发生的两种数据库损坏类型。

① 物理损坏：如果数据库发生物理损坏，例如磁盘损坏，则需要利用数据库的最新转储进行恢复。如果事务日志文件没有损坏，还可利用事务日志重新执行已提交事务的更新操作。

② 非物理或事务故障：在事务的执行过程中，如果由于系统故障导致数据库不一致时，则需要撤销（回滚）引起不一致的修改。为了确保更新已到达物理存储设备，有必要重做（前滚）一些事务。这种情况下，通过使用事务日志文件中更新前的值（称为前像）和更新后的值（称为后像），使数据库恢复到一致性状态。这种技术也称为基于日志的恢复技术。下面是两种用于非物理或事务故障的恢复技术。

- 延迟更新。
- 立即更新。

13.4.1　延迟更新技术

采用延迟更新技术时，只有到达事务的提交点，更新才被写入数据库。换言之，数据库的更新要延迟到事务执行成功并提交时。在事务执行过程中，更新只被记录在事务日志和缓冲区中。当事务提交后，事务日志被写入磁盘，更新被记录到数据库。如果一个事务在到达提交点之前出现故障，它将不会修改数据库，因此也没必要进行撤销操作。然而，可能有必要重做某些已提交事务的更新，因为这些事务的更新可能还未写入到数据库。使用延迟更新技术时，事务日志的内容如下。

- 当事务 T 启动时，将"事务开始"（或<T, BEGIN>）记录写入事务日志文件。
- 在事务 T 执行期间，写入一条新的日志记录，该新记录包含所有之前指定的日志数据，例如为属性 A 赋新值 ai，则用<WRITE（A, ai）>表示。每一条记录包括事务的名称 T，属性的名称 A 和属性的新值 ai。
- 当事务 T 的所有活动都成功提交时，将记录<T, COMMIT>写入事务日志，并将该事务的所有日志记录写到磁盘上，然后提交该事务。使用日志记录来完成对数据库的真正更新。

- 如果事务 T 被撤销了，则忽略该事务的事务日志，并且不执行写操作。

注意： 在事务真正提交之前将日志记录写到磁盘，因此，如果在数据库的真正更新过程中发生了故障，日志记录不会受损，因此可在稍后再进行更新。当故障发生时，检查日志文件，找到故障发生时正在执行的所有事务。从日志文件的最后一个入口开始，回滚到最近的一个检查点（检查点在13.4.4小节介绍）记录。

所有出现了事务开始和事务提交日志记录的事务必须被重做。重做的顺序是按日志记录被写入日志的顺序执行。如果在故障发生前已经执行了写操作，由于该写操作对数据项没有影响，因此即使再次写该数据也不会有问题。而且这种方法保证了一定会更新所有在故障发生前没有被正确更新的数据项。

对所有出现了事务开始和事务撤销的日志记录的事务，不进行特别的操作，因为它们实际上并没有写数据库，从而这些事务也不必被撤销。

如果在恢复过程中又发生了系统崩溃，则可以再次使用日志记录来恢复数据库。写日志记录的方式决定了重写的次数。

考虑一个转账事务的例子，账户 A 要转账给账户 B 2 000 元，假设账户 A 现有余额 10 000元，账户 B 现有余额 3 000 元。表 13-4 列出了完成这个转账业务的事务步骤，相应的事务日志记录见表 13-5。

表 13-4　　　　　　　　　　　　　　　事务 T 的正常执行

时间	事务步骤	动作
时刻 1	READ(A, a_1)	读取账户 A 的当前余额
时刻 2	$a_1 = a_1 - 2000$	将账户 A 的余额减去 2000
时刻 3	WRITE(A, a_1)	将新的余额写入到账户表中
时刻 4	READ(B, b_1)	读取账户 B 的当前余额
时刻 5	$b_1 = b_1 + 2000$	将账户 B 的余额加上 2000
时刻 6	WRITE(B, b_1)	将新的余额写入到账户表中

表 13-5　　　　　　　　　　　　　　　事务 T 的延时更新日志记录

时间	日志记录	数据库存储的值
	事务开始之前	A = 10000 B = 3000
时刻 1	<T, BEGIN>	
时刻 2	<T, A, 8000>	
时刻 3	<T, B, 5000>	
时刻 4	<T, COMMIT>	
	事务执行之后	A = 8000 B = 5000

现在假设数据库在下列情况下发生故障。

- 恰好在 COMMIT 记录被写入事务日志之后和更新记录被写入数据库之前。
- 恰好在 WRITE 操作执行之前。

表 13-6 说明了在<T, COMMIT>记录被写入事务日志之后，更新记录被写入数据库之前发生故障时，事务 T 的延时更新日志记录。由于延时更新日志中没有事务 T 的 COMMIT 记录，因此当系统进行恢复时，重做事务 T 的操作，账户 A 和 B 的新值 8 000 和 5 000 被写入到数据库中。

表 13-6　　　　　　当更新被写入数据库前发生故障时，事务 T 的延时更新日志记录

时间	日志记录	数据库存储的值
	事务开始之前	A = 10000 B = 3000
时刻 1	<T, BEGIN>	
时刻 2	<T, A, 8000>	
时刻 3	<T, B, 5000>	
时刻 4	<T, COMMIT>	

表 13-7 说明在 WRITE（B，b_1）操作执行之前发生故障的事务日志。因为事务日志中没有事务 T 的 COMMIT 记录，所以当系统进行恢复时，无需执行任何操作。数据库中账户 A 和 B 的值仍为 10 000 和 3 000。在这种情况下，必须重新开始该事务。

表 13-7　　　　　　当在写数据库操作执行之前发生故障时，事务 T 的延时更新日志记录

时间	日志记录	数据库存储的值
	事务开始之前	A = 10000 B = 3000
时刻 1	<T, BEGIN>	
时刻 2	<T, A, 8000>	
时刻 3	<T, B, 5000>	

通过事务日志，数据库管理系统能够处理任何不丢失日志信息的故障。预防事务日志丢失的方法是，将其同步备份到多个磁盘或其他辅助存储器上。由于事务日志丢失的可能性非常小，因此这种方法通常被称为稳定存储。

13.4.2　立即更新技术

采用立即更新技术时，更新一旦发生即被施加到数据库中，而无需等到事务提交点以及所有的更改被保存在事务日志时。除了需要重做故障之前已提交的事务所做的更改外，现在还需要撤销当故障发生时仍未提交的事务所造成的影响。在这种情况下，使用日志文件从以下几个方面来防止系统故障。

- 当事务 T 开始时，"事务开始"（或<T, BEGIN>）被写入事务日志文件。
- 当执行一个写操作时，向日志文件中写入一条包含必要数据的记录。
- 一旦写入了事务日志记录，就对数据库缓冲区进行写更新。
- 当缓冲区数据被转入辅助存储器时，写入对数据库的更新。
- 读数据库自身的更新在缓冲区下一次被刷新到辅助存储时进行。

● 当事务 T 提交时，"事务提交"（<T, COMMIT>）记录被写入事务日志。

实际上，日志记录（或至少是部分日志记录）是在对应的写操作施加到数据库之前被写入的，这称为"先写日志协议"（write-ahead log protocol）。因为如果先对数据库进行更新，而在日志记录被写入之前发生了故障，则恢复管理器将无法进行撤销或重做。通过使用先写日志协议，恢复管理器可以大胆假设，如果在日志文件中不存在某个事务的提交记录，则该事务在故障发生时一定处于活动状态，因此必须被撤销。

如果事务被撤销，则可利用日志撤销事务所做的修改，因为日志中包含了所有被更新字段的原始值（前像）。由于一个事务可能对一个数据项进行过多次更改，因此对写的撤销应该按逆序进行。无论事务的写操作是否被施加到了数据库本身，写入数据项的前像保证了数据库被恢复到事务开始前的状态。

如果系统发生了故障，恢复过程使用日志对事务进行如下的撤销或重做。

● 对于任何"事务开始"和"事务提交"记录都出现在日志中的事务，用日志记录来重做，按日志记录的方式写入更新字段的后像值。注意，即使新的值已经被写入到了数据库中，这里的写虽然没有必要，但也不会造成任何不良影响。但这种操作却保证了之前所有被施加到数据库的写操作，现在都会被执行。

● 对于任何"事务开始"记录出现在日志中，而"事务提交"记录未出现在日志中的事务，必须撤销它。这里使用日志记录得到被修改字段的前像值，并将前像值写入数据库，从而将数据库恢复到事务开始之前的状态。撤销操作按它们被写入日志的逆序进行。

对表 13-4 所示的事务 T，其立即更新日志记录如表 13-8 所示。

表 13-8　　　　　　　　　　　事务 T 的立即更新日志记录

时间	日志记录	数据库存储的值
	事务开始之前	A = 10000 B = 3000
时刻 1	<T, BEGIN>	
时刻 2	<T, A, 10000, 8000>	
时刻 3		A = 8000
时刻 4	<T, B, 3000, 5000>	
时刻 5		B = 5000
时刻 6	<T, COMMIT>	

现在假设数据库故障发生在下列情况中。

● 恰好在写操作 WRITE(B, b_1)之前。
● 恰好在<T, COMMIT>被写入事务日志之后并且新值被写入数据库之前。

表 13-9 说明了在表 13-4 中的写操作 WRITE(B, b_1)执行之前发生故障时的事务日志。当系统进行回滚时，它能找到记录<T, BEGIN>，却没有相应的<T, COMMIT>。这意味着事务 T 必须被撤销，因此执行 UNDO(T)（撤销 T）操作，使 A 的值恢复为 10 000，且事务 T 需要重新开始。

表 13-10 说明了当<T, COMMIT>被写入事务日志之后，但新值被写入数据库之前发生故障时的事务日志。当系统再次恢复时，事务日志显示相应的<T, BEGIN>和<T, COMMIT>记录。因此，执行 REDO(T)（重做 T）操作，则 A 和 B 的值分别为 8 000 和 5 000。

表 13-9 在写数据库之前发生故障时，事务 T 的立即更新日志记录

时间	日志记录	数据库存储的值
	事务开始之前	A = 10000 B = 3000
时刻 1	<T, BEGIN>	
时刻 2	<T, A, 10000, 8000>	
时刻 3		A = 8000

表 13-10 在提交动作之后发生故障时，事务 T 的立即更新日志记录

时间	日志记录	数据库存储的值
	事务开始之前	A = 10000 B = 3000
时刻 1	<T, BEGIN>	
时刻 2	<T, A, 10000, 8000>	
时刻 3		A = 8000
时刻 4	<T, B, 3000, 5000>	
时刻 5		B = 5000
时刻 6	<T, COMMIT>	

13.4.3 镜像页技术

作为基于日志恢复模式的替代，Lorie 于 1977 年提出了镜像页技术。在镜像页模式中，数据库被认为是由固定大小的磁盘页（或磁盘分区）的逻辑存储单元组成。通过页表将页映射到物理存储分区，数据库中的每个逻辑页对应页表中的一条记录。每条记录包含页所在的物理（辅助）存储的分区号。因此，镜像页模式是间接页分配的一种形式。在单用户环境下，镜像页技术不需要使用事务日志，但在多用户环境下可能需要事务日志来支持并发控制。

镜像页方法在事务的生存期内，为其维护两个页表，一个是当前页表，另一个是镜像页表。当事务刚启动时，两个页表是一样的。此后，镜像页表不再改变，并在系统故障时用于恢复数据库。在事务执行过程中，当前页表被用于记录对数据库的所有更新。但事务结束时，当前页表转变成镜像页表。图 13-4 说明了镜像页模式。

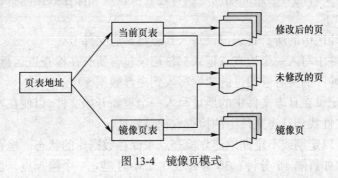

图 13-4 镜像页模式

如图 13-4 所示，事务影响的页被复制到新的物理存储区中，通过当前页表，这些分区和那些没有被修改的分区是事务可以访问的。被更改的页的老版本保持不变，并且通过镜像页

表事务仍然可以访问这些页。镜像页表包含事务开始之前页表中存在的记录以及指向从未被事务修改的分区记录。镜像页表在事务发生时保持不变，用于撤销事务时使用。

相对基于日志的方法，镜像页技术有很多优点：它消除了维护事务日志文件的开销，而且，由于不需要对操作进行撤销或重做，因此其恢复速度也非常快。但它也有缺点，比如数据碎片或分散，需要定期进行垃圾收集以回收不能访问的分区。

13.4.4　检查点技术

在利用日志进行数据库恢复时，恢复子系统必须搜索日志，以确定哪些需要重做，哪些需要撤销。一般来说，需要检查所有的日志记录。这样做有两个问题：一是搜索整个日志将耗费大量的时间，二是很多需要重做处理的事务实际上可能已经将它们的更新结果写到了数据库中，而恢复子系统又重新执行了这些操作，同样浪费了大量时间。为了解决这些问题，又发展了具有检查点的恢复技术。这种技术在日志文件中增加两个新的记录——检查点（checkpoint）记录和重新开始记录，并让恢复子系统在登记日志文件期间动态地维护日志。

检查点记录的内容包括以下两点。

* 建立检查点时刻所有正在执行的事务列表。
* 这些事务最近一个日志记录的地址。

重新开始文件用于记录各个检查点记录在日志文件中的地址。图 13-5 说明了建立检查点 C_i 时对应的日志文件和重新开始文件。

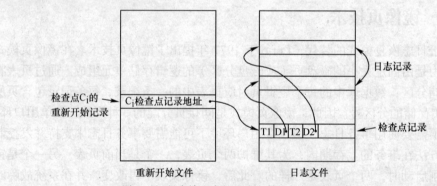

图 13-5　具有检查点的日志文件和重新开始文件

动态维护日志文件的方法是周期性地执行建立检查点和保存数据库状态的操作。

其具体步骤如下。

① 将日志缓冲区中的所有日志记录写入到磁盘日志文件上。

② 在日志文件中写入一个检查点记录，该记录包含所有在检查点运行的事务的标识。

③ 将数据缓冲区的所有修改过的数据写入到磁盘数据库中。

④ 将检查点记录在日志文件中的地址写入一个重新开始文件，以便在发生系统故障而重启时可以利用该文件找到日志文件中的检查点记录地址。

恢复子系统可以定期或不定期地建立检查点来保存数据库的状态。检查点可以按照预订的时间间隔建立，如每隔 15 分钟、30 分钟或 1 个小时建立一个检查点，也可以按照某种规则建立检查点，比如日志文件已写满一半建立一个检查点。

使用检查点方法可以改善恢复效率。如果事务 T 在某个检查点之前提交，则 T 对数据库所做的修改均已写入数据库，写入时间是在这个检查点建立之前或在这个检查点建立之时。这样，在进行恢复处理时，没有必要对事务 T 执行重做操作。

在系统出现故障时，恢复子系统将根据事务的不同状态采取不同的恢复策略，如图 13-6 所示。

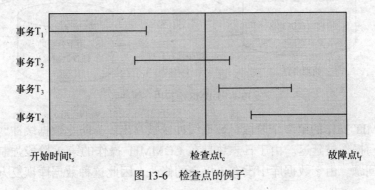

图 13-6　检查点的例子

假设使用事务日志进行立即更新，同时考虑图 13-6 所示的事务 T_1、T_2、T_3 和 T_4 的时间线。当系统在 t_f 时刻发生故障时，只需扫描事务日志至最近的一个检查点 t_c。

- 事务 T_1 是在检查点之前提交的，因此没有问题，不需要重做。
- 事务 T_2 是在检查点之前开始的，但在故障点时已经完成，因此需要重做。
- 事务 T_3 是在检查点之后开始的，但在故障点时已经完成，因此也需要重做。
- 事务 T_4 也是在检查点之后开始的，而且在故障点时还未完成，因此需要撤销。

13.5　缓冲区管理

对数据库缓冲区的管理，在恢复过程中起着重要的作用。缓冲区是主存中预留的一个区域。负责对主存区进行分配和管理的工具称为缓冲区管理器。缓冲区管理器负责对在主存和辅存间传送数据页的数据库缓冲区进行高效的管理，包括从磁盘（辅存）读页到缓冲区（物理内存）直到缓冲区满，然后使用一种替代策略来决定将哪个或哪些缓冲区的数据强制写到磁盘，以此来为从磁盘上读取的新页的操作提供空间。缓冲区管理器使用的一些替代策略有先进先出（FIFO）和最近最少使用（LRU）。另外，当某页已经存在于数据库缓冲区时，缓冲管理器不会再从磁盘上读取该页。

计算机系统使用的缓冲区实际上是虚拟内存缓冲区。因此，虚拟内存的缓冲区与物理内存之间需要进行映射，如图 13-7 所示。物理内存由计算机操作系统的内存管理组件管理。在虚拟内存管理中，缓冲区中正被事务修改的数据库页可以被写入辅存。何时写入缓冲区由操作系统的内存管理组件决定，且独立于事务的状态。为了减少缓冲区错误次数，缓冲区替代策略一般采用最近最少使用（LRU）方法。

缓冲区管理器有效地提供了数据库页的临时副本。因此，它被应用到数据库恢复系统中，在这种模式中，修改是在临时副本中完成的，原始的页仍然保留在辅存中不被修改。事务日志和数据页都被写入到虚拟内存的缓冲区页。事务的 COMMIT 操作分两个阶段完成，因此它又被称为二阶段提交。在 COMMIT 操作的第 1 个阶段，事务日志缓冲区被写出（先写日

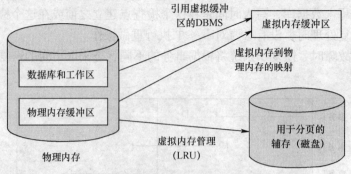

引用虚拟缓冲区的DBMS → 虚拟内存缓冲区

虚拟内存到物理内存的映射

数据库和工作区

物理内存缓冲区

用于分页的辅存（磁盘）

虚拟内存管理（LRU）

物理内存

图 13-7　DBMS 虚拟内存缓冲区

志）。在 COMMIT 操作的第 2 个阶段，数据缓冲区被写出。为防止数据缓冲区被其他事务使用，该阶段的写操作被延迟。由于日志总是在 COMMIT 操作的第 1 阶段强制写出，因此它不会引起任何问题。由于数据库中没有未提交的修改，因此这种数据库恢复方法不需要撤销事务日志。

小　结

保证数据库数据安全可靠是数据库管理系统的基本任务。为了保证事务的原子性和一致性，数据库管理系统必须对事务故障、系统故障和介质故障进行恢复。数据库的转储和事务日志文件是恢复中最常使用的技术，事务不仅是并发控制的基本单位，同时也是恢复的基本单位。根据故障类型的不同，数据库在恢复过程中对事务包含的操作有重做和撤销两种。

对于物理类型的故障，一般需要利用数据库备份进行恢复，如果在故障发生时事务日志没有损坏，则可以根据数据库备份和事务日志，并重做备份后事务日志中的更改操作，使数据库可以恢复到故障发生点。对于数据库正常操作中产生的故障，一般采用撤销的恢复方法。因为这种故障的事务没有到达提交点，因此需要撤销事务已执行的更改操作，使数据库恢复到事务开始之前的状态。

比较常用的恢复技术有延迟更新、立即更新、镜像页、检查点等技术，这些技术各有特点，分别适合不同的故障情况。

习　题

1. 数据库环境中的事务故障类型有哪些？
2. 什么是数据库恢复？向前恢复和向后恢复的含义是什么？
3. 恢复管理器是如何保证事务的原子性和持久性的？
4. 系统故障和介质故障的区别是什么？
5. 试描述在向前恢复和向后恢复中是如何使用事务日志文件的？
6. 在系统故障发生时，如何恢复正在运行的事务已经完成的部分修改？
7. 立即更新和延迟更新恢复技术有什么区别？

8. 假设有一个立即更新的事务日志，创建与表 13-11 所示的事务对应的日志记录。

表 13-11　　　　　　　　　　　　事务 T 的操作

时间	事务步骤	动作
时刻 1	READ(A, a_1)	读取职工的账户余额
时刻 2	$a_1 = a_1 - 1000$	将账户余额减去 1000
时刻 3	WRITE(A, a_1)	写入新的账户余额
时刻 4	READ(B, b_1)	读取该职工的已还款额
时刻 5	$b_1 = b_1 + 1000$	将已还款额加上 1000
时刻 6	WRITE(B, b_1)	写入新的已还款额

9. 假设在 8 题中，恰好在将 WRITE（B，b_1）操作写入事务日志记录后发生故障。

（1）写出故障点的事务日志内容。

（2）哪些操作是必须的？为什么？

（3）A 和 B 的最终结果值是多少？

10. 假设在第 8 题中，恰好在将<T, COMMIT>记录写入到事务日志后发生故障。

（1）写出故障点的事务日志内容。

（2）哪些操作是必须的？为什么？

（3）A 和 B 的最终结果值是多少？

11. 考虑表 13-12 中列出的数据库系统发生故障时，恢复日志中的记录。

（1）假设有一个延迟更新的日志，对每个实例（A,B,C）描述需要采取哪些恢复活动，为什么？指出恢复活动完成后给定属性的值？

（2）假设有一个立即更新的日志，描述对于每一个实例（A,B,C）需要采取什么恢复活动，为什么？指出恢复活动完成后给定属性的值？

表 13-12　　　　　　　　　　在 W_1 (B, 80)发生故障后的事务操作撤销过程

序号	日志记录	完成的撤销操作
1	(C, 2)	将事务 T_2 放入事务提交列表
2	(W, 2, C, 100, 50)	由于事务 T_2 在提交列表，因此不进行任何操作
3	(S, 2)	记录事务 T_2 不再活动
4	(W, 1, A, 50, 20)	事务 T_1 还未提交。最后一部是写操作，因此系统执行撤销操作，把 A 改为修改前的值（50）。将事务 T_1 放入未提交事务列表
5	(S, 1)	到达事务 T_1 的开始点，现在没有可撤销的活动了，因此撤销阶段结束

12. 什么是检查点？当发生系统故障时，如何在恢复操作中使用检查点信息？

13. 描述镜像页恢复技术。在什么条件下这个技术不需要事务日志文件？列出镜像页的优缺点。

第14章
查询处理与优化

数据查询操作是数据库中使用最多的操作，如何提高数据的查询效率、如何优化查询是数据库管理系统的一项重要工作。

本章将介绍一般的 DBMS 通用的一些查询优化技术，主要包括代数优化和物理优化两部分，目的是让读者了解查询优化的内部实现技术和实现过程。

14.1   概   述

数据查询操作是数据库中使用最多的操作，也是最基本、最复杂的操作。数据查询一般都用查询语言表示，比如 SQL 语言。从查询语句出发到获得最终的查询结果，需要一个处理过程，这个过程称为**查询处理**。关系数据库的查询语言一般都是非过程化语言，即仅表达查询要求，而不说明查询执行过程。也就是用户不必关心查询语言的具体执行过程，而由 DBMS 来确定合理的、有效的执行策略。DBMS 在这方面的作用称为**查询优化**。对于执行非过程化语言的 DBMS，查询优化是查询处理中一项重要和必要的工作。

查询优化有多种途径。一种途径是对查询语句进行变换，例如，改变基本操作的次序，使查询语句执行起来更有效，这种查询优化方法仅涉及查询语句本身，而不涉及存取路径，称为**代数优化**，或称为独立于存取路径的优化。查询优化的另一种途径是根据系统提供的存取路径，选择合理的存取策略，例如，选用顺序搜索或者是索引搜索，这称为**物理优化**，或称为依赖于存取路径的优化。有些查询优化仅根据启发式规则，选择执行的策略，如先做选择、投影等一元操作，后做连接操作，这称为**规则优化**。除根据一些基本规则外，有些查询优化还对可供选择的执行策略执行代价估算，从而从中选出代价最小的执行策略，这称为**代价估算优化**。这些查询优化途径都是可行的。事实上，DBMS 往往综合运用上述优化方法，以获得最好的优化效果。

本章首先介绍查询处理过程，然后介绍代数优化和物理优化技术。

14.2   关系数据库的查询处理

查询处理的任务是把用户提交给 RDBMS 的查询语句转换为高效的查询执行计划。

14.2.1　查询处理步骤

查询处理是将高层查询（比如 SQL）转换为一个低层语义表达正确并且有效执行计划的过程，低层语义完成对数据库的检索和操作。查询处理器从相应数据库请求的计划中选择最合适的计划。当数据库管理系统收到一个检索信息的查询时，在数据库管理系统开始执行之前，它经过一系列的复杂查询步骤，这些步骤称为**执行计划**。查询步骤中的第 1 个阶段是语法检查，在这个阶段系统解析查询语句并检查它是否符合语法规则，并用系统表（数据字典）中已有的视图、表和列来匹配查询语句中的对象。然后系统验证用户是否有合适的权限并且操作不违反所有相关的完整性约束。最后再执行查询计划。查询处理是一个逐步处理的过程，图 14-1 说明了处理高层查询的各个步骤。

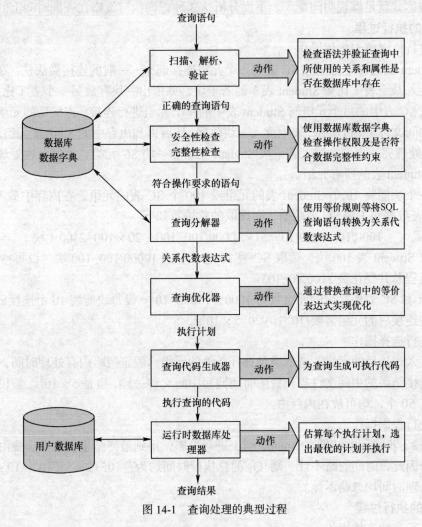

图 14-1　查询处理的典型过程

14.2.2　优化的一个简单示例

下面我们通过一个简单的例子，看一下为什么要进行查询优化。

假设要执行：查询选修了"C001"号课程的学生的姓名。相应的 SQL 语句如下。

```
SELECT Sname
  FROM Student S JOIN SC ON S.Sno = SC.Sno
  WHERE Cno = 'C001'
```

假设数据库中有 1 000 个学生记录，10 000 个选课记录，其中选了"C001"课程的选课记录有 50 个。

与该查询等价的关系代数表达式可以有如下几种形式。

$Q_1 = \prod_{Sname} (\sigma_{Student.Sno = SC.Sno} (Student \times SC))$

$Q_2 = \prod_{Sname} (\sigma_{SC.Cno = 'C001'} (Student \bowtie SC))$

$Q_3 = \prod_{Sname} (Student \bowtie_{SC.Cno = 'C001'} (SC))$

还有其他几种形式，但这 3 种形式是典型的与该查询语句等价的代数表达式，分析这 3 种形式的表达式就足够说明问题了。下面分析这 3 种查询执行策略在查询时间上的差异。

1. Q_1 的执行过程

（1）进行广义笛卡尔积操作

把 Student 表的每个元组和 SC 表的每个元组连接起来。一般的连接做法是：在内存中尽可能多地装入某个表（比如 Student 表）的若干块，并留出一块存放另一个表（比如 SC 表）的元组。把 SC 表中的每个元组与 Student 表中的每个元组进行连接，连接后的元组装满一块后就写到中间文件上，再从 SC 表中读入一块数据，然后再和内存中的 Student 元组进行连接，直到 SC 表处理完。再一次读入若干块 Student 元组和一块 SC 元组，重复上述处理过程，直到处理完 Student 表的所有元组。

假设一个块能装 10 个 Student 表的元组或 100 个 SC 表的元组，在内存中最多可存放 5 块 Student 表数据和 1 块 SC 表数据，则读取的总块数如下

$$1000/10+1000/(10 \times 5) \times 10000/100=100 + 20 \times 100=2100（块）$$

其中，读取 Student 表 100 块，读取 SC 表 20 遍，每遍 10000/100=100 块。设每秒能读写 20 块，则该过程总共要花费 2100/20=105s。

Student 和 SC 表连接后的元组数为 $1000 \times 10000=10^7$。设每块能装 10 个连接后的元组，则写出这些连接后的元组需要$(10^7/10)/20=5 \times 10^4 s$。

（2）进行选择操作

依次读入连接后的元组，选取满足选择条件的元组。假定忽略内存处理时间，则这一步读取存放连接结果的中间文件需花费的时间同写中间文件一样，也是 $5 \times 10^4 s$。假设满足条件的元组只有 50 个，均可放在内存中。

（3）进行投影操作

将第（2）步得到的结果在 Sname 列上进行投影，得到最终结果。这个步骤由于不需要读写磁盘，因此，时间忽略不计。则 Q_1 的总执行时间约为：$105+2 \times 5 \times 10^4 \approx 10^5 s$。这里所有的内存处理时间均忽略不计。

2. Q_2 的执行过程

（1）进行自然连接操作

进行自然连接同进行笛卡尔积一样，同样需要读取 Student 表和 SC 表的所有元组，假设这里的读取策略同 Q_1，则 Q_2 总的读取块数仍为 2 100 块，需要 105s。

但自然连接的结果比 Q_1 大大减少，为 $10000 = 10^4$ 个（即 SC 表元组数）。因此，写出这些元组需要的时间为：$(10^4/10)/20 = 50s$。仅为 Q_1 执行时间的千分之一。

（2）进行选择操作

读取中间文件块，这同写元组一样，也是 50s。

（3）进行投影操作

将第（2）步的结果在 Sname 列上进行投影，花费时间忽略不计。则 Q_2 的总执行时间约为：105+50+50=205s。

3. Q_3 的执行过程

（1）对 SC 表进行选择运算

这只需读一遍 SC 表，共计 100 块数据，所花费时间为 100/20=5s。由于满足条件的元组仅有 50 个，因此不必使用中间文件。

（2）进行自然连接操作

读取 Stduent 表，把读入的 Student 元组和内存中的 SC 的元组进行连接操作，只需读取一遍 Student 表共计 100 块，花费时间为 100/20=5s。

（3）对连接的结果进行投影操作

将第（2）步的结果在 Sname 列上进行投影，花费时间忽略不计。则 Q_3 的总执行时间约为：5+5=10s。

对于 Q_3 的执行过程，如果 SC 表的 Cno 列上建有索引，则第 1 步就不需要读取 SC 表的所有元组，而只需读取 Cno = 'C001' 的 50 个元组。若 Student 表在 Sno 列上也建有索引，则第 2 步也不必读取 Student 表的所有元组，因为满足条件的 SC 表记录仅 50 个，因此，最多涉及 50 个 Student 记录，这也可以极大地减少读取 Student 表的块数。从而减少总体的读取时间。

从这个简单的例子可以看出查询优化的必要性，同时该例子也给出了一些查询优化的初步概念。把关系代数表达式 Q_1 变换为 Q_2 和 Q_3，即先进行选择操作，后进行连接操作，这样就可以极大地减少参加连接的元组数，这就是代数优化的含义。对于 Q_3 的执行过程，对 SC 表的选择操作有全表扫描和索引扫描两种方法，经过初步估算，索引扫描方法更优。同样对于 Student 表和 SC 表的连接操作，如果能利用 Student 表上的索引，则会提高连接操作的效率，这就是物理优化的含义。

14.3　代　数　优　化

代数优化是对查询进行等价变换，以减少执行的开销。所谓等价是指变换后的关系代数表达式与变换前的关系代数表达式所得到的结果是相同的。

14.3.1　转换规则

查询优化器使用的转换规则就是将一个关系代数表达式转换为另一个等价的能更有效执行的表达式。

最常用的变换原则是尽可能减少查询过程中产生的中间结果。由于选择、投影等一元操作分别从水平和垂直方向减少关系的大小，而连接、并等二元操作不但操作本身开销很大，而且还会产生大的中间结果，因此，在变换时，总是尽可能先做选择和投影操作，然后再做连接操作。在连接时，也是先做小关系之间的连接，再做大关系的连接。

两个关系代数表达式 E_1 和 E_2 是等价的，记为：$E_1 \equiv E_2$。

假设有关系 R、S 和 T，R 的属性集为 $A = \{A_1, A_2, \cdots, A_n\}$，S 的属性集为 $B = \{B_1, B_2, \cdots, B_n\}$，$c = \{c_1, c_2, \cdots, c_n\}$ 代表选择条件，L、L_1 和 L_2 代表属性集合。

下面是一些常用的等价转换规则。

1. 多重选择（σ）

设 R 是某个关系，则有：

$$\sigma_{C1 \wedge C2 \wedge \ldots \wedge Cn}\left(R\right) \equiv \sigma_{C1}\left(\sigma_{C2}\left(\ldots\left(\sigma_{Cn}\left(R\right)\right)\ldots\right)\right)$$

示例：

$$\sigma_{Sdept = \text{'计算机系'} \wedge Ssex = \text{'男'}}\left(Student\right) \equiv \sigma_{Sdept = \text{'计算机系'}}\left(\sigma_{Ssex = \text{'男'}}\left(Student\right)\right)$$

2. 选择（σ）的交换律

$$\sigma_{C1}\left(\sigma_{C2}\left(R\right)\right) \equiv \sigma_{C2}\left(\sigma_{C1}\left(R\right)\right)$$

示例：

$$\sigma_{Sdept = \text{'计算机系'}}\left(\sigma_{Ssex = \text{'男'}}\left(Student\right)\right) \equiv \sigma_{Ssex = \text{'男'}}\left(\sigma_{Sdept = \text{'计算机系'}}\left(Student\right)\right)$$

3. 多重投影（∏）

$$\prod_{A1}\left(\prod_{A1, A2}\left(\ldots\prod_{A1, A2, \ldots, An}\left(R\right)\right)\right) \equiv \prod_{A1}\left(R\right)$$

示例：

$$\prod_{sname}\left(\prod_{Sdept, Sname}\left(Student\right)\right) \equiv \prod_{Sname}\left(Student\right)$$

4. 选择（σ）与投影（∏）的交换律

$$\sigma_{c}\left(\prod_{A1, A1, \ldots, An}\left(R\right)\right) \equiv \prod_{A1, A1, \ldots, An}\left(\sigma_{c}\left(R\right)\right)$$

示例：

$$\sigma_{Sage>=20}\left(\prod_{sname, sdept, sage}\left(Student\right)\right) \equiv \prod_{sname, sdept, sage}\left(\sigma_{Sage>=20}\left(Student\right)\right)$$

5. 连接（⋈）和笛卡尔积（×）的交换律

$$R \times S \equiv S \times R$$

$$R \bowtie S \equiv S \bowtie R$$

$$R \underset{c}{\bowtie} S \equiv S \underset{c}{\bowtie} R$$

示例：

$$Student \underset{Student.Sno=SC.Sno}{\bowtie} SC \equiv SC \underset{Student.Sno=SC.Sno}{\bowtie} Student$$

6. 并（∪）和交（∩）运算的交换律

$$R \cup S \equiv S \cup R$$

$$R \cap S \equiv S \cap R$$

7. 选择（σ）和连接（⋈）的交换律

$\sigma_{c}\left(R \bowtie S\right) \equiv \left(\sigma_{c}\left(R\right)\right) \bowtie S$，假设 c 只涉及 R 中的属性。

同样，如果选择条件是（$c_1 \wedge c_2$）这种形式的，并且 c_1 只涉及 R 中的属性，c_2 只涉及 S 中的属性，则选择和连接操作可变换成如下形式。

$$\sigma_{c1 \wedge c2}\left(R \bowtie S\right) \equiv \sigma_{c1}\left(R\right) \bowtie \sigma_{c2}\left(S\right)$$

示例：

$$\sigma_{Sdept=\text{'计算机系'} \wedge Grade>=90}\left(Student \bowtie SC\right) \equiv$$

$$\left(\sigma_{Sdept=\text{'计算机系'}}\left(Student\right)\right) \bowtie \left(\sigma_{Grade>=90}\left(SC\right)\right)$$

8. 投影（∏）和连接（⋈）的分配律

设 R 和 S 的连接属性在 L_1 和 L_2 中，则：

$$\prod_{L_1 \cup L_2}(R \bowtie S) \equiv \prod_{L_1}(R) \bowtie \prod_{L_2}(S)$$

示例：

$$\prod_{Sdept, Sno, Sname, Grade}(Student \bowtie SC) \equiv$$
$$(\prod_{Sdept, Sno, Sname}(Student) \bowtie (\prod_{Sno, Grade}(SC))$$

如果 R 和 S 的连接属性不在 L_1 和 L_2 中，则在进行 $\prod_{L_1}(R)$ 和 $\prod_{L_2}(S)$ 操作时，必须保留连接属性。

示例：

$$\prod_{Sdept, Sname, Grade}(Student \bowtie SC) \equiv$$
$$(\prod_{Sno, Sdept, Sname}(Student) \bowtie (\prod_{Sno, Grade}(SC))$$

9. 选择（σ）与集合并、交、差运算的分配律

设 R 和 S 有相同的属性，则：

$$\sigma_c(R \cup S) \equiv \sigma_c(R) \cup \sigma_c(S)$$
$$\sigma_c(R \cap S) \equiv \sigma_c(R) \cap \sigma_c(S)$$
$$\sigma_c(R - S) \equiv \sigma_c(R) - \sigma_c(S)$$

10. 投影（∏）与并运算的分配律

设 R 和 S 有相同的属性，则：

$$\prod_L(R \cup S) \equiv \prod_L(R) \cup \prod_L(S)$$

11. 连接（⋈）和笛卡尔积（×）的结合律

$$(R \times S) \times T \equiv R \times (S \times T)$$
$$(R \bowtie S) \bowtie T \equiv R \bowtie (S \bowtie T)$$

如果连接条件 c 仅涉及来自关系 R 和 T 的属性，则连接以下列方式结合。

$$(R \underset{c_1}{\bowtie} S) \underset{c_2 \wedge c_3}{\bowtie} T \equiv R \underset{c_1 \wedge c_3}{\bowtie} (S \underset{c_2}{\bowtie} T)$$

12. 并（∪）和交（∩）的结合律

$$(R \cup S) \cup T \equiv R \cup (S \cup T)$$
$$(R \cap S) \cap T \equiv R \cap (S \cap T)$$

14.3.2　启发式规则

启发式规则（heuristic rules）作为一个优化技术，用于对关系代数表达式的查询树进行优化。查询树也称为关系代数树，它用形象的树的形式来表达关系代数的执行过程。

查询树包括如下几个部分。

- 叶结点：代表查询的基本输入关系。
- 非叶结点：代表在关系代数表达式中应用操作的中间关系。
- 根结点：代表查询的结果。

查询树的操作顺序为：从叶到根。

例如，关系代数表达式如下。

$$Q_2 = \prod_{Sname}(\sigma_{SC.Cno = 'C001'}(Student \bowtie SC))$$

对应的查询树如图 14-2 所示。

从 14.1.2 节的例子我们可以看到，一个 SQL 查询可以有多种不同形式的关系代数表达式，因此也会有多种不同的查询树。一般情况下，查询解析器首先产生一个与 SQL 查询对应的初始标准查询树，这个查询树是没有经过任何优化的。然后运用启发式规则对查询树进行优化。典型的启发式规则如下。

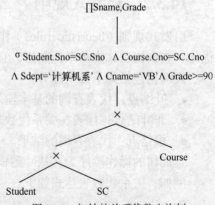

图 14-2　与 Q_2 表达式对应的查询树

① 尽可能先做选择运算。在优化策略中这是最重要、最基本的一条。它常常可以节省几个数量级的执行时间，因为选择运算一般会极大地减少中间结果。

② 投影运算和选择运算同时进行。如有若干投影和选择运算，并且它们都在同一个关系上进行操作，则可以在扫描此关系的同时完成所有的投影和选择运算，以避免重复扫描。

③ 把投影运算和其之前或之后的二元运算结合起来，这样可以减少关系的扫描次数。

④ 把某些选择同在它前面要执行的笛卡尔积结合起来成为一个连接运算，连接特别是等值连接要比在同样关系上进行笛卡尔积节省很多时间。

⑤ 找出公共子表达式。如果某个重复出现的子表达式的结果不是很大的关系，并且从外存读入这个关系比计算该子表达式的时间少得多，则先计算一次公共子表达式并把结果写入中间文件是比较合算的。当对视图进行查询时，定义视图的语句就是公共子表达式。

下面我们通过一个查询示例说明代数优化的过程。

查询计算机系 VB 课程考试成绩大于等于 90 分的学生的姓名和 VB 成绩。查询语句如下。

```
SELECT Sname, Grade FROM Student JOIN SC ON Student.Sno = SC.Sno
  JOIN Course ON Course.Cno = SC.Cno
  WHERE Sdept = '计算机系' AND Cname = 'VB' UAND Grade >= 90
```

其优化过程如下。

（1）转换为初始关系代数表达式（未经优化的）

$$\prod_{Sname,Grade}\left(\sigma_{Student.Sno=SC.Sno \wedge Course.cno=SC.cno \wedge Sdept='计算机系' \wedge Cname='VB' \wedge Grade>=90}\right.$$
$$\left.(Student \times SC \times Course)\right)$$

该查询的初始查询树如图 14-3 所示。

（2）利用转换规则进行优化

① 用规则 1 将选择操作的连接操作部分分解到各个选择操作中，使尽可能先执行选择操作。用规则 2 和规则 6 重新排列选择操作，然后交换选择和笛卡尔积，得到的关系代数表达式如下，对应的查询树如图 14-4 所示。

$$\prod_{Sname,Grade}\left(\left(\sigma_{Student.Sno=SC.Sno}\left(\sigma_{Sdept='计算机系'}(Student)\right) \times \sigma_{Grade>=90}(SC)\right) \times \left(\sigma_{Course.cno=SC.cno}\left(\sigma_{Cname='VB'}(Course)\right)\right)\right)$$

② 将笛卡尔积操作替换为等值连接操作。得到的关系代数表达式如下，对应的查询树如图 14-5 所示。

$\prod_{Sname,Grade}$

σ Student.Sno=SC.Sno ∧ Course.Cno=SC.Cno
∧ Sdept='计算机系' ∧ Cname='VB' ∧ Grade>=90

×

×　　　　Course

Student　　SC

图 14-3　初始的关系代数查询树

$\prod Sname,Grade (\sigma_{Sdept='计算机系'} (Student) \bowtie \sigma_{Grade>=90} (SC)) \bowtie \sigma_{Cname='VB'} (Course)$

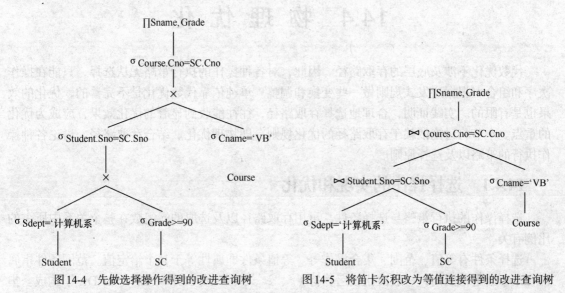

图14-4　先做选择操作得到的改进查询树　　　　图14-5　将笛卡尔积改为等值连接得到的改进查询树

③ 由于 WHERE Cname='VB' 返回的结果行数（如果 VB 只开设一次的话，则返回的行数就是 1）远远小于 WHERE Sdept='计算机系' 返回的结果行数（计算机系的学生一定有很多个），因此，先执行对 Course 表的选择可以减少参与连接的元组数。用规则11 重新排列等值连接，先执行 WHERE Cname='VB' 部分，产生的关系代数表达式如下，对应的查询树如图 14-6 所示。

$\prod Sname,Grade ((\sigma_{Cname='VB'} (Course) \bowtie \sigma_{Grade>=90} (SC)) \bowtie \sigma_{Sdept='计算机系'} (Student))$

④ 用规则4和规则7将投影向下移动到等值连接下面以减少连接产生的中间结果所占用的空间，并根据需要创建一个新的投影等式，新的投影等式保留用于进行连接的列以及查询列。得到的关系代数表达式如下，对应的查询树如图 14-7 所示。

$$\prod Sname,Grade (\prod Cno (\sigma_{Cname='VB'} (Course)) \bowtie \sigma_{Grade>=90} (SC))$$
$$\bowtie (\prod Sno,Sname (\sigma_{Sdept='计算机系'} (Student)))$$

至此该查询语句优化结束。

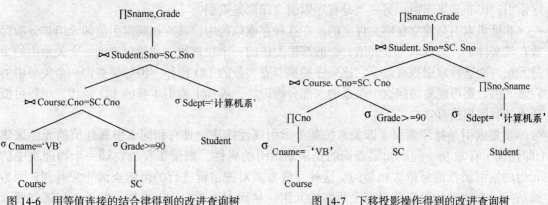

图14-6　用等值连接的结合律得到的改进查询树　　　　图14-7　下移投影操作得到的改进查询树

14.4　物　理　优　化

代数优化不涉及底层的存取路径。因此，对各种操作的执行策略无从选择，只能在操作次序和组合上根据启发式规则做一些变换和调整。单纯依靠代数优化是不完善的，优化的效果也是有限的。实践证明，合理地选择存取路径，往往能收到显著的优化效果，应成为优化的重点。本节将讨论依赖于存取路径的优化规则，即物理优化。结合存取路径，讨论各种操作执行的策略以及选择原则。

14.4.1　选择操作的实现和优化

选择操作的执行策略与选择条件、可用存取路径以及选取的元组数在整个关系中所占的比例有关。

选择条件有等值、范围、集合操作等。等值条件即属性等于某个给定值。范围条件指属性在某个给定范围内，一般由比较运算符（>、≥、<、≤或 BETWEEN…AND…）构成。集合条件指用集合关系表示的条件，如用 IN、NOT IN、EXISTS、NOT EXISTS 表示的条件。集合条件比较的一方往往是一些常量的集合或者是子查询块。验证这些条件一般没有专门的存取路径。复合条件由简单选择条件通过 AND、OR 连接而成。

选择操作最原始的实现方法是顺序扫描被选择的关系，即按关系存放的自然顺序读取各元组，逐个按选择条件进行检验，选取满足条件的元组。这种方法不需要特殊的存取路径，如果选择的元组较多或者是关系本身很小，则这种方法不失为是一种有效的方法。在无其他存取路径时，这也是唯一可行的方法。

对于大的关系，顺序扫描非常费时，为此，DBMS 在技术上支持建立各式各样的存取路径，供数据库设计人员根据需要进行配置。目前用的最多的存取路径是以 B⁺ 树或其他变种结构的各种索引。近年来，也有些 DBMS 支持动态散列及其各种变种。散列技术对于散列属性上的等值查询很有效，但对于散列属性上的范围查询、整个关系的顺序访问以及非散列属性上的查询都很慢，加之不能充分利用存取空间，因此，除特殊情况外，一般不用这种技术。

索引是用的最多的一种存取路径。从数据访问的观点看，索引可分为两大类，一类是无序索引，即非聚集索引；另一类是有序索引，即聚集索引。

非聚集索引是建立在堆文件上的。在这种存取结构中，具有相同索引值的元组被分散存放在堆文件中，每读取一个元组，一般都需要访问一个物理块。如果仅查询一个关系中的少量元组，则这种索引很有效，它比顺序扫描节省大量的 I/O 操作。但如果查询一个关系中的较多元组，则可能要访问这个关系的大部分物理块，再加上索引本身的 I/O 操作，则很可能还不如顺序扫描有效。

聚集索引是排序索引，即关系按某个索引属性排序，具有相同索引属性值的元组聚集（即连续）存放在一起。如果查询的是聚集索引的属性，则聚集存放在同一个物理块中的元组的索引属性值是依次相邻的。这种存放方式对按主键进行的范围查询非常有利，因为每访问一个物理块可以获得多个所需的元组，从而大大减少 I/O 次数。如果查询语句要求查询结果按主键排序，则还可以省去对结果进行排序的操作。对数据按索引属性值排序和聚集存放虽然对某些查询有利，但不利于插入新数据，因为每次插入数据时都有可能造成对其他元组的移动，并且有可能需要修改该关系上的所有索引，这项工作非常耗时。由于一个关系只能有一种物理排序或聚集方式，因此，只对包含这些排序属性的查询比较有利，对其他属性的查询可能不会带来任何好处。

连接操作可按下列启发式规则选用存取路径。

① 对于小关系，不必考虑其他存取路径，直接用顺序扫描。

② 如果无索引或散列等存取路径可用，或估计选择的元组数在关系中占有较大的比例（例如大于 15%），且有关属性无聚集索引，则用顺序扫描。

③ 对于主键的等值条件查询，最多只有一个元组可以满足条件，因此应优先采用主键上的索引或散列。

④ 对于非主键的等值条件查询，要估计选择的元组数在关系中所占的比例。如果比例较小（例如小于 15%），可用非聚集索引，否则只能用聚集索引或顺序扫描。

⑤ 对于范围条件查询，一般先通过索引找到范围的边界，再通过索引的有序集沿相应的方向进行搜索。例如，对于条件 Sage>=20，可先找到 Sage=20 的有序集的结点，再沿有序集向右搜索。若选择的元组数在关系中所占的比例较大，且没有有关属性的聚集索引，则宜采用顺序扫描。

⑥ 对于用 AND 连接的合取选择条件，若有相应的多属性索引，则应先采用多属性索引。否则，可检查各个条件中是否有多个可用的二次索引检索的，若有，则用预查找法处理。即通过二次索引找出满足条件的元组 id（用 tid 表示）集合，然后再求出这些 tid 集合的交集。最后取出交集中 tid 所对应的元组，并在获取这些元组的同时，用合取条件中的其余条件检查。凡能满足所有其余条件的元组即为所检索的元组。如果上述途径都不可行，但合取条件中有个别条件具有规则③、④、⑤所描述的存取路径，则可用此存取路径来选择满足条件的元组，再将这项元组用合取条件中的其他条件筛选。若在所有合取条件中，没有一个具有合适的存取路径，则只能用顺序扫描。

⑦ 对于用 OR 连接的析取选择条件，还没有好的优化方法，只能按其中各个条件分别选出一个元组集，然后再计算这些元组的并集。我们知道，并操作是开销大的操作，而且在 OR 连接的诸条件中，只要有一个条件无合适的存取路径，就必须采用顺序扫描来处理查询。因此，在编写查询语句时，应尽可能避免采用 OR 运算符。

⑧ 有些选择操作只要访问索引就可以获得结果。例如查询索引属性的最大值、最小值、平均值等。在这种情况下，应优先利用索引，避免访问数据。

14.4.2　连接操作的实现和优化

连接操作是开销很大的操作，一直以来是查询优化研究的重点。本节主要讨论二元连接的优化，这也是最基本、使用的最多的连接操作。多元操作也是以二元为基础的。

实现连接操作一般有嵌套循环、利用索引和散列匹配元组、排序归并以及散列连接 4 种方法，下面分别介绍这 4 种方法。

1. 嵌套循环（nested loop）法

设有关系 R 和 S 进行如下连接操作。

$$R \underset{R.A=S.B}{\bowtie} S$$

最基本的方法是读取 R 的一个元组，然后与 S 的所有元组进行比较，凡满足连接条件的元组就进行连接并作为结果输出。然后读取 R 的下一个元组，再与 S 的所有元组进行比较，直至 R 的所有元组与 S 的所有元组比较完为止。算法描述如下。

```
/* 设 R 有 n 个元组, S 有 m 个元组 */
i ← 1, j ← 1;
while ( i <= n )
do {
  while ( j <= m )
  do {
    if R(i)[A] = S(j)[B]
       then 输出<R(i),S(j)>至中间文件 T;
    j ← j + 1;
  }
  j ← 1, i ← i + 1;
}
/* 最终 T 为 R 与 S 连接的结果 */
```

事实上，将一个关系中的数据从磁盘读取到内存中不是以元组为单位的，而是以物理块为单位，一个物理块可包含多个元组。我们将一个物理块所包含的元组个数称为该关系的**块因子**。设系统为关系 R 和 S 分别提供了一个缓冲区。设 R 的缓冲区最多可存放一个 R 的物理块，设一个物理块可包含 R 的 p_R 个元组，则每次对 R 的 I/O 不是读取一个元组，而是 p_R 个元组。因此 S 的一次扫描可与 R 中的 p_R 个元组进行比较。因此，S 的扫描次数就不是 R 的元组数，而是 R 的物理块数 b_R，$b_R = \lceil n/p_R \rceil$（$n$ 为 R 的元组个数）。由此可得到一个启发，如果增加 R 的缓冲区大小，使得每次可读取 R 的多个物理块，那么就可以进一步减少对 S 的扫描次数。理想而言，如果缓冲区大到足以容纳 R 的全部元组，则只需要对 S 扫描一次即可实现与 R 的全部元组的比较。设 b_R、b_S 分别为 R 和 S 的物理块数，n_B 为可供连接用的缓冲区块数，其中用 (n_B-1) 块作为外关系（先读入的关系）的缓冲区，一块作为内关系（被用来查找匹配元组的关系）的缓冲区。设用 R 作为外关系，S 作为内关系，则用嵌套循环法进行连接时所需访问的物理块数如下

$$b_R + \lceil b_R/(n_B-1) \rceil \times b_S \qquad (14-1)$$

若以 S 为外关系，R 为内关系，则所需访问的物理块数如下

$$b_S + \lceil b_S/(n_B-1) \rceil \times b_R \qquad (14-2)$$

比较式（14-1）和式（14-2）可知，应将物理块少的关系作为外关系，以减少内关系的扫描次数。

2. 利用索引和散列寻找匹配元组法

在嵌套循环法中，通过多次顺序扫描内关系来查找匹配的元组。如果内关系有合适的存取路径，比如在连接属性上有索引，则可以考虑使用这些存取路径来代替顺序扫描，以减少 I/O 次数，尤其是当连接属性上有聚集索引或散列时，优化效果更明显。如果连接属性上只有无序的索引（非聚集索引），一般情况下也比嵌套循环法好，但不如聚集索引和散列那样效果明显。尤其当可供连接使用的缓冲块增多时，内关系的扫描次数将减少，每次循环从内关系中选取的匹配元组数将增大。当每次循环所选的匹配元组数在内关系中占有较大的比例（例如 15%）时，用无序索引还不如用顺序扫描。

3. 排序归并（sort-merge）法

如果关系 R 和 S 按连接属性排序，则可按排序顺序比较 R.A 和 S.B（设 R.A 和 S.B 是连

接属性），并找出所有匹配的元组。在此方法中，R 和 S 都只需要扫描一次。排序归并法的示意图如图 14-8 所示。

在图 14-8 中，假设 A、B 的属性域均为正整数，在比较时首先选取 A、B 属性中小的一个值，例如 S.B 中第一个值是 1，R.B 中第一个值是 2，则选取 S.B 中的 1，然后用这个值与另一个关系 R 中的属性 A 进行比较，看是否有值相等的元组，若有，则组合成连接元组；若没有，则跳过该元组，继续处理下一个元组。如此重复直至处理完全部元组。

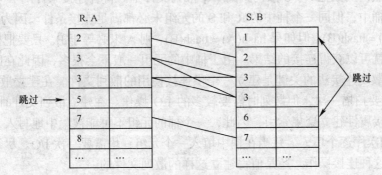

图 14-8　排序归并法示意图

如果 A、B 不是主键列，则 A 和 B 中可能存在重复值，例如图 14-8 中的 3 就是重复值。按照连接运算要求，R.A=3 的一个元组必须与 S.B=3 的所有元组匹配，同样，S.B=3 的一个元组必须与 R.A=3 的所有元组匹配。

排序归并的算法描述如下。

```
R 按属性 A 排序    /* 设 R 有 n 个元组*/
S 按属性 B 排序    /* 设 S 有 m 个元组*/
i ← 1, j ← 1;
while ( i <= n ) and ( j <= m )
do {
   if R(i)[A] > S(j)[B]
     then j ← j + 1;
   else {  /* R(i)[A]=S(j)[B]，输出连接元组 */
   输出<R(i),S(j)>至中间文件 T;
   /* 输出 R(i) 与 S 中除 S(j) 外的其他元组所组成的连接元组 */
   p ← j + 1;
   while (p<=m) and (R(i)[A]=S(p)[B])
   do {
     输出<R(i),S(p)>至中间文件 T;
     p ← p + 1;
   }
   /* 输出 S(j) 与 R(i) 外的其他元组所组成的连接元组 */
   k ← i + 1;
   while (k<=n) and (R(k)[A]=S(j)[B])
   do {
     输出<R(k),S(j)>至中间文件 T;
     k ← k + 1;
   }
   i ← i + 1, j ← j + 1;
   }
 }
```

如果 R 和 S 事先已经按连接属性进行了排序，则排序归并方法是很有效的；如果 R 和 S 事先没有按连接属性排序，则在做连接操作前必须特别为之进行排序。由于排序是开销很大的操作，因此，在这种情况下是否值得采用排序归并法，就需要进行权衡了。

4. 散列连接法（hash join）

由于连接属性 R.A 和 S.B 应具有相同的属性域，因此，可以用 A、B 作为 R、S 的散列键，用相同的散列函数把 R、S 散列到同一个散列文件中。符合连接条件的 R 和 S 的元组必然位于同一个桶中，但同一个桶中的 R 和 S 的元组未必都满足连接条件。因为，如果 A=B，则必有 hash(A) = hash(B)；但如果 hash(A) = hash(B)，则 A 未必等于 B。只要把桶中所有匹配的元组取出，就可以获得连接的结果。由于桶中的元组一般不会很多，因此在匹配时可以用嵌套循环法。散列连接法的关键是建立一个供连接使用的散列文件。在建立散列文件时，R 和 S 虽然只需要扫描一次，但散列时需要较多的 I/O 操作。在建立散列文件时，由于 R、S 一般不会对连接属性建立聚集索引，因此，一个桶的元组不可能被集中地写入，而是按其在 R、S 中出现的次序逐个填入。每当在桶中填入一个元组，均需要一次 I/O。尽管如此，如果经常需要进行这种连接操作，还是值得建立这样的散列文件的。

建立散列文件时，也可以在桶中不填入 R 和 S 的实际元组，而是只填入它们的元组 id（tid），这样可以极大地缩小散列文件大小，甚至有可能在内存中建立散列文件，这样所付出的 I/O 代价就仅仅是对 R 和 S 各扫描一次。在扫描 R 和 S 时，可将 $\prod_A$（R）和 $\prod_B$（S）与相应的 tid 一起放入桶中。在连接时，可以桶为单位，按 $\prod_A$（R）= $\prod_B$（S）条件找出匹配的 tid 对。如果一个桶中只有 R 或 S 的元组，则不必进行匹配。在得到匹配的元组 id 后，可按 tid 对中的 tid，取出相应元组进行连接。为减少 I/O 次数，使每个物理块在连接时最多被访问一次，可以将各桶中匹配的 tid 按块分类，一次集中取出同一块中所需的所有元组。但这需要较大的内存开销。

以下是选用连接方法的启发式规则。

① 如果两个关系都已按连接属性排序，则优先选用排序归并法。如果两个关系中有一个关系已按连接属性排序，而另一个关系很小，则可以考虑对此关系按连接属性排序，然后再用排序归并法进行连接。

② 如果两个关系中有一个关系在连接属性上有索引（特别是聚集索引）或散列，则可以将另一个关系作为外关系，顺序扫描，并利用内关系上的索引或散列寻找与之匹配的元组，以代替多遍扫描。

③ 如果应用上述两个规则的条件都不具备，且两个关系都比较小，则可以应用嵌套循环法。

④ 如果规则①、②、③都不适用，则可以适用散列连接法。

上述启发式规则仅在一般情况下可以选取合理的连接方法，要获得好的优化效果，还需进行代价比较等优化方法。

14.4.3 投影操作的实现

投影操作一般与选择、连接等操作同时进行，不需要附加的 I/O 开销。如果投影的属性集中不包含主键，则投影结果中可能出现重复元组。消除重复元组是比较费时的操作，一般需要将投影结果按其所有属性排序，使重复元组连续存放，以便于发现重复元组。散列也是消除重复元组的一个可行的方法。将投影结果按其一个或多个属性散列成一个文件，当一个元组被散列到一个桶中时，可以检查是否与桶中已有元组重复。如果重复，则舍弃。如果投影结果不太大，则这种散列可在内存中进行，这样可省去 I/O 开销。

14.4.4　集合操作的实现

在数据库系统中，常用的集合操作有笛卡尔积、并、交、差等。笛卡尔积是将两个关系的元组无条件地相互拼接。设 R 有 n 个元组和 j 个属性，S 有 m 个元组和 k 个属性，则 R×S 有 $n×m$ 个元组和 $j+k$ 个属性。笛卡尔积一般用嵌套循环方法实现，实现起来很费时，结果要比参与运算的关系大很多，因此应尽量少用笛卡尔积运算。集合的并、交、差 3 种操作要求参与操作的关系属性相同。设 R 和 S 是具有相同属性的两个关系，在计算 R∩S、R∪S 和 R-S 时，可先将 R、S 按同一属性（一般选用主键）排序，然后扫描这两个关系，并选出所需的元组。

在这 3 种集合操作中，关键是发现 R 和 S 的共同元组，排序是一种可行的方法，散列是另一种可行的方法。在散列方法中，先将 R 按主键散列到一散列文件中，然后再将 S 也按主键和同一散列函数散列到同一散列文件中。每当将 S 的一个元组散列到一个桶中时，可以检查桶中是否有与之重复的元组。若有，则对于并操作，不再插入重复的元组；对于交操作，选取重复的元组；对于差操作，从桶中取消与 S 重复的元组。

14.4.5　组合操作

上面讨论的都是单个操作。在一个查询中可以包含多个用 AND 和 OR 连接起来的操作，如果孤立地执行各个操作，则势必要为每个操作建立一个临时文件来存放中间结果，并作为下一个操作的输入。这在时间和空间上都是不经济的。因此，在处理查询时，应尽可能把其中的操作组合起来执行。当然，对投影后消除重复元组的操作需要单独执行。实际上，还可以在更大范围内把多个操作组合起来执行。图 14-9 所示是一个组合操作的例子。R1、R2 经选择、投影后，不会再有索引等存取路径问题。设连接用嵌套循环执行，R1 为外关系，R2 为内关系。R1 的选择、投影操作可在扫描 R1 时完成，R2 的选择、投影操作可在扫描 R2 时完成。但 R2 要扫描多次，每次扫描都要重复执行选择、投影一次，多花一些CPU 时间。若要避免这种重复操作，可在 R2 首次扫描后，将选择、投影的结果存入临时文件，以后只扫描临时文件即可。由于选择、投影

图 14-9　组合操作示例

后的结果要比 R2 小，因此，这样做不但可以节省 CPU 时间，而且还可减少 I/O 开销，唯一不足的是需要建立一个临时文件。最后一个投影操作可在生成连接结果的同时进行。如果R1、R2 已按连接属性排序，则可用排序归并法进行连接，选择、投影操作仍可在扫描 R1、R2 的同时进行。按组合操作执行，可省去创建许多临时文件，因而也省去了许多 I/O 操作。

本书所介绍的代数优化和物理优化都是规则优化。规则优化比较简单，开销也比较小，在一般情况下可以收到比较好的优化效果。在小型和解释执行的 DBMS 中，规则优化用得比较多。因为在解释执行的数据库系统中，优化时间包含在事务的执行时间里，因此不宜采用开销大的优化方法。但在编译执行的代码中，一次编译可供多次执行，查询优化和查询执行是分开的，而且编译时间不包括在事务执行时间中，因此值得采用更精细的复杂一些的基于代价的优化方法。一般优化过程是先选用规则优化，选择几个可取的执行策略，然后再进行代价比较，

从中选出最优的。本书不对代价估算优化进行介绍，有兴趣的读者可参考相关数据。

小　结

查询处理是 RDBMS 的核心，而查询优化技术又是查询处理的关键技术。本章介绍了代数优化和依赖于存取路径的物理优化规则，除了这两种优化方法之外，还有一种是代价估算优化方法，实际系统的优化一般都是综合采用这项技术，因此数据库管理系统的优化器一般都比较复杂。

各种优化技术的实现与具体的数据库管理系统有关，但优化的原则是共同的。本章介绍的是一般的 DBMS 所支持的优化方法，有了这些基础，读者就不难了解具体 DBMS 的优化技术。

习　题

1. 简要说明什么是代数优化，什么是物理优化？
2. 设有如下查询。

```
SELECT Sname,Cname
  FROM Student JOIN SC ON Student.Sno = SC.Sno
  JOIN Course ON Course.Cno = SC.Cno
  WHERE Ssex = '男' AND Semester = 2
```

（1）画出此查询对应的初始关系代数查询树。

（2）利用代数优化转换规则对此查询的初始关系代数表达式进行优化，画出优化过程中的关系代数表达式和对应的查询树。

3. 有两个关系 R 和 S，R 有 10 000 个元组，块因子为 10；S 有 200 个元组，块因子为 5。一个缓冲区最多可存放 6 个物理块。设 R 和 S 事先已按连接属性进行了排序。请分别就下列两种情况比较 I/O 次数。

（1）用嵌套循环法计算 $R \bowtie S$。

（2）用排序归并法计算 $R \bowtie S$。

第Ⅳ篇　发展篇

　　了解当前数据库技术的发展，知道各种新型数据库系统的特点，对数据库技术的应用具有很好的意义。数据库技术从 20 世纪 60 年代中期产生到现在短短的几十年时间内，其发展速度之快，使用范围之广，是其他技术远不能及的。

　　本篇具体内容如下：

　　第 15 章　数据库技术的发展。主要介绍数据库技术的发展过程，包括层次数据库、网状数据库、关系数据库以及面向对象数据库，介绍面向对象数据库采用的数据模型及面向对象数据库的优点，最后介绍了数据库技术的一些研究方向。

　　第 16 章　数据仓库与数据挖掘。主要介绍数据仓库的概念、特点、分类和体系结构，同时介绍了基于数据仓库的数据挖掘技术。

第15章
数据库技术的发展

　　了解数据库技术的发展过程及其发展方向，分析各种新型数据库技术的特点，对数据库技术的应用和研究都具有重要的意义。数据库技术从 20 世纪 60 年代中期产生到现在仅仅 40 多年的时间，其发展速度之快，应用范围之广，是其他技术所不及的。数据库技术已经过从第 1 代的层次、网状数据库系统，第 2 代的关系数据库系统，发展到第 3 代以面向对象模型为主要特征的数据库系统。数据库技术与网络技术、人工智能技术、面向对象技术以及并行计算技术等相互渗透、相互结合，成为当前数据库技术发展的主要特征。

　　本章首先以数据模型为主线，介绍数据库技术发展的 3 个主要阶段，然后介绍新的数据库管理系统——面向对象数据库管理系统的特征和优势，最后介绍数据库技术的主要研究和发展方向。

15.1　数据库技术的发展

　　本节简单介绍传统数据库技术的发展历程以及新的数据库技术的发展方向。

15.1.1　传统数据库技术的发展历程

　　围绕着数据结构和数据模型的演变，传统数据库技术在发展过程中，主要经历了 3 个阶段。

- 层次数据库。
- 网状数据库。
- 关系数据库。

下面简要介绍这 3 种技术的特点。

1. 层次数据库

　　层次数据模型是数据库系统中最早出现的数据模型。现实世界中的很多事物是按照层次关系组织起来的，比如一般单位的人事系统、学校组织结构（其层次结构的示意图如图 15-1 所示）等，层次数据模型就是模拟现实世界中的层次组织，按照层次存取数据。其中最基本的数据关系是层次关系，它代表两个记录之间一对多的关系，也叫做双亲子女关系。一个数据库系统中有且仅有一个记录无双亲，称为根结点，其他记录有且仅有一个双亲。在层次模型中，从一个结点到其双亲的映射是唯一的，所以对于每一个记录（根结点除外）来说，只需指出它的双亲，就可以表示出层次模型的树状整体结构。

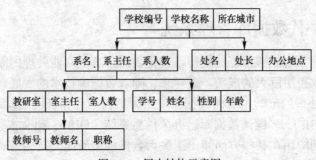

图 15-1　层次结构示意图

比较著名的层次数据库系统当属 IBM 公司的 IMS（Information Management System），这是 IBM 公司 1968 年推出的第一个大型商用数据库管理系统。

2. 网状数据库

在现实世界中事物之间的关系更多的是非层次的，比如高速公路交通网。用层次数据模型表示现实世界中的联系有很多的限制，如果去掉层次模型中的限制，即允许每个结点可以有多个父结点，便构成了网状模型。网状模型用图形结构表示实体和实体之间的联系。

网状数据模型的典型代表是 CODASYL 系统，它是 CODASYL 组织的标准建议的具体实现，按系（set）组织数据。所谓系可以理解为被命名的联系，它由一个父记录型和一个或若干个子记录型组成。图 15-2 所示为网状结构的示意图，其中包含 4 个系，S-G 系由学生和选课记录构成，C-G 系由课程和选课记录构成，C-C 系由课程和授课记录构成，T-C 系由教师和授课记录构成。

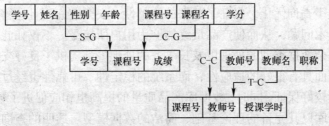

图 15-2　网状结构示意图

3. 关系数据库

尽管网状数据库和层次数据库已经解决了数据的集中和共享问题，但在数据独立性和抽象级别上仍有很大不足。用户在对这两种数据库进行存取操作时，必须明确数据的存储结构，具体指明存取路径。为了弥补这些不足，人们开始将目光转向关系数据库管理系统。最早涉足关系数据库研究的是 IBM 公司的研究员 E. F. Codd 博士，他于 20 世纪 70 年代初首次提出了关系模型的概念，并在一系列研究报告中奠定了关系数据库的基础。关系模型有着严格的数学基础，抽象级别较高，而且简单清晰，便于理解和使用，因而能够保持长盛不衰，并最终成为现代数据库技术的主流。

关系数据模型是以集合论中的关系概念为基础发展起来的。在关系模型中，无论是实体还是实体间的联系均由单一的结构类型——关系来表示。在实际的关系数据库中，关系也称为表，一个关系数据库由若干张表组成。

15.1.2　新一代数据库管理系统

关系数据库管理系统能够很好地支持格式化数据，满足商业处理的需求，数据库技术在商业数据处理领域取得了巨大的成功。近年来，随着数据库技术的发展，数据库应用已经不仅局限在商业数据处理的范畴，新的数据库应用领域包括计算机辅助设计（CAD）、计算机辅助软件工程（CASE）、多媒体数据库、办公信息系统（OIS）、超文本数据库等。

这些新领域中的应用在某些方面超出了关系数据模型所能支持的范畴，关系模型已经不足以对这些新应用领域进行数据建模。20 世纪 80 年代以来发展起来的面向对象的建模方法能够满足这些新的应用领域的需求。因此，将面向对象技术与数据库技术结合起来是数据库技术发展的一个重要方向，这样的数据库管理系统称为第 3 代数据库系统，或新一代数据库。

由 Stonebraker 等组成的高级数据库管理系统功能委员会于 1990 年发表了题为"第 3 代数据库系统宣言"的文章，在这篇文章中提出了第 3 代数据库系统的 3 条原则：支持更加丰富的对象结构和规则；包含第 2 代数据库管理系统；对其他子系统（如工具和多数据库中间件产品）开放。

15.2　面向对象技术与数据库技术的结合

长期以来，关系数据库技术经历了理论研究、原型系统开发和系统实用化等多个阶段，当前的各种主流数据库也都是经历了多次的优化和改进，不断发展形成的产品分别应用于各自的传统优势领域。早期关系数据库产品的致命弱点是系统效率低，如今在众多研究成果的支持下，不仅实现了查询优化，保证了数据的完整性、安全性，而且还解决了并发控制和故障恢复等一系列技术问题，从而使产品最终能够为用户所接受。不仅如此，许多系统还对海量数据的管理、复杂数据类型的处理以及长事务的处理等都提供了良好支持，其灵活的结构在支持多种应用方面具有很好的适应性，而系统的稳定性、可靠性也经过长时间、多领域应用的考验而得到了较好保证。同时，数据库产品质量的提高也相应促进了数据库应用的普及。

尽管关系数据库以其完备的理论基础、简洁的数据模型、透明的查询语言和方便的操作方法等优点受到了众多用户的一致好评，但随着数据库系统的日益普及和人们要求的不断提高，关系数据库也暴露出了一些局限性。首先，关系模型过于简单，不利于表达复杂的数据结构；其次，关系模型支持的数据类型有限，无法包容更多的数据类型。于是，关系数据库受到了来自诸多方面的严峻挑战，它已经无法适应现代信息系统应用开发的要求，这和当年其出现时为应用所带来的巨大方便和深远影响形成了鲜明的对比。如果说过去是数据库技术的发展带动了应用发展的话，那么今天则是应用反过来推动了数据库技术的进一步变革。毫无疑问，这些挑战来自于面向对象技术、网络技术、多媒体技术以及移动计算技术的飞速进步。

15.2.1　新的数据库应用和新的数据类型

在信息管理领域之外，还有很多新的应用领域迫切需要使用数据库，如计算机辅助设计（CAD）、多媒体技术（音频、视频文件的存储和处理）等，这些应用往往需要存储大量的、复杂类型的数据，同时面向对象的概念和技术也强烈地引发了数据库对复杂数据类型的支持，从而推动了面向对象数据库的发展。

面向对象数据库除了支持关系数据库提供的数据类型外，还应该支持如下复杂的数据类型。

- 用户定义的抽象数据类型（Abstract Data Type，ADT）：可以存储声音、图像、视频等数据，甚至还包括这些数据的处理函数（如产生这些数据的压缩版或较低分辨率图像等）。
- 构造类型：利用构造器从原子数据类型构造出集合、数组、元组等新的数据类型。
- 继承：随着数据类型数量的增长，可以概括出不同数据类型之间的共同点，例如，压缩的图像和低分辨率的图像都是图像，它们在图像的描述和操作上会有很多相同的特征，从而可以利用面向对象的继承思想来提高应用的设计质量。

新的数据库应用和数据类型有如下特征。

- 大数据项。新的数据库应用中的数据项可能会以兆计算，比如视频数据。
- 结构复杂。很多新的数据库应用的结构相当复杂，可能包括程序模块、图形、图像、文档、数字媒体流等。
- 操作特殊。针对特殊数据类型，可能存在许多特殊的操作方式，如旋转、播放、排版等。

关系数据库针对以上这些新的应用和数据类型有很多局限，主要表现在以下几个方面。

- 表达能力有限。关系数据库的基本结构是二维表，是一种平面结构，无法表达嵌套的信息结构。而在 CAD 等系统中，嵌套大量存在，如机器由很多部件构成，每个部件又由多个零件构成。当然，嵌套的平面化可以通过模式分解和连接运算实现，但是连接在关系数据库中运算效率十分低下。
- 类型有限。关系数据库的类型是系统内置的，用户只能使用固定的几种。新的应用需要灵活的类型机制，数据库管理系统应该能够支持用户定义适合自己应用的数据类型。
- 结构与行为分离。关系数据库中存储的只是实体的数据，而实体的行为则交由应用程序来编码实现。现实世界中的实体除了数据结构之外，同时还有其自身的行为。如学生应该具有选课的行为。实体的行为也是实体的属性，应当同实体紧密结合，由应用程序来维护是不合适的。

15.2.2　面向对象数据模型

面向对象数据库系统支持面向对象数据模型。也就是说，一个面向对象数据库系统是一个持久的、可共享的对象库的存储者和管理者；而一个对象库是由一个面向对象模型所定义的对象的集合体。

面向对象数据库是数据库技术与面向对象程序设计技术相结合的产物，面向对象的方法是面向对象数据库模型和对象数据库的基础。面向对象思想的核心概念包括如下内容。

1. 对象与类

一个对象类似于 E-R 模型中的一个实体。因此，在面向对象系统中，一切概念上的实体（客观存在的事物或抽象的事件）都可以抽象或模拟为对象。与 E-R 模型中实体不同的是，对象不仅有数据特征，还有状态和行为特征，比如仓库的编号、所在城市、面积等可以看作仓库的数据特征，仓库是否可用可以看作仓库的状态特征，而商品的出库和入库可以看作是仓库的行为特征。因此，对象应当具有以下特征。

- 每一个对象必须能够通过某种方式（如名称）区别于其他对象。

- 用特征或属性来描述对象。
- 有一组操作，每一个操作决定对象的一种行为。

在现实世界中，很多客观存在的对象都具有相同的特征。例如，学生是一个客观存在的对象，不管是男学生还是女学生，不管是计算机专业还是数学专业，这些学生都用相同的特征进行描述，用性别来描述男或女，用专业来描述计算机或数学等。因此把具有相同数据特征和行为特征的所有对象称为一个对象类，简称为类。由此看来，对象是类的一个实例，类是型的概念，对象是值的概念。类似于传统的程序设计语言用类型说明变量，在面向对象系统中用类创建对象。在面向对象中，类是一个模板，而对象是用模板创建的一个实例。

例如，学生李勇是一个对象：

对象名：李勇

对象的属性：

学号：0611101

年龄：21

性别：男

专业：计算机

对象的操作：

选修课程

参加考试

学籍处理

参加活动

而所有像李勇这样的学生对象就可以构成一个学生类。

面向对象中的类和传统的数据类型有相似之处，但也存在着重要差别。首先，类型只描述数据结构，而类将数据结构和操作作为一个整体描述；其次，类型通常是静态的概念，而类却可以用方法表现出其动态性；再次，类型在常规程序设计语言中的作用主要体现在保证程序的正确性，而类的作用则在于作为一种重要的模拟手段，以统一的方式构造现实世界模型；最后，类型与程序代码和代码共享无关，而类却提供了软件重用和代码共享的机制。

面向对象的方法更接近人们的思维习惯，因为面向对象中的对象（或类）都源于现实世界，它的数据特征和操作行为是一个有机的整体。

2. 对象之间的交互

现实世界中，各个对象之间不是相互独立的，它们存在着各种各样的联系。也正是由于它们之间的相互联系和作用，才构成了现实世界的各种系统。

对象的属性和操作对外部是透明的，对象之间的通信是通过消息传递实现的。对象可以通过接收来自其他对象的消息而执行某些操作（方法），同时这个对象可以向多个对象发送消息。由此看来，消息的传递类似于传统程序设计语言的过程调用和参数传递。

一般来说，把发送消息的对象称为发送者或请求者，而把接收消息的对象称为接收者或响应者。对象之间的联系只能通过消息的传递来进行，接收者只有在接收到消息后才会激活某种操作，从而根据消息做出响应，完成某种功能的操作。

面向对象中的消息具有如下性质。

- 一个对象可以接收来自不同对象的相同形式的消息，从而做出相同的响应。
- 一个对象可以接收来自其他对象不同形式的多个消息，从而做出不同的响应。

- 相同形式的消息可以传递给不同的对象，从而得到不同的响应。
- 如果消息的发送不考虑具体的对象，则对象可以响应消息，也可以不响应消息。

在面向对象方法中，通过对象间传递消息，使接收者做出某种响应，从而完成具体的操作功能。实际上，由发送者向接收者发送一条消息，就是要求调用特定的方法完成某种操作。所调用的方法可能会引起对象状态的改变，还可能产生新的消息，从而导致调用当前对象或其他对象中的方法。

3. 类的确定和划分

如何确定和划分类，是面向对象方法中的关键，这需要做细致的需求分析，并且没有统一的方法和固定的标准，往往依赖于设计人员的知识、经验和对实际问题的把握程度。具有相同特征的对象构成类，所以设计类时的一个基本原则就是把握事物的共性，将有相同属性、相同操作的对象确定为一个类。

例如，在设计学籍管理系统时，面临的对象或实体是学生、老师、课程等，这时很容易把它们都确定为各自的类。但是当学生包括本科生、硕士、博士时，应该如何划分学生类呢？是设计一个学生类，还是设计一个本科生类和一个研究生类，或者设计一个本科生类、一个硕士类和一个博士类，这就取决于设计人员对需求的理解以及实际的经验。

无论如何，类都是现实世界中所有管理对象的一个映射，所以在充分理解需求，综合地归纳共性之后，自然就明白如何设计和划分类了。

另外需要注意的是，并不是所有的事情都可以确定为类，不能把面向对象程序设计中的函数和过程调用简单地组合成类，类不是函数的集合，所以要清楚哪些事物不能划分为类。

在面向对象思想中，类有 3 个重要的特性，即封装性、继承性和多态性。

① 封装性。封装的概念在现实生活中无处不在。比如个人电脑，它包含了很多功能和操作，其原理和内部构造极其复杂。但对于普通用户来说，不需要关心它的功能是如何实现的，只需要知道如何操作就可以。也就是说，个人电脑将其功能的实现封装在机器内部了。

这里可以把个人电脑看作一个类的实例，即对象。用户是另一个对象。用户通过单击鼠标、敲击键盘等操作给电脑传递消息，电脑就会对相应的操作请求做出响应。

把现实生活中的这种例子用在面向对象方法中，就很容易理解封装的概念。类包括了数据和操作，它们是被"封装"在类定义中的。用户通过类的接口（即可以在该对象类上执行的操作的说明）进行操作。对用户来讲"功能"是可见的，而实现部分是封装在类定义中的，用户是看不见的。消息传递是对象之间联系的唯一方式，这保证了对象之间的高度独立性，这种特性有利于保证软件的质量。

② 继承性。在面向对象系统中，允许使用一个已有的类来定义一个新类，或者用几个已有类来定义一个新类，又或者用一个已有类来定义多个新类。新的类包含原来类的所有属性和方法，我们把这种特性称为继承性。

原来的类通常称为父类或超类，而新定义的类被称为子类或派生类。子类除了继承父类的所有性质之外，还可以定义自己的属性和方法。图 15-3 说明了类的继承概念。在这里教职工类是教师类和机关干部类的父类，或者说教

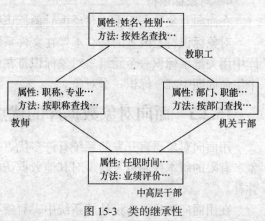

图 15-3　类的继承性

师类和机关干部类是教职工类的子类；而教师类和机关干部类是中高层干部的父类，或者说中高层干部类是教师类和机关干部类的子类。

子类不仅继承了父类的所有属性和方法，而且还可以定义属于自己的新属性和方法。例如，教师类继承了教职工类的姓名、性别等属性，同时还继承了按姓名查找等方法。此外，在教师类中还定义了新的属性：职称、专业等，同时除了可以引用按名字查找的方法外，还新定义了按职称查找的方法。

通过上面的分析，可以总结类的继承性包含以下 3 个基本含义。

- 如果类 B 继承类 A，则类 B 的对象具备类 A 的对象的全部功能。
- 如果类 B 继承类 A，则类 B 对象的内部结构包含类 A 对象的内部结构。
- 如果类 B 继承类 A，则类 A 中实现其对象功能的代码可以被类 B 引用。

继承性表达了类之间的相互关系，父类和子类之间具有如下明显的特性。

- 类之间有共享特征，子类可以共享父类中的数据和程序代码。
- 类之间有数据差别或功能差别，在子类中可以定义新的属性和新的方法，也可以屏蔽父类中的部分属性和方法。

面向对象方法提供的继承机制，避免了公用程序代码的重复开发，而且还增强了一致性，简化了模块之间的联系。因此继承性有以下两个主要优点。

- 它是一个强有力的建模工具，可以以自然的、符合人们思维规律的方式给现实世界一个简明准确的描述。
- 它有助于软件可重用性的实现。

③ 多态性。多态性在现实生活中也是无处不在的。比如，在个人电脑中播放影音文件，同样是播放命令，如果播放的文件是音频格式，则只播放音乐；如果是视频格式，则会播放出声音和影像。这时可以认为，对同一个对象发送同一条指令，由于参数（播放文件的格式）的不同所以会产生两种不同的结果。

多态性也是面向对象程序设计中的一个重要概念，它的含义如下。

- 同一个函数根据不同的引用对象可以完成不同的功能。
- 同一个函数即便引用同一个对象，但由于传递的参数不同也可以完成不同的功能。

在面向对象方法中，多态性可以为整个应用和所有对象内部提供一个一致的接口，没有必要为相同的动作命名和编写不同的函数，它完全可以根据引用对象的不同、传递消息的不同来完成不同的功能。这样做与现实世界中的管理和运作方法相吻合。

4. 对象标识符

在面向对象数据库中，对象由对象标识符唯一标识。

对象标识符是内置的，它不像在文件系统中用文件名标识一个文件，也不像在关系数据库中用关键字标识一个元组。对象标识符在创建对象时由数据库管理系统自动生成，并在整个生命周期中唯一标识一个对象。

15.2.3 面向对象数据库的优点

用面向对象语言开发的系统有许多优点，但也缺乏持续性，具有在多用户间不能共享对象、有限的版本控制以及缺少对其他数据访问的缺陷，这些缺陷可以用面向对象数据库加以弥补。

在用面向对象语言设计的系统中，对象在一个程序运行期间建立，在程序运行结束时撤销，可存储一个程序运行期间的对象的数据库具有很好的灵活性和安全性。这种存储对象的能力还可以在分布式环境中共享。面向对象数据库只允许将活动的对象装入内存，从而使对虚存的需求达到最小，这在大型系统中特别有用。面向对象数据库还可以实现对其他数据资源的访问，特别是混合关系数据库管理系统，它既可以访问关系表，也可以访问其他对象类型。

面向对象数据库提供了优于层次、网状、关系数据库的模型，它能够支持其他模型不能处理的复杂应用，增加了程序的可设计性和性能，提高了导航访问能力，简化了并发控制。

面向对象数据库不仅能存储复杂的数据结构，而且还能存储较大的数据结构，即使具有大量的对象也不会降低其性能。

由于对象含有对对象的直接引用，因此，使用这些直接引用可有效地装配复杂的数据集，从而在很大程度上改进了导航访问。

面向对象数据库还能简化并发控制，很好地支持完整性，与关系数据库相比，面向对象数据库更符合用户的直觉，特别是对非数字领域，面向对象提供了较为自然和完整的模型。

15.2.4 对象关系数据库与对象数据库

目前，对象数据库沿着两个方向发展：对象关系数据库系统和对象数据库系统。

对象关系数据库系统是对关系数据库的扩充，它以关系数据库为基础，扩展了对面向对象概念的支持，从而具有面向对象的功能，支持更广泛的应用，并且可以在关系型和面向对象方法之间架起了一座桥梁。

对象数据库系统是不同于关系数据库系统的另一种选择，其目标是针对那些以复杂对象扮演核心角色的应用领域。这种方法一方面是试图设计全新的数据模型，另一方面在很大程度上受到面向对象程序设计语言的影响。所以，从另一个角度也可以把它理解为是把数据库管理系统的功能加入到编程语言环境中。

这里要注意 3 个术语及其英文缩写：关系数据库管理系统（RDBMS）、对象关系数据库管理系统（ORDBMS）和面向对象数据库管理系统（OODBMS）。

ORDBMS 是针对 RDBMS 的发展，在 SQL-99 中增加了对面向对象概念的支持，它是基于 ORDBMS 的，提供了对很多复杂数据类型特征的支持。

很多数据库厂商（如 IBM、Oracle 等）正在其产品中增加 ORDBMS 的功能，而且利用目前关系数据库设计和实现的技术可以很好地处理扩展的对象特征。同时，理解这些扩展对数据库用户和设计者也是很重要的。

15.3 数据库技术面临的挑战

20 世纪 60 年代，由于计算机的主要应用领域从科学计算转移到了数据事务处理，促使数据库技术应运而生，使数据管理技术出现一次飞跃。E. F. Codd 提出的关系数据库模型，在数据库技术和理论方面产生了深远的影响。经过大批数据库专家数十年的不懈努力，数据库领域在理论和实践上取得了令人瞩目的成就，它标志着数据库技术的逐渐成熟，使数据管理技术出现了又一次飞跃。然而，人类前进的步伐是不会停止的，数据库技术正面临着新的挑战。

1. 信息爆炸可能产生大量垃圾

随着社会信息化进程的加快，信息量剧增，大量的信息来不及组织和处理。例如，美国宇航局近年来从空间收集了大量的数据，美国"陆地"卫星每两周就可以拍摄一次整个地球表面的情况，该卫星运行近 20 年来的 95%的信息还没有人看过。现在还没有这样的数据库可供存储和检索如此大量的数据。再如，美国国会通过了一个 30 亿美元的预算，准备构造全人类基因组的 DNA 排列图谱。每个基因组的 DNA 排列长达几十亿个元素，每个元素又是一个复杂机构的数据单元。据估计，人类的基因组约有五六万种，如何表示、访问和处理这样的图谱结构数据是数据库面临的难题。进入 20 世纪 90 年代，像这样的数据并不罕见，传统的数据库技术受到了挑战。

2. 数据类型的多样化和一体化要求

传统的数据库技术基本上是面向记录的，以字符表示的格式化数据为主，这远远不能满足多种多样的信息类型需求。新的数据库系统应能支持各种静态和动态的数据，如图形、图像、语音、文本、视频、动画、音乐等。

在许多计算机应用中，如地图、地质图、空间或平面布置图、机器人控制、人工视觉、无人驾驶、医学图像等，常涉及许多空间属性，如方向、位置、距离是否覆盖或重叠等。目前，这类数据的表示和处理都由应用程序解决，数据库给予的直接支持还很少。随着这类应用的增多，数据量的扩大和共享程度的提高，有必要由数据库系统来管理，这就需要发展相应的数据模型、数据语言和访问方法。

更为重要的是，人们对信息的使用常常是综合的，图形、图像、语音、文本、数据之间常常发生交叉调用，需要多种综合手段（图标、声音、表格、命令、语言）来进行存储、检索、管理，这是计算机系统和信息系统逐步走向多媒体化的自然要求。对数据库系统来说，要解决多媒体数据的管理问题。数据库管理系统虽然以支持多媒体数据作为其研制的主要目标之一，但是投入实际应用还有相当大的困难，尤其在性能上还很难满足多媒体数据一体化处理的要求。目前，多媒体数据基本上靠嵌入在关系模式中的文件系统或记录来支持，但数据量大，数据结构复杂，共享的要求高，靠文件系统显然是很难适应的。研制实用化的多媒体数据库对关系数据模型和单一数据类型提出了严峻的挑战。

3. 当前的数据库技术还不能处理不确定或不精确的模糊信息

目前，一般数据库的数据，除空值外都是确定的，而且认为是现实世界的真实反映。但是实际生活中要求在数据库中能表示、处理不确定和不精确的数据。例如，有些数据不知道确定值，只知道它属于某一集合或某一范围；也有些数据是随机性的，只知道它的不同值出现的概率；还有些数据是模糊的，它的值只是它的"可能"值，或者用自然语言表达。推而广之，一个元组、一个关系，甚至整个数据库都可能是模糊的。要支持这类数据，必须对确定数据模型做相应的扩展，甚至要对数据库理论进行一场革命。人们对数据库查询的要求也不再是简单的有解（完全符合查询条件的结果）和无解，而可能是模糊解或不确定解，也可能提供模糊查询结果。

4. 数据库安全

数据库系统的发展方向是在大范围内集成，向广大用户提供方便的服务。近年来，便携式计算机大量涌现，因特网扩展延伸，用户能够通过计算机网络随时随地访问数据库，这就出现严重的数据库安全和保密问题。不解决这个问题，上述目标将无法实现。现有的数据库安全措施远不能满足这个要求。在数据库安全模型、访问控制、授权、审计跟踪、数据加密、密钥管理、并发控制等方面都还没有形成明确的主流技术策略。例如，不管是按数据对象分别给用户授权，还是按数据级和用户密级决定能否访问，都不能可靠地防止泄密。比较可靠的办法是数据加密。数据库管理系统的安全机制还涉及对操作系统安全的要求。

5. 对数据库理解和知识获取的要求

目前，粗略地说，全世界平均每天诞生 100 个数据库，每 5 年信息量就要翻一番。正如奈斯比特在《大趋势》一书中所描述的："我们正在被信息所淹没，但我们却由于缺乏知识而感到饥饿。"但是，我们对数据库的使用还停留在操作员查询一级，只能利用数据库查询已经存放在库中的一些具体的特定数据。即使这样，查询前用户还必须熟悉有关的数据模式及其语义，为了了解这方面的内容常常要向数据管理员（DBA）请教。这样无法解决语义的歧义问题，更不能为决策者理解数据库的整体特性服务。高层决策者常常希望把自己的数据库作为知识源，从中提取一些中观的、宏观的知识，希望数据库具有推理、类比、联想、预测能力，甚至能从中得到意想不到的发现，希望数据库能主动而不是被动地提供服务。如商品数据库能根据销售量主动提出调整价格的建议，或者提醒采购库存量已经很少的货物。

15.4 数据库技术的研究方向

近年来，软硬件（特别是硬件的发展）为迎接上述挑战提供了技术基础。对数据库技术来说，大规模并行处理技术、光纤传输和高速网、高性能微处理器芯片、人工智能和逻辑程序设计、多媒体技术的发展和推广、面向对象程序设计、开放系统和标准化等都促进了数据库技术的发展。在数据库技术方面也形成了一些新的主攻方向，如分布式数据库系统、面向对象数据库系统、多媒体数据库、数据库的知识发现等。

15.4.1 分布式数据库系统

由于通用操作系统对数据库管理系统性能的限制，以及硬件价格的下降和高速网的发展，使用专用数据库服务器已变得越来越合理。专用数据库服务器的操作系统是面向数据库的，因此可以减少许多不必要的开销，可以支持大量的实时事务处理。为了提高服务器的性能，可以采用磁盘组和大规模并行处理技术，让多个数据库服务器连网，也可以构成分布式数据库系统。

分布式数据库系统有两种：一种是在物理上分布的，但逻辑上却是集中的，这种分布式数据库只适宜于用途比较单一的、规模不大的单位或部门；另一种在物理上和逻辑上都是分布的，也就是所谓联邦式分布数据库系统。由于组成联邦的各个子数据库系统是相对"自治"的，因此这种系统可以容纳多种不同用途的、差异较大的数据库，无全局数据模式概念，比较适宜于大范围内数据库的集成。

构成联邦式分布数据库系统的成员可以是集中式数据库、数据库服务器、逻辑集中式分布数据库，也可以是另一个联邦式分布数据库系统，也就是联邦中还可以有联邦。从这个意义上说，联邦式分布数据库系统结构是分布式数据库系统的普遍结构。20 世纪 90 年代，分布式数据库系统被普遍使用。形形色色的分布式数据库系统都可以看成是上述普遍结构的一个实例。

15.4.2 面向对象的数据库管理系统

数据库管理系统历来是数据库技术的凝聚点，也是数据库技术研究的排头兵，要迎接上述挑战，在现有数据库管理系统的基础上进行改进几乎是不可能的，但现在还没有到研制新一代数据库管理系统产品的时候，在此之前还需要新一轮的基础研究。

当前，在数据库管理系统方面，最活跃的研究是面向对象数据库系统。1984 年班西仑（Bancilhon）等人发表的面向对象数据库系统宣言是一个重要标志。它将数据与操作方法一体化为对象的概念，数据和过程一起封装。现已出现了一些借鉴了面向对象程序设计思想和成果的数据库管理系统，这些可以看成是在数据库管理系统中革新数据模型的重要尝试和实践。在数据模型方面，对象、封装、对象有识别符、类层次、子类、继承概念和功能已初步形成；在数据库管理方面，提出了持久性对象、长的事务处理、版本管理、方案进化、一致性维护和分散环境的适应性问题；在数据库访问界面上，提出了消息扫描、持久性程序设计语言、计算完备性等概念。总之，面向对象数据库系统的形象正逐步明朗起来。

15.4.3 多媒体数据库

从本质上说，多媒体数据库要解决 3 个难题。第 1 是信息媒体的多样化，不仅仅是数值数据和字符数据，还包括图形、图像、语音、视频、动画、音乐数据等，形成超文本。当前市场上各种多媒体卡（视频卡、语音卡等）侧重解决实时处理和信息压缩两个问题，并没有解决多媒体数据的存储组织、使用和管理，这就需要提出与之相关的一整套新的理论，作为关系数据库基石的关系代数理论已经远远不够了。第 2 是要解决多媒体数据集成或表现集成，实现多媒体数据之间的交叉调用和融合。集成粒度越细，多媒体一体化表现才越强，应用的价值也越大。如果输入和输出的媒体形式是一样的，只能称之为记录和重放。第 3 是多媒体数据与人之间的实时交互性。没有交互性就没有多媒体，要改变传统数据库查询的被动性，而以多媒体方式主动表现。显然，像 SQL 这样的查询语言是过分的单调和远远不够的。例如，能从数据库检索出某人的照片、声音及文字材料，对其音容笑貌有个综合描述，也许还是多媒体数据库的初级应用。通过交互特性使用户介入到多媒体数据库中某个特定条件（范围）的信息过程中，甚至进入一个虚拟的现实世界（virtualReality），这才是多媒体数据库交互式应用的高级阶段。

15.4.4 数据库中的知识发现

人工智能和数据库技术相结合是很重要的发展趋势，各种各样的智能数据库、演绎数据库和专家系统，促进了数据库中的知识发现（KDD）研究。特别是从 1989 年开始，国际上已形成了一个朝气蓬勃的主攻方向，用数据库作为知识源，把逻辑学、统计学、机器学习、模糊学、数据分析、可视化计算等学科成果综合到一起，进行从数据库中发现知识的研究，使得数据库不仅仅能任意查询存放在数据库中的数据，而且上升到对数据库中数据的整体特征的认识，获得一些与数据库数据相吻合的中观或宏观的知识。这不仅有利于数据库自身的增长和管理，而且大大提高了数据库的利用率，使之有可能成为决策支持系统的基础。例如，通过一个地区人口普查数据库渴望得出有助于人口控制的政策；通过一个商品数据库发现有利于价格调整的知识；通过一个公安局刑事犯罪数据库，提出对新案例的侦破建议等。KDD 方法绕过了专家系统中知识获取的瓶颈，充分利用了现有的数据库技术成果，形成了用数据库作为知识源的一整套新的策略和方法。在这个领域，目前讨论的热点集中在数据仓库和数据挖掘上。

15.4.5　专用数据库系统

在地理、气象、科学、统计、工程等应用领域，需要适用于不同的环境，解决不同的问题，在这些领域应用的数据管理完全不同于商业事务管理，并且日益显示其重要性和迫切性。工程数据库、科学与统计数据库等近年来得到了很大的发展，这是由于常规的商用数据库系统不能有效地支持这些应用，而常规数据库的研究出发点又不是专业数据库必须支持的。在这些领域数据各具特色，必须专门地去研究和开发。目前已经取得了很大的进展。

正是计算机科学、数据库技术、网络、人工智能、多媒体技术等的发展和彼此渗透结合，不断扩展了数据库新的研究和应用领域。上述的几个研究方向不是孤立的，它们彼此促进，互相渗透。人们期待着 21 世纪在信息处理技术上新的重大突破，数据管理技术的第 3 次飞跃。

小　　结

数据的组织模型经历了从层次到网状再到关系和最新的面向对象的发展历程，数据模型每一次的变化都为数据的访问和操作带来新的特点和功能。关系数据模型的产生使人们可以不再需要知道数据的物理组织方式，并可以逻辑地访问数据。面向对象数据模型的产生突破了关系模型中数据必须是简单二维表的平面结构的局限，使数据模型的表达能力更强，更能表达人们对数据的需求。

随着信息的不断增加，计算机技术的不断发展，数据库技术也面临着很多新的挑战，同时也产生了很多新的研究方向，比如分布式数据库、多媒体数据库等。

第16章
数据仓库与数据挖掘

在市场经济的激烈竞争中，企业必须把业务经营同市场需求联系起来，在此基础上做出科学、正确的决策，以求生存。为此，企业纷纷建立起自己的数据库系统，由计算机管理代替手工操作，以此来收集、存储、管理业务操作数据。改善办公环境，提高操作人员的工作效率，实现工商企业的自动化，使得数据库和联机事务处理（OLTP）成为过去十几年来最热门的信息领域。

然而，传统的数据库与 OLTP 平台是面向业务操作设计的，用户可以在一个 OLTP 平台上安装多个应用系统。就应用范围而言，它们的数据很可能不正确甚至互相抵触，而且传统的数据库技术以单一的数据资源即数据库为中心，进行事务处理、批处理、决策分析等各种数据处理工作，难以实现对数据分析的需求，因而并不能很好地支持决策。

为了充分满足分析数据的需求，企业需要新的技术来弥补原有数据库系统的不足，数据仓库（Data Warehousing，DW）应运而生。它包括分析所需的数据以及处理数据所需的应用程序，建立数据仓库的目的是建立一种体系化的数据存储环境，把分析决策所需的大量数据从传统的操作环境中分离出来，使分散的、不一致的操作数据转换成集成的、统一的信息。企业内不同单位的成员都可以在此单一的环境下，通过运用其中的数据与信息，发现全新的视野和新的问题、新的分析与想法，进而发展出制度化的决策系统，并获取更多的经营效益。

作为决策支持系统（Decision-making Support System，DSS）的辅助支持，数据仓库系统包括以下 3 大部分内容。

① 数据仓库技术。
② 联机分析处理技术（On-Line Analytical Processing，OLAP）。
③ 数据挖掘技术（Data Mining，DM）。

数据仓库可以是合并和组织这些数据，以便对其进行分析并用来支持业务决策。数据仓库通常包含历史数据，这些数据经常是从各种完全不同的来源收集的（如 OLTP 系统、传统系统、文本文件或电子表格）。数据仓库可以组合这些数据，对其进行清理使其准确一致，并进行组织使其便于高效地查询。

16.1 数据仓库技术

数据仓库是进行联机分析处理和数据挖掘的基础，它从数据分析的角度将联机事务中的数据经过清理、转换并加载到数据仓库中，这些数据在数据仓库中被合理的组织和维护，以满足联机分析处理和数据挖掘的要求。

16.1.1　数据仓库的概念及特点

对于数据仓库的概念，每个研究人员都有自己的理解，还没有形成统一的定义，但各个定义中共同指出了数据仓库的几个主要特点。

（1）面向主题

主题是一种抽象，它是在较高层次上将企业信息系统中的数据综合、归类并进行分析利用，是对企业中某一宏观分析领域所涉及的分析对象，是针对某一决策问题而设置的。面向主题的数据组织方式就是完整、统一地刻画各个分析对象所涉及的企业的各项数据以及数据之间的联系。

目前，数据仓库主要基于关系数据库实现，每个主题由一组相关的关系表或逻辑视图来具体实现。主题中的所有表都通过一个公共键联系起来，数据可以存储在不同的介质上，而且相同的数据可以既有综合级又有细节级。

（2）集成的数据

数据仓库中存储的数据是从原来分散的各个子系统中提取出来的，但并不是原有数据的简单拷贝，而是经过统一、综合这样的过程。其主要原因如下。

① 源数据不适合分析处理，在进入数据仓库之前必须经过综合、清理等过程，抛弃分析处理不需要的数据项，增加一些可能涉及的外部数据。

② 数据仓库每个主题所对应的源数据在原分散数据库中有许多重复或不一致的地方，因而必须对数据进行统一，消除不一致和错误的地方，以保证数据的质量。否则，对不准确甚至不正确的数据分析得出的结果将不能用于指导企业做出科学的决策。

对源数据的集成是数据仓库建设中最关键、最复杂的一步，主要包括编码转换、度量单位转换和字段转换等。为了方便支持分析数据处理，还需要对数据结构进行重组，增加一些数据冗余。

（3）数据不可更新

从数据的使用方式上看，数据仓库的数据不可更新，这是指当数据被存放到数据仓库之后，最终用户只能进行查询、分析操作，而不能修改其中存储的数据。

（4）数据随时间不断变化

数据仓库的数据不可更新，但并不是说，数据从进入数据仓库以后就永远不变。从数据的内容上看，数据仓库存储的是企业当前的和历史的数据。因而每隔一段固定的时间间隔后，操作型数据库系统产生的数据需要经过抽取、转换过程以后集成到数据仓库中。这就是说，数据仓库中的数据随时间变化而定期地更新。

关于数据仓库的结构信息、维护信息被保存在数据仓库的元数据中，数据仓库维护工作由系统根据元数据中的定义自动进行，或由系统管理员定期维护，用户不必关心数据仓库如何被更新的细节。

（5）使用数据仓库是为了更好的支持制定决策

建立数据仓库的目的是为了将企业多年来已经收集到的数据按照统一的企业级视图组织存储，对这些数据进行分析，从中得到有关企业经营好坏、客户需求、竞争对手情况和以后发展趋势等有用信息，帮助企业及时、准确地把握机会，以求在激烈的竞争中获得更大的利益。

16.1.2 数据仓库体系结构

数据仓库系统通常采用 3 层体系结构，如图 16-1 所示。底层为数据仓库服务器，中间层为 OLAP 服务器，顶层为前端工具。

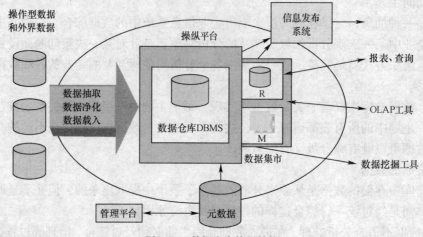

图 16-1 数据仓库体系结构

数据仓库从操作型数据库中抽取数据，抽取过程产生的结构称为"自然演化体系结构"（又称蜘蛛网），它产生的数据缺乏可信性，存在生产率低下，从数据到信息转化的不可行性等问题。因而需要转变体系结构，体系化的数据仓库环境应该建造在变化的体系结构上。

体系结构设计环境的核心是原始数据和导出数据。原始数据又称为操作型数据两种基本的数据，导出数据又称为决策支持数据（DSS 数据）、分析型数据。表 16-1 显示了原始数据与导出数据之间的一些区别。

表 16-1　　　　　　　　　　　操作型数据与分析型数据的区别

原始数据 / 操作型数据	导出数据 / DSS 数据
面向应用，支持日常操作	面向主题，支持管理需求
数据详细，处理细节问题	综合性强，或经过提炼
存取的瞬间是准确值	代表过去的数据
可更新	不可更新
重复运行	启发式运行
事务处理驱动	分析处理驱动
非冗余性	时常有冗余
处理需求事先可知，系统可按预计的工作量进行优化	处理需求事先不知道
对性能要求高	对性能要求宽松
用户不必理解数据库，只是输入数据即可	用户需要理解数据库，以从数据中得出有意义的结论

以上比较说明原始数据与导出数据之间存在着本质区别，不应该保存在一起。一个好的操作型数据库不能很好地支持分析决策，一个好的分析型数据库也不能高效地为业务处理服务，因此，应将它们分开，分别组织操作型数据环境和分析型数据环境。

16.1.3　数据仓库的分类

按照数据仓库的规模与应用层面来区分，数据仓库大致可分为下列几种。

- 标准数据仓库。
- 数据集市。
- 多层数据仓库。
- 联合式数据仓库。

标准数据仓库是企业最常使用的数据仓库，它依据管理决策的需求而将数据加以整理分析，再将其转换到数据仓库之中。这类数据仓库是以整个企业为着眼点而建构出来的，所以其数据都与整个企业的数据有关，用户可以从中得到整个组织运作的统计分析信息。

数据集市是针对某一主题或是某个部门而构建的数据仓库，一般而言，它的规模会比标准数据仓库小，且只存储与部门或主题相关的数据，是数据体系结构中的部门级数据仓库。

数据集市通常用于为单位的职能部门提供信息。例如，为销售部门、库存和发货部门、财务部门、高级管理部门等提供有用信息。数据集市还可用于将数据仓库数据分段以反映按地理划分的业务，其中的每个地区都是相对自治的。例如，大型服务单位可能将地区运作中心视为单独的业务单元，每个这样的单元都有自己的数据集市以补充主数据仓库。

多层数据仓库是标准数据仓库与数据集市的组合应用方式在整个架构之中，有一个最上层的数据仓库提供者，它将数据提供给下层的数据集市。多层数据仓库使数据仓库系统走向分散之路，其优点是拥有统一的全企业性数据源，创建部门使用的数据集市就比较省时省事，而且各数据集市的工作人员可以分散整体性的工作开销。图 16-2 显示了多层数据仓库的架构。

联合式数据仓库是在整体系统中包含了多重的数据仓库或数据集市系统，也可以包括多层的数据仓库，但在整个系统中只有一个数据仓库数据的提供者，这种数据仓库系统适合大型企业使用。

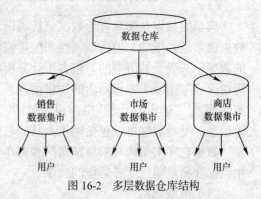

图 16-2　多层数据仓库结构

16.1.4　数据仓库的开发

开发企业的数据仓库是一项庞大的工程，有两种方法可以实现。一种方法是自顶向下的开发，即从全面设计整个企业的数据仓库模型开始。这是一种系统的解决方法，并能最大限度的减少集成问题，但它的费用高，开发时间长，并且缺乏灵活性，因为使整个企业的数据仓库模型要达到一致是很困难的。另一种方法是自底向上的开发，从设计和实现各个独立的数据集市开始。这种方法费用低，灵活性高，并能快速的回报投资。但将分散的数据集市集成起来，形成一个一致的企业仓库可能会比较困难。

对于数据仓库系统的开发，一般推荐采用增量递进方式，如图 16-3 所示。

采用增量递进的方式开发数据仓库系统，要求在一个合理的时间内定义一个高层次的企业数据模型，在不同的主题和可能的应用之间，提供企业范围的、一致的、集成的数据视图。尽管在企业数据仓库和部门集市的开发中，还需要对高层数据模型进行进一步的提炼，但这

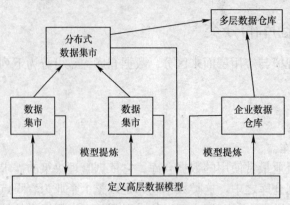

图 16-3   推荐的数据仓库开发方法

个高层模型将极大的减少以后的集成问题。其次，基于上述企业数据模型，可以并行的实现各自独立的数据集市和企业数据仓库，然后还可以构造一个多层数据集市，对不同的数据集市进行集成。最后，可以构造一个多层数据仓库。在这个多层数据仓库中，企业数据仓库是所有数据仓库数据的全权管理者，数据分布在各个相关的数据集市中。

16.1.5   数据仓库的数据模式

典型的数据仓库具有为数据分析而设计的模式，供 OLAP 工具进行联机分析处理。因此，数据通常是多维的，包括维属性和度量属性，维属性是分析数据的角度，度量属性是要分析的数据，一般是数值型的。包含统计分析数据的表称为事实数据表，通常比较大。例如"销售情况表"记录了零售商店的销售信息，其中每个元组对应一个商品的销售记录，这就是事实数据表。"销售情况表"的维可以包括销售的商品、销售日期、销售地点，购买商品的顾客等信息；度量属性可以包括销售商品的数量和销售金额。

数据仓库的架构一般星型架构和雪花型架构有两种。它们的中心都是一个事实数据表，用以捕获衡量单位业务运作的数据。

（1）星型架构

在星型架构中维度表只与事实表关联，维度表彼此之间没有任何联系。每个维度表都有一个且只有一个列作为主码，该主码连接到事实数据表中由多个列组成的主码中的一个列，如图 16-4 所示。

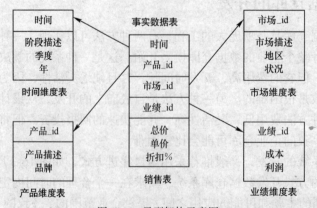

图 16-4   星型架构示意图

在大多数设计中，星型架构是最佳选择，因为它包含的用于信息检索的连接最少，并且更容易管理。

（2）雪花型架构

用来描述合并在一起使用的维度数据。事实上维度表只与事实数据表相关联，它是反规范化后的结果。若将时常合并在一起使用的维度加以规范化，这就是所谓的雪花型架构。在雪花型架构中，一个或多个维度表可以分解为多个表，每个表都有连接到主维度表而不是事实数据表的相关的维度表，如图 16-5 所示。

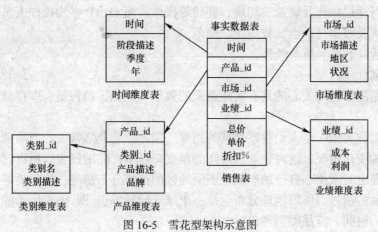

图 16-5　雪花型架构示意图

16.2　联机分析处理

数据仓库是进行决策分析的基础，因此需要有强有力的工具来辅助管理决策者进行分析和决策。

在实际决策过程中，决策者需要的数据往往不是某一指标单一的值，他们希望能从多个角度观察某一指标或多个指标的值，并且找出这些指标之间的关系。比如，决策者可能想知道"东部地区和西部地区今年 6 月份和去年 6 月份在销售总额上的对比情况，并且销售额按10 万～20 万、20 万～30 万、30 万～40 万，以及 40 万以上分组"。决策所需的数据总是与一些统计指标（如销售总额）、观察角度（如销售区域、时间）以及级别（如地区、统计值区间划分）的统计（或合并）有关，我们将这些观察数据的角度称为维。也可以说，决策数据是多维数据，多维数据分析是决策的主要内容。但传统的关系数据库系统及查询工具对于管理和应用这样复杂的数据显得力不从心。

联机分析处理（OLAP）是专门为支持复杂的分析操作而设计的，它侧重于决策人员和高层管理人员的决策支持，可以应分析人员的要求快速、灵活地进行大数据量的复杂查询，并且以一种直观易懂的形式将查询结果提供给决策人员，以便他们准确掌握企业（公司）的经营状况，了解市场需求，制定正确方案，增加效益。

OLAP 是以数据库或数据仓库为基础，其最终的数据来源与 OLTP 一样均来自底层的数据库系统，但二者面向的用户不同，数据的特点与处理也明显不同。

OLAP 与 OLTP 是两类不同的应用, OLTP 面向的是操作人员和底层管理人员, OLAP 面向的是决策人员和高层管理人员; OLTP 是对基本数据的查询和增、删、改操作处理, 它以数据库为基础, 而 OLAP 更适合以数据仓库为基础的数据分析处理。OLAP 所依赖的历史的、导出的及经综合提炼的数据均来自 OLTP 所依赖的底层数据库。OLAP 数据较之 OLTP 数据要多一步数据多维化或综合处理的操作。例如, 对一些统计数据, 应首先进行预综合处理, 建立不同级别的统计数据, 从而满足快速统计分析和查询的要求。除了数据及处理上的不同之外, OLAP 的前端产品和界面风格及数据访问方式也同 OLTP 不同, OLAP 多采用便于非数据处理专业人员理解的方式(如多维报表、统计图形), 查询及数据输出更直观灵活, 用户可以方便地进行逐层细化及切片、切块、旋转等操作。而 OLTP 多为操作人员经常用到的固定表格, 其查询及数据显示也比较固定、规范。

OLAP 包括以下几个基本概念。

(1)度量属性

度量属性是决策者所关心的具有实际意义的数量。例如, 销售量、库存量等。

(2)维度

维度(或简称为维)是人们观察数据的角度。例如, 企业常常关心产品销售数据随着时间推移而产生的变化情况, 这时企业从时间的角度来观察产品的销售, 所以时间就是一个维(时间维)。企业也时常关心自己的产品在不同地区的销售分布情况, 这时他是从地理分布的角度来观察产品的销售, 所以地理分布也是一个维(地理维)。图 16-6 所示的多维分析示例中有 3 个维度: 时间、商品类别和地区。

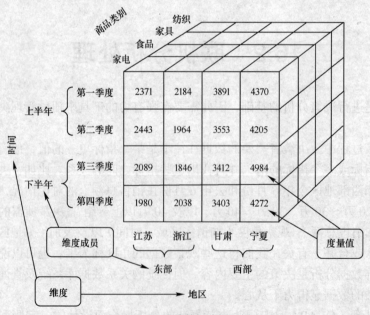

图 16-6 多维数据分析示例

(3)维的层次

人们观察数据的角度(即某个维)还可以存在细节程度不同的多个描述方面, 我们称这多个描述方面为维的层次。一个维往往具有多个层次, 如描述时间维时, 可以从日期、季度、月份、年等不同层次来描述, 那么日期、月份、季度、年等就是时间维的层次; 同样, 城市、地区、国家就构成了地理维的多个层次。

（4）维度成员

维度的一个取值称为该维的一个维度成员。如果一个维是多层次的，那么该维的维度成员是在不同维层次的取值的组合。例如，我们考虑时间维具有日期、月份、年这 3 个层次，分别在日期、月份、年上各取一个值组合起来，就得到了时间维的一个维度成员，即"某年某月某日"。一个维度成员并不一定在每个维层次上都要取值，例如图 16-6 中的上半年、下半年等就是时间维的维度成员。

（5）多维数组

一个多维数组可以表示为：（维 1，维 2，…，维 n，变量）。例如，图 16-6 所示的商品的销售数据是按地理位置、时间和商品类别组织起来的三维立方体，加上变量"销售数量"，就组成了一个多维数组（地区、时间、商品类别、销售量）。

（6）数据单元（单元格）

多维数组的取值称为数据单元。当多维数组的各个维都选中一个维度成员，这些维度成员的组合就唯一确定了度量属性的一个值。那么数据单元就可以表示为：（维 1 维度成员，维 2 维度成员，…，维 n 维度成员，变量的值）。例如，在图 16-6 的地区、时间和商品类别维上各取维度成员"江苏"、"第 2 季度"和"家电"，就唯一确定了度量属性"销售量"的一个值（图中为 2443），则该数据单元可表示为：（江苏，第 2 季度，家电，2443）。

OLAP 支持管理决策人员对数据进行深入的观察，多维分析。多维分析是指对以多维形式组织起来的数据采取切片、切块、旋转等各种分析动作，以求剖析数据，使分析者、决策者能从多个角度、多个侧面观察数据库中的数据，从而深入地了解包含在数据中的信息、内涵。

联机分析处理系统通常包括以下基本的分析功能。

（1）上卷

上卷（roll-up）是在数据立方体中执行聚集操作，通过在维层次中上升或通过消除某个或某些维来观察更概况的数据。例如，图 16-7 所示的数据立方体（水平轴为商品类别维，垂直轴为时间维，Z 轴为地点维）经过沿着地点维的概念层次上卷，由城市上升到地区，就得到了图 16-8 所示的立方体。现在销售量不是按照城市分组求值了，而是按照地区分组求值。

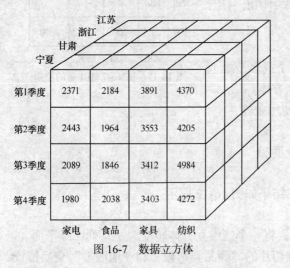

图 16-7　数据立方体

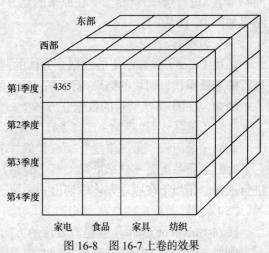

图 16-8　图 16-7 上卷的效果

也可以通过消除一个或多个维来观察更加概括的数据。例如，图 16-9 所示的二维立方体就是通过从图 16-7 的三维立方体中消除了"地区"维后得到的结果，这是将所有地区的销售数据都累计在一起。

（2）下钻

下钻（drill-down）是通过在维层次中下降或通过引入某个或某些维来更细致的观察数据。

例如，对图 16-7 所示的数据立方体沿时间维进行下钻，由季度下降到月，就得到了如图 16-10 所示的数据立方体。现在的销售数量不是按季度计算，而是按月进行计算。

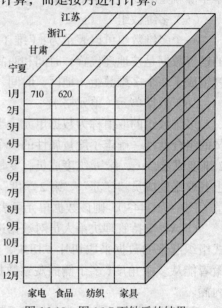

图 16-9　图 15-5 消除"地区"维后的结果

图 16-10　图 16-7 下钻后的结果

（3）切片

切片（slice）是在给定的数据立方体的一个维上进行的选择操作，切片的结果是得到了一个二维的平面数据。

例如，在图 16-7 所示的数据立方体上，使用条件：时间=1 季度 进行选择，就相当于在原来的立方体中切出一片，结果如图 16-11 所示。

（4）切块

切块（dice）是在给定的数据立方体的两个或多个维上进行的选择操作，切块的结果得到了一个子立方体。

例如，在图 16-7 所示的数据立方体上，使用条件：

　　　（地区="江苏" or "浙江"）

And （时间= "第一季度" or "第二季度"）

And （商品类型 = "家电" or "食品"）

进行选择，相当于在原立方体中切出一小块，结果如图 16-12 所示。

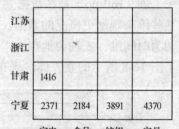

图 16-11　图 16-7 切片后的结果

（5）转轴

转轴（pivot or rotate）就是改变维的方向，将一个三维立方体转变为一系列二维平面。

例如，图 16-13 所示的是图 16-11 中二维切片的"商品类别轴"和"地区轴"交换位置的结果。

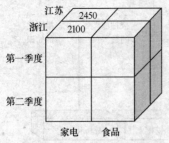

图 16-12　图 16-7 切块后的结果

图 16-13　图 16-11 转轴后的结果

16.3　数　据　挖　掘

数据挖掘（Data Mining）可定义为从大型数据库中抽取有效的、事先未知的、易于理解的、可操作的、对商业决策有用的信息的过程，即数据挖掘能帮助最终用户从大型数据库中提取有用的商业信息。数据挖掘与统计学子领域"试探性数据分析"及人工智能子领域"知识发现"和"机器学习"有关。

数据挖掘包含一系列技术，旨在从收集的数据中寻找有用但是尚未被发现的信息。数据挖掘通过分析大量的未知数据，来识别可能对业务有用的隐藏信息。因此，数据挖掘的目标是为决策制定创建模型，通过分析过去的活动来预测将来的行为。数据挖掘支持 William Frawley 和 Gregory Piatetsky-Shapiro（MIT 出版，1991 年）定义的知识发现，即从数据中提取隐含的，以前未知但潜在有用的重要信息。数据挖掘应用能调节数据仓库的数据准备和集成能力，还能帮助企业取得持续的竞争优势。

16.3.1　数据挖掘过程

数据挖掘能够帮助从数据仓库中提取有意义的新信息，而这些信息不可能仅仅通过查询或处理数据及元数据得到。

有一个很普通却很能说明数据挖掘如何产生效益的例子：美国加州某个超级连锁店通过数据挖掘技术发现，在下班后前来购买婴儿尿布的顾客多数是男性，他们往往也同时购买啤酒。于是这个连锁店的经理当机立断地重新布置了货架，把啤酒类商品布置在婴儿尿布货架附近，并在两者之间放上土豆片之类的佐酒小食品，同时，把男士们需要的日常生活用品也就近布置。这样一来，上述几种商品的销量马上成倍增长。通过上面的例子可以看出，数据挖掘能为决策者提供重要且有价值的信息或知识，从而产生不可估量的效益。

在数据库知识发现和数据挖掘过程中，可以从数据库或数据仓库的相关数据集合中抽取知识或规律，并从不同的角度进行分析和研究，所发现的知识可以运用到信息管理、查询处理、决策支持、过程控制等许多领域。现在，数据库知识发现与数据挖掘已经成为一个非常重要和非常活跃的研究领域，它吸引了来自数据库系统、知识库系统、人工智能、机器学习、统计学、空间信息处理、数据可视化等许多领域的研究人员进行跨学科、跨领域的综合研究。数据挖掘的过程如图 16-14 所示。

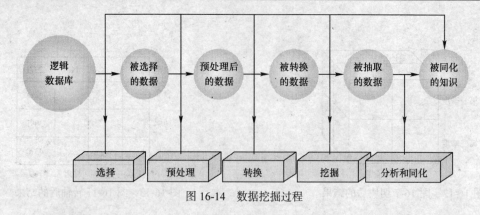

图 16-14　数据挖掘过程

在进行数据挖掘过程之前需要先确定业务对象。清晰地定义出业务问题，认清数据挖掘的目的是数据挖掘的重要一步。挖掘的最后结果是不可预测的，但要探索的问题应是有预见的，如果只是为了数据挖掘而进行数据挖掘则带有盲目性，是不会成功的。

1．数据准备

① 数据的选择：搜索所有与业务对象有关的内部和外部数据信息，并从中选择出适用于数据挖掘应用的数据。

② 数据的预处理：研究数据的质量，为进一步的数据分析作准备，并确定将要进行的挖掘操作的类型。

③ 数据的转换：将数据转换成一个分析模型，这个分析模型是针对数据挖掘算法建立的。建立一个真正适合数据挖掘算法的分析模型是数据挖掘成功的关键。

2．数据挖掘

对所得到的经过转换的数据进行挖掘，除了选择合适的挖掘算法外，其余一切工作都能自动地完成。

3．结果分析

解释并评估结果。其使用的分析方法一般应视数据挖掘操作而定，通常会用到可视化技术。

4．知识的同化

将分析所得到的知识集成到业务信息系统的组织结构中去。

16.3.2　数据挖掘知识发现

随着 DMKD（Data Mining and Knowledge Discovery，数据挖掘和知识发现）研究逐步走向深入，数据挖掘和知识发现的研究已经形成了 3 根强大的技术支柱：数据库、人工智能和数理统计。因此，数据库中的知识发现（Knowledge Discovery in Database，KDD）大会程序委员会曾经由这 3 个学科的权威人物同时来任主席。目前 DMKD 的主要研究内容包括基础理论、发现算法、数据仓库、可视化技术、定性定量互换模型、知识表示方法、发现知识的维护和再利用、半结构化和非结构化数据中的知识发现以及网上数据挖掘等。

数据挖掘所发现的知识最常见的有以下 5 类。

1．广义知识

广义知识（Generalization）是指类别特征的概括性描述知识。根据数据的微观特性发现其表征的、带有普遍性的、较高层次概念的、中观和宏观的知识，反映同类事物共同性质，是对数据的概括、精炼和抽象。

广义知识的发现方法和实现技术有很多，如数据立方体、面向属性的归约等。数据立方体还有其他一些别名，如"多维数据库"、"实现视图"、"OLAP"等。这些方法的基本思想是实现某些常用的代价较高的聚集函数的计算，诸如计数、求和、平均、最大值等，并将这些聚集数据存储在多维数据库中。既然很多聚集函数需要经常重复计算，那么在多维数据立方体中存放预先计算好的结果将能保证快速响应，并可灵活地提供不同角度和不同抽象层次上的数据视图。另一种广义知识发现方法是加拿大 SimonFraser 大学提出的面向属性的归约方法。这种方法以类 SQL 语言表示数据挖掘查询，收集数据库中的相关数据集，然后在相关数据集上应用一系列数据推广技术进行数据推广，包括属性删除、概念树提升、属性阈值控制、计数及其他聚集函数传播等。

2．关联知识

关联知识（Association）是反映一个事件和其他事件之间依赖或关联的知识。如果两项或多项属性之间存在关联，那么其中一项的属性值就可以依据其他属性值进行预测。最著名的关联规则发现方法是 R.Agrawal 提出的 Apriori 算法。关联规则的发现可分为两步。第 1 步是迭代识别所有的频繁项目集，要求频繁项目集的支持率不低于用户设定的最低值；第 2 步是从频繁项目集中构造可信度不低于用户设定的最低值的规则。识别或发现所有频繁项目集是关联规则发现算法的核心，也是计算量最大的部分。

3．分类知识

分类知识（Classification & Clustering）是反映同类事物共同性质的特征型知识和不同事物之间的差异型特征知识。最为典型的分类方法是基于决策树的分类方法。它是从实例集中构造决策树，是一种有指导的学习方法。该方法先根据训练子集（又称为窗口）形成决策树。如果该树不能对所有对象给出正确的分类，那么选择一些例外加入到窗口中，重复该过程一直到形成正确的决策集。最终结果是一棵树，其叶结点是类名，中间结点是带有分枝的属性，该分枝对应该属性的某一个可能的值。最为典型的决策树学习系统是 ID3，它采用自顶向下不回溯策略，能保证找到一个简单的树。算法 C4.5 和 C5.0 都是 ID3 的扩展，它们将分类领域从类别属性扩展到数值型属性。

数据分类还有统计、粗糙集（Rough Set）等方法。线性回归和线性辨别分析是典型的统计模型。为降低决策树生成代价，人们还提出了一种区间分类器。最近也有人研究使用神经网络方法在数据库中进行分类和规则提取。

4．预测型知识

预测型知识（Prediction）是根据时间序列型数据，由历史的和当前的数据去推测未来的数据，也可以认为是以时间为关键属性的关联知识。

目前，时间序列预测方法有经典的统计方法、神经网络、机器学习等。1968 年 Box 和 Jenkins 提出了一套比较完善的时间序列建模理论和分析方法，这些经典的数学方法通过建立随机模型，如自回归模型、自回归滑动平均模型、求和自回归滑动平均模型和季节调整模型等，进行时间序列的预测。由于大量的时间序列是非平稳的，其特征参数和数据分布随着时间的推移而发生变化。因此，仅仅通过对某段历史数据的训练，建立单一的神经网络预测模型，还无法完成准确的预测任务。为此，人们提出了基于统计学和基于精确性的再训练方法，当发现现存预测模型不再适用于当前数据时，对模型重新训练，获得新的权重参数，建立新的模型。也有许多系统借助并行算法的计算优势进行时间序列预测。

5．偏差型知识

偏差型知识（Deviation）是对差异和极端特例的描述，揭示事物偏离常规的异常现象，如标准类外的特例，数据聚类外的离群值等。所有这些知识都可以在不同的概念层次上被发现，并随着概念层次的提升，从微观到中观，再到宏观，以满足不同用户不同层次决策的需要。

16.3.3　数据挖掘的常用技术和目标

1．常用技术

目前数据挖掘的常用技术有如下几种。

- 人工神经网络：仿照生理神经网络结构的非线形预测模型，通过学习进行模式识别。
- 决策树：代表着决策集的树形结构。
- 遗传算法：基于进化理论，并采用遗传结合、遗传变异以及自然选择等设计方法的优化技术。
- 近邻算法：将数据集合中每一个记录进行分类的方法。
- 规则推导：从统计意义上对数据中的"IF-Then"规则进行寻找和推导。

2．目标

数据挖掘用于实现特定的目标，这些目标可以分为以下几个主要类别。

- 预测：数据挖掘预测数据特定属性的未来行为。可以显示数据的某个属性在将来会如何变化。例如，基于对顾客购买行为的分析，数据挖掘可以预测有一定折扣或优惠时顾客会购买哪些商品，在一个给定的时间段销售量是多少，什么市场和销售策略能产生更多利润，基于地震波模型预测地震的可能性等。
- 识别：数据挖掘可以基于数据模型识别一个事件、项目或活动的存在。例如，识别一个人或一组人访问数据库某一部分的权限，识别试图破坏系统的入侵者，基于 DNA 序列中的某个特征序列识别基因的存在等。
- 分类：数据挖掘可以划分数据，从而根据参数组合识别不同的分类和类别。例如，超级市场的顾客可以被分类为寻找折扣的顾客，忠诚并且常来的顾客，只买特定品牌商品的顾客，不经常来的顾客等。这种分类可以在数据挖掘活动之后，用于对顾客购买行为的各种分析。
- 优化：数据挖掘可以优化对有限资源的使用，如时间、空间、资金或材料，在给定的约束条件内最大化产出值，如销售量或利润。

16.3.4　数据挖掘工具

有各种不同类型的数据挖掘工具和方法来实现知识提取。多数数据挖掘工具使用开放式数据库联接（ODBC）。ODBC 是访问数据库的一个工业标准，它支持访问大多数流行数据库程序中的数据，例如，Access、Informix、Oracle 和 SQL Server。多数工具在 Microsoft 的 Windows 环境中运行，一些工具在 UNIX 操作系统下运行。挖掘工具可以基于一些标准划分为不同类型，下列是其中的一些标准。

- 产品类型。
- 产品特征。
- 目的或目标。

- 在信息传递过程中，硬件、软件和灰色软件的作用。

1. 基于产品类型的数据挖掘的工具

数据挖掘产品可以划分为如下几个通用的类型。

- 查询管理者和报表作者。
- 电子表格。
- 多维数据库。
- 统计分析工具。
- 人工智能工具。
- 高级分析工具。
- 图像显示工具。

2. 基于产品特征的数据挖掘工具

数据挖掘产品具有如下一些操作型特征。

- 数据识别能力。
- 多种形式的输出，例如，打印输出、绿色屏幕输出、标准图形输出、增强的图形输出等。
- 格式化能力，例如，行数据格式、列表、电子表格形式、多维数据库、可视化等。
- 计算工具，例如柱状操作、交叉表能力、电子表格、多维电子表格、规则驱动的计算或触发驱动的计算等。
- 规范管理，允许最终用户编写并管理他们自己的规范。
- 施行管理。

3. 基于目标的数据挖掘工具

所有应用开发程序和数据挖掘工具都可以归入以下 3 个操作类别。

- 数据收集和检索。
- 操作监测。
- 探测和发现。

由于数据收集和检索是联机事务处理或操作型系统中经常使用的操作，因此很少应用数据挖掘工具。

在操作监测类别中，超过半数的数据挖掘工具被用于保留业务运行记录和有效的决策制定能力。他们包括查询管理、报表、多维数据库和可视化工具。

探测和发现过程用于发现如何使业务更有效的新方法。其他数据挖掘工具，如统计分析、人工智能、神经网络、高级统计分析、高级可视化产品等，都属于这个类别。数据挖掘工具最适合于探测和发现过程。

16.3.5　数据挖掘应用

数据挖掘技术可以应用于商业环境中的各种决策制定过程，例如，市场营销、金融、制造业、医疗保健等。数据挖掘应用主要包括如下几方面。

1. 市场营销

- 基于购买模型分析顾客行为。
- 识别顾客流失模型以及通过预防行为使顾客未流失的情况。
- 广告、仓库位置等营销战略的确定。

- 顾客、产品、仓库的划分。
- 目录设计、仓库布局、广告活动。
- 通过适当聚集和为前端销售、服务人员发送信息，提供优先销售和顾客服务。
- 鉴定市场高于或低于平均增长。
- 识别同时被购买的产品，或购买某种产品类别的顾客特征。
- 市场容量分析。

2. 财务

- 客户信誉价值分析。
- 账户应收款项划分。
- 金融投资，如股票、共有基金、债券等的业绩分析。
- 风险评估和欺诈检测。

3. 制造业

- 优化资源，例如，人力、机器、材料、能量等。
- 优化制造过程设计。
- 产品设计。
- 发现生产问题的起因。
- 识别产品和服务的使用模型。

4. 银行业务

- 检测欺诈性信用卡使用的模型。
- 识别忠实顾客。
- 预测可能改变他们的信用卡从属关系的客户。
- 确定客户群体的信用卡消费。

5. 医疗保健

- 发现放射线图象的模型。
- 分析药物的副作用。
- 描述患者行为特征，预测外科手术观察。
- 标识对不同疾病的成功药物疗法。

6. 保险

- 索赔分析。
- 预测哪些顾客会购买新的保险产品。

16.3.6 数据挖掘的前景

随着 KDD 在学术界和工业界的影响越来越大，国际 KDD 组委会于 1995 年把专题讨论会更名为国际会议，在加拿大蒙特利尔市召开了第一届 KDD 国际学术会议，以后每年召开一次。近年来，KDD 在研究和应用方面发展迅速，尤其是在商业和银行领域的应用比研究的发展速度还要快。

目前，国外数据挖掘的发展趋势其研究方面主要有：对知识发现方法的研究进一步发展，如近年来注重对 Bayes（贝叶斯）方法以及 Boosting 方法的研究和提高；传统的统计学回归法在 KDD 中的应用；KDD 与数据库的紧密结合。在应用方面包括：KDD 商业软件工具不断产生和完善，注重建立解决问题的整体系统，而不是孤立的过程。用户主要集中在大型银行、保险公司、电信公司和销售业。国外很多计算机公司非常重视数据挖掘的开发应用，IBM 和微软都成立了相应的研究中心进行这方面的工作，此外，一些公司的相关软件也开始在国内销售，如 Platinum、BO 以及 IBM。

一份最近的 Gartner 报告中列举了在今后 3～5 年内对工业将产生重要影响的 5 项关键技术，其中 KDD 和人工智能排名第一。同时，这份报告将并行计算机体系结构研究和 KDD 列入今后 5 年内公司应该投资的 10 个新技术领域。

可以看出，数据挖掘的研究和应用受到了学术界和实业界越来越多的重视。进行数据挖掘的开发并不需要太多的积累，国内软件厂商如果进入该领域，将处于和国外公司实力相差不很多的起跑线上，并且，现在关于数据挖掘的一些研究成果可以在 Internet 上免费获取，这更是一个可以利用的条件。我们希望数据挖掘能够引起国内实业界更多的重视，同时也希望能够有更多的国内软件厂商进入该领域，一起促进数据挖掘技术在中国的应用。

就目前来看，将来的几个热点包括网站的数据挖掘（Web site data mining）、生物信息或基因（Bioinformatics/genomics）的数据挖掘及其文本的数据挖掘（Textual mining）。下面就这几个方面加以简单介绍。

1. 网站的数据挖掘

随着 Web 技术的发展，各类电子商务网站风起云涌，建立起一个电子商务网站并不困难，困难的是如何让电子商务网站有效益。要想有效益就必须吸引客户，增加能带来效益的客户的忠诚度。电子商务业务的竞争比传统的业务竞争更加激烈，原因有很多方面，其中一个因素是客户从一个电子商务网站转换到竞争对手那边，只需单击几下鼠标即可。网站的内容和层次、用词、标题、奖励方案、服务等任何一个地方都有可能成为吸引客户、同时也可能成为失去客户的因素。而同时电子商务网站每天都可能有上百万次的在线交易，生成大量的记录文件（Log files）和登记表，如何对这些数据进行分析和挖掘，充分了解客户的喜好、购买模式，甚至是客户一时的冲动，设计出满足不同客户群体需要的个性化网站，进而增加其竞争力，几乎变得势在必行。若想在竞争中生存进而获胜，就要比竞争对手更了解客户。

2. 电子商务网站数据挖掘

在对网站进行数据挖掘时，所需要的数据主要来自于两个部分：一部分是客户的背景信息，此部分信息主要来自于客户的登记表；另外一部分数据主要来自浏览者的点击流（Click-stream），此部分数据主要用于考察客户的行为表现。但有的时候，客户对自己的背景信息十分珍重，不肯把这部分信息填写在登记表上，这就给数据分析和数据挖掘带来不便。在这种情况之下，就不得不从浏览者的表现数据中来推测客户的背景信息，进而再加以利用。

就分析和建立模型的技术和算法而言，网站的数据挖掘和原来的数据挖掘差别并不是特别大，很多方法和分析思想都可以运用。所不同的是网站的数据格式有很大一部分来自于点击流，和传统的数据库格式有区别。因而对电子商务网站进行数据挖掘所做的主要工作是数据准备。目前，有很多厂商正在致力于开发专门用于网站挖掘的软件。

3. 生物信息或基因的数据挖掘

生物信息或基因数据挖掘则完全属于另外一个领域，在商业上很难讲有多大的价值，但对于人类却受益非浅。例如，基因的组合千变万化，得某种病的人的基因和正常人的基因到底差别多大？能否找出其中不同的地方，进而对其不同之处加以改变，使之成为正常基因？这都需要数据挖掘技术的支持。

对于生物信息或基因的数据挖掘和通常的数据挖掘相比，无论在数据的复杂程度、数据量还是在分析和建立模型的算法方面，都要复杂得多。从分析算法上讲，更需要一些新的和好的算法。现在很多厂商正在致力于这方面的研究。但就技术和软件而言，还远没有达到成熟的地步。

4. 文本的数据挖掘

人们很关心的另外一个话题是文本数据挖掘（Text mining）。举个例子，在客户服务中心，把同客户的谈话转化为文本数据，再对这些数据进行挖掘，进而了解客户对服务的满意程度和客户的需求以及客户之间的相互关系等信息。从这个例子可以看出，无论是在数据结构还是在分析处理方法方面，文本数据挖掘和前面谈到的数据挖掘相差很大。文本数据挖掘并不是一件容易的事情，尤其是在分析方法方面，还有很多需要研究的专题。目前市场上有一些类似的软件，但大部分方法只是把文本移来移去，或简单地计算一下某些词汇的出现频率，并没有真正的分析功能。

随着计算机计算能力的发展和业务复杂性的提高，数据的类型会越来越多、越来越复杂，数据挖掘将发挥出越来越大的作用。

小　结

数据仓库是在企业管理和决策中面向主题的、集成的、与时间相关的、不可修改的数据集合，这些也正是其区别于传统操作型数据库的特性所在。联机分析处理（OLAP）又称为多维数据分析，它的多维性、分析性、快速性和信息性成为分析海量历史数据的有力工具。数据仓库作为数据组织的一种形式给 OLAP 分析提供了后台基础，而 OLAP 技术使数据仓库能够快速响应重复而复杂的分析查询，从而使数据仓库能有效地用于联机分析。数据挖掘可以对数据进行更深度的分析，它可以从海量数据中挖掘出潜在的有价值的信息，以指导人们制定正确的决策。

第Ⅴ篇 应用篇

本篇主要介绍 SQL Server 数据库管理系统，以 SQL Server 2005 版本为主，重点介绍在 SQL Server 2005 中如何进行数据库的管理、维护和实施。SQL Server 是 Microsoft 公司鼎力推出的数据库管理系统，SQL Server 2005 版本无论在功能上还是性能上较以前版本都有较大的改进。

本篇的目的是将第Ⅰ篇的一些概念应用在实际的系统中，使读者更深地体会用数据库管理数据的特点以及数据库管理系统的功能。

本篇由下述 5 章组成：

第 17 章　SQL Server 2005 基础。主要介绍 SQL Server 2005 的安装、配置以及常用工具的使用。通过本章的学习使学生能比较好地掌握该平台的使用，同时利于实践本教材的相关内容。

第 18 章　数据库及对象的创建与管理。介绍了在 SQL Server 2005 环境中建立数据库、关系表、索引和视图的方法，介绍了创建数据库时需要考虑的一些性能和优化问题。

第 19 章，存储过程和游标。本章首先介绍了存储过程的基本概念、定义方法以及应用，然后介绍了游标的基本概念、定义方法和应用示例，当需要对集合内部进行操作时，就需要用到游标机制。

第 20 章　安全管理。本章介绍了数据库安全控制的基本概念、安全控制方法，以及在 SQL Server 2005 环境中如何实现安全控制。

第 21 章　数据库设计工具——PowerDesigner。本章介绍利用 PowerDesigner 工具进行数据库概念结构设计的过程，并介绍了将概念结构设计结果转换为逻辑结构设计的过程。

第17章
SQL Server 2005 基础

SQL Server 是 Microsoft 公司推出的适用于大型网络环境的数据库产品，它一经推出后，很快得到了广大用户的积极响应并迅速占领了 NT 环境下的数据库领域，成为数据库市场上的一个重要产品。Microsoft 公司经过对 SQL Server 的不断更新换代，目前已经推出到 SQL Server 2008 版本，本章以 SQL Server 2005 版本为基础介绍这个数据库管理系统的基本功能，这些基本功能在 SQL Server 2005 和 SQL Server 2008 中基本是一样的。

本章将介绍 SQL Server 2005 的组件、安装以及安装后的配置。

17.1 SQL Server 2005 平台构成

SQL Server 2005 是微软推出的比较新的数据库管理系统，这个版本较之前的 SQL Server 2000 有了很大的改进，它已经不是传统意义上的数据库，而是整合了数据库、商业智能、报表服务、分析服务等多种技术的数据库平台。

SQL Server 与其他数据库厂商在数据存储能力、并行访问能力、安全管理等关键性指标上并没有太大的差别，但在多功能集成、操作速度、数据仓库构建、数据挖掘方面，有其他数据库厂商所没有的优势。SQL Server 2005 数据库平台的构成比 SQL Server 2000 更加完善。

1. 数据库引擎

数据库引擎实际上就是我们在第Ⅰ篇所介绍的数据库管理系统，它是存储、处理、管理数据的核心模块。SQL Server 2005 的数据库引擎引入了新的可编程性增强功能，比如，与微软的.NET Framework 集成，增强 Transact-SQL（SQL Server 访问数据库的语言）功能等。同时 SQL Server 2005 增加了新的 XML 功能和新的数据类型，并改进了数据库的可伸缩性和可用性。数据库引擎是 SQL Server 2005 系统的核心组成部分，也是绝大多数数据库应用系统的后台支撑。

2. 分析服务

SQL Server 2005 不仅具有一般传统的数据处理能力，而且还拥有多维分析、数据挖掘等功能，这些功能是用分析服务（Analysis Services）支持的。使用用户可以在不购买其他商业智能（Business Intelligence，BI）软件产品的情况下，将数据按数据分析的要求进行组织，并进行多维分析和数据挖掘等工作。在数据挖掘方面 SQL Server 2005 比 SQL Server 2000 也有了非常大的改进。

3. 集成服务

SQL Server 2005 用集成服务（Integration Services）代替了 SQL Server 2000 的数据转换

服务（DTS），它是一种用于构建高性能数据集成解决方案的平台，解决了很多 DTS 的限制。这个服务为构建数据仓库平台提供了强大的数据清理、转换和加载功能。

4. 复制技术

复制是一组技术，它将数据和数据库对象从一个数据库复制和分发到另一个数据库，然后在数据库间进行同步，以维护数据的一致性。复制可以通过局域网和广域网、拨号连接、无线连接和 Internet 将数据分发到不同位置上的用户，并且可以分发给移动用户。

5. 通知服务

通知服务（Notification Services）是一种应用程序，它可以向上百万的订阅者及时发送个性化的消息，还可以向各种各样的设备传递这些消息。通知服务最早发布于 2002 年，是 SQL Server 2000 版本中的一个可下载组件。在 SQL Server 2005 中，这个服务被集成到 SQL Server Management Studio 中，并新增加了数据库独立性，可驻留执行引擎等功能。

6. 报表服务

报表服务（Reporting Services）是 SQL Server 2005 之前的版本所没有的服务。报表服务是一种基于服务器的解决方案，用于生成企业报表，该报表可从多种关系数据源和多维数据源中提取数据。所创建的报表可以通过基于 Web 的连接进行查看，也可以作为 Windows 应用程序进行查看。

7. 服务代理

服务代理（Service Broker）是一项全新的技术，是一种分布式异步数据库应用程序，具有可靠、可伸缩以及安全等特点。在需要异步执行处理程序，或者是需要跨多个计算机处理应用程序时，这个服务起着非常重要的作用。Service Broker 的典型使用包括异步触发器、可靠的查询处理、可靠的数据收集等。在实际工作中，进程利用此服务完成分布式数据库的事务一致性。

8. 全文搜索

全文搜索是通过建立全文索引实现的，普通的索引基本上是建立在身份证号、职工编号等数值字段或者是长度比较短的字符字段上的，而不是建立在个人简历、产品简介等比较长的字段上。全文索引可以在大文本上建立索引，进行快速定位并提取数据。其功能不是简单的模糊查询，而是根据特定的语言规则对词和短语进行搜索。

17.2　安装 SQL Server 2005

同其他 Microsoft 产品一样，Microsoft 也为 SQL Server 2005 的安装过程提供了一个很友好的安装向导。但在实际安装之前，我们还是应该先熟悉一下 SQL Server 2005 所提供的版本以及其对软、硬件的需求。

17.2.1　SQL Server 2005 的版本

SQL Server 2005 有多个版本，具体需要安装哪个版本和哪些组件，与具体的应用需求有关。不同版本的 SQL Server 2005 在价格、功能、存储能力、支持的 CPU 等很多方面都不同。当前微软发行的 SQL Server 2005 版本有如下几种。

1. 企业版

支持超大型企业进行联机事务处理 (OLTP)、高度复杂的数据分析、数据仓库系统和网站所需的性能要求。企业版（Enterprise Edition ，32 位和 64 位）的全面商业智能和分析能力及其高可用性功能（如故障转移群集），使它可以处理大多数关键业务的企业工作负荷，它是最全面的 SQL Server 版本，是超大型企业的理想选择，能够满足最复杂的要求。

2. 标准版

适合中小型企业的数据管理和分析平台。它包括电子商务、数据仓库和业务流解决方案所需的基本功能。标准版（Standard Edition，32 位和 64 位）的集成商业智能和高可用性功能可以为企业提供支持其运营所需的基本功能，它是需要全面的数据管理和分析平台的中小型企业的理想选择。

3. 工作组版

对于那些需要在大小和用户数量上没有限制的数据库的小型企业，工作组版是理想的数据管理解决方案。工作组版（Workgroup Edition ，仅适用于 32 位）可以用作前端 Web 服务器，也可以用于部门或分支机构的运营。它包括 SQL Server 产品系列的核心数据库功能，并且可以轻松地升级至标准版或企业版。工作组版是理想的入门级数据库，具有可靠、功能强大且易于管理的特点。

4. 开发版

开发版（Developer Edition，32 位和 64 位）使开发人员可以在 SQL Server 上生成任何类型的应用程序。它包括 SQL Server 2005 企业版的所有功能，但有许可限制，只能用于开发和测试系统，而不能用作生产服务器。开发版是独立软件供应商 (ISV)、咨询人员、系统集成商、解决方案供应商以及创建和测试应用程序的企业开发人员的理想选择。开发版可以根据生产需要升级至 SQL Server 2005 企业版。

5. 简易版

简易版（Express Edition，仅适用于 32 位）是一个免费、易用且便于管理的数据库管理系统。简易版与 Microsoft Visual Studio 2005 集成在一起，可以轻松地开发功能丰富、存储安全、可快速部署的数据驱动应用程序。

SQL Server 简易版是免费的，可以再分发（受制于协议），还可以起到客户端数据库以及基本服务器数据库的作用。该版本通常只适合于非常小的数据集。如果开发人员开发的应用程序只需要一个小型的数据存储库，则可以考虑使用 Express 版本。Express 版本也适合于替换 Microsoft Access 数据库。

表 17-1 列出了 SQL Server 2005 各版本所支持的主要功能上的差异。由于开发版和企业版的功能相同，因此表 17-1 没有列出开发版功能。

表 17-1　　　　　　　　　　　　　SQL Server 2005 各种版本的功能

功能	简易版	工作组版	标准版	企业版
支持的 CPU 数	1 个。包括对多核处理器的支持	2 个。包括对多核处理器的支持	4 个。包括对多核处理器的支持	无限制。包括对多核处理器的支持
最大数据库大小	4 GB	无限制	无限制	无限制
Management Studio 工具	没有	有	有	有
企业管理工具	没有	有	有	有
Analysis Service	不支持	不支持	支持	支持

17.2.2　安装 SQL Server 2005 所需要的软硬件环境

安装 SQL Server 2005 有一定的软硬件要求，而且不同的 SQL Server 2005 版本对操作系统及软硬件的要求也不完全相同。下面仅介绍 32 位 SQL Server 2005 对操作系统以及硬件的一些要求。

1. 操作系统要求

除了硬件要求之外，安装 SQL Server 2005 还需要一定的操作系统支持。不同版本的 SQL Server 2005 要求不同的 Windows 操作系统版本和补丁（Service Pack）。表 17-2 列出了 32 位 SQL Server 2005 中各个版本对操作系统的要求。

表 17-2　　　　　　　　　　　32 位 SQL Server 2005 各版本需要的操作系统

SQL Server 2005 版本	需要的常用操作系统
企业版	• Windows Server 2003 的 Standard Edition、Enterprise Edition 和 Datacenter Edition 版本，同时安装了 SP1 或更高版本 • Windows 2000 的 Server、Advanced Server 和 Datacenter Server 版本，同时安装了 SP4
标准版	• 满足企业版的全部操作系统 • Windows 2000 的 Professional，同时安装 SP4 • Windows XP Professional，同时安装 SP2 或更高版本
工作组版	• 满足企业版和标准版的全部操作系统 • Windows 2000 Professional SP4
简易版	• 满足企业版、标准版和工作组版的全部操作系统 • Windows XP Home Edition，同时安装 SP2 或更高版本 • Windows Server 2003 Web Edition，同时安装 SP1 或更高版本
开发版	• 满足企业版、标准版和工作组版的全部操作系统 • Windows XP Home Edition，同时安装 SP2 或更高版本

2. 内存要求

与操作系统要求一样，不同版本的 SQL Server 2005 要求有不同数量的内存才能有效执行。表 17-3 列出了 32 位的 SQL Server 2005 各个版本对内存要求。

表 17-3　　　　　　　　　　　32 位 SQL Server 2005 各版本对内存的要求

SQL Server 2005 版本	内存要求
企业版	最少 512 MB，建议使用 1GB 或更多的内存
标准版	最少 512 MB，建议使用 1GB 或更多的内存
工作组版	最少 512 MB，建议使用 1GB 或更多的内存
简易版	最少 192 MB，建议使用 512 MB 或更多的内存
开发版	最少 512 MB，建议使用 1GB 或更多的内存

3. 硬盘空间要求

SQL Server 2005 比 SQL Server 2000 需要更多的硬盘空间。不考虑用户数据库所占用的空间，所有版本的完全安装都需要 350MB 左右的硬盘空间，若要安装示例数据库则还需要 390MB 空间。当然，具体占用空间的多少与所选择的安装选项有关。通过不选择某些安装选项，可以减少对硬盘空间的要求。

除了预留安装 SQL Server 2005 所需要的空间外，还需要预留其他的额外空间，以备 SQL Server 和数据库的扩展需要。另外，还需要为开发过程中用到的临时文件准备足够的硬盘空间。

17.2.3　实例

在安装 SQL Server 之前，我们首先需要理解一个名词——实例。各个数据库厂商对实例的理解不完全一样，在 SQL Server 中可以这样理解实例：当在一台计算机上安装一次 SQL Server 时，就形成了一个实例。

1. 默认实例和命名实例

如果是在计算机上第一次安装 SQL Server 2005（并且此计算机上也没有安装其他的 SQL Server 版本），则 SQL Server 2005 安装向导会提示用户选择把这次安装的 SQL Server 实例作为默认实例还是命名实例（通常默认选项是默认实例）。命名实例只是表示在安装过程中为实例指定了一个名称，然后就可以用该名称访问该实例。默认实例是用当前使用的计算机的网络名作为其实例名。

在客户端访问默认实例的方法是：在 SQL Server 客户端工具中输入"计算机名"或者是计算机的"IP 地址"。访问命名实例的方法是：在 SQL Server 客户端工具中输入"计算机名/命名实例名"。

在一台计算机上只能安装一个默认实例，但可以有多个命名实例。

> 注意：　　　在第一次安装 SQL Server 2005 时，建议选择使用默认实例，这样便于初级用户理解和操作。

2. 多实例

数据库管理系统的一个实例代表一个独立的数据库管理系统，SQL Server 2005 支持在同一台服务器上安装多个 SQL Server 2005 实例，或者在同一个服务器上同时安装 SQL Server 2005 和 SQL Server 的早期版本。在安装过程中，数据库管理员可以选择安装一个不指定名称的实例（默认实例），在这种情况下，实例名将采用服务器的机器名作为默认实例名。在一台计算机上除了安装 SQL Server 的默认实例外，如果还要安装多个实例，则必须给其他实例取不同的名称，这些实例均是命名实例。在一台服务器上安装 SQL Server 的多个实例，使不同的用户可以将自己的数据放置在不同的实例中，从而避免不同用户数据之间的相互干扰。多实例的功能使用户不仅能够使用计算机上已经安装的 SQL Server 的早期版本，而且还能够测试开发软件，并且可以互相独立地使用 SQL Server 数据库管理系统。

但并不是在一台服务器上安装的 SQL Server 2005 实例越多越好，因为安装多个实例会增加管理开销，导致组件重复。SQL Server 和 SQL Server Agent 服务的多个实例需要额外的计算机资源，包括内存和处理能力。

17.2.4　安装及安装选项

本节以在 Windows XP + SP2 的操作系统上安装 SQL Server 2005 中文开发版为例，说明 SQL Server 2005 的安装过程及安装过程中的选项。

① 将包含 SQL Server 2005 软件的光盘插入光驱后，系统将自动启动 SQL Server 2005 的安装程序，也可以在资源管理器中通过运行 SQL Server 2005 的 Setup.exe 程序来启动安装程序。启动安装程序后，打开的第 1 个窗口如图 17-1 所示。在这个窗口中说明了正在安装的 SQL Server 2005 的版本（图中是 "Developer Edition"，即开发版）。

图 17-1　SQL Server 2005 安装的第 1 个窗口

② 安装程序在第 1 个窗口上停留很短的时间后自动进入如图 17-2 所示的第 2 个窗口，在这个窗口上单击 "基于 X86 的操作系统"，进入如图 17-3 所示的选择安装内容窗口。

图 17-2　选择安装 SQL Server 2005 的操作系统类型

③ 在如图 17-3 所示窗口上，单击"服务器组件、工具、联机丛书和示例"进入如图 17-4 所示的"最终用户许可协议"窗口。

图 17-3 选择安装内容

④ 在如图 17-4 所示的"最终用户许可协议"窗口上，选择"我接受许可条款和条件"复选框，然后单击"下一步"按钮，进入如图 17-5 所示的"安装必备组件"窗口。

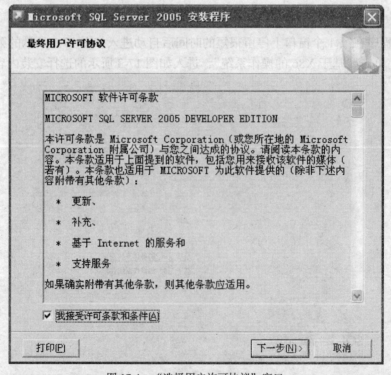

图 17-4 "选择用户许可协议"窗口

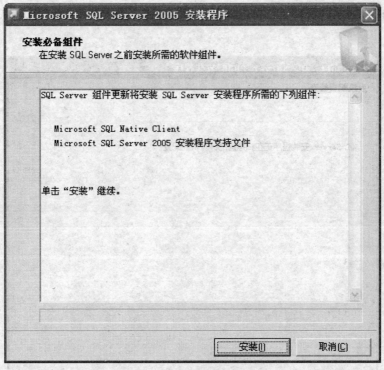

图 17-5　"安装必备组件"窗口

⑤ 在图 17-5 所示的窗口上，单击"安装"按钮，开始安装必备组件，这需要花费一些时间。安装完毕后显示的窗口如图 17-6 所示。

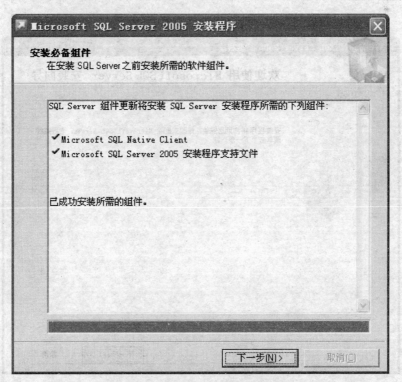

图 17-6　安装完所需组件后的窗口

⑥ 在图 17-6 所示的窗口上，单击"下一步"按钮，进入如图 17-7 所示的"系统配置检查"窗口。

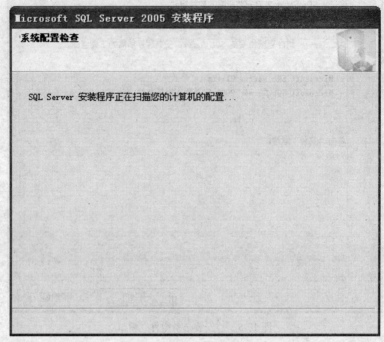

图 17-7　检查系统配置窗口

检查完系统配置后自动进入如图 17-8 所示的"欢迎使用 Microsoft SQL Server 安装向导"窗口。

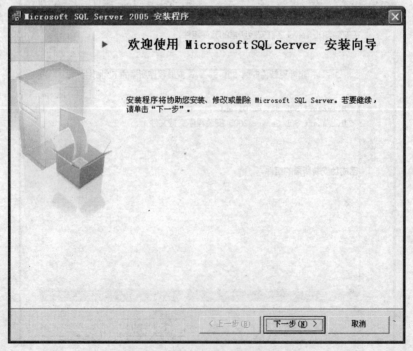

图 17-8　欢迎使用安装向导窗口

⑦ 在图 17-8 所示的窗口上，单击"下一步"按钮，开始检查系统配置情况，如图 17-9 所示。

图 17-9　"系统配置检查"窗口

检查完成后，会在"状态"栏显示检查的结果。如果出现一些错误和警告，对警告可以不处理，但对错误则必须将其排除后才能进行下一步的安装。

图 17-9 中显示的系统配置检查状态均为"成功"。

⑧ 单击"下一步"按钮，弹出图 17-10 所示的"准备继续安装"窗口，准备完成后自动进入图 17-11 所示的"注册信息"窗口。

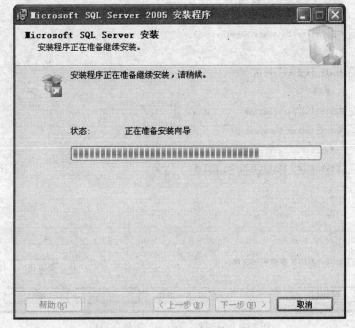

图 17-10　"准备继续安装"窗口

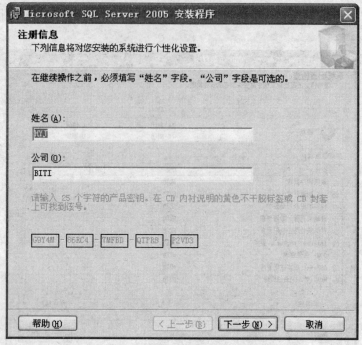

图 17-11 填写"注册信息"窗口

⑨ 在"姓名"文本框中填入合适的用户名（这里输入的是：HYJ），在"公司"文本框中填入合适的公司名（这里输入的是：BITI），如图 17-11 所示。单击"下一步"按钮进入如图 17-12 所示的选择"要安装的组件"窗口。

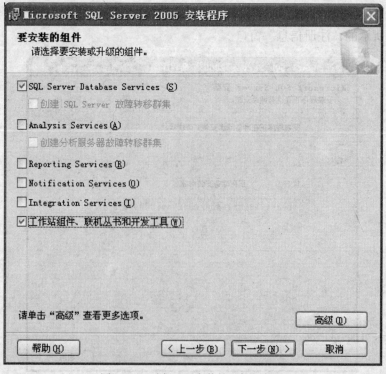

图 17-12 选择"要安装的组件"窗口

⑩ 用户可根据自己的实际需要指定要安装的组件，这里至少要选中图 17-12 上的"SQL Server Database Services"复选框，因为这个组件这是 SQL Server 2005 数据库管理系统的核心，是运行 SQL Server 所需的主要引擎。同时可以选中"工作组组件、联机丛书和开发工具"复选框，以便安装 SQL Server 中使用的图形用户窗口（GUI），也可以安装帮助和联机丛书。

单击"下一步"按钮，进入如图 17-13 所示的选中安装实例的窗口。在初次安装时建议使用默认实例，以便于以后的学习和操作。如果对 SQL Server 之前的版本比较熟悉，可以使用命名实例。

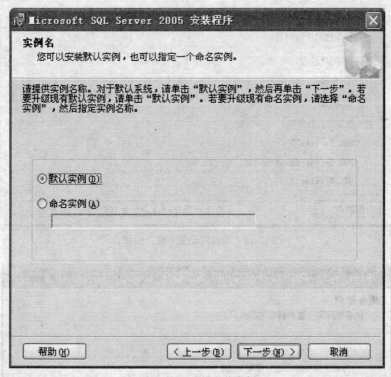

图 17-13　选择安装实例

⑪ 选中"默认实例"选项，单击"下一步"按钮进入如图 17-14 所示的确定服务账户窗口。

SQL Server 服务和 SQL Server Agent 服务有两种账户类型可供选择：内置系统账户和域用户账户，对内置系统账户又包含"本地系统"和"网络服务"两类账户供选择，如图 17-15 所示。

"网络服务"账户是一个特殊的内置系统账户，类似于已验证的用户账户。该账户对系统资源和对象的访问权限与 Users 组的成员一样。"本地系统"账户是一个 Windows 操作系统账户，它对本地计算机具有完全管理权限，但是没有网络访问权限。

这里选择对所有的服务使用相同的服务账户启动，并且选择"使用内置系统账户"选项，并使用"本地系统"（如图 17-15 所示）。

图 17-15 中"安装结束时启动服务"部分，若选中某个服务，则表示在安装完 SQL Server 2005 后立刻启动那个服务。这些服务的启动方式也可以在安装完成之后手工修改，我们这里不做任何修改，即安装结束后只启动 SQL Server 服务。

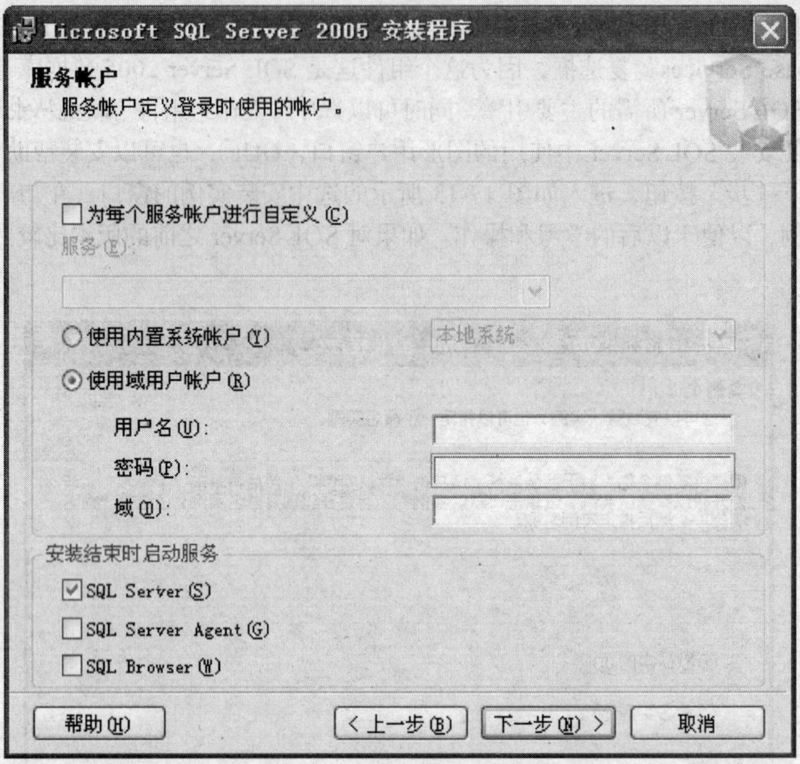

图 17-14　确定启动服务账户的窗口

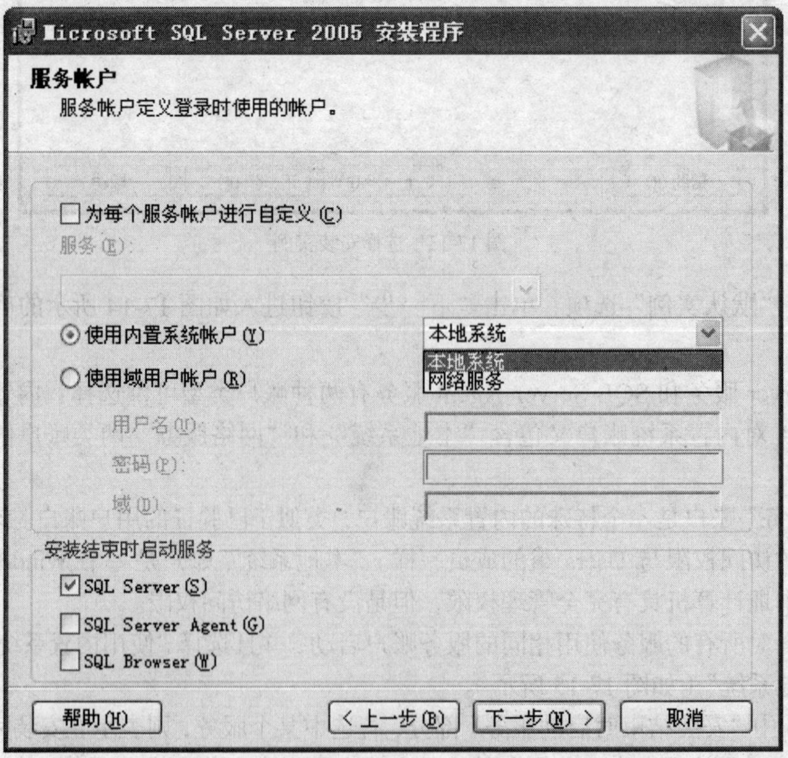

图 17-15　"内置系统账户"下可供选择的两类账户

⑫ 单击"下一步"按钮，进入如图 17-16 所示的选择"身份验证模式"窗口。

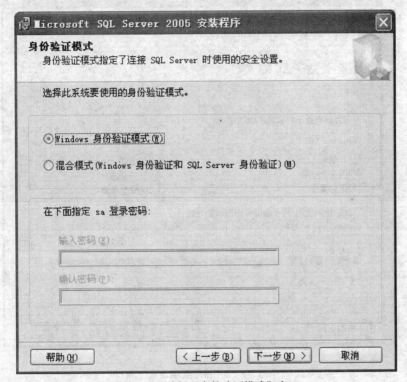

图 17-16　选择"身份验证模式"窗口

SQL Server 2005 支持两种身份验证模式：Windows 身份验证和混合模式（Windows 和 SQL Server 身份验证），默认的身份验证模式是 Windows 身份验证，这种模式指定能够连接到该 SQL Server 2005 实例的用户必须是之前经过 Windows 操作系统身份验证的用户。

混合模式表示 SQL Server 2005 支持使用 Windows 身份和 SQL Server 身份两种验证模式中的任何一种模式进行用户验证。第 1 种验证方法是通过 Windows 操作系统对用户进行身份验证；第 2 种方法是直接根据提交给 SQL Server 2005 的用户名和密码对用户进行身份验证。

对于大多数 SQL Server 2005 环境，应当使用 Windows 身份验证模式，因为它提供了最高的安全等级。但由于某些遗留的应用程序通常不使用 Windows 用户账户，因此它们必须通过发送一个用户名和密码才能连接到 SQL Server。在这种情况下，或者在数据库环境包括不能用 Windows 操作系统进行身份验证的客户（如 UNIX 客户）的情况下，可以使用混合模式进行身份验证。在使用混合模式时应注意，这种身份验证模式应该对 sa（SQL Server 默认的数据库管理员）账户设置强密码，因为这个账户在 SQL Server 内具有全部的权限，为防止被人窃取 sa 密码后破坏系统，因此应加强其密码的设置。

⑬ 这里选择"Windows 身份验证模式"选项，单击"下一步"按钮进入如图 17-17 所示的"排序规则设置"窗口。一般情况下，都是让 SQL Server 2005 使用 Windows 操作系统所用语言的排序规则。

⑭ 在这里我们不做任何修改（即按操作系统区域设置中的语言所使用的排序规则：简体中文，区分重音），单击"下一步"按钮，进入"错误和使用情况报告设置"窗口，继续单击"下一步"按钮，进入"准备安装"窗口。

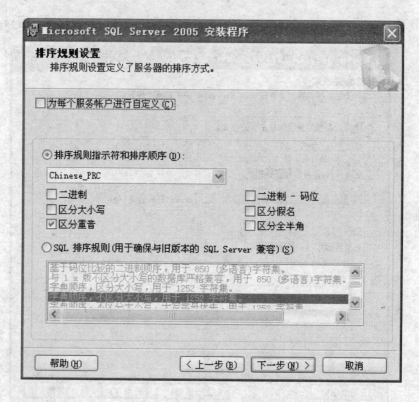

图 17-17　"排序规则设置"窗口

⑮ 在"准备安装"窗口上单击"安装"按钮，开始真正安装 SQL Server 2005。安装完成后弹出图 17-18 所示的显示安装结果的窗口。

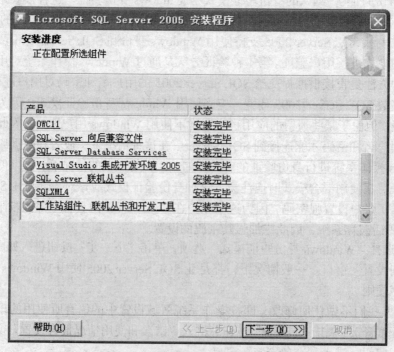

图 17-18　安装完各组件及功能后的窗口

⑯ 单击图 17-18 上的"下一步"按钮，进入完成 SQL Server 2005 安装的窗口，在此上单击 "完成"按钮关闭此窗口。

至此完成了对 SQL Server 2005 的安装。

17.3　配置 SQL Server 2005

成功安装好 SQL Server 2005 之后，需要对 SQL Server 2005 的服务器端和客户端进行适当的配置，才能正常地使用 SQL Server 2005。本节介绍使用配置管理器工具配置 SQL Server 2005 的方法。

SQL Server 配置管理器（SQL Server Configuration Manager）综合了 SQL Server 2000 中的服务管理器、服务器网络实用工具和客户端网络实用工具的功能。

单击"开始"→"Microsoft SQL Server 2005"→"配置工具"→"SQL Server Configuration Manager"，可打开 SQL Server 配置管理器工具，如图 17-19 所示。此工具可以对 SQL Server 服务、网络、协议等进行配置，配置好后客户端才能顺利地连接和使用 SQL Server。

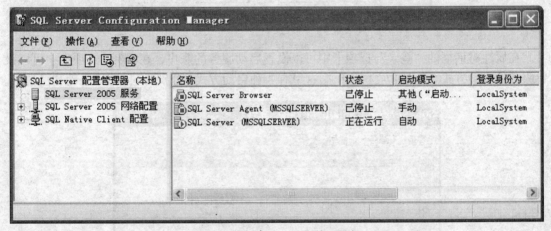

图 17-19　SQL Server 配置管理器窗口

1. 配置 SQL Server 2005 服务

单击图 17-19 所示窗口左边的"SQL Server 服务"结点，在窗口的右边列出了已安装的 SQL Server 服务。这里有 3 个服务，分别为：SQL Server Browser、SQL Server Agent 和 SQL Server，其中"SQL Server"服务是 SQL Server 2005 的核心服务，也就是我们所说的数据库引擎，SQL Server 2005 的其他服务都是围绕这个服务运行的。只有启动了 SQL Server 服务，SQL Server 数据库管理系统才能发挥其作用，用户也才能建立与 SQL Server 数据库服务器的连接。

与 SQL Server 2000 的服务管理器一样，可以通过这个配置管理器来启动、停止所安装的服务。具体操作方法为：在要启动或停止的服务上右击鼠标，在弹出的快捷菜单中选择"启动"、"停止"等命令即可。

双击某个服务，比如"SQL Server（MSSQLSERVER）"服务，或者是在该服务上右击鼠标，然后在弹出的快捷菜单中选择"属性"命令，均弹出图 17-20 所示的"属性"窗口。

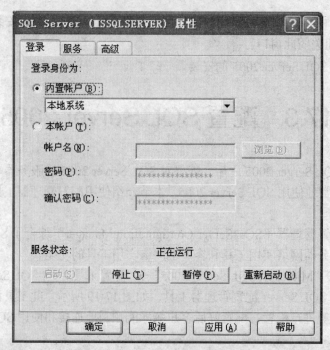

图 17-20　SQL Server 服务的属性窗口

在属性对话框的"登录"选项卡中可以设置启动服务的账户，在"服务"选项卡中可以设置服务的启动方式（如图 17-21 所示）。这里有 3 种启动方式，分别为：自动、手动和已禁止。

图 17-21　设置服务的启动方式

● 自动：表示每当操作系统启动时自动启动该服务。

- 手动：表示每次使用该服务时都需要用户手工地启动。
- 已禁用：表示要禁止该服务的启动。

2. 配置 SQL Server 2005 网络配置

对图 17-19 所示的 SQL Server Configuration Manager 窗口，展开 "SQL Server 2005 网络配置" 结点左边的加号，然后单击其下面的 "MSSQLSERVER 协议"，则在窗口右边将显示 SQL Server 2005 提供的网络协议，如图 17-22 所示。

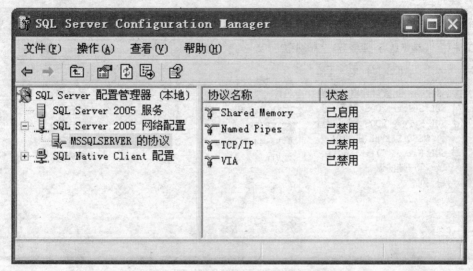

图 17-22　配置 SQL Server 2005 的网络

从图 17-22 所示窗口可以看到，SQL Server 2005 共提供了 Shared Memory（共享内存）、Named Pipes（命名管道）、TCP/IP、VIA 4 种网络协议，在服务器端至少要启用这 4 种协议中的一个协议，SQL Server 2005 才能正常工作。

下面简单介绍这 4 种网络协议。

- Shared Memory：是可供使用的最简单协议，不需要设置。使用该协议的客户端仅可以连接到在同一台计算机上运行的 SQL Server 2005 实例。这个协议对于其他计算机上的数据库是无效的。
- Named Pipes：是为局域网开发的协议。某个进程使用一部分内存来向另一个进程传递信息，因此一个进程的输出就是另一个进程的输入。第二个进程可以是本地的（与第一个进程位于同一台计算机上），也可以是远程的（位于联网的计算机上）。
- TCP/IP：是因特网上使用最广泛的通用协议，可以与因特网中硬件结构和操作系统各异的计算机进行通信。其中包括路由网络流量的标准，并能够提供高级安全功能，是目前商业中最常用的协议。
- VIA：虚拟接口适配器（VIA）协议与 VIA 硬件一同使用。VIA 协议是 SQL Server 2005 新推出的协议，适合在局域网内部使用。

从图 17-22 所示窗口中可以看到，SQL Server 2005 的服务器端已经启用了 Shared Memory。因此在客户端网络配置中，至少也要启用这个协议，否则用户将连接不到数据库服务器。

在某个协议上右击鼠标，然后在弹出的快捷菜单中，通过选择 "启用"、"禁用" 命令可以启用或禁用某个协议。

3. 配置 SQL Server 2005 Native Client 配置

此功能实际上就是 SQL Server 2000 的客户端网络实用工具，用于配置 SQL Server 2005 的客户端能够使用哪种网络协议来连接到 SQL Server 2005 服务器。

对图 17-19 所示的 SQL Server Configuration Manager 窗口，展开"SQL Native Client 配置"左边的加号，然后单击其中的 "客户端协议" 结点，出现如图 17-23 所示的窗口。

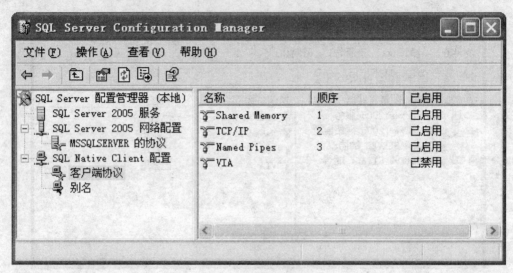

图 17-23　配置客户端协议

在如图 17-23 所示窗口中，当前客户端已启用了 Shared Memory、TCP/IP 和 Name Pipes 3 种协议，也就是说，如果服务器端的网络配置中，启用了上述 3 种协议中的任何一种，那么客户端就可以连接到服务器上。

17.4　SQL Server Management Studio 工具

SQL Server Management Studio 是 SQL Server 2005 中最重要的管理工具，它融合了 SQL Server 2000 的查询分析器和企业管理器、OLAP 分析器等多种工具的功能，为管理人员提供了一个简单的实用工具，使用这个工具既可以用图形化的方法，也可以通过编写 SQL 语句来实现对数据库的操作。

SQL Server Management Studio 是一个集成环境，用于访问、配置和管理所有的 SQL Server 组件，它组合了大量的图形工具和丰富的脚本编辑器，使各种技术水平的开发和管理人员都可以通过这个工具访问和管理 SQL Server。

17.4.1　连接到数据库服务器

单击"开始"→"程序"→ "Microsoft SQL Server 2005"→ "SQL Server Management Studio" 命令，打开 SQL Server Management Studio（SSMS）工具，首先弹出的是 "连接到服务器" 窗口，如图 17-24 所示。

图 17-24　"连接到服务器"窗口

在图 17-24 所示窗口中，各选项含义如下。

● 服务器类型：列出了 SQL Server 2005 数据库服务器所包含的服务，当前连接的是"数据库引擎"，即 SQL Server 服务。

● 服务器名称：指定要连接的数据库服务器的实例名。SSMS 能够自动扫描当前网络中的 SQL Server 实例。这里连接的是刚安装的默认实例，其实例名就是计算机名（HYJ）。

● 身份验证：选择用哪种身份连接到数据库服务器，这里有两种选择："Windows 身份验证"和"SQL Server 身份验证"。如果选择的是"Windows 身份验证"，则用当前登录到 Windows 的用户连接，此时不用输入用户名和密码（SQL Server 数据库服务器会选用当前登录到 Windows 的用户作为其连接用户）。如果选择的是"SQL Server 身份验证"，则窗口形式如图 17-25 所示，这时需要输入 SQL Server 身份验证的登录名和相应的密码。

图 17-25　选择"SQL Server 身份验证"的连接窗口

注意: 　　如果选择"SQL Server 身份验证"模式连接 SQL Server 2005 数据库服务器，则要求该数据库服务器的身份验证模式必须是"混合模式"。身份验证模式可以在安装时指定，也可以在安装之后在 SSMS 工具中进行修改，具体更改方法参见第 20 章"安全管理"20.8.1 节。

这里选择"Windows 身份验证"，单击"连接"按钮，用当前登录到 Windows 的用户连接到数据库服务器。若连接成功，将进入 SSMS 操作界面，如图 17-26 所示。

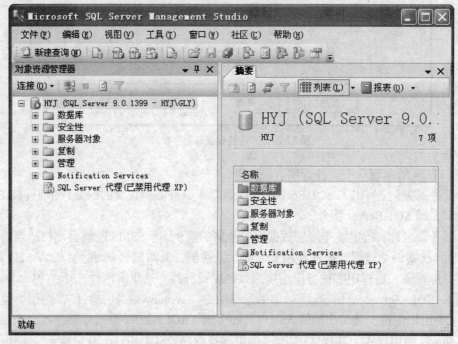

图 17-26　SSMS 操作界面

SSMS 工具包括了对数据库、安全性等很多方面的管理，是一个方便的图形化操作工具，随着对本书内容的学习，读者会逐步了解这个工具的具体功能和使用方法。

17.4.2　查询编辑器

SSMS 工具提供了图形化界面来创建和维护对象，同时也提供了用户编写 T-SQL 语句，并通过执行 SQL 语句创建和管理对象的工具，这就是查询编辑器。查询编辑器以选项卡窗口的形式存在于 SSMS 界面右边的文档窗格中，可以通过如下方式之一打开查询编辑器。

- 单击标准工具栏中的"新建查询"按钮。
- 选择"文件"菜单下的"新建"命令下的"数据库引擎查询"命令。

查询编辑器的工具栏如图 17-27 所示。

图 17-27　"查询编辑器"工具栏

最左边的 3 个图标按钮用于处理到服务器的连接。第 1 个图标按钮是"连接" ，用于请求一个到服务器的连接（如果当前没有建立任何连接的话），如果当前已经建有到服务器的连接，则此按钮为不可用状态。第 2 个图标按钮是"断开连接" 👤，单击此按钮会断开当前查询编辑器与服务器的连接。第 3 个图标按钮"更改连接" 🔲，单击此按钮表示要更改当前的连接。

"断开连接"图标按钮的右边是一个下拉列表框 master ▾，该列表框列出了当前查询编辑器所连接的服务器上的所有数据库，列表框上显示的数据库是当前连接正在访问的数据库。如果要在不同的数据库上执行操作，可以在列表框中选择不同的数据库，选择一个数据库就代表要执行的 SQL 代码都是在此数据库上进行的。

标有红色感叹号的图标 ❗执行(X)，用于执行在编辑区选中的代码（如果没有选中任何代码，则表示执行全部代码）。蓝色对勾图标 ✓ 用于对在编辑区选中的代码（如果没有选中任何代码，则表示对全部代码）进行语法分析。语法分析是找出代码中可能存在的语法错误，但不包括执行时可能发生的语义错误。最后一个图标按钮在图 17-27 上是灰色的 ▪，在执行代码时它将成为红色 ▪。如果在执行代码过程中，希望取消所执行的代码，则可单击此图标。这 3 个图标按钮与查询编辑器中所键入的代码的执行有关。

图标按钮 🔲（显示估计的执行计划）和 🔲（在数据库引擎优化顾问中分析查询）用于分析 T-SQL 查询以进行优化分析。

单击 🔲 按钮（在编辑器中设计查询）图标将启动查询设计器工具，该工具用于图形化地生成查询语句。单击 🔲 按钮（指定模板参数的值）图标可以使用代码模板进行工作。模板包含有基本的命令或操作，其中的选项为其默认值。通过单击这个图标，用户可以在打开的窗口中指定每个模板参数的值。

图标按钮 🔲（包括实际的查询计划）、🔲（包括客户端统计信息）和 🔲（SQLMD）用于查询，前两个按钮在查询输出结果中加入了代码执行的细节以及代码统计信息的详情。第 3 个按钮以命令提示符的方式运行代码，就好像代码是通过 SQLCMD（是一种命令行实用工具，用于执行 SQL 批处理）运行一样。本书不对这方面内容做介绍。

图标按钮 🔲🔲🔲 用于改变查询结果的显示形式。🔲 按钮设置查询结果按文本格式显示，🔲 按钮设置查询结果设置按网格形式显示，🔲 按钮设置将查询结果直接保存到一个文件中。

按钮 🔲 用于注释掉选中的代码行，🔲 用于取消对选中行代码的注释。这两个图标按钮是针对代码注释的。

🔲 按钮用于减少缩进，🔲 按钮用于增加缩进。不管是增加缩进还是减少缩进，都是针对选中的代码。这两个图标按钮用于控制代码的缩进。

小　结

SQL Server 2005 是一种大型的支持客户/服务器结构的关系数据库管理系统，作为基于各种 Windows 平台的最佳数据库服务器产品，它可应用在许多方面，包括电子商务等。在满足软硬件需求的前提下，可在各种 Windows 平台上安装 SQL Server 2005。SQL Server 2005 提供了易于使用的图形化工具和向导，为创建和管理数据库，包括数据库对象和数据库资源，都带来了极大的方便。

本章主要介绍了 SQL Server 2005 平台的构成，SQL Server 2005 提供的版本，各版本的功能以及对操作系统和计算机软硬件环境的要求，较详细地介绍了 SQL Server 2005 的安装过程及安装过程中的一些选项。SQL Server 2005 是与操作系统紧密集成的数据库管理系统，因此，其在安全性方面很多也借助于 Windows 操作系统提供的功能，支持 Windows 身份验证模式。同时为满足广域网上的要求以及使非 Windows 平台上的用户能够访问 SQL Server，也提供了 SQL Server 身份验证模式。

SQL Server 允许在一台服务器上运行多个 SQL Server 实例，也就是允许在一台服务器上同时有多个数据库管理系统存在，这些系统之间彼此没有相互干扰。

在安装好 SQL Server 2005 之后，通过对其进行合适的配置，使用户能正常地使用 SQL Server 2005 提供的功能。本章介绍了通过 SQL Server 2005 提供的配置管理器工具对服务进行配置的方法，同时介绍了"SQL Server 2005 的 Management Studio"工具提供的连接功能以及查询编辑器功能。通过连接功能用户可以连接到指定的服务器上；通过查询编辑器用户可编写操作数据库的 SQL 语句。

习　　题

1. SQL Server 2005 提供了几个版本，每个版本分别适用于哪些操作系统？
2. "Windows 身份验证模式"和"混合模式"的区别是什么？
3. SQL Server 实例的含义是什么？实例名的作用是什么？
4. SQL Server 的默认安装位置是什么？
5. SQL Server 2005 的核心引擎是什么？
6. 为保证客户和 SQL Server 数据库服务器能够正常连接，对客户端和服务器端的网络协议有什么要求？
7. SQL Server 2005 提供的启动 SQL Server 服务的工具是哪个？通过这个工具可以将服务设置成几种状态？
8. 查询结果的显示方式有几种形式？

上 机 练 习

1. 查看你所用机器的操作系统和软硬件配置，如果满足要求，安装合适版本的 SQL Server 2005，并选择"混合模式"的身份验证模式。

2. 安装正常完成后，运用"SQL Server Configuration Manager"工具，将 SQL Server 服务设置为手动启动方式，并启动该服务。

3. 运用"SQL Server Configuration Manager"工具，在服务器端和客户端分别启用"Shared Memory"和"TCP/IP"网络协议。

4. 将已安装 SQL Server 2005 默认实例的 SQL Server 服务设置成自动启动方式，将 SQL Server Agent 服务设置成手动启动方式。

5. 连接到 SQL Server 2005 的默认实例，打开查询编辑器，将其操作的数据库选为 master。

在查询编辑器中输入如下语句并执行：

```
SELECT name,create_date,owner_sid
  FROM Sys.databases
```

观察执行的结果。

（1）将查询结果的形式改为"以文本格式显示结果"，再次执行上述语句，观察执行结果。

（2）将查询结果的形式改为"将结果保存到文件"，再次执行上述语句，观察执行结果。

（3）将查询结果的形式改为"以网格显示结果"，再次执行上述语句，观察执行结果。

第18章
数据库及对象的创建与管理

数据库是存放数据的仓库，用户在利用数据库管理系统提供的功能时，首先必须将数据保存到自己的数据库中。前边我们介绍过，数据库中包含很多对象，包括存放数据的表、用于提高数据查询效率的索引以及用于为每类用户提供他们所需数据的视图。

本章将介绍在 SQL Server 2005 环境中创建用户数据库、在数据库中创建关系表及定义数据完整性约束、创建索引以及视图的方法。

18.1　SQL Server 数据库概述

SQL Server 2005 中的数据库由包含数据的表集合以及其他对象（如视图、索引、存储过程等）组成，目的是为执行与数据有关的活动提供支持。SQL Server 支持在一个实例中创建多个数据库，每个数据库在物理上和逻辑上都是独立的，相互之间没有影响。每个数据库存储相关的数据，例如，可以用一个数据库存储商品及销售信息，另一个数据库存储人事信息。

从数据库的应用和管理角度看，SQL Server 将数据库分为系统数据库和用户数据库两大类。系统数据库是由 SQL Server 数据库管理系统自动创建和维护的，这些数据库用于保存维护系统正常运行的信息，例如，一个 SQL Server 实例上共建有多少个数据库，每个数据库的属性及其所包含的对象，每个数据库的用户以及用户的权限等。用户数据库保存的是与用户的业务有关的数据，我们通常所说的建立数据库都指的是创建用户数据库，对数据库的维护也指的是对用户数据库的维护。一般用户对系统数据库只有查询权。

一个 SQL Server 实例中数据库的组成如图 18-1 所示。

18.1.1　系统数据库

安装完 SQL Server 2005 后，除了用户指定安装的示例数据库（AdventureWorks）外，安装程序还自动创建了 4 个用于维护系统正常运行的系统数据库，分别是 master、msdb、model 和 tempdb。在关系数据库管理系统中，系统的正常运行要靠系统数据库支持的，关系数据库管理系统是一个自维护的系统，它用系统表来维护用户以及系统的信息。根据系统表的作用的不同，SQL Server 又对系统数据库

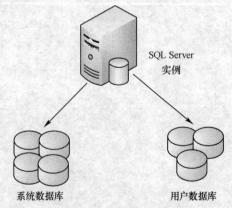

图 18-1　数据库的分类

进行了划分,不同的系统数据库存放不同的系统表。

- master:是 SQL Server 2005 中最重要的数据库,用于记录 SQL Server 系统中所有系统级信息。如果该数据库损坏,则 SQL Server 将无法正常工作。
- msdb:是另一个非常重要的数据库。供 SQL Server 代理服务调度报警和作业以及记录操作员时使用,保存关于调度报警、作业、操作员等信息,作业是在 SQL Server 中定义的自动执行的一系列操作的集合,作业的执行不需要任何人工干预。
- model:是在 SQL Server 中创建的用户数据库的模板,其中包含所有用户数据库的共享信息。当用户创建一个数据库时,系统自动将 model 数据库中的全部内容复制到新建数据库中。因此,用户创建的数据库不能小于 model 数据库的大小。
- tempdb:是临时数据库,用于存储用户创建的临时表、用户声明的变量以及用户定义的游标数据等,并为数据的排序等操作提供一个临时工作空间。

18.1.2 SQL Server 数据库的组成

在第 12 章"事务与并发控制"介绍了为保证并发事务之间没有相互干扰,为保证事务的原子性和一致性,必须将事务对数据库进行的更改操作记录在日志文件中,因此对大型数据库来说日志文件是非常重要的。SQL Server 的一个数据库由两类文件组成:数据文件和日志文件。数据文件用于存放数据库数据,日志文件用于存放日志内容。

在 SQL Server 中创建数据库时,了解 SQL Server 如何存储数据是很有必要的,这样用户可以知道如何估算数据库占用空间的大小以及如何为数据文件和日志文件分配磁盘空间。

在考虑数据库的空间分配时,需要了解如下规则。

- 所有数据库都包含一个主数据文件与一个或多个日志文件,此外,还可以包含零个或多个辅助数据文件。实际的文件都有两个名称:操作系统管理的物理文件名和数据库管理系统管理的逻辑文件名(在数据库管理系统中使用的、用在 T-SQL 语句中的名字)。SQL Server 2005 数据文件和日志文件的默认存放位置为:\Program Files\Microsoft SQL Server\ MSSQL.1\ MSSQL\Data 文件夹。
- 在创建用户数据库时,包含系统表的 model 数据库自动被复制到新建数据库中,而且是复制到主数据文件中。
- 在 SQL Server 2005 中,数据的存储单位是数据页(Page,也简称为页)。一页是一块 8KB(8×1024 字节,其中用 8 060 个字节存放数据,另外的 132 个字节存放系统信息)的连续磁盘空间,页是存储数据的最小单位。页的大小决定了数据库表中一行数据的最大大小。在 SQL Server 中,不允许表中的一行数据存储在不同页上,即行不能跨页存储。因此表中一行数据的大小(即各列所占空间之和)不能超过 8 060 字节。

根据数据页的大小和行不能跨页存储的规则,就可以估算出一个数据表所需占用的大致空间。例如,假设一个数据库表有 10 000 行数据,每行 3 000 字节,则每个数据页可存放两行数据(如图 18-2 所示),此表需要的空间就为:(10 000/2)*8KB=40MB。其中,每页被占用 6 000 字节,有 2 060 个字节是浪费的。该数据表的空间浪费情况大约为 25%。

因此,在设计数据库表时应考虑表中每行数据的大小,使一个数据页尽可能存储更多的数据行,以减少空间浪费。

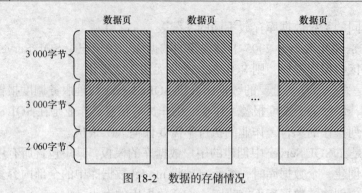

图 18-2　数据的存储情况

18.1.3　数据文件和日志文件

1．数据文件

数据文件用于存放数据库数据。数据文件又分为：主数据文件和辅助数据文件。

● 主数据文件：主数据文件的推荐扩展名是.mdf。它包含数据库的系统信息，并可存放用户数据库的数据。每个数据库都有且仅有一个主数据文件，且是为数据库创建的第一个数据文件。

● 辅助数据文件：辅助数据文件的推荐扩展名是.ndf。一个数据库既可以不包含辅助数据文件，也可以包含多个辅助数据文件，而且这些辅助数据文件既可以建立在一个磁盘上，也可以分别建立在不同的磁盘上。

辅助数据文件的使用和主数据文件的使用对用户来说是没有区别的，而且对用户也是透明的，用户不需要关心自己的数据是存放在主数据文件上，还是存放在辅助数据文件上。

2．事务日志文件

事务日志文件的推荐扩展名是.ldf，用于存放恢复数据库的所有日志信息。每个数据库必须至少有一个日志文件，也可以有多个日志文件。日志文件最小为 512KB，但最好不要小于1MB。

⭐ 注意：　　SQL Server 2005不强制使用.mdf、.ndf 和 .ldf 文件扩展名，但建议使用这些扩展名以利于标识文件的用途。

18.1.4　数据库文件的属性

在定义数据库时，除了要指定数据库的名字之外，其余要做的工作就是定义数据库的数据文件和日志文件，定义这些文件需要指定的信息包括以下几方面。

1．文件名及其位置

数据库的每个数据文件和日志文件都具有一个逻辑文件名（引用文件时，在 SQL Server 中使用的文件名称）和物理存储位置（包括物理文件名，即操作系统管理的文件名）。一般情况下，如果有多个数据文件的话，为了获得更好的性能，建议将文件分散存储在多个物理磁盘上。

2．初始大小

指定每个数据文件和日志文件的初始大小。在指定主数据文件的初始大小时，其大小不能小于 model 数据库主数据文件的大小，因为系统是将 model 数据库主数据文件的内容拷贝到用户数据库的主数据文件上的。

3. 增长方式

如果需要的话，可以指定文件是否自动增长。该选项的默认配置为自动增长，即当数据库的空间用完后，系统自动扩大数据库的空间，这样可以防止由于数据库空间用完而造成不能插入新数据或不能进行数据操作的错误。

4. 最大大小

文件的最大大小指的是文件增长的最大空间限制。默认情况是无限制。建议用户设定允许文件增长的最大空间大小，如果用户不设定最大空间大小，但设置了文件自动增长方式，则文件将会无限制增长直到磁盘空间用完为止。

18.2 创建数据库

创建数据库可以在 SSMS 工具中用图形化的方式实现，也可以通过 T-SQL 语句实现。下面分别介绍这两种创建数据库的方法。

18.2.1 用图形化方法创建数据库

用图形化的方法创建数据库的步骤如下。

① 启动 SSMS 工具，并连接到 SQL Server 数据库服务器的一个实例上。

② 在 SSMS 的"对象资源管理器"中，在实例下的"数据库"节点上右击鼠标，或者在某个用户数据库上右击鼠标，在弹出的快捷菜单中选择"新建数据库"命令，弹出如图 18-3 所示的新建数据库窗口。

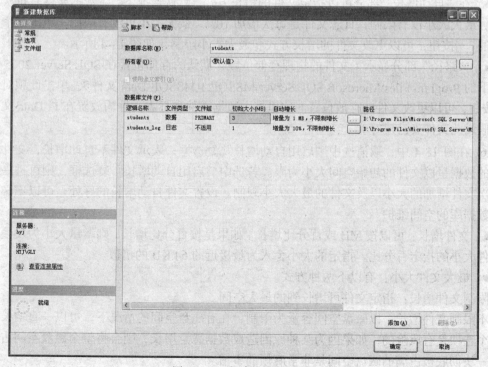

图 18-3 "新建数据库"窗口

③在"数据库名称"文本框中输入数据库名，如本例的 students。当输入数据库名时，下面的"数据库文件"中也有了相应的逻辑名称，这只是辅助用户命名逻辑文件名，用户可以对这些名字再进行修改。

④"数据库名称"下面是"所有者"，数据库的所有者可以是任何具有创建数据库权限的登录账户，数据库所有者对其拥有的数据库具有全部的操作权限，包括修改、删除数据库以及对数据库内容进行操作。默认时，数据库的拥有者是"<默认值>"，表示该数据库的所有者是当前登录到 SQL Server 的账户。关于登录账户及数据库安全性将在第 20 章详细介绍。

⑤ 在图 18-3 的"数据库文件"部分，可以定义数据库包含的数据文件和事务日志文件。

● 在"逻辑名称"处可以指定文件的逻辑文件名，默认的主数据文件的逻辑文件名同数据库名，默认的第一个日志文件的逻辑文件名为："数据库名" + "_log"。

● "文件类型"框显示了该文件的类型是数据文件还是日志文件，用户新建文件时，可通过此框指定文件的类型，初始时，数据库必须至少有一个主数据文件和一个日志文件，因此这两个文件的类型是不能修改的。

● "文件组"框显示了数据文件所在的文件组（日志文件没有文件组概念），文件组是由一组文件组成的逻辑组织。默认情况下，所有的数据文件都属于 PRIMARY 主文件组。主文件组是系统预定义好的，每个数据库都必须有一个主文件组，而且主数据文件必须存放在主文件组中。用户可以根据自己的需要添加辅助文件组，辅助文件组用于组织辅助数据文件，目的是为了提高数据访问性能。

● 在"初始大小"部分可以指定文件创建后的初始大小，默认情况下，主数据文件的初始大小是 3MB，日志文件的初始大小是 1MB。这里，假设将 students_log 日志文件的初始大小设置为 2MB。

● 在"自动增长"部分可以指定文件的增长方式，默认情况下，主数据文件是每次增加 1MB，最大大小没有限制，日志文件是每次增加 10%，最大大小也没有限制。单击某个文件对应的 … 按钮，可以更改文件的增长方式和最大大小限制，如图 18-4 所示。

● "路径"部分显示了文件的物理存储位置，默认的存储位置在 SQL Server 2005 安装磁盘下的 Program Files\Microsoft SQL Server\MSSQL.1\MSSQL\Data 文件夹。单击此项对应的 … 按钮，可以更改文件的存放位置。这里将主数据文件和日志文件均放置在 F:\Data 文件夹下（假设此文件夹已建好）。

⑥ 在图 18-4 中，取消选中"启用自动增长"复选框，表示文件不自动增长，文件能够存放的数据量以文件的初始空间大小为限。若选中"启用自动增长"复选框，则可进一步设置每次文件增加的大小以及文件的最大大小限制。设置文件自动增长的好处是可以不必随时担心数据库的空间维护。

● 文件增长：可以按 MB 或百分比增长。如果是按百分比增长，则增量大小为发生增长时文件大小的指定百分比。指定的大小舍入为最接近的 64 KB 的倍数。

● 最大文件大小：有以下两种方式。

限制文件增长：指定文件可增长到的最大空间。

不限制文件增长：以磁盘空间容量为限制，在有磁盘空间的情况下，可以一直增长。选择这个选项是有风险的，如果因为某种原因造成数据恶意增长，则会将整个磁盘空间占满。清理一块彻底被占满的磁盘空间是非常麻烦的事情。

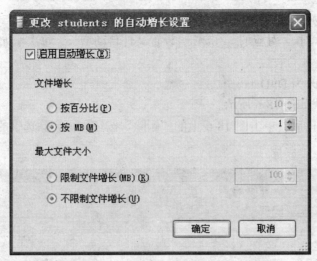

图 18-4　更改文件增长方式和最大大小窗口

假设这里将 students_log 日志文件设置为限制增长，且最大大小为 6MB。

⑦ 单击图 18-3 上的"添加"按钮，可以增加该数据库的辅助数据文件和日志文件，如图 18-5 所示。

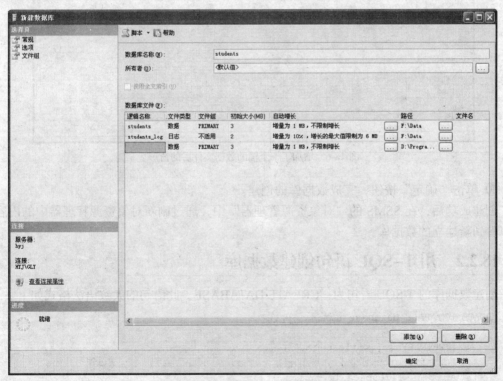

图 18-5　添加数据库文件的窗口

⑧ 这里添加一个辅助数据文件。在图 18-5 所示窗口中，对该新文件进行如下设置。

- 在"逻辑名称"部分输入 students_data1。
- 在"文件类型"下拉列表框中选择"数据"选项。

- 将初始大小改为 5。
- 单击"自动增长"对应的 ⋯ 按钮，设置文件自动增长，每次增加 1MB，最多增加到 10MB。
- 将"路径"改为 D:\Data。

设置好后的形式如图 18-6 所示。

⑨ 选中某个文件后，单击图 18-6 上的"删除"按钮，可删除选中的文件。这里不进行任何删除。

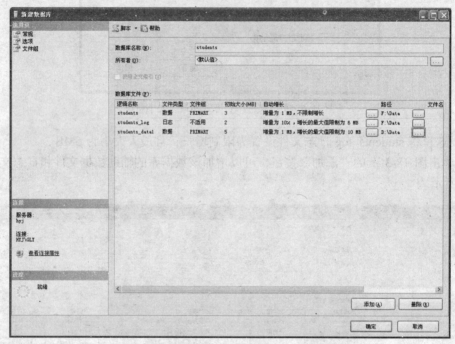

图 18-6 增加了一个辅助数据文件后的情形

⑩ 单击"确定"按钮，完成数据库的创建。

创建成功后，在 SSMS 的"对象资源管理器"中，通过刷新对象资源管理器中的内容，可以看到新建立的数据库。

18.2.2 用 T–SQL 语句创建数据库

创建数据库的 T-SQL 语句为：CREATE DATABASE，此语句的大致语法格式如下。

```
CREATE DATABASE database_name
    [ ON
        [ PRIMARY ] [ <filespec> [ ,...n ]
        [ , <filegroup> [ ,...n ] ]
    [ LOG ON { <filespec> [ ,...n ] } ]
    ]
]

<filespec> ::=
{
(  NAME = logical_file_name ,
   FILENAME = { 'os_file_name' | 'filestream_path' }
```

```
    [ , SIZE = size [ KB | MB | GB | TB ] ]
    [ , MAXSIZE = { max_size [ KB | MB | GB | TB ] | UNLIMITED } ]
    [ , FILEGROWTH = growth_increment [ KB | MB | GB | TB | % ] ]
) [ ,...n ]
}

<filegroup> ::=
{
    FILEGROUP filegroup_name [ DEFAULT ]
    <filespec> [ ,...n ]
}
```

各参数含义如下。

① database_name：新数据库的名称。数据库名在 SQL Server 实例中必须是唯一的。

如果在创建数据库时未指定日志文件的逻辑名，则 SQL Server 用 database_name 后加 "_log" 作为日志文件的逻辑名和物理名。这种情况下将限制 database_name 不超过 123 个字符，从而使生成的逻辑文件名不会超过 128 个字符。

如果未指定数据文件名，则 SQL Server 用 database_name 作为数据文件的逻辑名和物理名。

② ON：指定用来存储数据库中数据部分的磁盘文件（数据文件）。其后面是用逗号分隔的、用以定义数据文件的 <filespec> 项列表。

③ PRIMARY：指定关联数据文件的主文件组。带有 PRIMARY 的<filespec>部分定义的第一个文件将成为主数据文件。

如果没有指定 PRIMARY，则 CREATE DATABASE 语句中列出的第一个文件将成为主数据文件。

④ LOG ON：指定用来存储数据库中日志部分的磁盘文件（日志文件）。其后面跟以逗号分隔的用以定义日志文件的<filespec> 项列表。如果没有指定 LOG ON，将系统自动创建一个日志文件，其大小为该数据库的所有数据文件大小总和的 25%或 512 KB，取两者之中的较大者。

⑤ <filespec>：定义文件的属性。各参数含义如下。

● NAME=logical_file_name：指定文件的逻辑名称。指定 FILENAME 时，需要使用 NAME 的值。在一个数据库中逻辑名必须唯一，而且必须符合标识符规则。名称可以是字符或 Unicode 常量，也可以是常规标识符或分隔标识符。

● FILENAME= 'os_file_name'：指定操作系统（物理）文件名称。'os_file_name'是创建文件时由操作系统使用的路径和文件名。

● SIZE=size：指定文件的初始大小。 如果没有为主数据文件提供 size，则数据库引擎将使用 model 数据库中的主数据文件的大小。如果指定了辅助数据文件或日志文件，但未指定该文件的 size，则数据库引擎将以 1MB 作为该文件的大小。为主数据文件指定的大小应不小于 model 数据库的主数据文件大小。

可以使用千字节（KB）、兆字节（MB）、千兆字节（GB）或兆兆字节（TB）为后缀。默认为 MB。Size 是一个整数值，不能包含小数位。

● MAXSIZE=max_size：指定文件可增大到的最大大小。可以使用 KB、MB、GB 和 TB 为后缀。默认为 MB。max_size 为一个整数值，不能包含小数位。如果未指定 max_size，则表示文件大小无限制，文件将一直增大，直至磁盘空间满。

● UNLIMITED：指定文件的增长无限制。在 SQL Server 2005 中，指定为不限制增长的日志文件的最大大小为 2TB，而数据文件的最大大小为 16TB。

● FILEGROWTH=growth_increment：指定文件的自动增量。FILEGROWTH 的大小不能超过 MAXSIZE 的大小。

growth_increment 为每次需要新空间时为文件添加的空间量。该值可以使用 MB、KB、GB、TB 或百分比（%）为单位指定。如果未在数字后面指定单位，则默认为 MB。如果指定了"%"，则增量大小为发生增长时文件大小的指定百分比。指定的大小舍入为最接近的 64KB 的倍数。FILEGROWTH=0 表明将文件自动增长设置为关闭，即不允许自动增加空间。

如果未指定 FILEGROWTH，则数据文件的默认增长值为 1MB，日志文件的默认增长比例为 10%，并且最小值为 64KB。

⑥ <filegroup>：控制文件组属性。其中各参数含义如下。

● FILEGROUP filegroup_name：文件组的逻辑名称。filegroup_name 在数据库中必须唯一，而且不能是系统提供的名称 PRIMARY 和 PRIMARY_LOG，其名称必须符合标识符规则。

● DEFAULT：指定该文件组为数据库中的默认文件组。

在使用 T-SQL 语句创建数据库时，最简单的情况是可以省略所有的参数，只提供一个数据库名即可，这时系统会按各参数的默认值创建数据库。

下面举例说明如何在查询编辑器中，用 T-SQL 语句创建数据库。

例 1 创建一个名为"学生管理数据库"的数据库，其他选项均采用默认设置。

```
CREATE DATABASE 学生管理数据库
```

执行情况如图 18-7 所示。

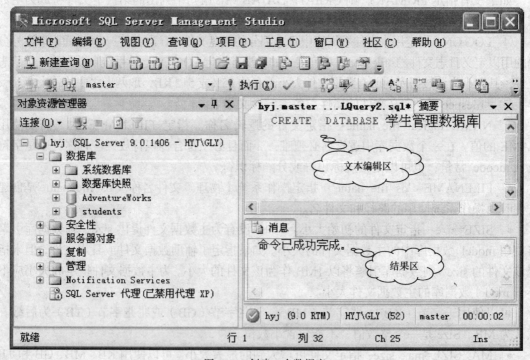

图 18-7 创建一个数据库

例 2 创建一个名为"RShDB"的数据库，该数据库由一个数据文件和一个事务日志文件组成。数据文件只有主数据文件，其逻辑文件名为"RShDB"，其物理文件名为

"RShDB.mdf"，存放在"D:\ RShDB_Data"文件夹下，其初始大小为 10MB，最大大小为 30MB，自动增长时的递增量为 5MB。事务日志文件的逻辑文件名为 "RShDB_log"，物理文件名为 "RShDB_log.ldf"，也存放在 "D:\ RShDB_Data" 文件夹下，初始大小为 3MB，最大大小为 12MB，自动增长时的递增量为 2MB。

创建此数据库的 SQL 语句如下。

```
CREATE DATABASE RShDB
ON
 ( NAME = RShDB,
   FILENAME = 'D:\RShDB_Data\RShDB.mdf ',
   SIZE = 10,
   MAXSIZE = 30,
FILEGROWTH = 5 )
LOG ON
 ( NAME = RShDB_log,
   FILENAME = ' D:\RShDB_Data\RShDB_log.ldf ',
   SIZE = 3,
   MAXSIZE = 12,
   FILEGROWTH = 2 )
```

例3　用 CREATE DATABASE 语句创建 18.2.1 节中用图形化方法创建的 students 数据库。

● 主数据文件逻辑名为：students，存放在 PRIMARY 文件组上，初始大小为 3MB，每次增加 1MB，最大大小无限制。物理存储位置为：F:\Data 文件夹。物理文件名为：students.mdf。

● 辅助数据文件的逻辑名为：students_data1，初始大小为 5MB，自动增长，每次增加 1MB，最多增加到 10MB。物理存储位置为：D:\Data 文件夹。物理文件名为：students_data1.ndf。

● 日志文件的逻辑名为：students_log，初始大小为 2MB，每次增加 10%，最多增加到 6MB。物理存储位置为：F:\Data 文件夹。物理文件名为：students_log.ndf。

创建此数据库的 SQL 语句如下。

```
CREATE DATABASE students
ON PRIMARY
 ( NAME = students,
   FILENAME = 'F:\Data\students.mdf',
   SIZE = 3MB,
   MAXSIZE = UNLIMITED),
 ( NAME = students_data1,
   FILENAME = 'D:\Data\students_data1.ndf',
   SIZE = 5MB,
   MAXSIZE = 10MB,
   FILEGROWTH = 1MB
 )
LOG ON
 ( NAME = students_log,
   FILENAME = 'F:\Data\students_log.ldf',
   SIZE = 2MB,
   MAXSIZE = 6MB,
   FILEGROWTH = 10%
 )
```

18.3　基本表的创建与管理

第 4 章已经介绍了如何使用 SQL 语句定义表及其约束，下面将介绍如何在 SQL Server 2005 中利用图形化的方法创建表及定义表的完整性约束。

18.3.1　创建表

在 SQL Server 2005 中可以通过图形化的方法创建表，以及定义表的完整性约束。这里以第 4 章创建的 Student、Course 和 SC 表为例说明图形化建表的方法。

使用 SSMS 图形化地创建 Student 表的步骤如下（假设是在"students"数据库中创建这三张表）。

① 在 SSMS 的对象资源管理器中，展开包含 students 数据库的实例，并展开"students"数据库。

② 在"students"数据库下的"表"节点上右击鼠标，在弹出的菜单中选择"新建表"命令。在 SSMS 窗口的中间部分多出一个新建表的标签页，称为表设计器，如图 18-8 所示。

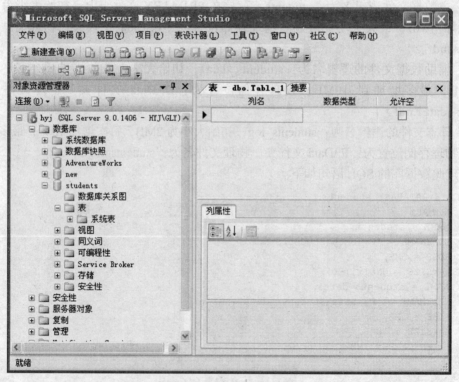

图 18-8　新建表的表设计器

③ 在"列名"部分输入表中各列的名字，在"数据类型"部分指定对应列的数据类型。"允许空"复选框表示该列取值是否允许有 NULL 值，选中表示允许 NULL，不选中表示不允许 NULL。

④ 图 18-9 所示为输入第一个列 Sno 后的情形，在输入列名后，即可在"数据类型"下

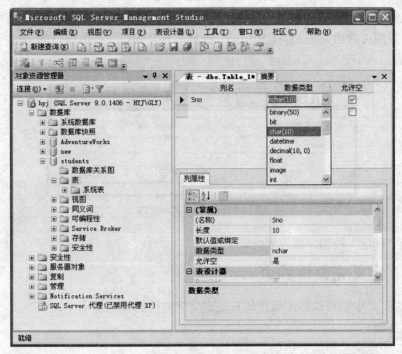

图 18-9　输入列名后的情形

拉列表框中指定该列的数据类型。如果是字符类型，则还应该指定字符串长度（默认的长度是 10），也可以在窗口右下角的"列属性"窗格中指定列的数据类型、长度以及是否允许为空等。

⑤ 依次定义 Student 表的后续列。定义好 student 表的各列后的表设计器形式如图 18-10 所示。

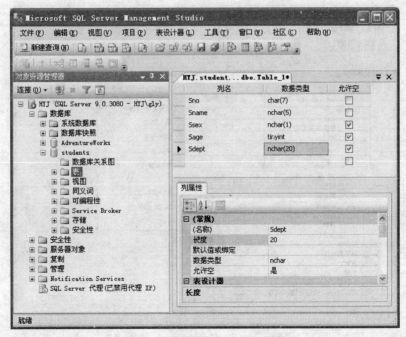

图 18-10　定义好 student 表后的情形

⑥ 定义好表结构之后，单击工具栏上的"保存" 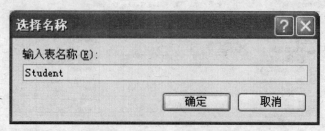 按钮，或者单击"文件"菜单下的"保存"命令，即可弹出如图 18-11 所示的"选择名称"窗口，在此窗口的"输入表名称"框中可以指定表的名字，如"Student"。

图 18-11　指定表名称窗口

⑦ 单击"确定"按钮，保存表的定义。

18.3.2　定义完整性约束

在 SSMS 工具中也可以用图形化的方法定义完整性约束。

1. 定义主键

在 SSMS 中定义主键的方法如下。

① 在要定义主键的表设计器中（假设是 Student 表），单击主键列（Sno）前边的行选择器，选中 Sno 列。若主键由多个列组成（比如 SC 表的主键是（Sno，Cno）），则可在单击其他主键列时按住 Ctrl 键，以达到同时选中多个列的目的。

② 单击工具栏上的"设置主键"  按钮，或者在主键列上右击鼠标，在弹出的菜单中选择"设置主键"命令（如图 18-12 所示），即可将选中的列设置为主键。设置好主键后，在主键列的行选择器上会出现一个钥匙图标，如图 18-13 所示。

图 18-12　选择"设置主键"命令

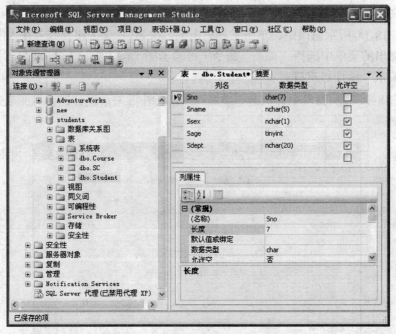

图 18-13 设置好 student 表的主键后的情形

③ 单击"保存" 按钮，保存表的定义。

2. 定义外键约束

下面介绍定义外键约束的方法。按照前述 Student 表的创建方法，创建好表 4-9 和表 4-10 所示的 Course 表和 SC 表。在 SC 表中，除了定义主键之外，还需要定义外键。定义好 SC 表后的形式如图 18-14 所示。

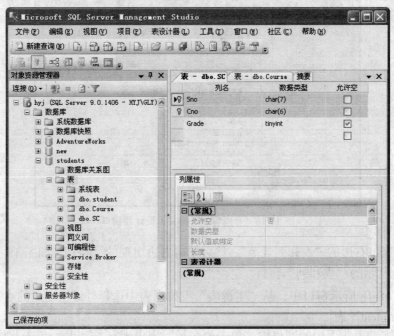

图 18-14 定义好 SC 表后的情形

下面开始定义 SC 表的外键。具体步骤如下。

① 在图 18-14 所示窗口中，单击工具栏上的"关系" 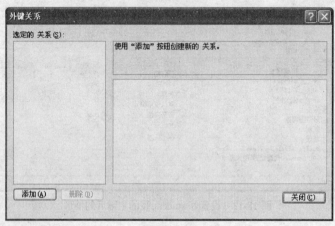按钮，或者在表的列上右击鼠标，然后在弹出的菜单中选择"关系"命令（可参考图 18-12 所示），即可弹出如图 18-15 所示的"外键关系"设计器窗口。

② 在图 18-15 所示窗口中，单击"添加"按钮，外键关系设计器窗口变成如图 18-16 所示形式。

图 18-15　"外键关系"设计器窗口

③ 在图 18-16 所示窗口中，在"选定的关系"列表框中列出了系统提供的默认关系名称（FK_SC_SC），名称格式为 FK_<tablename>_<tablename>，其中 tablename 是外键表的名称。选中该关系。 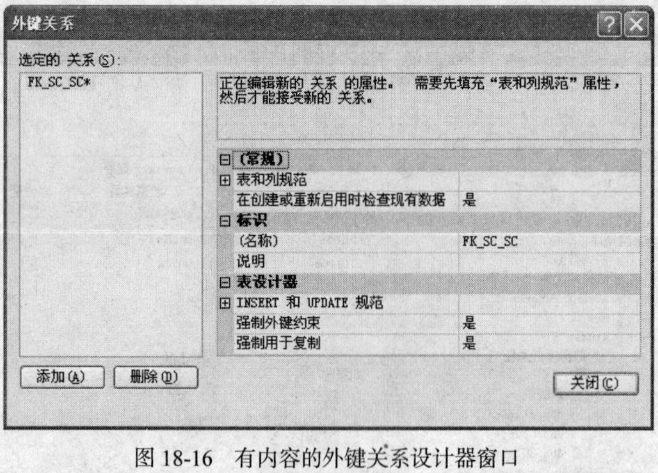

图 18-16　有内容的外键关系设计器窗口

④ 展开窗口右边的"表和列规范"，然后单击右边出现的…按钮（如图 18-17 所示），弹出如图 18-18 所示的"表和列"窗口。

⑤ 在图 18-18 所示窗口中，从"主键表"下拉列表中选择外键所引用的主键所在的表，这里选中"Student"表。

⑥ 在"主键表"下边的网格中，单击第一行，当出现 按钮时，单击此按钮，从列表框中选择外键所引用的主键列，这里选择"Sno"，如图 18-19 所示。

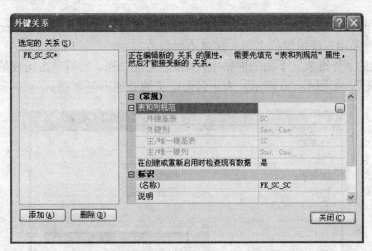

图 18-17 展开"表和列规范"后的窗口形式

图 18-18 指定外键列和所引用的主键列的窗口

图 18-19 选择 Student 表和 Sno 列

⑦ 指定好外键之后，系统自动对"关系名"进行更改，如 FK_SC_Student。用户可以更改此名，也可以采用系统提供的名字。这里不做修改。

⑧ 在右边的"外键表"下面的网格中，单击"Cno"列，然后单击出现的 ✓ 按钮，从列表框中选择"无"，如图 18-20 所示。表示目前定义的外键不包含 Cno。

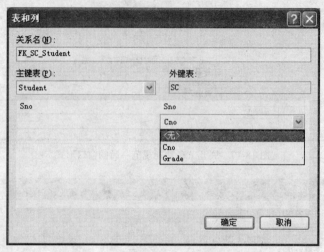

图 18-20　在 Cno 的下拉列表框中选择"无"

⑨ 单击"确定"按钮，关闭"表和列"窗口，回到如图 18-21 所示的"外键关系"设计器窗口。至此，定义好了 SC 表的 Sno 外键。按同样的方法定义 SC 表的 Cno 外键。

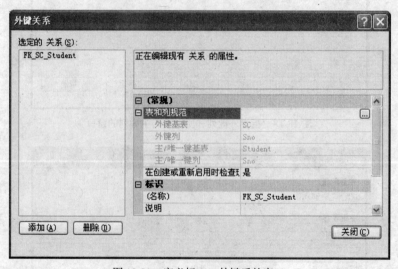

图 18-21　定义好 Sno 外键后的窗口

⑩ 单击"关闭"按钮，关闭"外键关系"设计器，回到 SSMS。

注意：　关闭外键关系设计器窗口并不会保存对外键的定义。

⑪ 在 SSMS 工具栏上单击"保存" ☐ 按钮，或者关闭表设计器，并在弹出的提示窗口中单击"是"按钮，系统即可弹出一个保存提示窗口，在此窗口中单击"是"按钮保存所定义的外键约束。

3. 定义 UNIQUE 约束

假设要为 Student 表的 Sname 列添加 UNIQUE 约束。在 SSMS 中定义 UNIQUE 约束的步骤如下。

① 在 SSMS 的对象资源管理器中展开"students"数据库，然后展开其中的"表"节点，在要设置 UNIQUE 约束的 Student 表上右击鼠标，在弹出的菜单中选择"修改"命令，出现 Student 的表设计器标签页。

② 单击工具栏上的"管理索引和键" 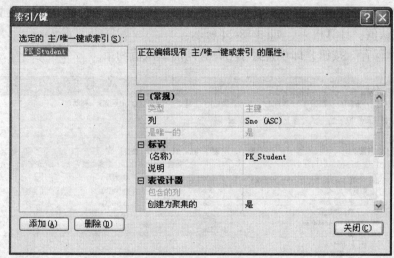 按钮，或者在该表的某列上右击鼠标，然后在弹出的菜单中选择"索引/键"命令，即可弹出如图 18-22 所示的定义"索引/键"的窗口。在该窗口中，可以看到左边的"选定的主/唯一键或索引"列表框中已 PK_Student 项，这是系统自动为主键列定义的索引。

图 18-22　"索引/键"窗口

③ 在图 18-22 中，单击"添加"按钮，然后在"常规"下的"类型"选项中，选择"唯一键"选项，如图 18-23 所示。实际上，数据库管理系统是用唯一索引来实现 UNIQUE 约束的，即定义 UNIQUE 约束就是建立了一个唯一索引。

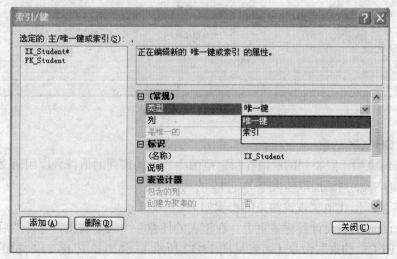

图 18-23　指定"唯一键"选项

④ 在"名称"框中可以修改 UNIQUE 约束的名字，也可以采用系统提供的名字（这里是 IX_Student），这里不进行修改。

⑤ 单击"关闭"按钮，关闭创建唯一值约束窗口，回到 SSMS，在 SSMS 上单击 按钮，然后在弹出的"保存"提示窗口中，单击"是"按钮保存新定义的约束。

4. 定义 DEFAULT 约束

在第8章已经介绍过，DEFAULT 约束用于指定列的默认值。这里假设为 Student 表的 Sdept 列定义默认值：计算机系。

在 SSMS 中图形化地实现该约束的步骤如下。

① 在 SSMS 的对象资源管理器中展开 students 数据库并展开其下的"表"节点，在 Student 表上右击鼠标，在弹出的菜单中选择"修改"命令，弹出 student 的表设计器标签页。

② 选中要设置 DEFAULT 约束的 Sdept 列，然后在设计器下边的"默认值或绑定"框中输入本列的默认值：计算机系，如图 18-24 所示。

③ 单击"保存"按钮，即设置好了 Sdept 列的默认值约束。

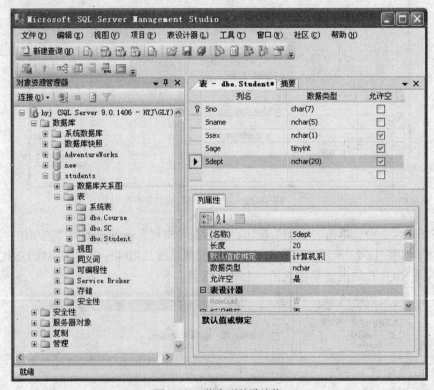

图 18-24　指定列的默认值

5. 定义 CHECK 约束

CHECK 约束用于限制列的取值在指定范围内，使约束列的值符合应用语义。这里假设为 Student 表的 Sage 列添加取值大于等于 15 的约束。

在 SSMS 中图形化地实现该约束的步骤如下。

① 在 Student 的表设计器标签页上，在该表的任意一个列上右击鼠标，然后从弹出的菜单中选择"CHECK 约束"命令（可参见图 18-12 所示），弹出如图 18-25 所示的 CHECK 约束窗口。

② 在图 18-25 中，单击"添加"按钮，CHECK 约束窗口成为如图 18-26 所示形式。可在"名称"框中输入约束的名字（也可以采用系统提供的默认名）。

③ 在"表达式"框中输入约束的表达式（如图 18-26 中的 Sage >= 15），也可以单击"表达式"右边的 ... 按钮，然后在弹出的"CHECK 约束表达式"窗口中输入 CHECK 约束表达式，如图 18-27 所示。

④ 单击"关闭"按钮，回到 SSMS 窗口，单击"保存"按钮，保存所做的修改。

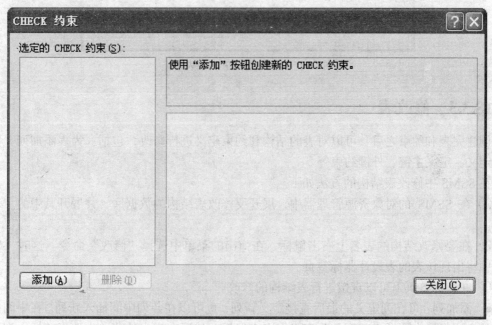

图 18-25　定义 CHECK 约束窗口

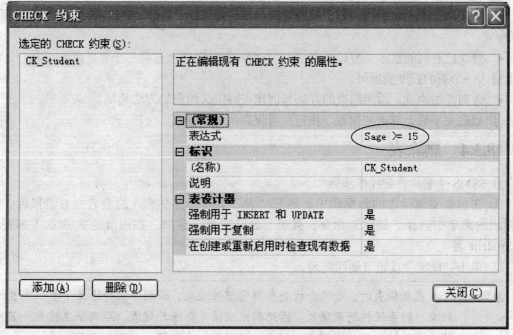

图 18-26　输入 CHECK 约束表达式

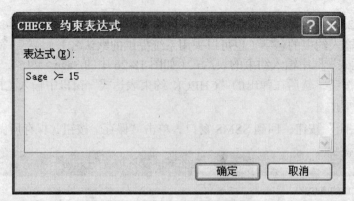

图 18-27 输入 CHECK 约束表达式

18.3.3 修改表

创建完表和约束之后，可以对表的结构和约束定义进行修改，包括：为表添加列、修改列的定义、定义主键、外键约束等。

在 SSMS 中修改表结构的方法如下。

① 在 SSMS 的对象资源管理器中，展开要修改表结构的数据库，并展开其中的"表"节点。

② 在要修改结构的表名上右击鼠标，在弹出的菜单中选择"修改"命令。这时 SSMS 窗口中将出现该表的表设计器标签页。

③ 在此标签页上可以直接进行表结构的修改。

● 添加列：可在列定义的最后直接定义新列，也可以在各列中间插入新列。在中间插入新列的方法是：在要插入新列的列定义上右击鼠标，然后在弹出的菜单中选择"插入列"命令，这时会在此列前空出一行，用户可在此行定义新插入的列。

● 删除列：选中要删除的列，然后在该列上右击鼠标，在弹出的菜单中选择"删除列"命令。

● 修改已有列的数据类型或长度：只需在"数据类型"项上选择一个新的类型或在"长度"项上输入一个新的长度值即可。

● 为列添加约束：添加约束的方法与创建表时定义约束的方法相同。

④ 修改完毕后，单击"保存"按钮，可保存所做的修改。

18.3.4 删除表

在 SSMS 中删除表的操作步骤如下。

① 在包含要删除表的数据库中，展开"表"节点，在要删除的表名上右击鼠标，并在弹出的菜单中选择"删除"命令，弹出"删除对象"窗口，如图 18-28 所示（如要删除 Student 表）。

② 单击"确定"按钮可删除此表。

注意： 在删除表时，系统会检查参照完整性约束，若删除操作违反了参照完整性约束，则系统拒绝删除表。因此用户应该先删除外键表，后删除主键表。若先删除有外键引用的主键表，则系统将显示一个错误，并且不删除该表。

　　若要判定某个表是否可以被删除，可单击图 18-28 中的 "显示依赖关系" 按钮，查看是否有外键表引用了该被删除的表。

　　在图 18-28 中单击 "显示依赖关系" 按钮，显示的依赖关系窗口如图 18-29 所示。

　　从图 18-29 可以看到，与 Student 表有依赖关系的表是 SC 表，因此，Student 表现在不能被删除。

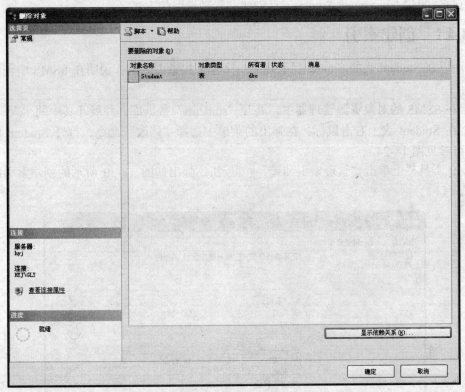

图 18-28　"删除对象" 窗口

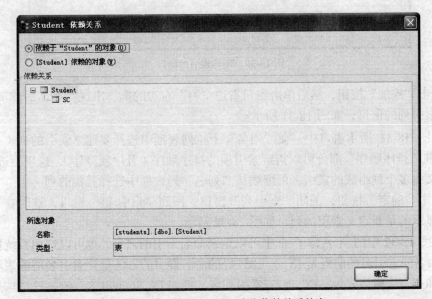

图 18-29　显示与 Student 表有依赖关系的表

18.4 索引的创建与管理

在第 7 章介绍了索引的概念以及使用 T-SQL 创建和删除索引的语句,本节将介绍使用 SQL Server 2005 Management Studio 工具创建和管理索引的方法。

18.4.1 创建索引

下面以在 Student 表的 Sname 列上建立一个非聚集索引为例,说明在 SSMS 中创建索引的方法。

① 在 SSMS 的对象资源管理器中,展开"students"数据库,并展开其中的"表"节点。

② 在 Student 表上右击鼠标,在弹出的菜单中选择"修改"命令,打开 Student 的表设计器(可参见图 18-24)。

③ 在工具栏上单击"管理索引和键" 按钮,弹出如图 18-30 所示的创建索引的"索引/键"窗口。

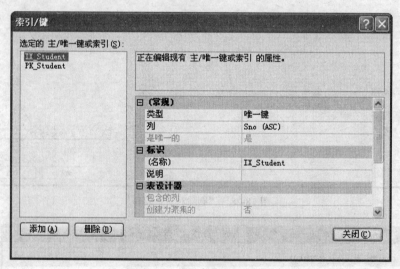

图 18-30 创建索引的窗口

④ 单击"添加"按钮,然后单击窗口右边"列"右边的框,出现 按钮后单击该按钮,弹出指定索引列的窗口,如图 18-31 所示。

⑤ 在图 18-31 所示窗口中,在"列名"下拉列表框中选择要建立索引的列(这里是:Sname),在"排序顺序"部分可以指定索引项的排序顺序(升序或降序),这里不进行修改。如果要定义由多个列组成的索引,可继续从"列名"列表框中选择其他的列。

⑥ 单击"确定"按钮,关闭"索引列"窗口,回到"索引/键"窗口,这时在"列"右边的框中显示的是新定义索引的列,如图 18-32 所示。

⑦ 在图 18-32 中的"(名称)"框中可以重新命名索引的名字,也可以选用系统提供的名字(系统命名的索引名的前缀是 IX_)。比较好的命名索引的方法是让索引名能够表明索引所涉及的表和列,一般格式为:IX_表名_索引列名,例如 IX_Student_Sname。这里选用系统提供的名字。

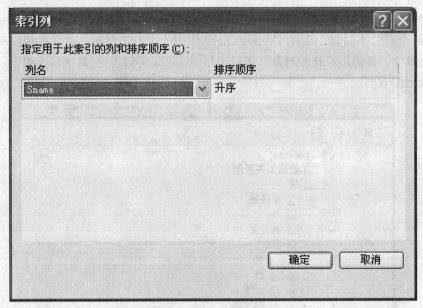

图 18-31　创建索引的窗口

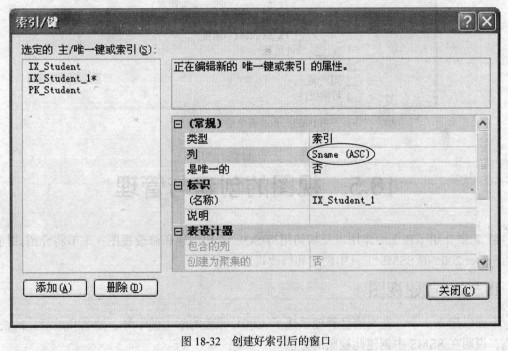

图 18-32　创建好索引后的窗口

⑧ 设置完成后，单击"关闭"按钮，即可关闭"索引/键"窗口，回到 SSMS。在这里单击"保存"保存所创建的索引。

18.4.2　查看和删除索引

创建好索引之后，可以在 SSMS 中查看表中已创建的全部索引，同时还可以对已创建的索引进行修改和删除。具体方法如下。

① 在 SSMS 的对象资源管理器中，展开要查看索引的表，比如展开 Student 表，并展开

Student 表下的"索引"节点，可以看到在该表上建立的全部索引，如图 18-33 所示。

② 在某个索引（例如，选择 IX_Student_1 索引）上右击鼠标，然后在弹出的菜单中选择"删除"命令，将弹出"删除对象"窗口（与图 18-28 类似），在此窗口上单击"确定"按钮可删除选定的索引。

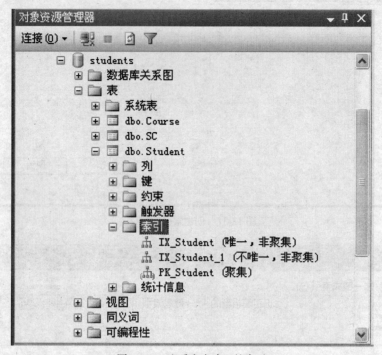

图 18-33　查看表中建立的索引

18.5　视图的创建与管理

第 7 章介绍了视图的作用以及如何用 T-SQL 语句创建和修改视图，本节将介绍如何在 SQL Server 2005 的 SSMS 工具中创建和修改视图。

18.5.1　创建视图

下面以建立一个"查询信息管理系选了 C001 课程的学生的学号、姓名和成绩"的视图为例，说明在 SSMS 中创建此视图的方法。

为方便比较，我们首先列出创建该视图的 SQL 语句。

```
CREATE VIEW V_IS_S1(学号,姓名,成绩)
AS
  SELECT Student.Sno, Sname, Grade
    FROM Student JOIN  SC ON Student.Sno = SC.Sno
    WHERE Sdept = '信息管理系'  AND  SC.Cno = 'C001'
```

① 在 SSMS 中，展开"students"数据库，并找到其中的"视图"节点，在"视图"节点上右击鼠标，在弹出的菜单中选择"新建视图"命令，弹出如图 18-34 所示的"添加表"窗口。

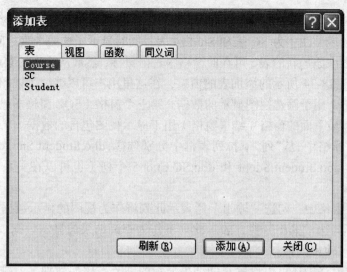

图 18-34　创建视图的"添加表"窗口

② 由于要创建的视图只涉及 Student 表和 SC 表，因此选中这两个表并单击"添加"按钮，将这两个表添加到视图设计器中，并单击"关闭"按钮，关闭"添加表"窗口。进入到如图 18-35 所示的视图设计器中。

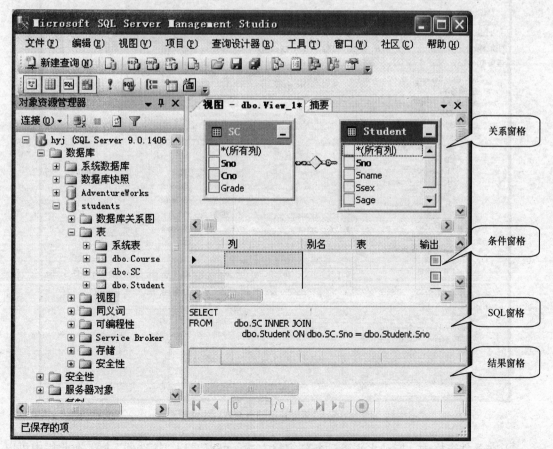

图 18-35　视图设计器窗口

③ 从图 18-35 可以看到，在视图设计器上有 4 个窗格。最上边的窗格（关系窗格）显示了该视图涉及的表（图中为 SC 表和 Student 表，同时显示了这两个表之间的关联关系），如果需要在关系图中添加新的表，可在此窗格中右击鼠标，然后从弹出的菜单中选择"添加表"命令，会弹出图 18-34 所示的添加表的窗口，在这里用户可以继续为视图添加新表。第二个窗格（条件窗格）用于筛选视图显示的数据，第三个窗格（SQL 窗格）显示了生成该视图的 SELECT 语句，最下面的窗格（结果窗格）用于显示视图包含的数据。

④ 在条件窗格中，从"列"下拉列表框中分别选择：dbo.Student.Sno、dbo.Student.Sname、dbo.SC.Grade、dbo.Student.Sdept 和 dbo.SC.Cno 5 个列（也可以在关系窗格中直接勾选这些列）。

⑤ 在条件窗格中，勾选"输出"栏表示此列将作为视图的显示数据（相当于 SELECT 子句部分），不勾选"输出"栏，表示此列不作为查询结果的显示数据。这里不勾选 Sdept 和 Cno 对应的"输出"栏。

⑥ 在条件窗格中还可以设置查询结果显示的细节，比如列别名、排序类型等。这里给 Sno、Sname 和 Grade 列分别取别名为学号、姓名和成绩。设置好后的设计器形式如图 18-36 所示。

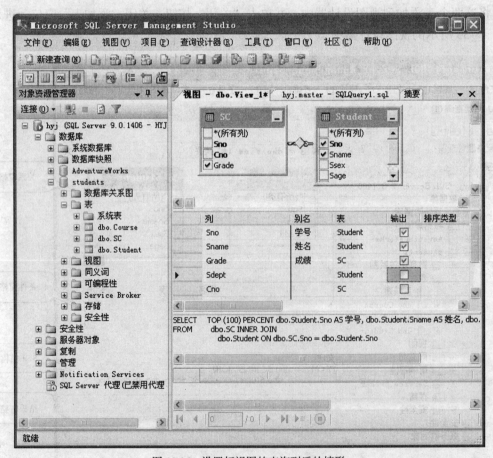

图 18-36　设置好视图的查询列后的情形

⑦ 在条件窗格中，拖动水平滚动条到窗格右边，可以看到"筛选器"栏，在此栏中可以设置视图数据的筛选条件（相当于 SELECT 语句中的 WHERE 子句部分）。在 Sdept 列对应的

此栏中输入：信息管理系，在 Cno 列对应的此栏中输入：C001。输入完成后系统自动将其变成标准表达形式，如图 18-37 所示。

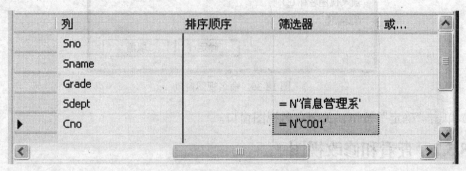

图 18-37　设置视图数据的筛选条件

⑧ 定义好视图的条件后，单击 ^{sql}（验证 SQL 句法）按钮，检查定义视图的 SELECT 语句的语法是否正确。若正确，单击 ！（执行 SQL）按钮，执行定义视图的 SELECT 语句，以查看视图的数据。图 18-38 所示为执行该查询语句的结果。

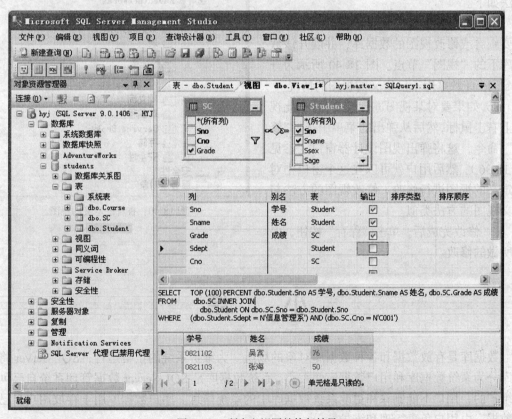

图 18-38　所定义视图的执行结果

⑨ 至此已完成了该视图的创建，接下来就是保存所创建的视图。单击"保存"按钮，或者在关闭视图设计器时，在是否保存更改的提示窗口中单击"是"按钮，即可弹出如图 18-39 所示的命名视图窗口。

⑩ 系统提供的默认视图名为：View_1，这里将该视图命名改为：V_IS。

图 18-39　命名视图窗口

⑪ 单击"确定"按钮，关闭命名视图窗口。

18.5.2　查看和修改视图

第 7 章介绍了使用 ALTER VIEW 语句对定义好的视图进行修改的方法,修改视图的操作也可以在 SSMS 中实现,而且通过 SSMS 还可以查看数据库中已定义的视图。

在 SSMS 中查看和修改已定义的视图的方法如下。

① 在 SSMS 的对象资源管理器中,展开要查看或修改视图的数据库,并展开该数据库下的"视图"节点。图 18-40 所示为查看 students 数据库下已定义的视图的情况。

② 如果要对某视图进行修改,可在此视图上右击鼠标,然后从弹出的菜单中选择"修改"命令,这将弹出视图设计器窗口（参见图 18-36）。然后用户就可以在这个窗口中对已定义的视图进行修改。修改视图的方法与定义视图的方法类似。

图 18-40　查看已定义的视图

③ 修改完成后,单击"保存"按钮,保存所做的修改。

小　　结

数据库是存放数据和各种数据库对象的场所。为维护系统的正常运行,SQL Server 将数据库分为系统数据库和用户数据库两大类。系统数据库是 SQL Server 数据管理系统自己创建和维护的,用户不能删除和更改系统数据库中的系统信息。用户数据库用于存放用户自己业务数据,由用户负责管理和维护。

本章对创建和删除数据库进行了详细的介绍。SQL Server 2005 的数据库由数据文件和日志文件组成,而且每个数据库至少包含一个主数据文件和一个日志文件,用户数据库的主数据文件的大小不能小于 model 数据库的主数据文件的大小。为了能充分利用多个磁盘的存储空间,可以将数据文件和日志文件分别建立在不同的磁盘上。

　　创建数据库实际上就是定义数据库所包含的数据文件和日志文件，定义这些文件的基本属性。定义好数据文件也就定义好了数据库三级模式中的内模式。数据库中的数据文件和日志文件的属性是一样的，这些文件都有逻辑文件名、物理存储位置、初始大小、增长方式和最大大小 5 个属性。当不再需要某个数据库时，可以将其删除，删除数据库也就删除了此数据库所包含的全部数据文件和日志文件。

　　本章同时介绍了在 SQL Server 2005 提供的 SSMS 工具中建立和维护关系表、索引和视图的方法。首先介绍的是在 SSMS 工具中用图形化的方法创建表和表中的约束的方法、修改已创建好的表的结构以及删除表的方法。然后介绍了在 SSMS 中创建和维护索引及视图，SQL Server 为这些对象的创建和维护提供的非常方便的图形化实现方法。从本章介绍的数据库对象的创建和维护可以看到，当创建数据库对象时，用户只需指明是在哪个数据库上进行操作，而不需要关心这些对象是在哪个数据库文件上进行操作，更不用关心数据库的存储位置。这些都是第 2 章介绍的关系数据库的物理独立性特征的体现。

习　题

1. 根据数据库用途的不同，SQL Server 将数据库分为哪两类？
2. 安装完 SQL Server 之后系统提供了哪些系统数据库？每个系统数据库的作用是什么？
3. SQL Server 数据库由哪两类文件组成？这些文件的推荐扩展名分别是什么？
4. SQL Server 数据库可以包含几个主数据文件？几个辅助数据文件？几个日志文件？
5. 数据文件和日志文件分别包含哪些属性？
6. SQL Server 中数据的存储单位是什么？存储单位对存储数据有何限制？
7. SQL Server 2005 每个数据页的大小是多少？数据页的大小对表中一行数据大小的限制有何关系？
8. 如何估算某个数据表所占的存储空间？如果某个数据表包含 20 000 行数据，每行的大小是 5 000 字节，则此数据库表大约需要多少存储空间？在这些存储空间中，有多少空间是浪费的？
9. 用户创建数据库时，对数据库主数据文件的初始大小有什么要求？

上 机 练 习

下述练习均在 SSMS 工具中实现。
1. 分别用图形化方法和 CREATE DATABASE 语句创建符合如下条件的数据库。
● 数据库的名字为：students。
● 数据文件的逻辑文件名为：students_dat，物理文件名为：students.mdf：存放在 D:\Test 目录下（若 D:中无此子目录，可先建立此目录，然后再创建数据库）。
● 文件的初始大小为：5MB。
● 增长方式为：自动增长，每次增加 1MB。

● 日志文件的逻辑文件名字为：students_log，物理文件名为：students.ldf，也存放在D:\Test 目录下。

● 日志文件的初始大小为：2MB。

● 日志文件的增长方式为自动增长，每次增加 10%。

2. 分别用图形化方法和 CREATE DATABASE 语句创建符合如下条件的数据库，此数据库包含两个数据文件和两个事务日志文件。

（1）数据文件

● 数据库的名字为：财务数据库。

● 数据文件 1 的逻辑文件名为：财务数据 1；物理文件名为：财务数据 1.mdf，存放在"D:\财务数据"目录下（若 D:中无此子目录，可先建立此目录，然后再创建数据库）。

● 文件的初始大小为：2MB。

● 增长方式为自动增长，每次增加 1MB。

● 数据文件 2 的逻辑文件名为：财务数据 2；物理文件名为：财务数据 2.ndf，存放在与主数据文件相同的目录下。

● 文件的初始大小为：3MB。

● 增长方式为：自动增长，每次增加 10%。

（2）日志文件

● 日志文件 1 的逻辑文件名为：财务日志 1；物理文件名为：财务日志 1_log.ldf，存放在 D:\财务日志目录下。

● 初始大小为：1MB。

● 增长方式为：自动增长，每次增加 10%。

● 日志文件 2 的逻辑文件名为：财务日志 2；物理文件名为：财务日志 2_log.ldf，存放在 D:\财务日志目录下。

● 初始大小为：2MB。

● 不自动增长。

以下各题均用 SSMS 工具的图形化操作方法实现。

3. 删除新建立的财务数据库，观察该数据库包含的文件是否一起被删除了。

4. 在第 1 题建立的 students 数据库中，分别创建满足如下条件的 3 张表（注："说明"信息不作为创建表的内容）。

教师表（**Teacher**）

列名	说明	数据类型	约束
Tno	教师号	普通编码定长字符串，长度为 7	主键
Tname	姓名	普通编码定长字符串，长度为 10	非空
Tsex	性别	普通编码定长字符串，长度为 2	取值为"男"、"女"
Birthday	出生日期	小日期时间型	允许空
Dept	所在部门	普通编码定长字符串，长度为 20	允许空
Sid	身份证号	普通编码定长字符串，长度为 18	取值不重

课程表（Course）

列名	说明	数据类型	约束
Cno	课程号	普通编码定长字符串，长度为 10	主键
Cname	课程名	普通编码定长字符串，长度为 20	非空
Credit	学分	小整型	大于 0
Property	课程性质	字符串，长度为 10	默认值为"必修"

授课表（Teaching）

列名	说明	数据类型	约束
Tno	教师号	普通编码定长字符串，长度为 7	主键，引用教师表的外键
Cno	课程名	普通编码定长字符串，长度为 10	主键，引用课程表的外键
Hours	授课时数	整数	大于 0

5．修改表结构：

（1）在授课表中添加一个授课类别列，列名为 Type，类型为 char(4)。

（2）将授课表的 Type 列的类型改为 char(8)。

（3）删除课程表中的 Property 列。

6．在教师表的 Tname 列上建立一个按降序排序的非聚集索引，索引名为：Idx_Tname。

7．建立满足第 4 章表 4-8～表 4-10 所示的 Student、Course 和 SC 表，并将第 5 章表 5-1～表 5-3 中的数据插入到这些表中。（说明：可通过在查询编辑器中编写 INSERT 语句实现，也可以在 SSMS 中，通过在表上右击鼠标，并在弹出的菜单中选择"打开表"命令，然后在弹出的标签页中直接输入数据）

8．针对已建立的 Student、Course 和 SC 表，建立如下视图，并执行查看其结果。

（1）查询计算机系学生的学号、姓名和年龄。

（2）查询计算机系学生的姓名、性别、所选课程的课程号和成绩。

（3）查询计算机系选修 VB 课程的学生的姓名、性别和成绩。

9．修改第 8 题（3）所建的视图，将其修改为：查询计算机系和信息管理系选修 VB 课程的学生的姓名、性别、所在系和成绩。

10．针对已建立好的 Student、Course 和 SC 表和已插入的数据，在 SSMS 中完成实现第 5 章及第 6 章习题的 SQL 语句，并测试这些语句的执行结果。将所编写的 SQL 语句保存到文件中。

第19章
存储过程和游标

存储过程是 SQL 语句和控制流语句的预编译集合，它以一个名称存储并作为一个单元处理，应用程序可以通过调用的方法执行存储过程。存储过程使得对数据库的管理和操作更加容易。

关系数据库中的操作是基于集合的操作，由 SELECT 语句返回的是一个集合，我们不能对这个集合内部进行操作，即不能定位到某行、某列进行操作，如果在实际应用当中需要对查询结果的内部进行精确的定行、定位的操作，就需要使用游标。游标是数据库管理系统为用户提供的一种可对查询结果进行定位操作的机制。

本章将讨论存储过程和游标的概念及作用。

19.1 存 储 过 程

19.1.1 存储过程概念

在创建数据库应用应用程序时，T-SQL 语言是应用程序和 SQL Server 数据库之间的主要编程接口。使用 T-SQL 语言编写代码时，可用两种方法存储和执行代码。一种是在客户端存储代码，并创建向 SQL Server 发送 SQL 命令（或 SQL 语句）并处理返回结果的应用程序，如常用的在 C#、Java 等客户端编程语言中嵌入访问数据库的 SQL 语句；另一种是将这些发送的 SQL 语句存储在数据库服务器端（实际是存储在具体的数据库中，作为数据库中的一个对象），这些存储在数据库服务器端的 SQL 语句就是存储过程，客户端应用程序可以直接调用并执行存储过程并处理其返回的结果。

数据库中的存储过程与一般程序设计语言中的过程类似，存储过程也可以：

- 接受输入参数并以输出参数的形式将多个值返回至调用过程或批处理。
- 包含执行数据库操作（包括调用其他过程）的编程语句。
- 向调用者返回状态值，以表明成功或失败（以及失败原因）。

使用存储在服务器端的存储过程而不使用嵌入到客户端应用程序中 T-SQL 语句的好处有如下几点。

（1）允许模块化程序设计

只需创建一次存储过程并将其存储在数据库中，以后就可以在应用程序中调用该存储过程任意多次。存储过程可由在数据库编程方面有专长的人员创建，并可独立于程序源代码而单独修改。

（2）改善性能

如果某操作需要大量 SQL 语句或需要重复执行，则用存储过程比每次直接执行 SQL 语句的速度要快。因为系统是在创建存储过程时对 SQL 代码进行分析和优化，并在第一次执行时进行语法检查和编译，将编译好的可执行代码存储在内存的一个专门缓冲区中，以后再执行此存储过程时，只需直接执行内存中的代码即可。

（3）减少网络流量

一个需要数百行 SQL 代码完成的操作现在只需要一条执行存储过程的代码即可实现，因此，不再需要在网络中发送数百行代码。

（4）可作为安全机制使用

对于即使没有直接执行存储过程中的语句权限的用户，也可以授予他们执行该存储过程的权限。

存储过程实际是存储在数据库服务器上的，由 SQL 语句和流程控制语句组成的预编译集合，它以一个名字存储并作为一个单元处理，可由应用程序调用执行，允许包含控制流、逻辑以及对数据的查询等操作。存储过程可以接受输入参数和输出参数，还可以返回单个或多个结果集。

19.1.2　创建和执行存储过程

创建存储过程的 SQL 语句为：**CREATE PROCEDURE**。

CREATE PROCEDURE 语句的语法格式如下。

```
CREATE PROC[EDURE] 存储过程名
  [ { @参数名　数据类型 } [ = default ] [OUTPUT]
  ] [ , ... n ]
AS
    SQL 语句 [ ... n ]
```

其中，

- *default*：表示参数的默认值。如果定义了默认值，则在执行存储过程时，可以不必指定该参数的值。
- OUTPUT：表明参数是输出参数。该选项的值可以返回给 EXEC[UTE]。使用 OUTPUT 参数可将信息返回给调用者。

执行存储过程的 SQL 语句是 EXECUTE，其语法格式如下。

```
[ EXEC [ UTE ] ] 存储过程名
  [实参 [, OUTPUT] [, … n ] ]
```

例 1　带有复杂 SELECT 语句的存储过程：查询计算机系学生的考试情况，列出学生的姓名、课程名和考试成绩。

```
CREATE  PROCEDURE  student_grade1
AS
  SELECT Sname, Cname, Grade
    FROM Student s INNER JOIN SC
    ON s.Sno = SC.Sno  INNER JOIN Course c
    ON c.Cno = sc.Cno
    WHERE Sdept = '计算机系'
```

执行此存储过程：

```
EXEC student_grade1
```

执行结果如图 19-1 所示。

例 2 带有输入参数的存储过程：查询某个指定系学生的考试情况，列出学生的姓名、所在系、课程名和考试成绩。

```
CREATE PROCEDURE student_grade2
    @dept char(20)
AS
    SELECT Sname, Sdept, Cname, Grade
    FROM Student s INNER JOIN SC
    ON s.Sno = SC.Sno  INNER JOIN Course c
    ON c.Cno = SC.Cno
    WHERE Sdept = @dept
```

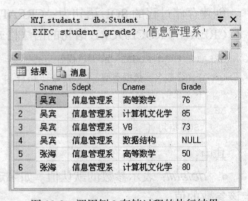

图 19-1　调用例 1 存储过程的执行结果

当存储过程有输入参数并且没有为输入参数指定默认值时，则在调用此存储过程时，必须要为输入参数指定一个常量值。

执行例 2 定义的存储过程，查询信息管理系学生的修课情况。

```
EXEC student_grade2 '信息管理系'
```

执行结果如图 19-2 所示。

例 3 带有多个输入参数并有默认值的存储过程：查询某个学生某门课程的考试成绩，若没有指定课程，则默认课程为 "VB"。

```
CREATE PROCEDURE student_grade3
    @sname char(10), @cname char(20) = 'VB'
AS
    SELECT Sname, Cname, Grade
    FROM Student s INNER JOIN SC
    ON s.Sno = SC.sno  INNER JOIN Course c
    ON c.Cno = SC.Cno
    WHERE  sname = @sname
      AND cname = @cname
```

图 19-2　调用例 2 存储过程的执行结果

执行带多个参数的存储过程时，参数的传递方式有以下两种。

（1）按参数位置传递值

按参数位置传递值指执行存储过程的 EXEC 语句中的实参的排列顺序必须与定义存储过程时定义的参数的顺序一致。

例如，使用按参数位置传递值方式执行例 3 所定义的存储过程，查询 "吴宾"、"高等数学" 课程的成绩。

```
EXEC student_grade3 '吴宾', '高等数学'
```

（2）按参数名传递值

按参数名传递值指的是执行存储过程的 EXEC 语句中要指明定义存储过程时指定的参数的名字以及此参数的值，而不关心参数的定义顺序。

例如，使用按参数名传递值方式执行例 3 所定义的存储过程。

```
EXEC Student_grade3 @sname = '吴宾', @cname = '高等数学'
```

两种调用方式返回的结果均为图 19-3 所示结果。

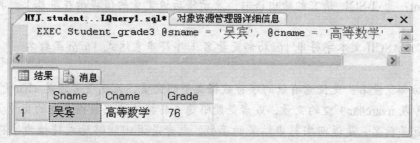

图 19-3 调用例 3 存储过程并指定全部输入参数的执行结果

如果在定义存储过程时为参数指定了默认值，则在执行存储过程时可以不为有默认值的参数提供值。例如，执行例 3 的存储过程：

```
EXEC student_grade3 '吴宾'
```

相当于执行：

```
EXEC student_grade3 '吴宾', 'VB'
```

执行结果如图 19-4 所示。

例 4 带有输出参数的存储过程。计算全体学生人数，并将计算结果作为输出参数返回给调用者。

```
Create Procedure Count_Total
  @total int output
As
  Select @total = COUNT(*) FROM Student
```

执行此存储过程示例：

```
Declare @res int
Execute Count_Total @res output
Print @res
```

该语句的执行结果如图 19-5 所示。

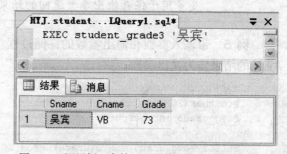

图 19-4 调用例 3 存储过程并使用默认值的执行结果

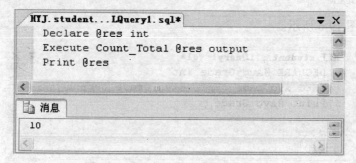

图 19-5 调用例 4 存储过程的执行结果

说明：

① Declare：为 T-SQL 语言的变量声明语句，其语法格式为：Declare @变量名 数据类型

② @total：为变量名。T-SQL 语言要求在变量名前要加"@"，以标识该名字为用户声明的变量。

③ Print：为 T-SQL 语言的输出语句，表示将后边变量的值显示在屏幕上。其语法格式如下。

PRINT　'ASCII 文本字符串'|@局部变量名 | 字符串表达式 | @@函数名

其中，

● @局部变量名：是任意有效的字符数据类型的变量，此变量必须是 char（或 nchar）或 varchar（或 nvarchar）型的变量，或者是能够隐式转换为这些数据类型的变量。

● @@函数名：是返回字符串结果的函数，或者是返回能够隐式转换为字符串类型的函数。

● 字符串表达式：是返回字符串的表达式。可包含串联（即字符串拼接，T-SQL 用"+"号实现）的字面值和变量。消息字符串最多可有 8 000 个字符，超过 8 000 个字节的任何字符均被截断。

注意：　　① 在执行含有输出参数的存储过程时，在执行语句中的变量名的后边也要加上 output 修饰符。

② 在调用有输出参数的存储过程时，与输出参数对应的是一个变量，此变量用于保存输出参数返回的结果。

例 5　带输入参数和输出参数的存储过程。统计指定课程（课程名）的平均成绩，并将统计的结果作为输出参数。

```
CREATE PROC AvgGrade
  @cn char(20),
  @avg_grade int output
AS
  SELECT @avg_grade = AVG(Grade) FROM SC
    JOIN Course C ON C.Cno = SC.Cno
    WHERE Cname = @cn
```

执行此存储过程，查询 VB 课程的平均成绩。

```
DECLARE @Avg_Grade int
EXEC AvgGrade 'VB', @Avg_Grade output
Print @Avg_Grade
```

执行结果如图 19-6 所示。

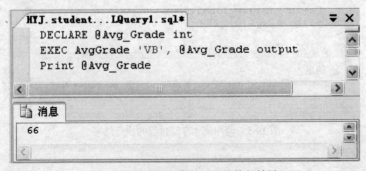

图 19-6　调用例 5 存储过程的执行结果

不仅可以利用存储过程查询数据，而且还可以用存储过程修改、删除和插入数据。

例 6 删除指定课程（课程名）考试成绩不及格学生的此门课程的修课记录。

```
CREATE PROC Del_SC
  @cn varchar(20)
AS
  DELETE FROM SC WHERE Grade < 60
    AND Cno IN (
      SELECT Cno FROM Course WHERE Cname = @cn)
```

例 7 将指定课程（课程号）的学分增加指定的分数。

```
CREATE PROC Update_Credit
  @cno varchar(10), @inc int
AS
  UPDATE Course SET Credit = Credit + @inc
    WHERE Cno = @cno
```

19.1.3 查看和修改存储过程

1. 查看已定义的存储过程

可以在 SSMS 工具中查看已定义好的全部存储过程，具体方法是：在 SSMS 的"对象资源管理器"中，首先展开要查看存储过程的数据库（这里展开"students"数据库），然后依次展开该数据库下的"可编程性"→"存储过程"，即可看到该数据库下用户定义的全部存储过程，如图 19-7 所示。

图 19-7 查看所定义的存储过程

在某个存储过程上右击鼠标，在弹出的快捷菜单中选择"修改"命令，可查看定义该存储过程的代码，如图 19-8 所示（该代码为定义 Count_Total 存储过程的代码）。

2. 修改存储过程

修改存储过程的 SQL 语句为：ALTER PROCEDURE，其语法格式如下。

```
ALTER PROC [ EDURE ] 存储过程名
  [ { @参数名   数据类型 } [ = default ] [OUTPUT]
  ] [ , ... n ]
  AS
  SQL 语句 [ ... n ]
```

修改存储过程的语句与定义存储过程的语句基本是一样的，只是将 CREATE PROC [EDURE] 改成了 ALTER PROC [EDURE]。

例 8 修改例 2 定义的存储过程，使其能查询指定系考试成绩大于等于 80 分的学生的修课情况。

```
ALTER PROCEDURE student_grade2
    @dept char(20)
AS
  SELECT Sname, Sdept, Cname, Grade
```

```
FROM Student s INNER JOIN SC
ON s.Sno = SC.Sno  INNER JOIN Course c
ON c.Cno = SC.Cno
WHERE Sdept = @dept AND Grade >= 80
```

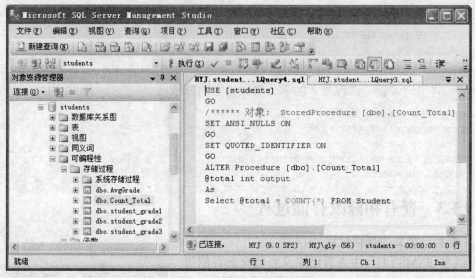

图 19-8　查看定义存储过程的代码

也可以在查看定义存储过程代码时修改存储过程定义，例如，在图 19-8 中，系统列出的代码就是修改存储过程的代码。用户可以直接在这里修改代码，修改完成后单击 执行(X) 按钮执行该代码即可使修改生效。

19.2　游　标

关系数据库中的操作是基于集合的操作，即对整个行集产生影响，由 SELECT 语句返回的行集包括所有满足条件子句的行，这一完整的行集被称为结果集。一般在使用 SELECT 语句进行查询时，就可以得到这个结果集，但有时用户需要对结果集中的每一行或部分行进行单独的处理，这在 SELECT 的结果集中是无法实现的。游标就是提供这种机制的结果集扩展，它使我们可以逐行处理结果集。

19.2.1　游标概念

游标（cursor）包括如下两部分内容。
- 游标结果集：由定义游标的 SELECT 语句返回的结果的集合。
- 游标当前行指针：指向该结果集中的某一行的指针。

游标示意图如图 19-9 所示。

通过游标机制，可以使用 SQL 语句逐行处理结果集中的数据。游标具有如下特点。
- 允许定位结果集中的特定行。
- 允许从结果集的当前位置检索一行或多行。
- 支持对结果集中当前行的数据进行修改。

● 为由其他用户对显示在结果集中的数据所做的更改提供不同级别的可见性支持。

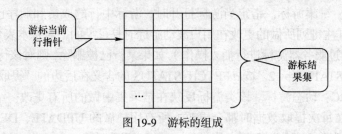

图 19-9　游标的组成

19.2.2　使用游标

使用游标的典型过程如下。

① 声明用于存放游标返回数据的变量，需要为游标结果集中的每个列声明一个变量。

② 使用 DECLARE CURSOR 语句定义游标的结果集内容。

③ 使用 OPEN 语句打开游标，真正产生游标的结果集。

④ 使用 FETCH INTO 语句得到游标结果集当前行指针所指行的数据。

⑤ 使用 CLOSE 语句关闭游标。

⑥ 使用 DEALLOCATE 语句释放游标所占的资源。

游标的处理过程如图 19-10 所示。

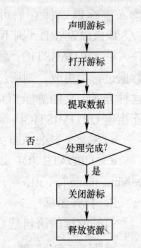

图 19-10　游标的典型使用过程

1. 声明游标

声明游标实际是定义服务器端游标的特性，例如，游标的滚动行为和用于生成游标结果集的查询语句。声明游标使用 DECLARE CURSOR 语句，该语句有两种格式，一种是基于 SQL-92 标准的语法，另一种是使用 T-SQL 扩展的语法。这里介绍使用 T-SQL 声明游标的语法格式。

T-SQL 声明游标的简化语法格式如下。

```
DECLARE cursor_name CURSOR
  [ FORWARD_ONLY | SCROLL ]
  [ STATIC | KEYSET | DYNAMIC | FAST_FORWARD ]
  [ READ_ONLY | SCROLL_LOCKS | OPTIMISTIC ]
FOR select_statement
[ FOR UPDATE [ OF column_name [,...n ] ] ]
```

各参数含义如下。

● cursor_name：所定义的服务器游标名称。cursor_name 必须遵从标识符规则。

● FORWARD_ONLY：指定游标只能从第一行滚动到最后一行。这种方式的游标只支持 FETCH NEXT 提取选项。如果在指定 FORWARD_ONLY 时没有指定 STATIC、KEYSET 和 DYNAMIC 关键字，则游标作为 DYNAMIC 游标进行操作。如果 FORWARD_ONLY 和 SCROLL 均未指定，则除非指定了 STATIC、KEYSET 或 DYNAMIC 关键字，否则默认为 FORWARD_ONLY。STATIC、KEYSET 和 DYNAMIC 游标默认为 SCROLL。

● STATIC：静态游标。游标的结果集在打开时建立在 tempdb 数据库中。因此，在对该游标进行提取操作时返回的数据并不反映游标打开后用户对基本表所做的修改，并且该类型游标不允许对数据进行修改。

- KEYSET：键集游标。指定当游标打开时，游标中行的成员和顺序已经固定。任何用户对基本表中的非主键列所做的更改在用户滚动游标时是可见的，对基本表数据进行的插入是不可见的（不能通过服务器游标进行插入操作）。如果某行已被删除，则对该行进行提取操作时，返回@@FETCH_STATUS = -2。@@FETCH_STATUS 的含义在后边的"提取数据"中介绍。

- DYNAMIC：动态游标。该类游标反映在结果集中做的所有更改。结果集中的行数据值、顺序和成员在每次提取数据时都会更改。所有用户做的 UPDATE、DELETE 和 INSERT 语句通过游标均可见。动态游标不支持 ABSOLUTE 提取选项。

- FAST_FORWARD：只向前的游标。只支持对游标数据的从头到尾的顺序提取。FAST_FORWARD 和 FORWARD_ONLY 是互斥的，只能指定其中的一个。

- READ_ONLY：禁止通过游标进行数据更新。

- SCROLL_LOCKS：指定确保通过游标完成的定位更新或定位删除可以成功。当将行读入游标以确保它们可用于以后的修改时， SQL Server 会锁定这些行。如果指定了 FAST_FORWARD，则不能指定 SCROLL_LOCKS。

- OPTIMISTIC：如果在生成了游标结果集之后，在基本表中对游标的结果集所包含的数据进行了更改，则通过游标进行这些数据的定位更新或定位删除操作将失败，因为对通过这种方式定义的游标 SQL Server 并不锁定游标行数据。如果指定了 FAST_FORWARD，则不能指定 OPTIMISTIC。

- select_statement：定义游标结果集的 SELECT 语句。

- UPDATE [OF column_name [, ...n]]：定义游标内可更新的列。如果提供了 OF column_name [, ...n]，则只允许修改列出的列。如果在 UPDATE 中未指定列，则所有列均可更新。

2. 打开游标

打开游标的语句是 OPEN，其语法格式如下。

```
OPEN cursor_name
```

其中，cursor_name 为游标名。

注意：　　只能打开已声明但还没有打开的游标。

3. 提取数据

游标被声明和打开之后，游标的当前行指针就位于结果集中的第一行位置，可以使用 FETCH 语句从游标结果集中按行提取数据。其语法格式如下。

```
FETCH  [ [ NEXT | PRIOR | FIRST | LAST
        | ABSOLUTE { n | @nvar }
        | RELATIVE { n | @nvar } ]
    FROM
    ]
cursor_name [ INTO @variable_name [,...n ] ]
```

各参数含义如下。

- NEXT：返回紧跟在当前行之后的数据行，并且当前行递增为结果行。如果 FETCH NEXT 是对游标的第一次提取操作，则返回结果集中的第一行。NEXT 为默认的游标提取选项。

- PRIOR：返回紧临当前行前面的数据行，并且当前行递减为结果行。如果 FETCH

PRIOR 为对游标的第一次提取操作，则没有行返回并且将游标当前行置于第一行之前。

● FIRST：返回游标中的第一行并将其作为当前行。

● LAST：返回游标中的最后一行并将其作为当前行。

● ABSOLUTE {n | @nvar}：如果 n 或@nvar 为正数，返回从游标第一行开始的第 n 行并将返回的行变成新的当前行。如果 n 或@nvar 为负数，则返回从游标最后一行开始之前的第 n 行并将返回的行变成新的当前行。如果 n 或@nvar 为 0，则没有行返回。n 必须为整型常量且@nvar 必须为 smallint、tinyint 或 int 类型。

● RELATIVE {n | @nvar}：如果 n 或@nvar 为正数，则返回当前行之后的第 n 行并将返回的行成为新的当前行。如果 n 或@nvar 为负数，则返回当前行之前的第 n 行并将返回的行成为新的当前行。如果 n 或@nvar 为 0，则返回当前行。如果对游标的第一次提取操作时将 FETCH RELATIVE 的 n 或@nvar 指定为负数或 0，则没有行返回。n 必须为整型常量且@nvar 必须为 smallint、tinyint 或 int 类型。

● cursor_name：要从中进行提取数据的游标的名称。

● INTO @variable_name [, ...n]：将提取的列数据存放到局部变量中。列表中的各个变量从左到右与游标结果集中的相应列对应。各变量的数据类型必须与相应的结果列的数据类型匹配。变量的数目必须与游标选择列表中的列的数目一致。

在对游标数据进行提取的过程中，可以使用@@FETCH_STATUS 全局变量判断数据提取的状态。@@FETCH_STATUS 返回 FETCH 语句执行后的游标最终状态。@@FETCH_STATUS 的取值和含义如表 19-1 所示。

表 19-1　　　　　　　　　　　@@FETCH_STATUS 函数的取值和含义

返回值	含义
0	FETCH 语句成功
−1	FETCH 语句失败或此行不在结果集中
−2	被提取的行不存在

@@FETCH_STATUS 返回的数据类型是：int。

由于@@FETCH_STATUS 对于在一个连接上的所有游标是全局性的，不管是对哪个游标，只要执行一次 FETCH 语句，系统都会对@@FETCH_STATUS 全局变量赋一次值，以表明该 FETCH 语句的执行情况。因此，在每次执行完一条 FETCH 语句后，都应该测试一下@@FETCH_STATUS 全局变量的值，以观测当前提取游标数据语句的执行情况。

注意：　　　　在对游标进行提取操作前，@@FETCH_STATUS 的值没有定义。

4. 关闭游标

关闭游标使用 CLOSE 语句，其语法格式如下。

```
CLOSE cursor_name
```

在使用 CLOSE 语句关闭游标后，系统并没有完全释放游标的资源，并且也没有改变游标的定义，当再次使用 OPEN 语句时可以重新打开此游标。

5. 释放游标

释放游标是释放分配给游标的所有资源。释放游标使用 DEALLOCATE 语句，其语法格式如下。

```
DEALLOCATE  cursor_name
```

19.2.3　游标示例

例 9　对 students 数据库的 Student 表，定义一个查询姓"王"的学生姓名和所在系的游标，并输出游标结果。

```
DECLARE @sn CHAR(10), @dept VARCHAR(20)        -- 声明存放结果集各列数据的变量
DECLARE Sname_cursor CURSOR FOR                -- 声明游标
  SELECT Sname, Sdept FROM Student
    WHERE Sname LIKE '王%'
OPEN Sname_cursor                              -- 打开游标
FETCH NEXT FROM Sname_cursor INTO @sn, @dept   -- 首先提取第一行数据
-- 通过检查@@FETCH_STATUS 的值判断是否还有可提取的数据
WHILE @@FETCH_STATUS = 0
BEGIN
  PRINT @sn + @dept
  FETCH NEXT FROM Sname_cursor INTO @sn, @dept
END
CLOSE Sname_cursor
DEALLOCATE Sname_cursor
```

此游标的执行结果形式如图 19-11 所示。

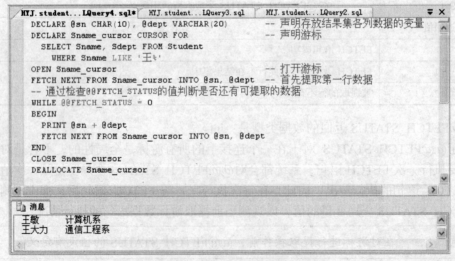

图 19-11　例 9 游标的执行结果

例 10　声明带 SCROLL 选项的游标，并通过绝对定位功能实现游标当前行在任意方向的滚动。声明查询计算机系学生姓名、选的课程名和成绩的游标，并将游标内容按成绩降序排序。

```
DECLARE CS_cursor SCROLL CURSOR FOR
  SELECT Sname, Cname, Grade FROM Student S
  JOIN SC ON S.Sno = SC.Sno
  JOIN Course C ON C.Cno = SC.Cno
  WHERE Sdept = '计算机系'
```

```
  ORDER BY Grade DESC
OPEN CS_cursor
FETCH LAST FROM CS_cursor              -- 提取游标中的最后一行数据
FETCH ABSOLUTE 4 FROM CS_cursor        -- 提取游标中的第四行数据
FETCH RELATIVE 3 FROM CS_cursor        -- 提取当前行后边的第三行数据
FETCH RELATIVE -2 FROM CS_cursor       -- 提取当前行前边的第二行数据
CLOSE CS_cursor
DEALLOCATE CS_cursor
```

该游标的结果集内容如图 19-12 所示，游标的执行结果如图 19-13 所示。

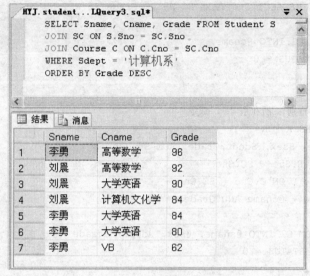

图 19-12　例 10 的游标结果集数据

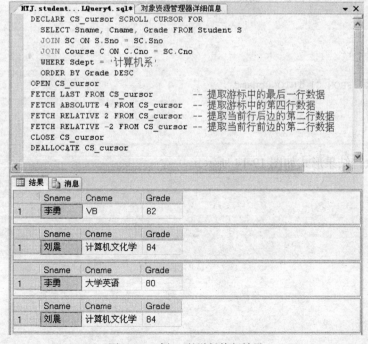

图 19-13　例 10 的游标执行结果

例 11 建立生成报表的游标。对 students 数据库中的表,生成显示如下报表形式的游标:首先列出一门课程名(只考虑有人选的课程),然后在此门课程下列出该门课程考试成绩大于等于 80 分的学生名、性别、所在系和成绩;然后再列出第二门课程名,然后再在此课程下列出该门课程考试成绩大于等于 80 分的学生名、性别、所在系和成绩;依此类推,直到列出全部有人选的课程。

实现代码如下:

```
DECLARE @cname varchar(20),@sname char(10),@sex char(6),@dept char(14),@grade tinyint
DECLARE C1 CURSOR FOR SELECT DISTINCT Cname FROM Course
    WHERE Cno IN (SELECT Cno FROM SC WHERE Grade IS NOT NULL)
OPEN C1
FETCH NEXT FROM C1 INTO @cname
WHILE @@FETCH_STATUS = 0
BEGIN
  PRINT @cname
  PRINT '姓名    性别   所在系      成绩'
  DECLARE C2 CURSOR FOR
    SELECT Sname, Ssex, Sdept,Grade FROM Student S
      JOIN SC ON S.Sno = SC.Sno
      JOIN Course C ON C.Cno = SC.Cno
      WHERE Cname = @cname AND Grade >= 80
  OPEN C2
  FETCH NEXT FROM C2 INTO @sname, @sex, @dept, @grade
  WHILE @@FETCH_STATUS = 0
  BEGIN
    PRINT @sname + @sex + @dept + cast(@grade as char(4))
    FETCH NEXT FROM C2 INTO @sname, @sex, @dept, @grade
  END
  CLOSE C2
  DEALLOCATE C2
  PRINT ''
  FETCH NEXT FROM C1 INTO @cname
END
CLOSE C1
DEALLOCATE C1
```

此游标的执行结果形式如图 19-14 所示。

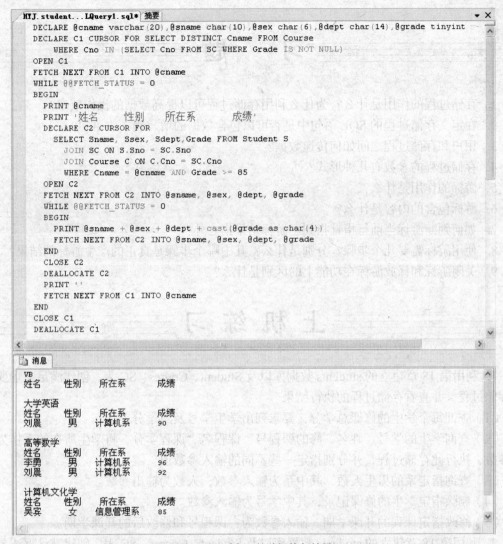

图 19-14 例 11 的游标执行结果

小　结

　　存储过程是一段可执行的代码块,该代码块经过编译后生成的可执行代码被保存在内存一个专用区域中,这种模式可以极大地提高后续执行存储过程的效率。存储过程同时还提供了模块共享的功能,简化了客户端数据库访问的编程,同时还提供了一定的数据安全机制。

　　游标是一个查询语句产生的结果,这个结果被保存在内存中,并允许用户对这个结果进行定位访问,利用游标可以实现对查询集合内部的操作。这些操作不仅包括查看数据,而且可以对游标对应的基本表中的数据进行修改和删除。但游标提供的定位操作是有代价的,它严重降低了数据访问效率,因此当不需要深入到结果集内部操作数据时,应尽可能不使用游标机制。

习　题

1. 存储过程的作用是什么？为什么利用存储过程可以提高数据的操作效率？
2. 在定义存储过程的 SQL 语句中是否可以包含数据的增、删、改语句？
3. 用户和存储过程之间如何传递数据？
4. 存储过程的参数有几种形式？
5. 游标的作用是什么？
6. 游标包含的内容是什么？
7. 如何判断游标当前行指针指到了游标结果集之外？
8. 使用游标需要几个步骤？分别是什么？其中哪个步骤是真正的产生游标的结果？
9. 关闭游标和释放游标在功能上的区别是什么？

上 机 练 习

1. 利用第 18 章建立的 students 数据库以及 Student、Coures、SC 表，创建满足下述要求的存储过程，并查看存储过程的执行结果。

（1）查询每个学生的修课总学分，要求列出学生学号及总学分。

（2）查询学生的学号、姓名、修的课程号、课程名、课程学分，将学生所在的系作为输入参数，执行此存储过程，并分别指定一些不同的输入参数值。

（3）查询指定系的男生人数，其中系为输入参数，人数为输出参数。

（4）删除指定学生的修课记录，其中学号为输入参数。

（5）修改指定课程的开课学期。输入参数为：课程号和修改后的开课学期。

2. 利用第 18 章建立的 students 数据库以及 Student、Coures、SC 表，创建满足下述要求的游标，并查看游标的执行结果。

（1）列出 VB 考试成绩最高的前 2 名和最后 1 名学生的学号、姓名、所在系和 VB 成绩。

（2）查询每个系男生和女生人数，并按如下形式显示结果数据。

系名	性别	人数
计算机系	男	2
计算机系	女	2
通信工程系	男	1
通信工程系	女	2
信息管理系	男	2
信息管理系	女	1

（3）列出每门课程（不包括没有人选的课程）成绩最高的学生的学号、姓名、课程名和成绩。

第20章
安全管理

安全性对于任何使用数据库的用户来说都是至关重要的。数据库通常存储了大量的数据，这些数据可能是个人信息、客户清单或其他机密资料。如果有人未经授权非法侵入了数据库，并窃取了查看和修改数据的权限，将会造成极大的危害，特别是在银行、金融等系统中更是如此。SQL Server 2005 提供了完善的安全控制机制，它通过身份验证、数据库用户权限确认等一系列措施来保护数据库中的信息资源，以防止这些资源被破坏。

本章首先介绍数据库安全控制概念，然后讨论如何在 SQL Server 2005 中实现安全控制，包括用户身份的确认和用户操作权限的管理等。

20.1　安全控制概述

人们经常将数据库安全性问题与数据完整性问题混淆，但实际上这是两个不同的概念。安全性是指保护数据以防止不合法的使用而造成数据被泄露、更改和破坏；完整性是指数据的准确性和有效性。通俗地讲：

- 安全性（security）：保护数据以防止不合法用户故意造成的破坏。
- 完整性（integrity）：保护数据以防止合法用户无意中造成的破坏。

或者可以简单地说，安全性确保用户被允许做其想做的事情；完整性确保用户所做的事情是正确的。

安全性问题并非数据库应用系统所独有，实际上在许多系统上都存在同样的问题。数据库中的安全控制是指在数据库应用系统的不同层次提供对有意和无意损害行为的安全防范。

在数据库中，对有意的非法活动可采用加密存、取数据的方法控制；对有意的非法操作可使用用户身份验证、限制操作权来控制；对无意的损坏可采用提高系统的可靠性和数据备份等方法来控制。

20.1.1　数据库安全控制的目标

数据库安全控制的目标是保护数据免受意外或故意的丢失、破坏或滥用。对数据库的破坏可能是某些使用人员无意或恶意进行的。这种危害可能是有形的，例如，硬件、软件或数据的丢失；也可能是无形的，例如，可靠度或客户信用度的丢失。数据库安全包括允许或禁止用户操作数据库及其对象，从而防止数据库被滥用或误用。

数据库管理员（DBA）负责数据库系统的全部安全。因此，数据库系统的 DBA 必须能够识别最严重的危胁，并实施安全措施，采取合适的控制策略以最小化这些威胁。任何需要访问数据库系统的一个用户（一个人）或一组用户（一组人）都必须首先向 DBA 申请账户。然后，DBA 基于合理需求和相关政策，为用户创建访问数据库的账号和口令。当需要访问数据库时，用户可以使用给定的账号和口令登录 DBMS。DBMS 核对登录用户账号和密码的有效性后，允许有效用户使用 DBMS 并访问数据库。DBMS 用一个加密表来保存用户账号和密码信息。当创建新账户时，DBMS 向该表中插入一条新记录来保存新账户信息。当删除账户时，DBMS 从该表中删除被账户的记录。

20.1.2　数据库安全的威胁

数据库安全的威胁可以是直接的，例如，授权用户对数据的浏览和修改权限。为了保证数据库的安全，系统的所有部分都必须是安全的，包括数据库、操作系统、网络、用户、甚至计算机系统所在的建筑和房屋。全面的数据库安全计划必须考虑下列情况。

● 可用性的损失。可用性的损失意味着用户不能访问数据或系统，或者两者都不能访问。硬件、网络或应用程序的破坏会导致可用性的损失，这种损失会造成系统出现严重问题。

● 机密性数据的损失。机密性数据的损失是指数据库中的关键性机密数据的损失，机密性的损失可能导致企业失去竞争力。

● 私密性数据的损失。私密性数据的损失是指个人数据的损失，这种情况可能导致对个人或单位不利的合法行为。

● 偷窃和欺诈。偷窃和欺诈不仅影响数据库环境，而且也将影响整个企业的运营情况。由于这些情况与人有关，所以必须集中精力减少这类活动发生的可能。例如，加强物理安全性的控制，使得非授权用户不能进入机房。另一个安全措施的例子是，通过安装防火墙防止通过外部通信链路对数据库禁止访问的部分进行非法访问，以防止有意偷窃或欺诈的人入侵。偷窃和欺诈不一定会修改数据，它是机密性或私密性的损失。

● 意外的损害。意外的损害可能是非故意造成的，包括人为的错误、软件和硬件引起的破坏。操作程序，例如，用户认证、统一的软件安装程序和硬件维护计划，也会因意外的损坏而带来威胁。

20.1.3　数据库完全问题的类型

数据库安全问题涉及很多方面，主要包括以下几方面。

● 法律与道德问题。例如，用户对其所请求的数据是否具有合法的权限。

● 物理控制。例如，计算机所在的建筑是否安全。

● 政策问题。例如，拥有数据库系统的企业如何控制使用者对数据的存取。

● 可操作性问题。例如，如果某个密码方案被采用，密码自身如何保密？

● 硬件控制。例如，处理器是否具有安全特性。

● 数据库系统需专门考虑的问题。例如，数据库系统是否具有数据所有权的概念？

我们主要讨论最后一类问题。

20.1.4　安全控制模型

在一般的计算机系统中，安全措施是一级一级层层设置的。图 20-1 显示了计算机系统中从用户使用数据库应用程序开始一直到访问后台数据库数据，需要经过的安全认证过程。

图 20-1　计算机系统的安全模型

当用户要访问数据库数据时，应该首先进入数据库系统。用户进入数据库系统通常是通过数据库应用程序实现的，这时用户要向数据库应用程序提供其身份（用户名和密码），然后数据库应用程序将用户的身份递交给数据库管理系统进行验证，只有合法的用户才能进入到下一步的操作。对于合法的用户，当其要在数据库中执行某个操作时，数据库管理系统还要验证此用户是否具有执行该操作的权限。如果有操作权限，才执行操作，否则拒绝执行用户的操作。在操作系统一级也可以有自己的保护措施。比如，设置文件的访问权限等。对于存储在磁盘上的数据库文件，还可以进行加密存储，这样即使数据被人窃取，也很难读懂数据。另外，还可以将数据库文件保存多份，当出现意外情况时（如磁盘破损），可以不至于丢失数据。

20.1.5　授权和认证

授权是将合法访问数据库或数据库对象的权限授予用户的过程，具体授予哪些用户对数据库的哪些部分具有哪些操作权限是由一个企业的实际情况决定的。授权的过程包括认证用户对对象的访问请求。

认证是一种鉴定用户身份的机制。换言之，认证是检验用户实际是否被准许操作数据库。它核实连接到数据库的人（用户）或程序的身份。认证最简单的形式是与数据库连接时提供的用户名和密码。操作系统和数据库广泛使用的是基于口令的认证。对于更多的安全模式，特别是在网络环境下，也使用其他的认证模式，例如，挑战—应答系统、数字签名等。

授权和认证控制可以构建到软件中。DBMS 的授权规则限制用户对数据的访问，同时也限制用户访问数据时的行为。例如，一个使用特定口令的用户可能被授权能够读取数据库中的任何数据，但不一定能够修改数据库中的任何数据。因此，授权控制有时也被认为是访问控制。

现在的 DBMS 通常采用自主存取控制和强制存取控制两种方法来解决数据库安全系统的访问控制问题，有的 DBMS 只提供一种方法，有的两种都提供。无论采用哪种存取控制方法，需要保护的数据单元或数据对象包括从整个数据库到某个元组的某个部分。

● 自主存取控制（discretionary control）：用户对不同的数据对象具有不同的存取权限，而且没有固定的关于哪些用户对哪些对象具有哪些存取权限的限制。例如，用户 U1 能看到数据 A 但看不到数据 B，而 U2 能看到数据 B 但看不到数据 A。因此，自主存取控制非常灵活。

● 强制存取控制（mandatory control）：每一个数据对象被标以一定的密级，每一个用户也被授予一个许可证级别。对于任意一个对象，只有具有合法许可证的用户才可以存取。因此，强制存取控制本质上具有分层的特点，且相对比较严格。例如，如果用户 U1 能看到数据 A 但看不到数据 B，则说明 B 的密级高于 A，因此不存在用户 U2 能看到 B 但看不到 A 的情况。

不管采用自主存取控制方法还是强制存取控制方法，所有有关哪些用户可以对哪些数据对象进行操作的决定都是由政策决定的，而非 DBMS 决定，DBMS 只是实施这些决定。

20.2 存 取 控 制

20.2.1 自主存取控制

大型数据库管理系统几乎都支持自主存取控制（又称为自主安全模式），目前的 SQL 标准也对自主存取控制提供支持，这主要是通过 SQL 的 GRANT（授予）和 REVOKE（收回）语句来实现的。

授予和收回权限是 DBMS 的数据库管理员（DBA）的职责。DBA 依照数据的实际应用情况将合适的权限授给相应的用户。

不同的数据库管理系统对自主存取控制的实现方式不尽相同，下面我们介绍 SQL Server 数据库管理系统支持的自主存取控制方法。

20.2.1.1 权限种类

通常情况下，将数据库中的权限划分为两类。一类是对数据库管理系统进行维护的权限，另一类是对数据库中的对象和数据进行操作的权限。这类权限又可以分为两类，一类是对数据库对象的操作权限，包括创建、删除和修改数据库对象，我们将这类权限称为语句权限；另一类是对数据库数据的操作权限，包括对表、视图数据的增、删、改、查权限，我们将这类权限称为对象权限。

（1）对象权限

对象权限是用户在已经创建好的对象上行使的权限，包括如下几种。

- ALTER：具有更改特定数据库对象的属性的权限。
- DELETE、INSERT、UPDATE 和 SELECT：具有对表和视图数据进行删除、插入、更改和查询的权限，其中，UPDATE 和 SELECT 可以对表或视图的单个列进行授权。
- EXECUTE：具有执行存储过程的权限。
- REFERENCES：具有通过外键引用其他表的权限。

（2）语句权限

SQL Server 除了提供对象的操作权限外，还提供了创建对象的权限，即语句权限。SQL Server 提供的语句权限主要包括以下几种。

- CRAETE TABLE：具有在数据库中创建表的权限。
- CREATE VIEW：具有在数据库中创建视图的权限。
- CREATE PROCEDURE：具有在数据库中创建存储过程的权限。

20.2.1.2 数据库用户的分类

数据库中的用户按其操作权限的不同可分为如下 3 类。

（1）系统管理员

系统管理员在数据库服务器上具有全部的权限，包括对服务器的配置和管理权限，也包括对全部数据库的操作权限。当用户以系统管理员身份进行操作时，系统不对其权限进行检验。每个数据库管理系统在安装好之后都有自己默认的系统管理员，SQL Server 2005 的默认系统管理员是 "sa"。在安装好之后可以授予其他用户具有系统管理员的权限。

（2）数据库对象拥有者

创建数据库对象的用户即为数据库对象拥有者。数据库对象拥有者对其所拥有的对象具有全部权限。

（3）普通用户

普通用户只具有对数据库数据的增、删、改、查权限。

在数据库管理系统中，权限一般分为对象权限、语句权限和隐含权限 3 种，其中，语句权限和对象权限是可以被授予数据库用户的权限，隐含权限是用户自动具有的权限。

20.2.1.3 权限管理语句

用于权限管理的语句主要有如下三个，这三个语句又分为语句权限管理和对象权限管理。

- GRANT 语句：用于授予权限。
- REVOKE 语句：用于收回或撤销权限。
- DENY：拒绝用户具有某种操作权限。

1. 对象权限

管理对象权限的语句的语法格式如下。

（1）授权语句

授权语句的格式如下。

```
GRANT 对象权限名 [, …] ON {表名 | 视图名 | 存储过程名}
   TO  数据库用户名 [, …]
   [WITH GRANT OPTION]
```

其语义为：将对指定操作对象的指定权限授予指定的用户。其中的 "WITH GRANT OPTION" 表示获得某权限的用户还可以把这种权限授给其他用户，即该用户同时还具有转授权。如果没有指定 "WITH GRANT OPTION"，则获得某权限的用户只能使用该权限，而不能转授该权限。执行 GRANT 语句的可以是 DBA，也可以是数据库对象拥有者，或者是拥有转授权限的用户。

（2）收权语句

收权语句的格式如下。

```
REVOKE 对象权限名 [, …] ON { 表名 | 视图名 | 存储过程名 }
     FROM  数据库用户名 [, …]
```

（3）拒绝权限语句

拒绝权限语句的格式如下。

```
DENY 对象权限名 [, …] ON{ 表名 | 视图名 | 存储过程名 }
     TO 数据库用户名 [, …]
```

其中对象权限包括如下两种。

- 对表和视图主要是：INSERT、DELETE、UPDATE 和 SELECT 权限。

- 对存储过程是：EXECUTE 权限。

例 1 为用户 user1 授予 Student 表的查询权。

```
GRANT SELECT ON Student TO user1
```

例 2 为用户 user1 授予 SC 表的查询权和插入权。

```
GRANT SELECT,INSERT ON SC TO user1
```

例 3 为用户 user1 授予 Student 表的插入权，并允许该用户将该权限转授给其他用户。

```
GRANT INSERT ON Student TO user1 WITH GRANT OPTION
```

例 4 收回用户 user1 对 SC 表的查询权。

```
REVOKE SELECT ON SC FROM user1
```

例 5 拒绝用户 user1 获得 SC 表的更改权。

```
DENY UpDATE ON SC TO user1
```

2. 语句权限

同对象权限管理一样，语句权限的管理也有 GRANT、REVOKE 和 DENY3 种。

（1）授权语句

授权语句的格式如下。

```
GRANT  语句权限名 [ , … ]  TO  数据库用户名 [, … ]
WITH GRANT OPTION
```

（2）收权语句

收权语句的格式如下。

```
REVOKE 语句权限名 [ , … ]  FROM  数据库用户名 [ , … ]
```

（3）拒绝权限语句

拒绝权限语句的格式如下。

```
DENY 语句权限名 [ , … ]  TO 数据库用户名 [ , … ]
```

其中语句权限包括：CREATE TABLE、CREATE VIEW、CREATE PROCEDURE 等。

例 6 授予 user1 具有创建数据表的权限。

```
GRANT CREATE TABLE TO user1
```

例 7 授予 user1 和 user2 具有创建数据表和视图的权限。

```
GRANT CREATE TABLE, CREATE VIEW TO user1, user2
```

例 8 收回 user1 创建数据表的权限。

```
REVOKE CREATE TABLE FROM user1
```

例 9 拒绝 user1 具有创建存储过程的权限。

```
DENY CREATE PROC TO user1
```

20.2.2　强制存取控制

自主存取控制能够通过授权机制来有效控制对敏感数据的存取，但由于用户对数据的存取是"自主"的，因此，用户可以自由地决定将数据的存取权限授予何人、决定是否将"授权"权限授予其他人。在这种授权机制下，仍可能存在数据的"无意泄露"。比如，用户 U1 将自己权限范围内的某些数据存取权限转授给了用户 U2，U1 的意图是只允许 U2 本人操作这些数据。但 U1 的这种安全性要求并不能得到保证，因为 U2 一旦获得对数据的访问权限，就可以获得自己权限内的数据的副本，然后无需征得 U1 的同意即可传播数据副本。造成这一问题的根本原因在于，这种机制仅仅通过对数据的存取权限来进行安全控制，而数据本身并没有安全性标记。要解决这个问题，就需要对系统控制下的所有主客体实施强制存取控制策略。

在强制存取控制中，DBMS 将全部实体划分为主体和客体两大类。

主体是系统中的活动实体，既包括 DBMS 所管理的实际用户，也包括代表用户的各个进程。**客体**是系统中的被动实体，是受主体操纵的，包括文件、基本表、索引、视图等。对于主体和客体，DBMS 为它们的每个实例指派一个敏感度标记（Label）。

敏感度标记被分为若干级别，例如，绝密（Top Secret，TS）、秘密（Secret，S）、可信（Confidential，C）和公开（Public，U）。主体的敏感度标记被称为**许可证级别**（Clearance Level），客体的敏感度标记被称为**密级**（Classificaltion Level）。强制存取控制机制就是对比主体的 Label 和客体的 Label，最终确定主体是否能够存取客体。

当某一用户（或某一主体）以标记 Label 注册到系统时，系统要求他对任何客体的存取必须遵循如下规则。

① 仅当主体的许可证级别大于或等于客体的密级时，该主体才能读取相应的客体。

② 仅当主体的许可证级别等于客体的密级时，该主体才能写相应的客体。

在某些系统中，第二条规则与这里的规则②有些差别。这些系统规定：仅当主体的许可证级别小于或等于客体的密级时，该主体才能写相应的客体，即用户可以为写入的数据对象赋予高于自己的许可证级别的密级。这样数据一旦被写入，该用户自己也不能再读取该数据对象了。这两种规则的共同点是它们均禁止了拥有高许可证级别的主体更新低密级的数据对象，从而防止了敏感数据的泄露。

强制存取控制是对数据本身进行密级标记，无论数据如何被复制，标记与数据是一个不可分的整体。只有符合密级标记要求的用户才能操作数据，从而提供了更高级别的安全性。

较高安全性级别提供的安全保护要保护较低级别的所有保护，因此，在实现强制存取控制时首先要实现自主存取控制，即自主存取控制与强制存取控制共同构成了 DBMS 的安全机制。系统首先对要进行的数据操作进行自主存取控制检查，通过后再对要存取的数据库对象进行强制存取控制检查，只有通过了强制存取控制检查的数据库对象方可存取。强制安全模式本质上是分层次的，它与自主安全模式相比更严格，它强调自主访问控制机制的核心。

早在 20 世纪 90 年代初期，强制存取控制引起了数据库领域的注意，因为美国国防部要求其所购买的所有系统都必须支持这样的控制，这就促使各大 DBMS 厂商竞相提供这样的支持。美国国防部颁布了"橘皮"和"紫皮书"对强制存取控制作了全面的描述和定义，"橘皮书"定义了任意"可信橘色基"（Trusted Cimpution Base，TCB）应当遵从一系列安全性要求；而"紫皮书"则定义了这些要求在数据库系统中的相应解释。

上述两份文献给出了通用安全性分级模式，共定义了 4 类安全级别：D、C、B 和 A，从 D 类到 A 类级别依次增高。D 类提供最小（minimal）保护，C 类提供自主（discretionary）保护，B 类提供强制（mandatory）保护，A 类提供验证（verified）保护。

① 自主保护：C 类分为两个子类 C1 和 C2，C1 安全级别低于 C2。每个子类都支持自主存取控制，即存取权限有数据对象的所有者决定。

● C1 子类对所有权与存取权限加以区分，虽然它允许用户拥有自己的私有数据，但仍然支持共享数据的概念。

● C2 类还要求通过注册、审计及资源隔离以支持责任说明（accountability）。

② 强制保护：B 类分为三个子类 B1、B2 和 B3，B1 安全级别最低，B3 最高。

● B1 子类要求"标识化安全保护"，及要求每个数据对象都必须标以一定的密级，同时还要求安全策略的非形式化说明。

● B2 子类要求安全策略的形式化（formal）说明，能识别并消除隐蔽通道（covert channel）。隐蔽通道的例子有：从合法查询的结果中推断出不合法查询的结果；通过合法的计算推断出敏感信息。

● B3 子类要求支持审计和恢复以及指定安全管理者。

③ 验证保护：A 类要求安全机制是可靠的且足够支持对指定的安全策略给出严格的数学证明。

有些 DBMS 产品提供 B1 级强制存取控制及 C2 级自主存取控制。支持强制存取控制的 DBMS 也称为**多级安全系统**（multi-level secure system）或可信系统（trusted system）。

20.3 审 计 跟 踪

审计跟踪实质上是一种特殊的文件或数据库，系统在上面自动记录下用户对常规数据的所有操作。它是记录对数据库的所有修改（如更新、删除、插入等）的日志，包括何时由何人修改等信息。在一些系统中，审计跟踪与事务日志在物理上是集成的；在另外一些系统中，事务日志和审计跟踪是分开的。一种典型的审计跟踪记录包含的信息如图 20-2 所示。

审计跟踪对数据库安全有辅助作用。例如，如果发现银行账户的余额错误，银行希望追溯所有对该账户的修改信息，从而发现发生错误的修改以及执行该修改的人员。那么，银行就可以使用审计跟踪来追溯这些人员进行的所有修改，从而找到错误。许多 DBMS 提供内嵌机制来创建审计跟踪，也可以使用系统定义的用户名和时间变量来定义适当的用于修改操作的触发器，从而创建审计跟踪。

1. 操作请求
2. 操作终端
3. 操作人
4. 操作日期和时间
5. 无组、属性和影响
6. 旧值
7. 新值

图 20-2 典型的审计跟踪文件记录

20.4 防 火 墙

防火墙是用来防止来自专业网的非法访问或对专用网的非法访问而设计的一个系统。防火墙可以用硬件实现，也可以用软件实现，甚至可以通过软硬件结合来实现。它们通常用于阻止未授权的用户连接到 Internet 的专用网，特别是企业内部网。防火墙会检查每一个通过它进出企业网的信息并阻塞不符合安全标准的信息。以下是数据库安全中常用的防火墙技术。

① 数据包过滤：数据包过滤查看每一个进入或离开网络的数据包，并根据用户定义的规则接受或拒绝它们。数据包过滤是相当有效的机制，且对用户是透明的。数据包过滤对 IP Spooling 很敏感，IP Spooling 技术可以使计算机入侵者获得未授权访问。

② 应用级网关：将安全机制应用到指定的应用，例如，文件传输协议（FTP）、远程登录服务器。这是一种非常有效的安全机制。

③ 电路级网关：在建立传输控制协议（TCP）或用户数据报协议（UDP）连接时使用安全协议。一旦连接建立，数据包就可以在主机间传送而不需要进一步的检查。

④ 代理服务器：代理服务器截获所有进入或离开网络的消息。代理服务器有效地隐匿了真正的网址。

20.5 统计数据库的安全性

统计数据库提供基于各种不同标准的统计信息或汇总数据，而统计数据库安全系统是用于控制对统计数据库的访问。统计数据库允许用户查询聚合类型的信息，包括总和、平均值、数量、最大值、最小值、标准差等，例如查询"职工的平均工资是多少？"，但不允许查询个人信息，例如查询"职工张三的工资是多少？"。

在统计数据库中存在着特殊的安全性问题，即可能存在隐藏的信息通道，使得可以从合法的查询中推导出不合法的信息。例如，下面两个查询都是合法的。

● 本单位有多少个女教授？
● 本单位女教授的工资总和是多少？

如果第 1 个查询的结果是"1"，那么第 2 个查询的结果显然就是这个女教授的工资数。这样的统计数据库的安全性机制就失效了。为了解决这个问题，可以规定任何查询至少要涉及 N 个记录（N 要足够大）。但即使如此，还是存在另外的泄密途径。例如，

如果某个职工 A 想知道另一个职工 B 的工资数额，他可以通过下面两个合法的查询得到结果。

● 职工 A 和其他 N 个职工的工资总和是多少？
● 职工 B 和其他 N 个职工的工资总和是多少？

假设第 1 个查询的结果是 X，第 2 个查询的结果是 Y，由于 A 知道自己的工资是 Z，因此他可以计算出职工 B 的工资 $= Y - (X - Z)$。

这个例子的关键之处在于两个查询之间有很多重复的数据项（即其他 N 个职工的工资），因此可以再规定任意两个查询的相交数据项不能超过 M 个，这样就不容易获得其他人的数据了。

另外，还有一些其他方法用于解决统计数据库的安全性问题，但无论采用什么安全机制，都可能会存在绕过这些机制的途径。好的安全性措施应该使得那些试图破坏安全的人所花费的代价远远超过它们所能得到的利益，这也是整个数据库安全机制设计的目标。

20.6　数据加密

对于高度敏感的数据，例如，财务数据、证券数据、军事数据等，除了以上安全措施之外，还可以采用数据加密技术。

数据加密是防止数据库中的数据在存储和传输过程中失密的手段。加密的基本思想是根据一定的算法将原始数据（称为**明文**，Plain text）变换为不可直接识别的格式（称为**密文**，Cipher test），从而使不知道解密算法的人无法知道数据的内容。

数据加密一般是对数据进行编码和置换，从而使人不能读懂数据。在加密方法中，用特殊算法对数据进行编码，使得任何没有解密密钥的人都不能读懂数据。数据加密技术可以防止某些尝试避开系统的验证而直接访问数据所带来的威胁。

加密方法有很多种，有一些是简单的加密方法，还有一些提供高级数据保护的复杂加密方法。下面是数据库安全中经常使用的一些加密方法。

- 简单替换法。
- 多字母替换法。

1. 简单替换法

在简单替换法中，纯文本中的每一个字母都被转换为字母表中该字母的后一个字母（称为直接继元），字母"z"被替换为空格。现在假设希望加密下面给出的纯文本信息。

```
Well done.
```

上面的可读纯文本信息将被加密（转换为密文）为：

```
xfmmaepof.
```

这样，假如一个入侵者或未经授权的用户看到了信息"xfmmaepof"，可能就没有足够的信息来破解编码。但如果检验大量的文字，通过统计字母出现的频率还是可以很容易地破解密码的。

2. 多字母替换法

多字母替换法使用加密密钥。假设希望加密消息"Well done"。给出的加密密钥，比如是"safety"，则加密过程如下。

① 密钥在纯文本下面并与之对齐，不断重复直到纯文本被完全"覆盖"。在这个例子中，我们将有：

```
Well done
Safetysaf
```

② 在字母表中，空格占据第 27 个（倒数第 2 个）和第 28 个（最后一个）位置。对每一个字符，把纯文本字符在字母表中的位置加上密钥字符在字母表中的位置。将结果除以 27，然后余数分开保存。在上边所举的例子中，纯文本的第 1 个字母"W"在字母表中的第 23 个位置，而密钥的第 1 个字母"s"在第 19 个位置。因此，（23+19）= 42。42 被 27 除后的余数为 15。这个过程叫做除模 27。字母表中的第 15 个字母是"O"，因此，字母"W"被加密为'O'。用同样的方法加密所有字母。

多字母替换方法也属于比较简单的加密方法，但它能够保护更高级别的数据。

20.7 SQL Server 安全控制过程

在大型数据库管理系统的自主存取控制模式中，用户访问数据库数据都要经过 3 个安全认证过程。第 1 个过程，确认用户是否是数据库服务器的合法用户（具有登录名）；第 2 个过程，确认用户是否是要访问的数据库的合法用户（是数据库用户）；第 3 过程，确认用户是否具有合适的操作权限（权限认证）。这个过程的示意图如图 20-3 所示。

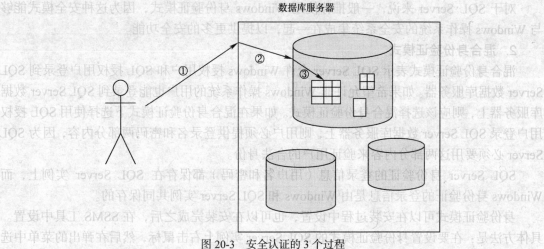

图 20-3 安全认证的 3 个过程

用户在登录到数据库服务器后，是不能访问任何用户数据库的，因此需要第 2 步认证，让用户成为某个数据库中的合法用户。用户成为数据库合法用户之后，对数据库中的用户数据还是没有任何操作权限，因此需要第 3 步认证，授予用户具有合适的操作权限。下面我们介绍在 SQL Server 2005 中如何实现这 3 个认证过程。

20.8 登 录 名

SQL Server 2005 的安全权限是基于标识用户身份的登录标识符（Login ID，登录 ID）的，登录 ID 就是控制访问 SQL Server 数据库服务器的登录名。如果未指定有效的登录 ID，则用户不能连接到 SQL Server 数据库服务器。

20.8.1 身份验证模式

SQL Server 2005 支持两类登录账户。一类是由 SQL Server 自身负责身份验证的登录名；另一类是登录到 SQL Server 的 Windows 网络用户，可以是组用户。根据登录名类型的不同，SQL Server 2005 相应地提供了两种身份验证模式：Windows 身份验证模式和混合验证模式。

1. Windows 身份验证模式

由于 SQL Server 2005 和 Windows 操作系统都是微软公司的产品，因此，微软公司将 SQL

Server 与 Windows 操作系统进行了绑定，提供了以 Windows 操作系统用户身份登录到 SQL Server 的方式，也就是 SQL Server 将用户的身份验证交给了 Windows 操作系统来完成。在这种身份验证模式下，SQL Server 将通过 Windows 操作系统来获得用户信息，并对登录名和密码进行重新验证。

当使用 Windows 身份验证模式时，用户必须首先登录到 Windows 操作系统中，然后再登录到 SQL Server。而且用户登录到 SQL Server 时，只需选择 Windows 身份验证模式，而无需再提供登录名和密码，系统会从用户登录到 Windows 操作系统时提供的用户名和密码中查找当前用户的登录信息，以判断其是否是 SQL Server 的合法用户。

对于 SQL Server 来说，一般推荐使用 Windows 身份验证模式，因为这种安全模式能够与 Windows 操作系统的安全系统集成在一起，以提供更多的安全功能。

2. 混合身份验证模式

混合身份验证模式表示 SQL Server 允许 Windows 授权用户和 SQL 授权用户登录到 SQL Server 数据库服务器。如果希望允许非 Windows 操作系统的用户也能登录到 SQL Server 数据库服务器上，则应该选择混合身份验证模式。如果在混合身份验证模式下选择使用 SQL 授权用户登录 SQL Server 数据库服务器上，则用户必须提供登录名和密码两部分内容，因为 SQL Server 必须要用这两部分内容来验证用户的合法身份。

SQL Server 身份验证的登录信息（用户名和密码）都保存在 SQL Server 实例上，而 Windows 身份验证的登录信息是由 Windows 和 SQL Server 实例共同保存的。

身份验证模式可以在安装过程中设置，也可以在安装完成之后，在 SSMS 工具中设置。具体方法是：在要设置身份验证模式的 SQL Server 实例上右击鼠标，然后在弹出的菜单中选择"属性"命令，弹出"服务器属性"窗口；在该窗口左边的"选择页"上，单击"安全性"选项，在显示窗口（如图 20-4 所示）的"服务器身份验证"部分，可以设置身份验证模式（其中的"SQL Server 和 Windows 身份验证模式"即为混合身份验证模式）。

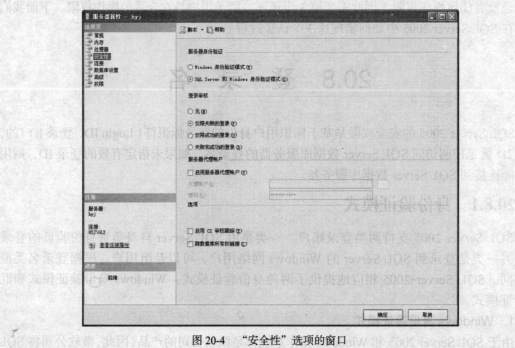

图 20-4　"安全性"选项的窗口

20.8.2　建立登录名

SQL Server 数据库服务器支持两种类型的登录名，一类是 Windows 用户，另一类是 SQL Server 用户（非 Windows 用户）。建立登录名也有两种方法，一种是通过 SQL Server 2005 的 SSMS 工具实现，另一种是通过 T-SQL 语句实现。这里我们只介绍使用 SSMS 工具建立登录名的方法，关于用 T-SQL 语句建立登录名的方法，有兴趣的读者可参考 SQL Server 联机丛书。

1. 建立 Windows 身份验证的登录名

使用 Windows 登录名连接到 SQL Server 时，SQL Server 依赖操作系统的身份验证，而且只检查该登录名是否已经在 SQL Server 实例上映射了相应的登录名，或者该 Windows 用户是否属于一个已经映射到 SQL Server 实例上的 Windows 组。

使用 Windows 登录名进行的连接，被称为信任连接（Trusted Connection）。

在使用 SSMS 工具建立 Windows 身份验证的登录名之前，应该先在操作系统中建立 Windows 用户，假设我们这里已经建立好了两个 Windows 用户，用户名为 "Win_User1" 和 "Win_User2"。

在 SSMS 工具中，建立 Windows 身份验证的登录名的步骤如下。

① 在 SSMS 的对象资源管理器中，依次展开 "安全性" → "登录名" 结点。在 "登录名" 结点上右击鼠标，在弹出的菜单中选择 "新建登录名" 命令，弹出如图 20-5 所示的新建登录窗口。

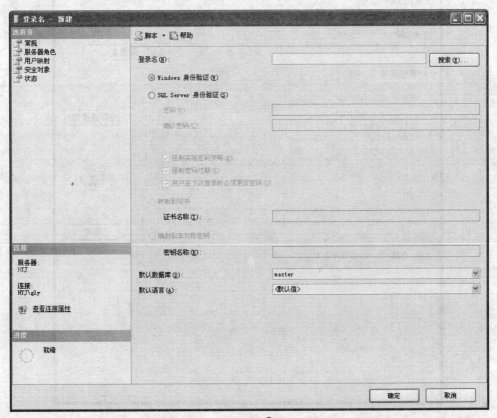

图 20-5　"新建登录名" 窗口

② 在图 20-5 所示窗口上单击"搜索"按钮，弹出如图 20-6 所示的"选择用户或组"窗口。

③ 在图 20-6 所示窗口上单击"高级"按钮，弹出如图 20-7 所示的"选择用户或组"窗口。

④ 在图 20-7 所示窗口上单击"立即查找"按钮，在下面的"名称"列表框中将列出查找的结果，如图 20-8 所示窗口。

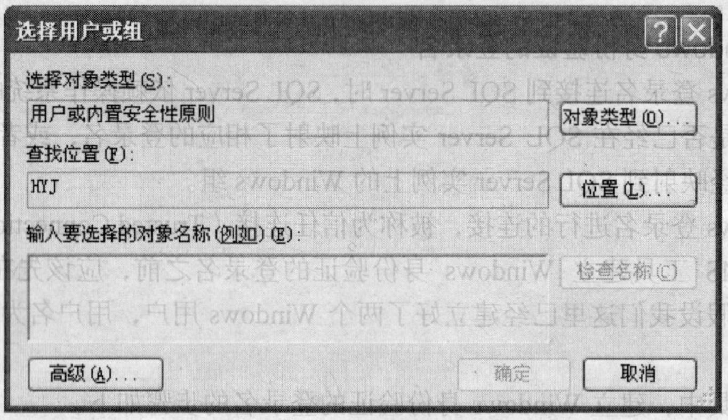

图 20-6 "选择用户或组"窗口

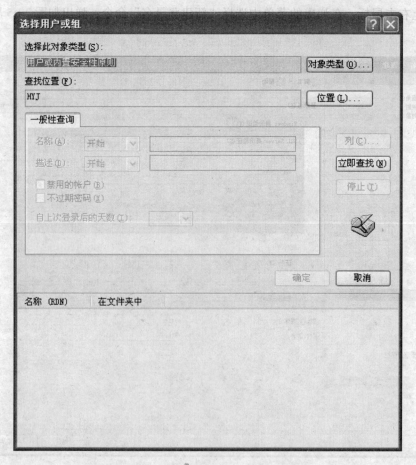

图 20-7 "选择用户或组"的高级选项窗口

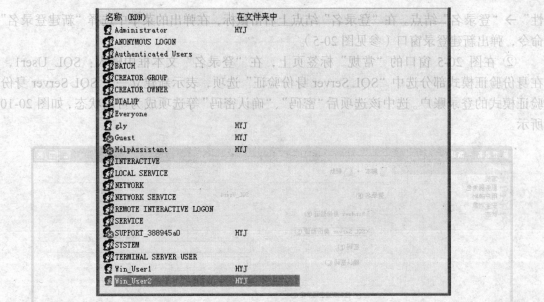

图 20-8　查询结果窗口

⑤ 在图 20-8 所示窗口中列出了全部可用的 Windows 用户和组。在这里可以选择组，也可以选择用户。如果选择一个组，则表示该 Windows 组中的所有用户都可以登录到 SQL Server，而且他们都对应到 SQL Server 的一个登录名上。这里选择"Win_User2"，然后单击"确定"按钮，回到"选择用户或组"窗口，此时窗口的形式如图 20-9 所示。

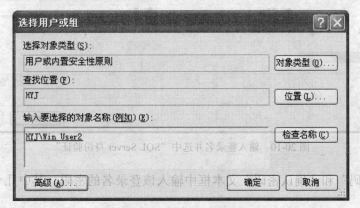

图 20-9　选择好登录名后的窗口

⑥ 在图 20-9 所示窗口上单击"确定"按钮，回到图 20-5 所示新建登录窗口，此时在此窗口的"登录名"框中会出现：HYJ\Win_User2。在此窗口上单击"确定"按钮，完成对登录名的创建。

这时如果用 Win_User2 登录操作系统，并连接到 SQL Server，则此时连接界面中的登录名应该是 HYJ\Win_User2。

2．建立 SQL Server 身份验证的登录名

在建立 SQL Server 身份验证的登录名之前，必须确保 SQL Server 实例支持的身份验证模式是混合模式的。通过 SSMS 工具建立 SQL Server 身份验证的登录名的具体步骤如下。

① 以系统管理员身份连接到 SSMS，在 SSMS 的对象资源管理器中，依次展开"安全

性"→"登录名"结点。在"登录名"结点上右击鼠标，在弹出的菜单中选择"新建登录名"命令，弹出新建登录窗口（参见图 20-5）。

② 在图 20-5 窗口的"常规"标签页上，在"登录名"文本框中输入：SQL_User1，在身份验证模式部分选中"SQL Server 身份验证"选项，表示新建立一个 SQL Server 身份验证模式的登录账户。选中该选项后"密码"、"确认密码"等选项成为可用状态，如图 20-10 所示。

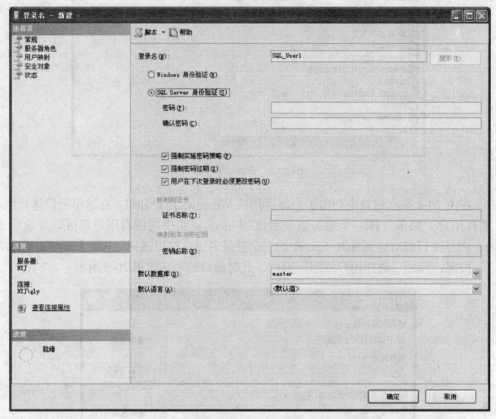

图 20-10　输入登录名并选中"SQL Server 身份验证"

③ 在"密码"和"确认密码"文本框中输入该登录名的密码。其中几个复选框的说明如下。

● 强制实施密码策略。表示对该登录名强制实施密码策略，这样可强制用户的密码具有一定的复杂性。在 Windows Server 2003 或更高版本环境下运行 SQL Server 2005 时，可以使用 Windows 密码策略机制（在 Windows XP 操作系统下不支持密码策略）。SQL Server 2005 可以将 Windows Server 2003 中使用的复杂性策略和过期策略应用于 SQL Server 内部使用的密码。

● 强制密码过期。对该登录名强制实施密码过期策略，必须选中"强制实施密码策略"才能启用此复选框。

● 用户在下次登录时必须更改密码。首次使用新登录名时，SQL Server 将提示用户输入新密码。

● 映射到证书。表示此登录名与某个证书相关联。

- 映射到非对称密钥。表示此登录名与某个非对称密钥相关联。
- 密钥名称。表示关联某个非对称密钥的名称。
- 默认数据库。指定该登录名初始登录到 SSMS 时进入的数据库。
- 默认语言。指定该登录名登录到 SQL Server 时使用的默认语言。一般情况下，使用"默认值"选项，使该登录名使用的语言与所登录的 SQL Serer 实例所使用的语言一致。

这里不选中"强制实施密码策略"复选框，然后单击"确定"按钮，完成对登录名的建立。

20.8.3　删除登录名

由于 SQL Server 的登录名可以是多个数据库中的合法用户，因此在删除登录名时，应该先将该登录名在各个数据库中映射的数据库用户删除掉（如果有到话），然后再删除登录名。否则会产生没有对应的登录名的孤立的数据库用户。

删除登录名可以在 SSMS 工具中实现，也可以使用 T-SQL 语句实现，这里只介绍使用 SSMS 工具删除登录名的方法。

下面以删除 NewUser 登录名为例（假设系统中已有此登录名），说明删除登录名的步骤。

① 以系统管理员身份连接到 SSMS，在 SSMS 的对象资源管理器中，依次展开"安全性"→"登录名"结点。

② 在要删除的登录名（NewUser）上右击鼠标，从弹出的菜单中选择"删除"命令。弹出如图 20-11 所示的删除登录名属性窗口。

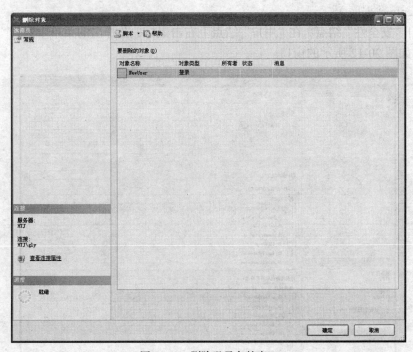

图 20-11　删除登录名的窗口

③ 在图 20-11 所示的窗口，若确实要删除此登录名，则单击"确定"按钮，否则单击"取消"按钮。这里单击"确定"按钮，系统会弹出一个提示窗口，该窗口提示用户，删除登录名并不会删除对应的数据库用户。

④ 单击"确定"按钮,删除 NewUser 登录账户。

20.9   数据库用户

数据库用户是数据库级别上的主体。用户在具有了登录名之后,只能连接到 SQL Server 数据库服务器上,并不具有访问任何用户数据库的权限,只有成为了数据库的合法用户后, 才能访问此数据库。本节将介绍如何对数据库用户进行管理。

数据库用户一般都来自于服务器上已有的登录名,让登录名成为数据库用户的操作称为 "映射"。一个登录名可以映射为多个数据库中的用户,这种映射关系为同一服务器上不同数 据库的权限管理带来了很大的方便。管理数据库用户的过程实际上就是建立登录名与数据库 用户之间的映射关系的过程。默认情况下,新建立的数据库只有一个用户:dbo,它是数据库 的拥有者。

20.9.1   建立数据库用户

建立数据库用户可以用 SSMS 工具实现,也可以使用 T-SQL 语句实现,这里只介绍使用 SSMS 工具建立数据库用户的方法。

在 SSMS 工具中建立数据库用户的步骤如下。

① 在 SSMS 工具的对象资源管理器中,展开要建立数据库用户的数据库(假设这里展 开的是 students 数据库)。

② 展开"安全性"结点,在"用户"结点上右击鼠标,在弹出的菜单中选择"新建用户" 命令,弹出如图 20-12 所示的窗口。

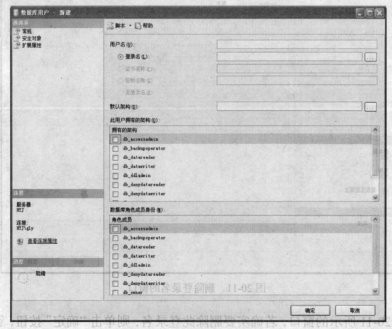

图 20-12   新建数据库用户窗口

③ 在图 20-12 所示的窗口中，在"用户名"文本框中可以输入一个与登录名对应的数据库用户名；在"登录名"部分指定将要成为此数据库用户的登录名。单击"登录名"文本框右边的 ⋯ 按钮，可以查找某登录名。

这里在"用户名"文本框中输入：SQL_User1，然后单击"登录名"文本框右边的 ⋯ 按钮，弹出如图 20-13 所示的"选择登录名"窗口。

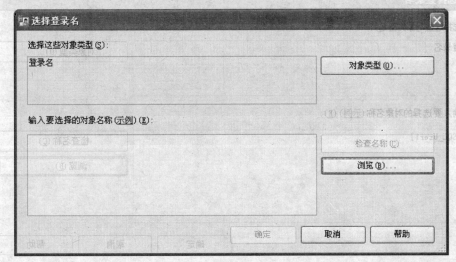

图 20-13 "选择登录名"窗口

④ 在图 20-13 所示窗口中，单击"浏览"按钮，弹出如图 20-14 所示的"查找对象"窗口。

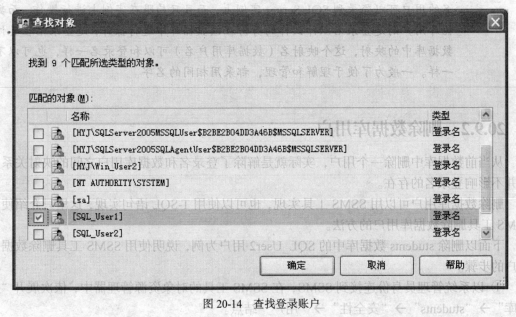

图 20-14 查找登录账户

⑤ 在图 20-14 所示窗口中，选中"[SQL_User1]"前的复选框，表示让该登录名成为 students 数据库中的用户。单击"确定"按钮关闭"查找对象"窗口，回到"选择登录名"窗口，这时该窗口的形式如图 20-15 所示。

⑥ 在图 20-15 所示窗口上单击"确定"按钮，关闭该窗口，回到新建数据库用户窗口。在此窗口上再次单击"确定"按钮关闭该窗口，完成数据库用户的建立。

这时展开 students 数据库下的"安全性"结点及该结点下的"用户"结点，可以看到 SQL_User1 已经在该数据库的用户列表中。

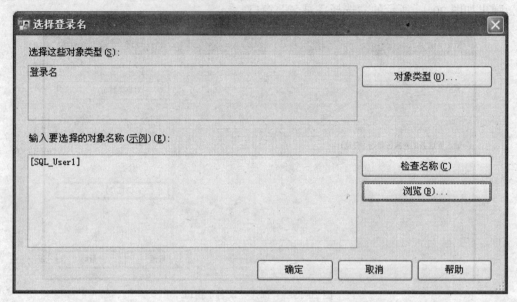

图 20-15　指定好登录名后的情形

注意：　　　一定要清楚服务器登录名与数据库用户是两个完全不同的概念。具有登录名的用户可以登录到 SQL Server 实例上，而且只局限在实例上进行操作。而数据库用户则是登录名以什么样的身份在该数据库中进行操作，是登录名在具体数据库中的映射，这个映射名（数据库用户名）可以和登录名一样，也可以不一样。一般为了便于理解和管理，都采用相同的名字。

20.9.2　删除数据库用户

从当前数据库中删除一个用户，实际就是解除了登录名和数据库用户之间的映射关系，但并不影响登录名的存在。

删除数据库用户可以用 SSMS 工具实现，也可以使用 T-SQL 语句实现，这里只介绍使用 SSMS 工具删除数据库用户的方法。

下面以删除 students 数据库中的 SQL_User2 用户为例，说明使用 SSMS 工具删除数据库用户的步骤。

① 以系统管理员身份连接到 SSMS，在 SSMS 工具的对象资源管理器中，依次展开"数据库"→"students"→"安全性"→"用户"结点。

② 在要删除的"SQL_User2"用户名上右击鼠标，在弹出的菜单中选择"删除"命令，弹出如图 20-16 所示的"删除对象"窗口。

③ 在"删除对象"窗口中，如果确实要删除，则单击"确定"按钮，删除此用户。否则

单击"取消"按钮。这里单击"确定"按钮，删除"SQL_User2"。

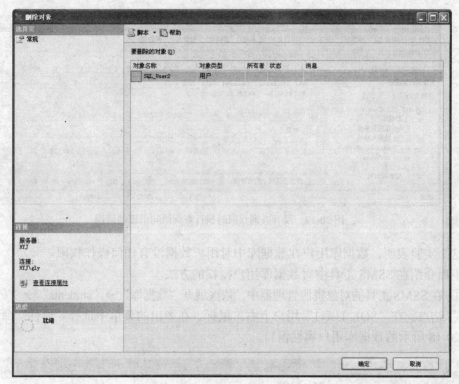

图 20-16　删除数据库用户窗口

20.10　权 限 管 理

在现实生活中，每个单位的职工都有一定的工作职能以及相应的配套权限。在数据库中也是一样，为了让数据库中的用户能够进行合适的操作，SQL Server 提供了一套完整的权限管理机制。

当登录名成为数据库中的合法用户之后，除了具有一些系统视图的查询权限之外，并不对数据库中的用户数据和对象具有任何操作权限，因此，下一步就需要为数据库中的用户授予数据库数据及对象的操作权限。

在 2.2.1 节我们已经介绍了在数据库中一般将用户分为系统管理员、数据库对象拥有者和普通用户 3 类，能够进行授权的是数据库的普通用户。

本节将介绍如何在 SQL Server 2005 环境中实现权限管理。

1. 对象权限的管理

下面以在 students 数据库中，授予 SQL_User1 用户具有 Student 表的 SELECT 和 INSERT 权限、Course 表的 SELECT 权限为例，说明在 SSMS 工具中授予用户对象权限的过程。

在授予 SQL_User1 用户权限之前，我们先做个实验。首先用 SQL_User1 用户建立一个新的数据库引擎查询，在查询编辑器中，输入如下代码。

```
SELECT * FROM Student
```

执行该代码后，SSMS 的界面如图 20-17 所示。

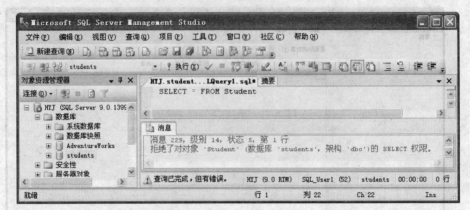

图 20-17　没有查询权限时执行查询语句出现的错误

这个实验表明，数据库用户在数据库中对用户数据没有任何操作权限。

下面介绍在 SSMS 工具中对数据库用户授权的方法。

① 在 SSMS 工具的对象资源管理器中，依次展开"数据库"→"students"→"安全性"→"用户"结点，在"SQL_User1"用户上右击鼠标，在弹出的菜单中选择"属性"命令，弹出如图 20-18 所示的数据库用户属性窗口。

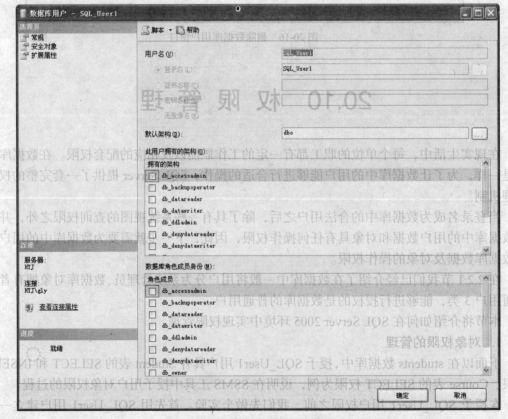

图 20-18　数据库用户属性窗口

②　单击左边"选择页"中的"安全对象"选项，出现如图 20-19 所示的"安全对象"窗口。

③　在图 20-19 窗口中，单击"添加"按钮，在弹出的"添加对象"窗口中可以选择要添加的对象类型，如图 20-20 所示。默认是添加"特定对象"类。

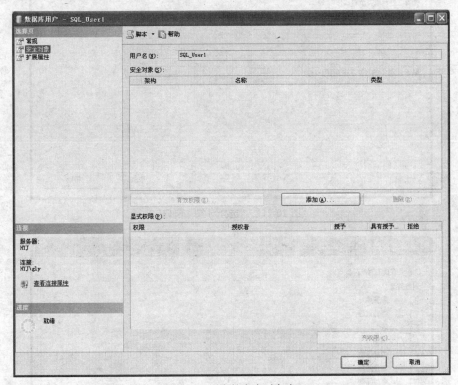

图 20-19　用户的安全对象窗口

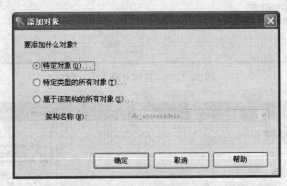

图 20-20　"添加对象"窗口

④　在"添加对象"窗口中，我们不进行任何修改，单击"确定"按钮，弹出如图 20-21 所示的"选择对象"窗口。在这个窗口中可以通过选择对象类型来筛选对象。

⑤　在"选择对象"窗口中，单击"对象类型"按钮，弹出如图 20-22 所示的"选择对象类型"窗口。在这个窗口中可以选择要授予权限的对象类型。

⑥　由于这里是要授予 SQL_User1 用户对 Student 和 Course 表的权限，因此在"添加对象类型"窗口中，选中"表"复选框（如图 20-22 所示）。单击"确定"按钮，回到"选择对

象"窗口，这时在该窗口的"选择这些对象类型"列表框中会列出所选的"表"对象类型，如图 20-23 所示窗口。

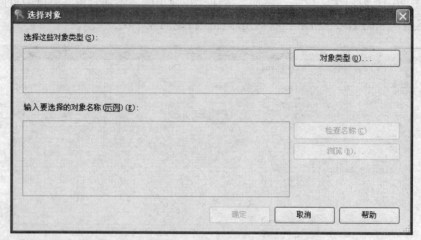

图 20-21 "选择对象"窗口

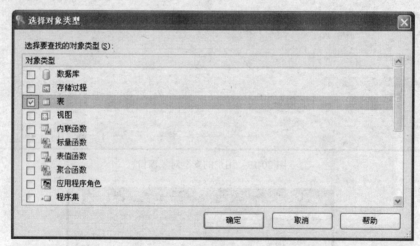

图 20-22 "选择对象类型"窗口

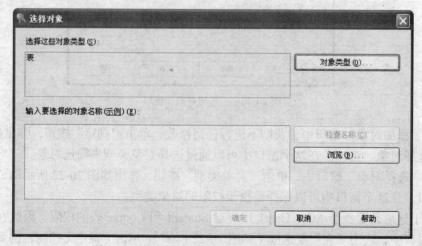

图 20-23 指定好对象类型后的"选择对象"窗口

⑦ 在图20-23中，单击"浏览"按钮，弹出如图20-24所示的"查找对象"窗口。在该窗口中列出了当前可以被授权的全部表。这里选中"Student"和"Course"复选框。

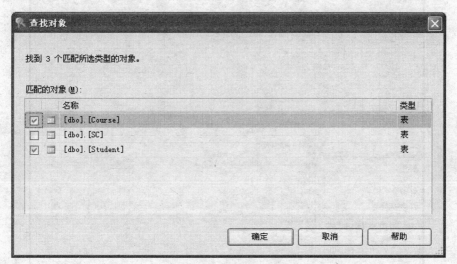

图 20-24　选择要授权的表

⑧ 在"查找对象"窗口中指定好要授权的表之后，单击"确定"按钮，回到"选择对象"窗口，此时该窗口的形式如图20-25所示。

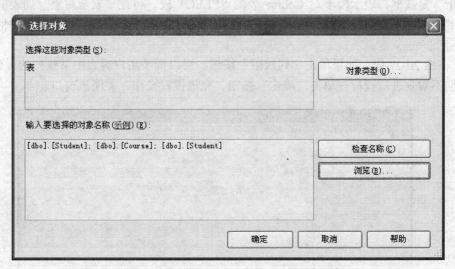

图 20-25　指定要授权的表之后的"选择对象"窗口

⑨ 在图20-25所示窗口上，单击"确定"按钮，回到数据库用户属性中的"安全对象"窗口，此时该窗口形式如图20-26所示。现在可以在这个窗口上对选择的对象授予相关的权限。

⑩ 在图20-26窗口中，

● 选中"授予"复选框表示授予该项权限。

● 选中"具有授予权"复选框表示在授权时同时授予了该权限的转授权，即该用户还可以将其获得的权限授予其他人。

● 选中"拒绝"复选框表示拒绝该用户获得该权限；不做任何选择表示用户没有此项权限。

首先在"安全对象"列表框中选中"Course"，然后在下面的权限部分选中SELECT对应

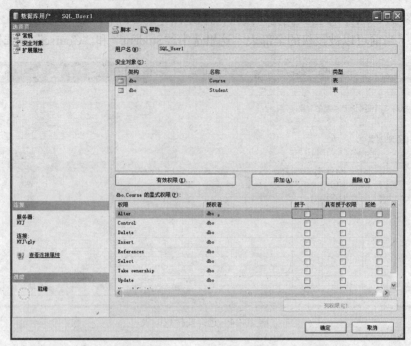

图 20-26　指定好授权对象之后的"数据库用户"的"安全对象"窗口

的"授予"复选框，表示授予对 Course 表的 SELECT 权。再在"安全对象"列表框中选中"Student"，并在下面的权限部分分别选中 SELECT 和 INSERT 对应的"授予"复选框，如图20-27 所示。

　　⑪ 在图 20-27 中，如果单击"列权限"按钮，可以授予用户对表中某些列的操作权限。这里我们不对列进行授权。单击"确定"按钮，完成授权操作，关闭该窗口。

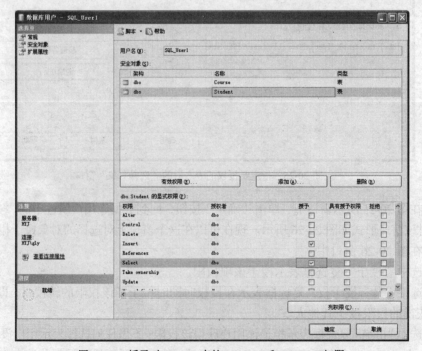

图 20-27　授予对 Student 表的 SELECT 和 INSERT 权限

至此，完成了对数据库用户的授权。

此时，以 SQL_User1 身份再次执行代码：

```
SELECT * FROM Student
```

代码执行成功，并返回所需要的结果。

2. 语句权限的管理

下面以在 students 数据库中，授予 SQL_User1 用户具有创建表的权限为例，说明在 SSMS 工具中授予用户语句权限的过程。

在授予 SQL_User1 用户权限之前，我们先用该用户建立一个新的数据库引擎查询，打开查询编辑器，输入如下代码。

```
CREATE Table Teachers(          -- 创建教师表
  Tid char(6),                  -- 教师号
  Tname varchar(10) )           -- 教师名
```

执行该代码后，SSMS 的界面如图 20-28 所示，说明用户此时并不具有创建表的权限。

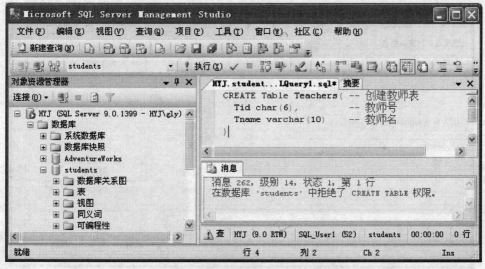

图 20-28　执行建表语句时出现的错误

使用 SSMS 工具授予用户语句权限的步骤如下。

① 在 SSMS 工具的对象资源管理器中，依次展开"数据库"→"students"→"安全性"→"用户"，在"SQL_User1"用户上右击鼠标，在弹出的菜单中选择"属性"命令，弹出用户属性窗口（参见图 20-18）。在此窗口中单击左边"选择页"中的"安全对象"选项，在"安全对象"选项的窗口（参见图 20-19）中单击"添加"按钮。在弹出的"添加对象"窗口（参见图 20-20）中选中"特定对象"选项，单击"确定"按钮。在弹出的"选择对象"窗口（参见图 20-21）中单击"对象类型"按钮，弹出"选择对象类型"窗口。

② 在"选择对象类型"窗口中，选中"数据库"复选框，如图 20-29 所示。单击"确定"按钮，回到"选择对象"窗口，此时在"选择对象类型"列表框中已经列出了"数据库"，如图 20-30 所示。

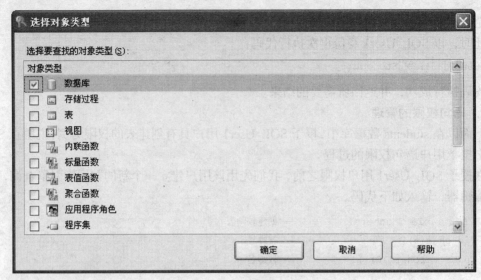

图 20-29　选中"数据库"复选框

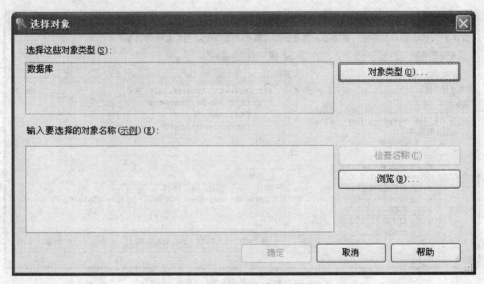

图 20-30　选择好对象类型后的窗口

③ 在图 20-30 中，单击"浏览"按钮，弹出如图 20-31 所示的"查找对象"窗口，在此窗口中选择要赋予的权限所在的数据库。由于这里是要为 SQL_User1 授予在 students 数据库中具有建表权，因此在此窗口中选中"[students]"复选框（见图 20-31）。单击"确定"按钮，回到"选择对象"窗口，此时在此窗口的"输入要选择的对象"列表框中已经列出了"[students]"数据库，如图 20-32 所示。

④ 在"选择对象"窗口上单击"确定"按钮，回到数据库用户属性窗口，在此窗口中可以选择合适的语句权限授予相关用户。

⑤ 在此窗口下边的权限列表框中选中"Create table"对应的"授予"复选框，如图 20-33 所示。

⑥ 单击"确定"按钮，完成授权操作，关闭此窗口。

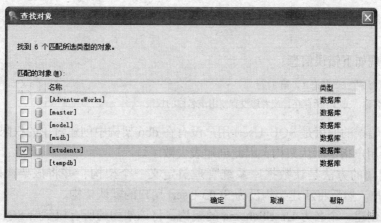

图 20-31 "查找对象"窗口（选中"[students]"复选框）

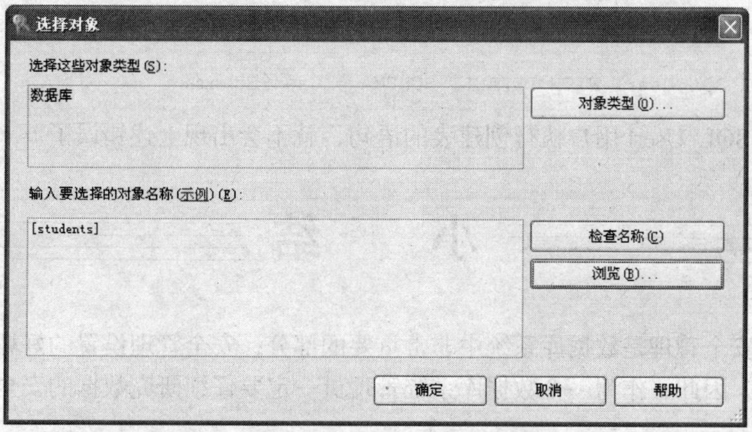

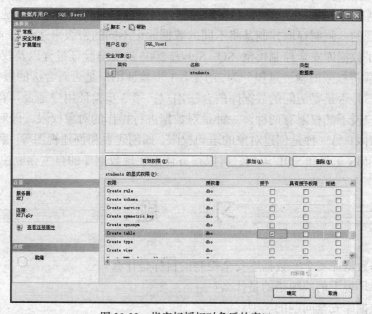

图 20-32 指定好授权对象后的对话框

图 20-33 指定好授权对象后的窗口

说明：如果此时用 SQL_User1 身份打开一个新的查询编辑器窗口，并执行前边的建表语句。

则系统仍会出现如下错误信息：

消息 2760，级别 16，状态 1，第 1 行
指定的架构名称"dbo"不存在，或者您没有使用该名称的权限。

出现这个错误的原因是 SQL_Userl 用户没有在 dbo 架构中创建对象的权限，而且也没有为 SQL_Userl 用户指定默认架构，因此创建表失败了。

解决此问题的方法是让数据库系统管理员定义一个架构，并将该架构的所有权赋给 SQL_Userl 用户。然后将新建架构设为 SQL_Userl 用户的默认架构。

例：首先创建一个名为 UserlSchema 的架构，将该架构的所有权赋给 SQL_Userl 用户，并将该架构设为 SQL_Userl 用户的默认架构。

```
CREATE SCHEMA UserlSchema AUTHORIZATION SQL_Userl
GO
ALTER USER SQL_Userl WITH DEFAULT_SCHEMA = UserlSchema
```

然后再让 SQL_Userl 用户执行创建表的语句，就不会出现上述错误了。

小　结

数据库的安全管理是数据库系统中非常重要的部分，安全管理设置的好坏直接影响数据库数据的安全。因此，作为一个数据库系统管理员一定要仔细研究数据的安全性问题，并进行合适的设置。

实现数据库安全控制的技术和方法有很多种，常用的有存取控制技术、视图机制和审计跟踪。存取控制有自主存取控制和强制存取控制两种，自主存取控制的功能是通过 SQL 的权限管理语句实现的，强制存取控制是将不同的数据标记不同的密级来达到安全控制的目的。

本章介绍了数据库安全控制模型、SQL Server 2005 的安全验证过程以及权限的种类。SQL Server 2005 一般将权限的验证过程分为 3 步：第 1 步验证用户是否有合法的服务器的登录名；第 2 步验证用户是否是要访问的数据库的合法用户；第 3 步验证用户是否具有适当的操作权限。可以为用户授予的权限有两种，一种是对数据进行操作的对象权限，即对数据进行增、删、改、查的权限；另一种是创建对象的语句权限，如创建表和创建视图等。利用 SQL Server 2005 提供的 SSMS 工具和 SQL 语句，可以很方便地实现数据库的自主存取控制。

习　题

1. 什么是数据库安全？数据库安全控制的目标是什么？
2. 数据库环境下的威胁指的是什么？
3. 列出数据库安全问题的类型。
4. 授权和认证的区别是什么？

5. 什么是数据加密？它是如何用在数据库安全中的？

6. 解释审计跟踪的应用。

7. 自主和强制存取控制的区别是什么？

8. 如果 DBMS 已经支持自主和强制存取控制，那么还需要数据加密么？

9. 什么是防火墙？数据库安全中使用的防火墙技术有哪些？简要概括之。

10. 什么是统计数据库？试讨论统计数据库的安全问题。

11. 通常情况下，数据库中的权限划分为哪几类？

12. 数据库中的用户按其操作权限可分为哪几类，每一类的权限是什么？

13. 权限的管理包含哪些内容？

14. 写出实现下述功能到 SQL 语句。

（1）授予用户 u1 具有对 course 表的插入和删除权。

（2）授予用户 u1 具有对 Course 表的删除权。

（3）收回用户 u1 对 course 表的删除权。

（4）拒绝用户 u1 获得对 Course 表的更改权。

（5）授予用户 u1 具有创建表和视图的权限。

（6）收回用户 u1 创建表的权限。

上 机 练 习

1. 用 SSMS 工具建立 SQL Server 身份验证模式的登录名：log1、log2 和 log3。

2. 利用第 18 章建立的 students 数据库和表，用 log1 建立一个新的数据库引擎查询，在"可用数据库"下拉列表框中是否能看到并选中 students 数据库？为什么？

3. 将 log1、log2 和 log3 映射为 students 数据库中的用户，用户名同登录名。

4. 再次用 log1 建立一个新的数据库引擎查询，这次在"可用数据库"下拉列表框中是否能看到并选中 students 数据库？为什么？

5. 用 log1 用户在 students 数据库中执行下述语句，能否执行？为什么？

```
SELECT * FROM Course
```

6. 授予 log1 具有对 Course 表的查询权限，授予 log2 具有对 Course 表的插入权限。

7. 在 SSMS 中，用 log2 建立一个新的数据库引擎查询，执行下述语句，能否成功？为什么？

```
INSERT INTO Course VALUES('C1001', '数据库基础', 4, 5)
```

再执行下述语句，能否成功？为什么？

```
SELECT * FROM Course
```

8. 在 SSMS 中，在 log1 建立的数据库引擎查询中，再次执行下述语句。

```
SELECT * FROM Course
```

这次能否成功？但如果执行下述语句。

```
INSERT INTO Course VALUES('C103', '软件工程', 4, 5)
```

能否成功? 为什么?

9. 在 SSMS 中, 用 log3 建立一个新的数据库引擎查询, 执行下述语句, 能否成功? 为什么?

```
CREATE TABLE NewTable(
    C1 int,
    C2 char(4))
```

10. 用系统管理员新建一个数据库引擎查询, 并执行下述语句:

```
GRANT CREATE TABLE TO log3
GO
CREATE SCHEMA log3 AUTHORIZATION log3
GO
ALTER USER log3 WITH  DEFAULT_SCHEMA = log3
```

11. 用 log3 再次执行第 9 题的语句, 能否成功? 为什么?

如果执行下述语句。

```
SELECT * NewTable
```

能否成功? 为什么?

第 21 章
数据库设计工具——PowerDesigner

PowerDesigner 是 Sybase 公司生产的一个 CASE 工具集，它功能强大而且使用方便，不仅支持数据库模型设计的全过程，同时为面向对象分析、设计与开发以及企业业务流程规划提供了有力的工具。更具特色的是，它将对象设计、数据库设计和关系数据库生成无缝地集成起来，提供了非常强大的数据库设计和生成能力。

本章只介绍如何利用 PowerDesigner 12.5 进行数据库建模，即构建数据库概念数据模型，其主要内容包括如何定义实体、实体的属性以及实体之间的关联关系。

21.1 建立概念数据模型

21.1.1 概述

数据库结构设计包括概念结构设计、逻辑结构设计和物理结构设计几部分，其中概念结构设计是基础，逻辑结构设计是由概念结构设计的结果转换而来的，因此在进行数据库设计时，概念模型的设计直接关系到所生成的逻辑结构，即关系数据库的二维表结构是否合理。概念数据模型的基本概念已在第 2 章做了简单介绍，它一般用实体-联系模型（E-R）表示，而在第 10 章则更进一步详细介绍了实体-联系模型的表达方法和表达能力。本节将介绍利用 PowerDesigner 工具构建数据库概念模型的方法。

PowerDesigner 中的概念数据模型（Conceptual Data Model，CDM）以 E-R 模型为基础，并进行了一些扩充。本节我们以学生选课为例，说明构建 CDM 的过程。在学生选课中共涉及两个实体：学生、课程，一个联系：选课，其中学生和课程之间是多对多联系，其 E-R 模型如图 21-1 所示。

图 21-1　学生选课的 E-R 模型

下面分步骤介绍在 PowerDesigner 中如何构建该概念模型。

21.1.2 创建 CDM 文件

用 PowerDesigner 构建 E-R 模型的内容均保存在概念模型的文件中（CDM 文件），因此，我们首先介绍如何创建一个 CDM 文件。

① 打开 PowerDesigner 工具，选择"文件"→"新建"命令，弹出如图 21-2 所示的"新建"对话框。在对话框左侧的"模型类型"列表框中选择"Conceptual Data Model"，并在右侧"General"选项卡的"Model name"文本框中输入模型名称，这里输入的是：学生选课信息。

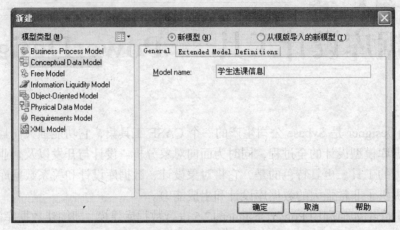

图 21-2　"新建"窗口

② 单击"确定"按钮将打开如图 21-3 所示的 CDM 工作窗口。该窗口的左侧是浏览区，右侧是设计区，下方是输出区，其中还有一个浮动的工具面板（Palette）。工具面板中包含了设计 E-R 模型所需要的各种工具（以图标形式显示），将鼠标光标停留在某个图标上系统会自动显示该图标的微帮助，以帮助用户了解图标的作用。

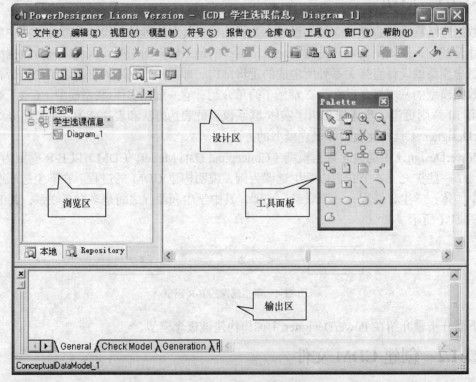

图 21-3　CDM 工作窗口

③ 在实施设计之前，可以先保存当前的 CDM。单击"文件"→"保存"命令，将弹出如图 21-4 所示的"另存为"对话框。在"保存在"下拉列表框中可以指定文件的保存位置，在"文件名"框中可以指定 CDM 文件名，这里输入：学生选课信息。CDM 文件的默认扩展名为.cdm。

图 21-4　保存 CDM

21.1.3　创建实体

下面，首先构建 E-R 模型中的各个实体。在 PowerDesigner 中构建实体的步骤如下。

① 单击工具面板上的"Entity"图标，鼠标变成口形状，将鼠标移动到 CDM 设计区的空白区域，单击一次鼠标就会在设计区中出现一个实体符号，如图 21-5 所示。

图 21-5　实体

② 由于学生选课模型中有两个实体，因此在 CDM 设计区中再次单击鼠标，再生成一个新的实体。生成完两个实体后的窗口形式如图 21-6 所示。

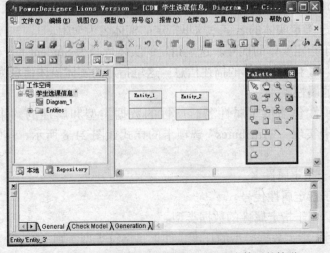

图 21-6　在 CDM 设计窗口中建立了两个实体后的情形

③ 实体生成完成后，单击工具面板上的 Pointer 图标 或右击鼠标，使鼠标退出创建实体状态并恢复到常规状态。

如果想删除已建立的实体，可以选中该实体，然后按 Delete 键即可。

21.1.4 指定实体的属性

下面介绍为实体添加属性的方法。假设"学生选课信息"模型中的学生和课程实体所包含的属性及属性类型与 4.3.2 节定义的 Student 和 Course 表相同。

1. 定义实体名及相关信息

双击一个已建立好的实体，将弹出如图 21-7 所示的"Entity Properties"（实体属性）窗口。在此窗口的"General"选项卡中可以输入实体的名称、代号、描述等信息。

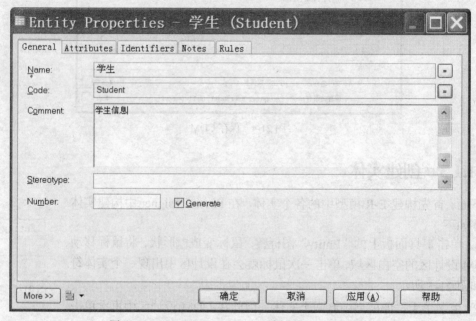

图 21-7　"Entity Properties"对话框的 General 选项卡

"General"选项卡中主要选项的作用如下。

- Name：用于指定实体的名字。这里指定的实体名为学生。
- Code：用于指定实体的代号。这里指定的实体代号为 Student。
- Comment：用于指定实体的描述信息。这里指定的实体描述信息为学生信息。

2. 定义实体的属性

定义实体的属性包括指定属性名、属性的数据类型和属性的约束，这些可以通过"Attributes"选项卡实现。"Attributes"选项卡的样式如图 21-8 所示，其中主要选项的作用如下。

- Name：用于指定属性名。
- Code：用于指定属性代号。
- Data Type：用于指定属性的数据类型。
- Length：用于指定数据类型的长度。如果是字符类型，则 Length 指定字符串长度；如果是定点小数类型，则 Length 指定数字位长度。

- Precision：用于指定定点小数的精度，即小数位数。
- M：即 Mandatory，强制属性。用于指定属性是否允许为空，选中表示不允许为空。
- P：即 Primary Identifier，主标识符。用于指定属性是否是实体的主标识符，即主键。选中表示是主键。
- D：即 Displayed，表示在实体符号中是否显示该属性，选中表示显示。
- Domain：用于描述属性的域，即属性取值范围。

在"Name"列和"Code"列上分别指定好"学生"实体各属性的名字和代号，指定好后的情形如图 21-8 所示。

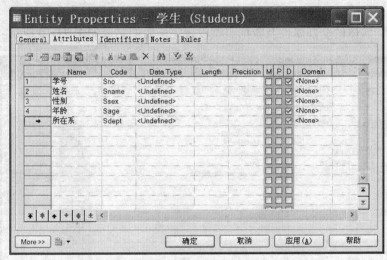

图 21-8　实体属性对话框的"Attributes"选项卡

在设置好各属性的名字和代号后，接下来就是设置各属性的数据类型以及是否是主键。设置属性数据类型的方法如下。

① 单击某属性对应的 Data Type 单元格，假设这里是设置"学号"列的属性，然后单击该单元格中出现的 按钮，弹出如图 21-9 所示的"Standard Data Types"（标准数据类型）窗口。

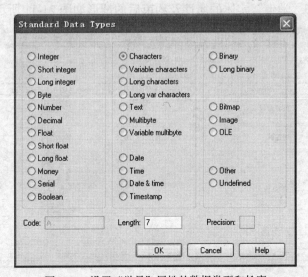

图 21-9　设置"学号"属性的数据类型和长度

② 从图 21-9 所示窗口列出的各种数据类型中选择所需要的类型，由于"学号"是字符串类型，因此这里选中"Characters"，并在下面的"Length"框中指定字符串的长度，这里输入 7。

注意：　　　PowerDesigner 是一个通用的数据库设计工具，它的数据类型可能与具体的数据库管理系统提供的数据类型不完全一样。关于 PowerDesigner 与 SQL Server 数据库管理系统的数据类型之间的对应关系可参见21.2.1节。

也可以直接在 Data Type 单元格中，单击﹀按钮，然后在出现的下拉列表框中选择数据类型，并在对应的 Length 和 Precision 单元格中直接输入合适的长度和精度。

将"学生"实体的全部属性及数据类型设置完毕后的结果如图 21-10 所示。

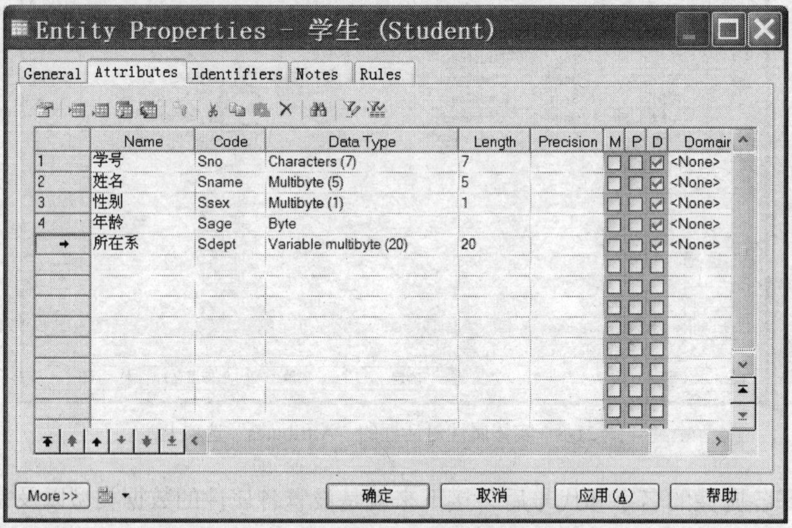

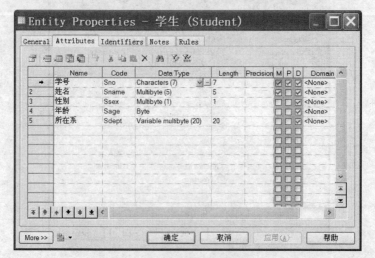

图 21-10　　"学生"实体的属性数据类型设置

下面设置属性的约束，通过勾选 M、P、D 3 列中的复选框来设置是否允许为空、是否是主键等约束。设置好"学生"实体的属性及约束后的情形如图 21-11 所示。

图 21-11　　"学生"实体的属性约束设置

如果要删除某个属性，只需选中该属性，然后按 Delete 键即可。

现在单击"确定"按钮，完成"学生"实体的创建和属性设置工作。参照创建"学生"实体的方法，完成对"课程"实体的定义，定义好"学生"实体和"课程"实体后的 CDM 设计区的样式如图 21-12 所示。

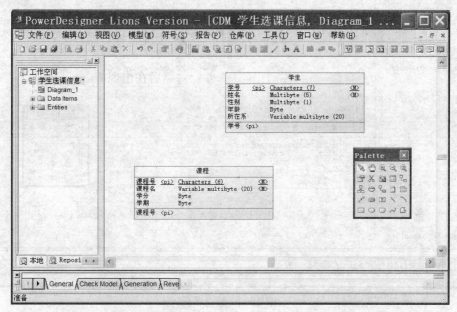

图 21-12　包含"学生"和"课程"实体的 CDM

21.1.5　建立实体间的联系

联系（Relationship）用于描述实体与实体之间的关联关系，因此在定义好实体之后，就可以建立它们之间的关联联系了。为"学生"和"课程"实体建立联系的方法如下。

① 单击工具面板上的"Relationship"图标，然后单击第 1 个实体："学生"实体，并在保持鼠标左键按下的同时把鼠标拖曳到第 2 个实体"课程"上，然后释放鼠标左键，一个默认的联系就建立好了，如图 21-13 所示。

② 选中图 21-13 中定义的联系，双击该联系将打开如图 21-14 所示的"Relationship Properties"（联系属性）窗口。在该对话框的"General"选项卡中可以定义联系的常规属性、修改联系的名称和代号。

③ 在窗口的"Cardinalities"选项卡中可以定义两个实体间的联系基数（也称为度）。假设一个学生可以选修多门课程，一门课程也可以被多个学生选修，因此"学生"实体和"课程"实体之间是多对多（Many-Many）联系。又假设一个学生至少应选修一门课程，而一门课程可以没有学生选修，因此学生与课程之间是强制存在联系，而课程与学生之间是非强制存在（也称为可选的）联系。具体设置如图 21-15 所示。

在图 2-15 所示联系的两个方向上各自包含一个成组框："学生 to 课程"和"课程 to 学生"，各成组框中的参数只对这个方向起作用。其中"Role Name"文本框用于指定角色名。角色名一般应描述该方向联系的作用，例如，在"学生 to 课程"框中命名的角色名为"选修"，而在"课程 To 学生"框中命名的角色名为"被选"。

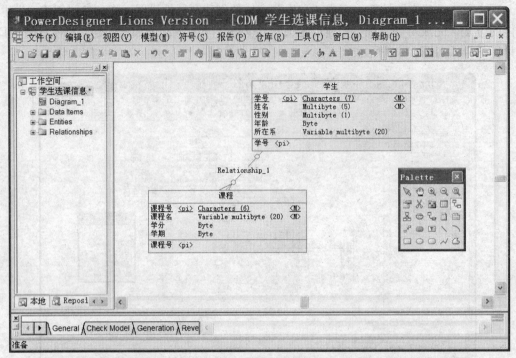

图 21-13　建立联系

图 21-14　定义"选课"联系的常规属性

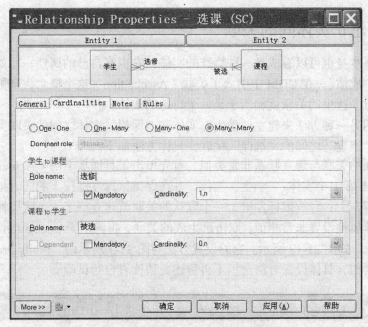

图 21-15　定义"选课"联系的存在性

　　"Mandatory"表示该方向的联系是强制存在的。选中这个复选框，则在该方向上的联系线的末端会出现一个与联系线垂直的竖线。不选中这个复选框则表示这个方向上的联系是可选的，这种情况在该方向上联系线的末端出现一个小圆圈。实际上当选择了"学生 to 课程"的基数为（ $1, n$ ）时，系统会自动选中 Mandatory 复选框，语义上表明学生必须至少选修一门课程。

　　④ 设置好后，单击"确定"按钮，"学生"实体和"课程"实体之间的"选课"联系就设置完毕了，结果如图 21-16 所示。

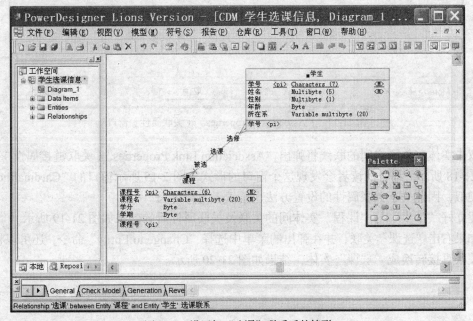

图 2-16　设置好"选课"联系后的情形

21.1.6　建立实体间的关联

实际上联系本身也可以看成是一种特殊的实体，它也有自己的属性，比如"选课"联系中可以有属性"成绩"。在 CDM 中引入了关联（Association）这个概念，来更确切地表达实体间的关联信息。这里的关联就相当于是一个特殊的实体。

下面我们用另一种方法来建立"学生"实体和"课程"实体之间的关联关系，即建立一个"学生"和"课程"之间的"选课"关联，具体方法如下。

建立实体间的关联与建立联系非常类似，首先单击工具面板上的"Association Link"图标，然后单击第 1 个实体："学生"实体，并在保持鼠标左键按下的同时把鼠标拖曳到第 2 个实体"课程"上，释放鼠标左键，一个默认的关联就建立好了。关联属性的设置方法与前面介绍的实体属性设置非常相似。双击已生成的关联，将弹出"Association properties"（关联属性）对话框，如图 21-17 所示。它的设置方法与图 21-7 所示的"Entity Properties"（实体属性）对话框类似，具体设置方法这里不再赘述，请读者自行试验。

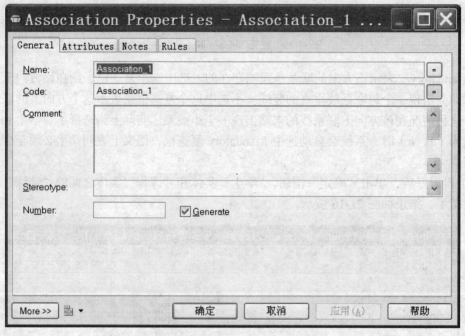

图 21-17　"Association Properties"（关联属性）窗口

双击实体与关联之间的联线将弹出"Association Link Properties"（关联链接属性）窗口，如图 21-18 所示。细心的读者会发现这个窗口的形式与图 2-15 所示窗口的"Cardinalities"选项卡类似，因此关于关联属性的设置方法也请读者自行练习。

建立好"学生"与"课程"实体间的关联及关联属性后的效果如图 21-19 所示。

如果右击"选课"关联，并在弹出的菜单中选择"Change to Entity"命令，还可以将"选课"关联直接转换成"选课"实体，结果如图 21-20 所示。

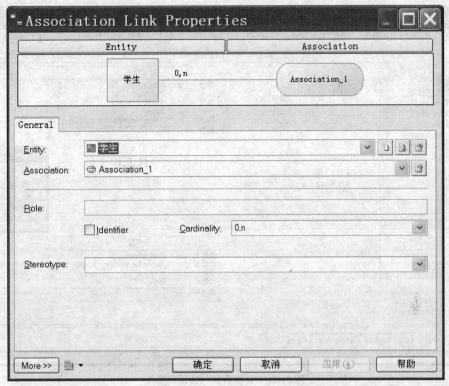

图 21-18　"Association Link Properties"（关联链接属性）对话框

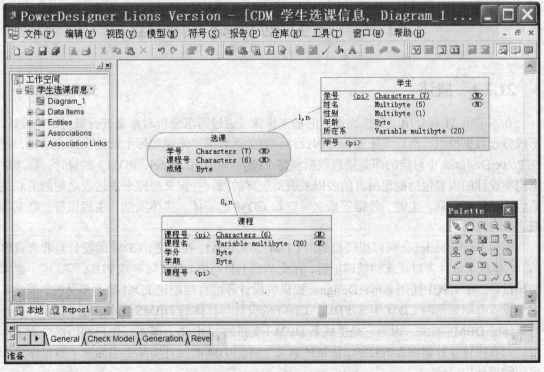

图 21-19　设置好后的"选课"关联

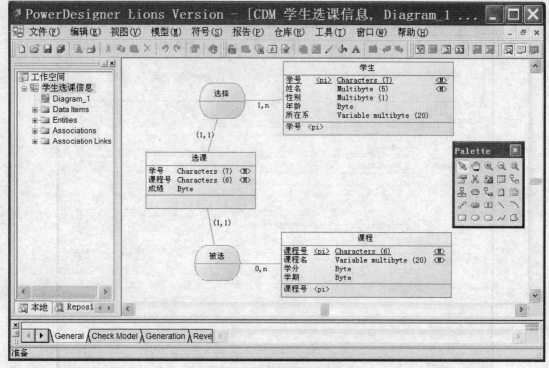

图 21-20　转换后的"选课"实体

21.2　建立物理数据模型

21.2.1　概述

在本书第 11 章介绍了数据库设计的基本步骤。通过需求分析对系统进行概念结构设计，形成概念数据模型，然后实施逻辑结构设计，对关系数据库来说实际上就是设计表结构，这在 PowerDesigner 中对应的即是物理数据模型（Physical Data model，PDM）的设计。物理数据模型设计的内容包括确定所有的表以及表所包含的列，并定义外键来表达表之间的关联关系。这里的表、列、主键、外键等概念对应着 CDM 的实体、实体属性、主标识符、联系等概念。

利用 PowerDesigner 可以很轻松地由 CDM 生成 PDM。换言之，CDM 的设计是非常重要的，它体现了设计者对系统的精确把握，在此基础上只需将 CDM 转换成 PDM 即完成了逻辑结构设计。在实践中使用 PowerDesigner 提供的设计环境直接创建 PDM 是不多见的，因此本书只重点介绍如何由 CDM 生成 PDM。CDM 的设计与具体的 DBMS 无关，但 PDM 的设计与具体的 DBMS 有关，因为它是生成某 DBMS 支持的 SQL 语言脚本，用户利用这个脚本可以达到直接建立数据库表的目的。从某种意义上讲，PDM 的设计实际上也涵盖了数据库设计中的物理结构设计。

从 CD 生成 PDM 时，由于不同的 DBMS 所支持的数据类型不完全相同，因此 PowerDesigner 会根据用户指定的目标 DBMS，选择该 DBMS 支持的数据类型来生成相应

PDM。这里介绍从 CDM 转换到 SQL Server 2005 支持的数据类型的 PDM 的过程，首先给出 CDM 的主要数据类型与 SQL Server 2005 数据类型的对应关系，如表 21-1～表 21-4 所示。

表 21-1　　　　　　　　　　　　　数值类型对照表

CDM 的数据类型	SQL Sever 2005 的数据类型
Integer	Integer
Short Integer	smallint
Long Integer	bigint
Byte	tinyint
Number	numeric
Decimal	decimal
Float	float
Short Float	real
Long Float	double
Boolean	bit

表 21-2　　　　　　　　　　　　　字符类型对照表

CDM 的数据类型	SQL Sever 2005 的数据类型
Characters	char
Variable Characters	varchar
Long Characters	text
Long Var Characters	text
Text	text
Multibyte	nchar
Variable Multibyte	nvarchar

表 21-3　　　　　　　　　　　　　日期时间类型对照表

CDM 的数据类型	SQL Sever 2005 的数据类型
Date	datetime
Time	datetime
Date & Time	datetime

表 21-4　　　　　　　　　　　　　其他类型对照表

CDM 的数据类型	SQL Sever 2005 的数据类型
Binary	binary
Long Binary	varbinary
Bitmap	varbinary
Image	image
OLE	image

21.2.2 由 CDM 生成 PDM

由 CDM 生成 PDM 具体方法如下。

① 打开已建立好的"学生选课信息" CDM 模型，选择"工具" → "Generate Physical Data Model"命令，将弹出生成"PDM Generation Options"（PDM 设置）窗口，如图 21-21 所示。注意，PDM 的生成已经与具体的 DBMS 有关了，这里选择的是"Microsoft SQL Server 2005"。

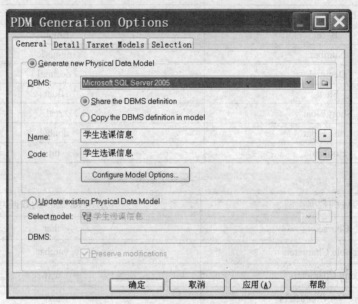

图 21-21　生成"PDM Generation Options"（PDM 设置）窗口

② 在"Details"选项卡中，我们可以采用缺省设置，如图 21-22 所示。如果勾选了"Check model"复选框，则在生成 PDM 时，系统会自动检查模型是否正确并给出相应的提示信息。

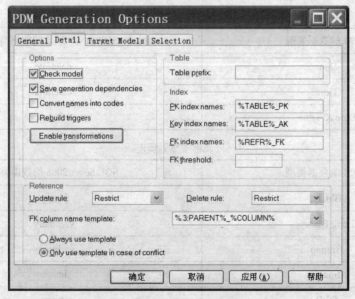

图 21-22　"Details"选项卡

③ 在"Selection"选项卡中，可以选择要转换成 PDM 表的实体，如图 21-23 所示。我们这里是选中了"学生"、"课程"和"选课"3 个实体。

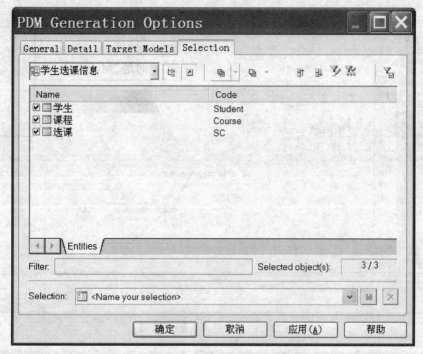

图 21-23　"Selection"选项卡

④ 单击"确定"按钮，系统将显示"Result List"窗口，并给出检查 PDM 模型后的提示信息，如图 21-24 所示。如果没有错误，则生成最后的 PDM，如图 21-25 所示。

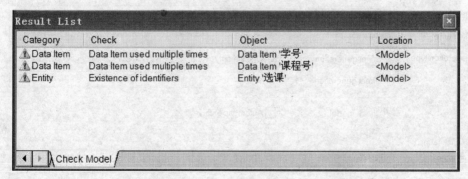

图 21-24　"Result List"窗口

⑤ 单击"保存"按钮，可将 PDM 保存到一个文件中，保存 PDM 的默认文件扩展名为.pdm。

21.2.3　生成 SQL 脚本

在生成好 PDM 之后，可以选择"数据库"→"Database Generation"命令，出现如图 21-26 所示的窗口。

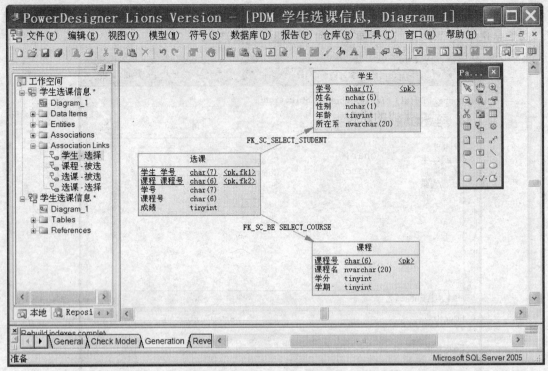

图 21-25　学生选课信息的 PDM

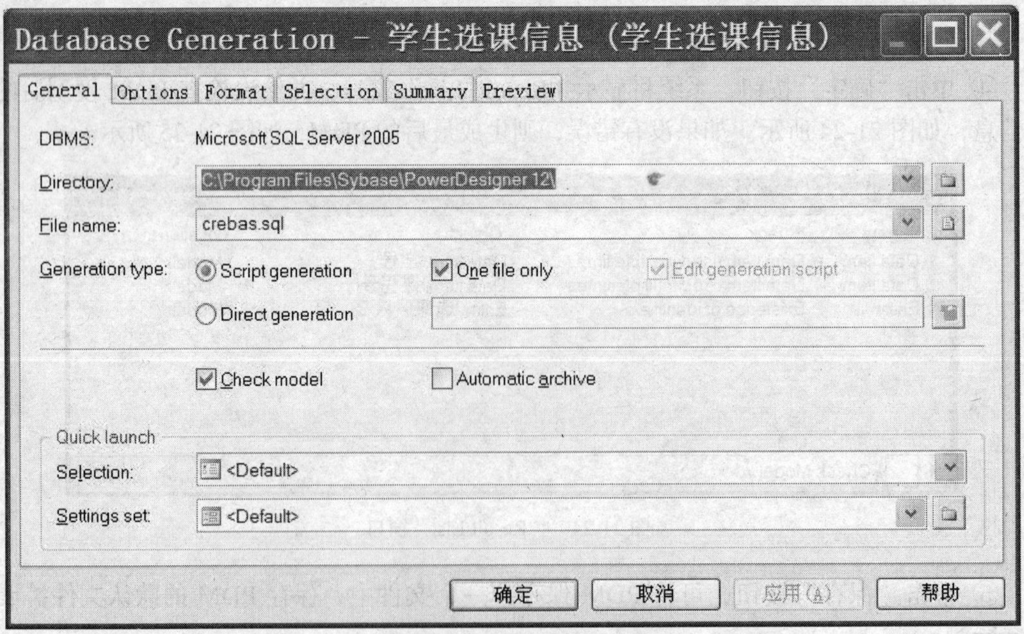

图 21-26　"Database Generation"（数据库生成）窗口

　　在该窗口中的"Directory"下拉列表框中可以指定保存 SQL 脚本的文件的存放位置，在"File name"下拉列表框中可以输入保存 SQL 脚本的文件名，如图 21-26 所示的"crebas.sql"。设置好后，单击"确定"按钮，系统将自动生成对应数据库的 SQL 脚本。

注意: 　PowerDesigner 生成的 SQL Sever 脚本没有创建数据库的语句,只有创建表的语句。从本书第18章的介绍我们知道,建立数据库时需要考虑很多细节问题,比如建立几个数据文件和日志文件,这些文件的存放位置,初始大小和增长方式的设定等。因此 PowerDesigner 工具不自动生成这部分脚本。

crebas.sql 文件中生成的建表语句样式如下。

```
create table Course (
   Cno                 char(6)                 not null,
   Cname               nvarchar(20)            not null,
   Credit              tinyint                 null,
   Semster             tinyint                 null,
   constraint PK_COURSE primary key nonclustered (Cno)
)
create table Student (
   Sno                 char(7)                 not null,
   Sname               nchar(5)                not null,
   Ssex                nchar(1)                null,
   Sage                tinyint                 null,
   Sdept               nvarchar(20)            null,
   constraint PK_STUDENT primary key nonclustered (Sno)
)
create table SC (
   Stu_Sno             char(7)                 not null,
   Cou_Cno             char(6)                 not null,
   Sno                 char(7)                 not null,
   Cno                 char(6)                 not null,
   Grade               tinyint                 null,
   constraint PK_SC primary key (Stu_Sno, Cou_Cno)
)
```

生成的 SC 表的外键约束语句样式如下:

```
alter table SC
   add constraint "FK_SC_BE SELECT_COURSE" foreign key (Cou_Cno)
      references Course (Cno)
go
alter table SC
   add constraint FK_SC_SELECT_STUDENT foreign key (Stu_Sno)
   references Student (Sno)
```

小　结

本章介绍了 PowerDesigner 的建立概念数据模型和物理数据模型的基本功能。数据建模的主要任务是建立概念数据模型(CDM),这个过程包括创建实体、指定实体属性、建立实体间的联系(Relationship)和建立实体间的关联(Association)等步骤。概念数据模型设计的重点在于信息结构的设计,是整个数据库设计的关键。在 CDM 设计完成之后,可以很方便地使用 PowerDesigner 将 CDM 直接转换成具体的 DBMS 支持的物理数据模型(PDM),这也是生成 PDM 最常用的方法。除此之外,PowerDesigner 还提供了根据 PDM 生成具体

DBMS 支持的建立数据库表结构的 SQL 脚本的功能，并提供将这些脚本保存到文件中的功能，有了这些脚本文件，用户就可以直接在数据库中建立相关的关系表。

限于篇幅，本章概要介绍了使用 PowerDesigner 数据库建模的基本过程。PowerDesigner 的功能远不仅限于此，数据库建模的过程也需要反复调整。请读者在大量的实践中努力探索数据库设计的方法。

习 题

1. 比较 CDM 与 E-R 模型的异同。
2. 简述建立 CDM 的基本步骤。
3. PDM 包含哪些内容。为什么 PDM 设计与具体的 DBMS 有关?

上 机 练 习

1. 请用 PowerDesigner 工具构建第 11 章习题 10 中两个 E-R 模型的 CDM。
2. 请将练习 1 建立的两个 CDM 分别转换为 SQL Server 2005 支持的 PDM，并分别生成两个独立的 SQL 脚本。查看两个脚本中的 SQL 语句。
3. 利用 SQL Server 2005 的 SSMS 工具，在第 18 章建立的 students 数据库中，分别执行练习 2 生成的两个脚本文件中的 SQL 语句，并查看所生成的表、表的结构及表的主、外键约束。